ELEKTROTHERMIE

ELEKTROTHERMIE

Die elektrische Erzeugung und technische Verwendung hoher Temperaturen

Vorträge von

Prof. Dr. phil. M. Pirani, Berlin · Obering. R. Gross, Berlin
Dipl.-Ing. M. Tama, Finow · Dr.-Ing. R. Schneidler, Chemnitz
Dr. phil. Dr.-Ing. F. Singer, Berlin · Dipl.-Ing. Dr.-Ing. e. h.
H. Pauling, Berlin · Prof. Dr.-Ing. G. Keinath, Berlin

Veranstaltet durch den
Elektrotechnischen Verein E. V. zu Berlin, in Gemeinschaft
mit dem Außeninstitut der Technischen Hochschule
zu Berlin

Herausgegeben von
Professor Dr. **M. Pirani**

Mit 268 Abbildungen im Text

Berlin
Verlag von Julius Springer
1930

ISBN-13:978-3-642-89112-0   e-ISBN-13:978-3-642-90968-9
DOI: 10.1007/978-3-642-90968-9

Vorwort.

Mit der vorliegenden Sammlung von Vorträgen soll der Versuch gemacht werden, einen Überblick über die wichtigsten Anwendungsgebiete der Elektrothermie zu geben.

Um das Gesamtgebiet der Elektrothermie wissenschaftlich und technisch ganz umfassen zu können, müßte man mindestens ebensosehr Metallurge wie anorganischer Chemiker, Wärmetechniker, Elektrotechniker oder Physiker sein, von Spezialgebieten, wie der Glühlampentechnik, ganz abgesehen. Die Mittel dagegen, mit denen die Elektrothermie die ihr gestellten Aufgaben löst, fallen zum allergrößten Teil in das Gebiet der Elektrotechnik. Sie bietet daher dem praktisch oder wissenschaftlich tätigen Elektrotechniker durch die Vielgestaltigkeit ihrer Aufgabenstellungen eine Fülle von Anregungen.

Die zeitliche Beschränkung einer Vortragsreihe brachte es mit sich, daß nicht alle Gebiete mit der ihrer Bedeutung entsprechenden Ausführlichkeit behandelt werden konnten, und daß einige für den Praktiker zweifellos interessante Themen keine Berücksichtigung fanden.

Z. B. könnte ein Mangel im Fehlen eines Abschnittes über technische Glühöfen gesehen werden; jedoch existiert darüber nach Ansicht des Herausgebers ein derart ausführliches Schrifttum, daß eine nochmalige Darstellung des Gebietes im Augenblick nicht dringend erscheint.

Andererseits sind die Verfasser der einzelnen Abschnitte gelegentlich über den Rahmen einer Behandlung der „Elektrothermie" etwas hinausgegangen. Es soll zugegeben werden, daß dies zwar vom Standpunkt der Systematik als Fehler betrachtet werden kann, dem Werke an sich aber sicher nur zum Nutzen gereicht, da die Verfasser damit auf ihrem jeweiligen Sondergebiet Erfahrungen der Allgemeinheit zugänglich machen, die im vorhandenen Schrifttum meist nicht zu finden sein werden.

Im folgenden wird das Programm der erwähnten Vortragsreihe „Elektrothermie" aufgeführt, die das Außeninstitut der Technischen Hochschule gemeinsam mit dem E.T.V. im Winter 1928 hat abhalten lassen.

1. a) Einleitung (Programm und kurze Übersicht): Professor Dr. M. Pirani.

b) Theoretische Seite des Problems, mit besonderer Berücksichtigung der technischen Sonderaufgaben, die durch die Erzeugung und Beherrschung der hohen Ströme entstehen: Oberingenieur R. Gross.

2. u. 3. a) Systematik der elektrischen Öfen: Oberingenieur R. Gross.

b) Elektroöfen und ihre Anwendung zur Herstellung von Roheisen, Ferrolegierungen usw.: Oberingenieur R. Gross.

4. Elektrische Schmelzöfen für Nichteisenmetalle: Direktor Dr.-Ing. M. Tama.

5. a) Kalziumkarbid, Graphit, Kalkstickstoff: Professor Dr. H. Frank.

b) Technische Herstellung von Karborundum, Elektrokorund und Elektroschmelzzement: Dr. R. Schneidler.

6. a) Geschmolzener Quarz: Dr. phil. Dr.-Ing. Felix Singer.

b) Forschungsmittel und Forschungsergebnisse auf dem Gebiete der Elektrothermie: Prof. Dr. M. Pirani.

7. Elektrothermie der gasförmigen Körper: Dipl.-Ing. Dr.-Ing. e. h. H. Pauling.

8. Meßverfahren der Elektrothermie: Direktor Prof. Dr. G. Keinath.

Der Vortrag des Herrn Dr. Pauling fiel seinerzeit wegen Erkrankung des Vortragenden aus; der Herausgeber ist Herrn Dr. Pauling um so mehr zu Dank dafür verpflichtet, daß der Vortrag hier noch zur Veröffentlichung gelangen kann.

Das Manuskript des Vortrages Nr. 5a konnte wegen Überlastung des Herrn Professor Frank nicht zur Verfügung gestellt werden. Den Teil Kalziumkarbid übernahm entgegenkommenderweise Herr Oberingenieur R. Gross, der Teil Kalkstickstoff wurde, da sich kein anderer Bearbeiter dafür fand, weggelassen, den Teil Graphit bearbeitete nach amerikanischen und deutschen Veröffentlichungen und Auskünften aus der einschlägigen Industrie der Herausgeber.

Trotz der anscheinend vorhandenen Reichhaltigkeit des Bandes muß betont werden, daß es sich hier nur um einen Ausschnitt aus einem viel größeren Gebiete handelt, welches z. B. auch die elektrolytische Herstellung von Substanzen aus dem Schmelzfluß, das elektrische Schweißen und Härten umfaßt. Es werden also viele Wünsche unbefriedigt bleiben müssen. Aber hoffentlich wird das Buch imstande sein, im Leser das Gefühl zu erwecken, daß er noch mehr von diesem Gebiet hören möchte, und hoffentlich wird er unter den ungelösten oder nur zum Teil gelösten Problemen, die er kennenlernt, einige finden, deren Lösung ihn reizt.

Berlin, im Mai 1930.

M. Pirani.

Inhaltsverzeichnis.

Seite

Einleitung. Von Professor Dr. phil. M. Pirani, Berlin 1

I. Elektrothermie des Eisens. Von Oberingenieur R. Gross, Berlin
(Mit 76 Abbildungen) 5
    A. Über die Stromerzeugung und -zuführung für elektrische Öfen . . . 5
    B. Über die Systematik der elektrischen Öfen 26
    C. Die Vorzüge der elektrothermischen Heizung gegenüber der rein
       thermischen Heizung 57

II. Elektrische Schmelzöfen für Nichteisenmetalle. Von Dipl.-Ing.
M. Tama, Direktor des Hirsch, Kupfer- u. Messingwerkes, Finow
(Mark). (Mit 26 Abbildungen) 82

**III. Die technische Herstellung von Siliziumkarbid, Elektrokorund
und Elektroschmelzzement.** Von Dr.-Ing. R. Schneidler, Chemnitz.
(Mit 14 Abbildungen.) 102

IV. Elektrographit. Von Professor Dr. phil. M. Pirani, Berlin. (Mit
5 Abbildungen.) 117
    A. Das Achesonsche Verfahren 117
    B. Herstellungsgang und Öfen 119
    C. Die Eigenschaften des Elektrographits 121
    D. Anwendungsgebiete und Vorteile des Elektrographits 123

V. Kalziumkarbidanlagen. Von Oberingenieur R. Gross, Berlin. (Mit
2 Abbildungen.) 125

VI. Geschmolzener Quarz. Von Dr. phil. Dr.-Ing. Felix Singer, Direktor
der Deutschen Ton- und Steinzeugwerke, Berlin. (Mit 32 Abbildungen.) 130
Die physikalischen und chemischen Eigenschaften des geschmolzenen
Quarzes 147

VII. Elektrothermie der Gase. Von Dipl.-Ing. Dr.-Ing. e. h. Harry Pauling,
Berlin. (Mit 15 Abbildungen.) 162
    A. Allgemeines 162
    B. Reaktion in der Gasstrecke ohne Beteiligung des Elektrodenmaterials 163
    C. Die Stickoxydbildung in atmosphärischer Luft 164

VIII. Elektrothermische Forschungsarbeiten. Von Professor Dr. phil.
M. Pirani, Berlin. (Mit 30 Abbildungen.) 192
    A. Einleitung 192
    B. Elektrische Öfen 194
    C. Energieberechnung 209
    D. Neue Produkte elektrothermischer Prozesse. Keramische Ver-
       fahren 214
    E. Meßmethoden im elektrothermischen Laboratorium 220

Seite

IX. Meßverfahren der Elektrothermie. Von Professor Dr.-Ing. Georg Keinath, Berlin. (Mit 68 Abbildungen.) 228

   A. Allgemeines 228
   B. Übersicht über die Meßgeräte , ... 235
   C. Strommessung bei Gleichstrom 236
   D. Strommessung bei Wechselstrom 238
   E. Spannungsmessung bei Wechselstrom 251
   F. Leistungsmessung bei Gleich- und Wechselstrom 251
   G. Leistungsfaktormessung 252
   H. Registrierapparate 254
   J. Elektrische Messung nichtelektrischer Größen 256
   K. Temperaturmessungen 260
   L. Thermoelemente 264
   M. Strahlungspyrometer 279
   N. Zusammenfassung 293

Einleitung.

Von

M. Pirani (Berlin).

Die großen Vorzüge der elektrischen Erhitzung wurden schon frühzeitig erkannt und haben die Erfinder und Konstrukteure aller Völker veranlaßt, unablässig an der Ausbildung elektrothermischer Methoden zu arbeiten. Demgemäß hat die Entwicklung der Elektrothermie sich mit gewaltiger Schnelligkeit vollzogen. Man ersieht dies am besten aus folgenden Daten:

Im Jahre 1849 prüfte Despretz im Laufe seiner Versuche über die Herstellung von künstlichen Diamanten das Verhalten einer aus Zuckerkohle hergestellten kleinen Retorte von 15 mm Durchmesser bei der Temperatur eines Lichtbogens, den er im Innern dieser Retorte auf einen spitzen Kohlenstab überspringen ließ. Die Retorte selbst bildete den positiven Pol. Aus der Zuckerkohle war an den dem Lichtbogen am meisten ausgesetzten Stellen Graphit geworden. Dieser Graphit hatte tropfenähnliche Formen angenommen, so daß Despretz annahm, der Kohlenstoff sei geschmolzen. Es gelang Despretz auch, im Lichtbogen kleine Metallmengen, z. B. 250 g Platin, in wenigen Minuten zu schmelzen. Jedoch bewirkten diese Resultate vor allem wegen der zur damaligen Zeit vorhandenen sehr unvollkommenen technischen Mittel zur Erzeugung des elektrischen Stromes (Despretz verwandte Bunsen-Elemente) keine weitere Entwicklung, und es wäre eine Utopie gewesen, wenn man damals schon an die technische Verwendbarkeit eines elektrothermischen Verfahrens gedacht hätte.

Erst etwa 10 Jahre nach der Erfindung der Dynamomaschine erhielt in den Jahren 1878 und 1879 Ch. W. Siemens in London die englischen Patente 4208 und 2110, in welchen die Schmelzung von Metallen mittels des elektrischen Lichtbogens beschrieben wurde. Es gelang Siemens, mit einem danach gebauten Tiegelofen in einer Stunde 10 kg Stahl, in 15 Minuten 4 kg Platin zu schmelzen. Selbst Wolframkarbid, welches, wie wir heute wissen, einen Schmelzpunkt von rund 2500^0 C besitzt, konnte er in kleinen Mengen herstellen und verflüssigen.

Wenn man das geschilderte Stadium der Elektrothermie im Jahre 1880 als das technisch-physikalische bezeichnen könnte, in dem zwar die Möglichkeit einer wirtschaftlichen Ausnutzung schon fern am Horizont erschien, ihre Verwirklichung aber noch nicht gelingen konnte, waren 10 Jahre später schon kräftige Ansätze wirtschaftlich-technischen Charakters zu sehen, deren Auswirkung sich darin zeigte, daß um die Jahrhundertwende die Einsatzmenge z. B. beim Elektrostahlofen schon nach Tonnen rechnete.

Von da ab kann man von einer rapiden technischen Entwicklung der Elektrothermie auch auf anderen Gebieten reden, und wenn wir heute von einem 30 t fassenden Elektroofen sprechen, so hat diese Zahl nichts Wunderbares mehr für uns.

Die Vorteile, die sich bei der Verwendung der elektrischen Energie an Stelle der Verbrennungsenergie zur Erzeugung von Wärme, und zwar besonders zur Erzeugung von Wärme hoher Temperatur ergeben, sind wärmetechnischer, konstruktiver und betriebstechnischer Natur. Sie seien einleitend kurz erörtert.

Vom wärmetechnischen Standpunkt aus ist zunächst zu betonen, daß die Wärme unmittelbar an der Stelle erzeugt wird, wo sie verbraucht wird, und zwar in den weitaus meisten Fällen in dem zu erhitzenden Gegenstand selbst. Man vermeidet daher von vornherein alle diejenigen Verluste, die sich aus der Übertragung der Wärme bei Verbrennungserhitzung ergeben und die auch in der Notwendigkeit des Vorhandenseins eines besonderen Verbrennungsraumes liegen, dessen Wände mit erhitzt werden müssen. Durch den Fortfall des Brennmaterials fallen weiterhin die mit dessen Erhitzung auf die Verbrennungstemperatur verbundenen Energieverluste und die Verluste durch die Abgase fort. Auch ist bei Verbrennungsvorgängen die Geschwindigkeit des Temperaturanstiegs schwer zu beeinflussen, zum mindesten ist ihr eine ziemlich tief liegende obere Grenze gesetzt, während bei der Erhitzung mittels elektrischen Stromes eine solche Beeinflussung nicht nur sehr leicht durchgeführt werden kann, sondern auch große Erhitzungsgeschwindigkeiten verhältnismäßig einfach und ohne besonderen Aufwand erreicht werden können. Aber nicht nur dem erreichbaren Grad der Geschwindigkeit, sondern auch der Temperatur ist bei allen mit Verbrennungsenergie arbeitenden Verfahren eine Grenze gesetzt, die bei etwa 2000^0 C liegen dürfte, wenn man nicht mit ganz kleinem Maßstab vorlieb nehmen will, wie er für großtechnische Zwecke meist völlig unzulänglich ist. Bei Verwendung von elektrischer Wärme dagegen sind Temperaturen erreichbar, die außer durch die Eigenschaften des Materials nur durch die Möglichkeit der Beschaffung der notwendigen Energie begrenzt sind. Die Ökonomie wird dabei um so günstiger, je größer die behandelte Charge ist, weil der Anteil der Ableitungs- und Abstrahlungsverluste mit dem Verhältnis von Oberfläche zu Rauminhalt, also umgekehrt proportional dem Durchmesser, wächst.

Hand in Hand mit der Verminderung der Wärmeverluste stellt sich eine Verbilligung und Vereinfachung der ganzen Anlage durch Minderverbrauch an Baumaterial und Konstruktionsteilen ein, die sich z. B. besonders sinnfällig im Fortfall der bei der Flammenverbrennung besonders wichtigen Abführungseinrichtungen für die Verbrennungsgase äußert.

Die Erzeugung der Wärme im Heizgut selbst ergibt die Möglichkeit, die Gefäßwände derartig weit vom Heizgut anzuordnen, daß sie in bezug auf ihre mechanischen Eigenschaften oder in bezug auf die Gasdurchlässigkeit den durch das jeweils verwendete Verfahren an sie gestellten Ansprüchen genügen. Man hat es also in der Hand, Erhitzungsvorgänge auch bei den höchsten vorkommenden Temperaturen in einer bestimmten, dem chemischen Verhalten des Heizgutes angepaßten Gasatmosphäre und bei einem beliebigen Druck, auch z. B. im Vakuum oder Überdruck, auszuführen.

Um kurz die wirtschaftliche Bedeutung der Elektrothermie, wie sie sich uns heute darstellt, zu streifen, sei erwähnt, daß in Deutschland, Italien und Amerika zusammen im Jahre 1926 nahezu 1 000 000 t Elektrostahl hergestellt worden sind, welche einen Wert von mehr als einer halben Milliarde Reichsmark darstellen, und daß davon rund 12% auf Deutschland entfallen. Im gleichen Jahre sind in den Vereinigten Staaten allein nahezu 700 000 t an Elektrobronze und Elektromessing erzeugt worden, was etwa der Hälfte der gesamten Bronze- und Messingproduktion der Vereinigten Staaten entspricht und ebenfalls einen Wert von über einer halben Milliarde Mark ergibt. Zur Schmelzung dieser gesamten Metallmenge, also 1,7 Millionen t, dürften etwa 500 000 000 kWh verbraucht worden sein.

Die wenigen Zahlen, die hier gegeben sind, weisen auf die wirtschaftliche Wichtigkeit der Elektrothermie der Metalle mit aller Deutlichkeit hin. Danach könnte es scheinen, als ob die im folgenden gewählte Einteilung vielleicht dem Gesichtspunkt der wirtschaftlichen Wichtigkeit nicht ganz entspräche. Eine kleine Überlegung zeigt aber, daß dieser Gesichtspunkt nicht maßgebend ist. Die technische Bedeutung eines Produktes oder Verfahrens wird nämlich häufig in keiner Weise durch den Geldwert, den es repräsentiert, erfaßt. Denn die genannten Zahlen geben noch längst kein Bild von der Bedeutung, die sich im Wert der Fertigprodukte äußert, welche aus elektrothermisch hergestellten und deswegen mit besonders guten Materialeigenschaften versehenen Metallen angefertigt werden. Zwei Beispiele illustrieren dies deutlich:

1. Der Schmirgel, aus welchem die Scheiben einer Schleifmaschine bestehen, repräsentiert einen verschwindenden Geldwert, verglichen mit dem Wert der Verbesserungen und Ersparnisse an denjenigen Pro-

dukten, die die Maschinenindustrie der Existenz des Schmirgels verdankt.

2. Die aus Elektro-Graphit hergestellte Bürste einer Dynamomaschine repräsentiert einen winzigen Bruchteil des Wertes der Maschine, und doch hängt das Leben der Maschine und die Sicherheit des Betriebes von der Graphitbürste ab.

Erwägungen ähnlicher Art gaben Veranlassung dazu, den elektrothermischen Herstellungsverfahren für Karborund, Korund, Elektro-Schmelzzement, Kalziumkarbid und Graphit in den folgenden Abschnitten einen ihrer Bedeutung angemessenen Platz einzuräumen, wobei zugleich als weiterer Gesichtspunkt die Frage nach den diese Gebiete betreffenden interessanten elektrotechnischen Problemen hinzukam. Solche Probleme liegen z. B. in der Schaltung, Regulierung und Messung gewaltiger Ströme, die häufig die Größenordnung von Zehntausenden von Ampères erreichen.

Elektrotechnisches Interesse war es auch in erster Linie, das dazu Veranlassung gab, dem Gebiet des geschmolzenen Quarzes und der technisch außerordentlich reizvollen elektrothermischen Gas-Reaktionen (z. B. Salpetersäure aus Luft, Blausäure-Herstellung) je ein eigenes Kapitel zu widmen.

Hierbei sowie bei dem Abschnitt über Forschungsmittel und Forschungsergebnisse liegt auch der Gedanke zugrunde, Anregungen für die Übertragung der Erfahrungen und Erfolge der Elektrothermie auf andere Gebiete der Elektrotechnik zu geben.

I. Elektrothermie des Eisens.

Von

R. Gross (Berlin).

Mit 76 Abbildungen.

A. Über die Stromerzeugung und -zuführung für elektrische Öfen.

1. Einleitung. Die Elektrothermie des Eisens gehört fachtechnisch in das weitverzweigte Gebiet der Elektrochemie. Letztere ist für den Elektrotechniker insofern von ganz besonderem Interesse, als sie nicht unbedeutend gerade im Laufe der letzten Jahrzehnte auf die Entwicklung der Großkraftwerke und deren wirtschaftliche Seite eingewirkt hat.

Merkwürdigerweise befaßt sich aber nur ein verhältnismäßig kleiner Kreis von Elektrotechnikern mit ihrem wissenschaftlichen Ausbau und ihrer praktischen Anwendung, obgleich auf die Durchführung elektrochemischer Verfahren gerade die elektrotechnische Seite einen grundlegenden Einfluß ausübt.

Elektrochemische Verfahren sind Großkraftverbraucher allererster Ordnung. So gibt es z. B. in Deutschland und Amerika eine ganze Reihe elektrochemischer Werke, welche einen Jahreskonsum an elektrischer Energie von etwa 100 Millionen bis zu einer halben Milliarde kWh und mehr aufzuweisen haben.

Voraussetzung für die wirtschaftliche Durchführung elektrochemischer Verfahren ist die Möglichkeit stetiger Lieferung der elektrischen Energie. Diese Forderung bezieht sich auch zum großen Teil auf den Anwendungsbereich der Elektrizität für elektrothermische Verfahren im Eisen- und Metallhüttenbetrieb, welche im nachstehenden behandelt werden sollen.

Die Verwendung der Elektrizität für Heizzwecke und ihre Einführung in den praktischen Eisen- und Metallhüttenbetrieb blickt auf eine verhältnismäßig kurze Entwicklungszeit zurück. Erst die Lösung der mit dem Bau von Dynamomaschinen zusammenhängenden Probleme gab die Möglichkeit der Erzeugung von Strömen großer Intensität, unterstützt durch die schnell fortschreitende Entwicklung der Dynamomaschine zur Elektrogroßkraftmaschine und Hand in Hand mit einem günstigen Ausbau von Dampfmaschinen, Wasserkraftmaschinen und

Motoren für gasförmige und flüssige Brennstoffe, die als Antriebs-
maschinen für die Stromerzeuger dienen.

Die ersten Anregungen zur Verwendung der Elektrizität für die
Durchführung elektrothermischer Verfahren und Reaktionen ging außer
von anderen Forschern auch von Werner von Siemens aus, der
schon früh erkannte, von welch fundamentaler Bedeutung die Verwendung des elektrischen Stromes zur Erzeugung von Wärme werden
sollte und mit seiner Anregung die grundlegenden Bedingungen für
den wissenschaftlichen und technischen Ausbau der Elektrothermie geschaffen hat. Nicht deren ganzes Gebiet soll im folgenden behandelt
werden, sondern nur ein Teilgebiet, das sich aus den besonderen Bedingungen des Eisen- und Metallhüttenwesens ergibt, in dem Temperaturen in Anwendung gebracht werden, die sich zwischen 700⁰ und
2500⁰, sogar bis zu 3000⁰, bewegen.

2. Elektrische Heizung. Das Joulesche Gesetz ergibt für die elektrisch
erzeugte Wärmemenge den Wert:

$$Q = 0{,}239\, J^2\, wt \quad (1\,\text{kWh} = 860\,000\,\text{cal}),$$

worin

Q die zu erzeugende Wärmemenge in Grammkalorien,
J den Strom in Ampere,
w den Widerstand in Ohm,
t die Zeiteinheit in Sekunden bedeutet.

Die Arbeit des Ofenkonstrukteurs besteht erstens darin, den elektrischen Wirkungsgrad so hoch wie möglich zu heben, d. h. durch geeignete Bemessung der Widerstände dafür zu sorgen, daß ein möglichst
großer Teil der in den Ofen geschickten elektrischen Energie in der
Charge in Joulesche Wärme umgesetzt wird.

Seine zweite Aufgabe ist die, den thermischen Wirkungsgrad so groß
wie möglich zu machen, d. h. die erzeugte Wärmemenge im metallurgischen Vorgang, sei dieser ein einfacher Glüh-, ein metallurgischer
Schmelz- oder ein anderer elektrothermischer Prozeß, mit geringsten
Verlusten nutzbar zu machen.

Ferner besteht die Aufgabe in einer geeigneten Verteilung der
Energie in der Charge und möglichster Anpassung an den besonderen
metallurgischen Vorgang.

3. Heizstromerzeugung. Die elektrische Heizung verlangt im allgemeinen sehr hohe Stromstärken bei niedriger Spannung, was zur
Vorbedingung hat, daß geeignete Stromerzeuger für diesen Zweck vorhanden sind. Als solche kommen in Frage:

1. Gleich- oder Wechselstromgeneratoren, und zwar unter den letzteren für elektrothermische Zwecke vornehmlich Drehstrom- (Drei-
phasen-) Maschinen.

2. Bewegliche oder ruhende Umformer.

Der direkte Maschinenstrom wird für Heizzwecke in seltenen Fällen verwendet, denn Ströme hoher Intensität verlangen zu ihrer Fort- leitung große Kupferquerschnitte. Mit Rücksicht auf ihre Unterbrin- gung in rotierenden Maschinen sind diesen Kupfermassen gewisse Grenzen gesetzt, die nicht überschritten werden dürfen, und zwar ein- mal aus konstruktiven Rücksichten, und das andere Mal sind es wirt- schaftliche Momente, welche hier die Grenze ziehen. Es wird daher in den weitaus meisten Fällen die Aufgabe vorliegen, den Strom für Heiz- zwecke vorhandenen Kraftnetzen zu entnehmen und ihn dem Ofen durch Zwischenschaltung beweglicher oder ruhender Umformer zuzu- führen, wobei vorausgesetzt ist, daß der Kraftstrom dem Netz einer Überlandzentrale oder eventuell auch entfernt liegenden Kraftzentralen in Form hochgespannten Stromes entnommen wird.

Aber auch in den Fällen, in welchen für die ins Auge gefaßten Heiz- zwecke eigene Kraftzentralen in unmittelbarer Nähe errichtet werden, wird man den Heizstrom in Form hochgespannten Stromes erzeugen und ihn in ruhenden Umformern (Transformatoren) auf die erforderliche Spannung herabdrücken.

Für die Durchführung elektrothermischer Verfahren und für Elektro- öfen wird Gleichstrom in den seltensten Fällen zur Anwendung gebracht, schon mit Rücksicht darauf, daß bei der Verwendung von Gleichstrom die Gefahr des Auftretens von elektrolytischen Begleiterscheinungen gegeben ist, die eventuell die durchzuführenden metallurgischen oder metallurgisch-chemischen Prozesse stören können.

Elektrische Öfen werden daher fast durchweg mit Wechselstrom beheizt und zwar, wie schon bemerkt, unter Zwischenschaltung ruhen- der oder beweglicher Umformer. Bewegliche Umformer kommen nur für solche Zwecke in Frage, wo die vorliegende Heizungsart im Hinblick auf die mit ihrer Eigenart verbundene starke Phasenverschiebung, also mit Rücksicht auf ihren schlechten Leistungsfaktor, die Verwendung eines unter oder über der normalen Frequenz liegenden Wechselstromes fordert. Diese Fälle sind gegeben z. B. bei induktiver Beheizung unter Verwendung von Nieder- oder Hochfrequenz, auf die in einem späteren Abschnitt, welcher die Systematik der elektrischen Öfen behandelt, näher eingegangen werden wird.

Der ruhende Umformer, der Wechselstromtransformator, ist daher für den Elektroofen von ganz besonderer Bedeutung, so daß es gerechtfertigt erscheint, sich kurz mit seinem Aufbau und den ver- schiedenen Verwendungsformen für den Elektroofenbetrieb zu be- fassen.

Ströme für Heizzwecke haben bekanntlich außerordentlich hohe Intensitäten und bewegen sich in Größenordnungen bis 100 000 und mehr Ampere pro Phase hinauf. Es werden daher nicht allein an den

Transformator, sondern auch an die Stromleitungen, die zur Fortleitung derartig hoher Ströme dienen, ganz besondere Anforderungen gestellt, und zwar stehen diese Anforderungen auch in engem Zusammenhang mit der Eigenart der jeweiligen Heizungsart.

4. Die verschiedenen Heizungsarten. Es gibt Heizungsarten, die ihrem Charakter nach den Heizvorgängen, die sich in einer Glühlampe abspielen, ähneln, also vollständig stoßfrei arbeiten, andererseits aber auch solche, welche der Arbeitsweise einer Bogenlampe gleichkommen, die also dauernd mit starken Stromstößen arbeiten. Es sind

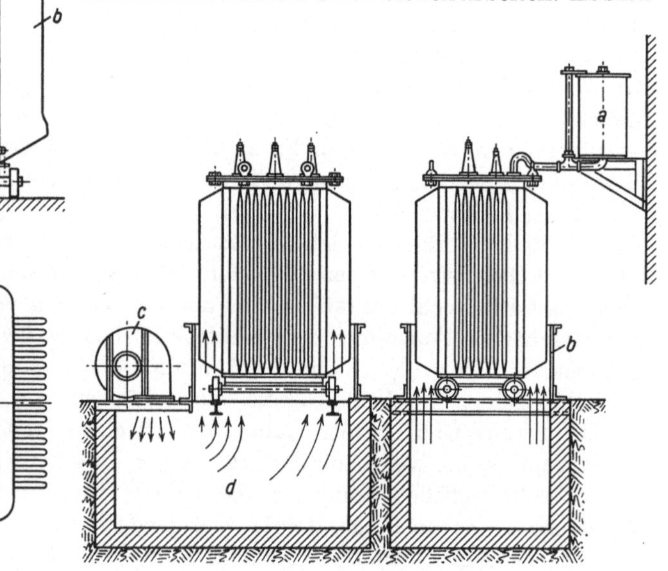

Abb. 1. Selbstkühlung im Wellblechkessel.

Abb. 2. Kühlung durch künstliche Luft.

daher für Umformer, die solche Heizungsarten betätigen, sowohl besondere konstruktive als auch mechanische Maßnahmen zu treffen, damit die auftretenden Stromstöße den Transformator und über diesen hinweg das Kraftnetz, an welches er angeschlossen ist, nicht gefährden. Man führt daher heute die Transformatoren mit besonders befestigten Wicklungen aus, die geeignet sind, die Stromstöße schadlos aufzufangen, und welche auch in bezug auf eventuell auftretende Kurzschlüsse kurzschlußsicher gebaut sind.

Es ist bereits vorher darauf hingewiesen worden, daß für Heizzwecke durchweg sehr hohe Ströme zur Anwendung kommen, und es wird daher auch die Erwärmung des Transformators durch Joulesche und Hysteresiswärme besonders beachtet und entsprechend werden Vorkehrungen getroffen werden müssen, um die Wärme abzuleiten und den Transformator auch in dieser Beziehung betriebssicher zu machen. Die Technik sieht daher künstliche Kühlung der Transformatorenwicklungen vor. Die verschiedenen Kühlungsarten sollen mit wenigen Worten kurz dargestellt und in einigen Ausführungsbeispielen durch Schaubilder erläutert werden.

In Abb. 1 ist ein Transformator dargestellt, gekennzeichnet durch natürliche Luftkühlung. Der bewickelte Transformatorkern ruht in einem mit Öl aufgefüllten eisernen Kessel. Die in der Wicklung und im Transformatorkern auftretende Wärme wird durch das sie umspülende Öl an die Wandungen des eisernen Kessels abgeleitet, dessen Oberfläche durch Kühlrippen vergrößert ist und eine gute Abstrahlung der vom Öl abgegebenen Wärme gestattet.

Die in Abb. 2 gekennzeichnete Art der Kühlung ist als eine Vervollkommnung der vorgeschilderten anzusehen. Der mit Rippen versehene Transformatorkessel ruht auf einer Lüftungsgrube, in die hinein durch einen Zentrifugalventilator die außen angesaugte Luft geblasen wird. Der Austritt der Luft aus der Grube geschieht durch einen zargenartigen Aufsatz, wel-

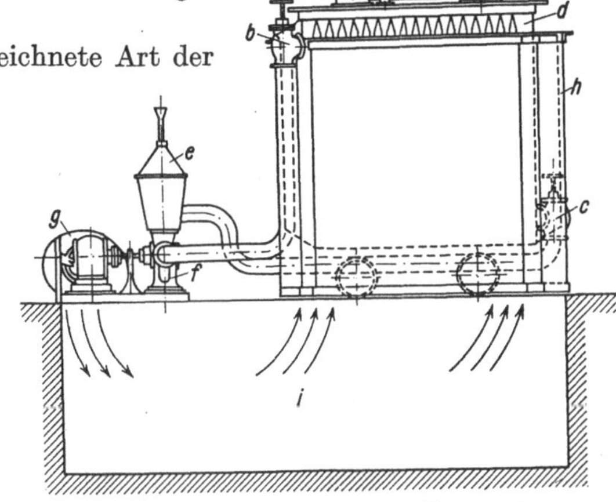

Abb. 3. Kühlung durch künstliche Luft und Ölumlauf (innerer Ölumlauf).

cher die austretende Luft zwangsläufig zwischen die Rippen des Transformators drängt.

Abb. 3 zeigt die Kühlung des Transformators durch eine elektromotorisch angetriebene Pumpe mit zwangsläufigem Ölumlauf. — Das Öl wird oben vom Transformator abgesaugt und durch den Preßluftkühler bewegt. Es gibt auf diese Art seine Wärme an die Preßluft ab.

Eine solche Kühlungsart ist anwendbar für Transformatoren allergrößter Ausführung, also für Transformatoren bis 30000 kW Energieabgabe und darüber.

Abb. 4 zeigt einen durch Wasser gekühlten Ölumlauf des Transformators, derart, daß das wassergekühlte Rohrsystem in dem Transformatorenkessel selbst untergebracht ist, und

Abb. 5 eine Wasserkühlung durch vom Wasser gekühlte Rohrschlangen außerhalb des Transformators, durch deren Inneres das Öl fließt, das durch Pumpen wieder zum Transformator zurückgeführt wird.

Abb. 6 zeigt einen geschlossenen Röhrenkühler, durch dessen Rohrsystem das Kühlwasser strömt, während die Rohrwände selbst von dem aus dem Transformator mittels einer Pumpe abgesaugten und durch den Röhrenkühler gedrückten Öl umspült werden.

Die durch Abb. 1 gekennzeichnete Kühlungsart ist die am meisten gebräuchliche und wird für Leistungen von maximal 7500 kVA und 50000 V in Anwendung gebracht. Die Ausführung nach Abb. 2 kommt in Frage für größere Leistungen, wenn kein Kühlwasser vorhanden ist. Die Kühlungsart nach Abb. 3 eignet sich besonders für allergrößte Leistungen, vor allem für die Aufstellung im Freien, wogegen die durch Abb. 4 gekennzeichnete Kühlungsart bei Vorhandensein ausreichenden reinen und billig zu beschaffenden Kühlwassers in Frage kommt. Die unter Abb. 5 und 6 veranschaulichten Kühlungsarten werden fast durchweg nur da

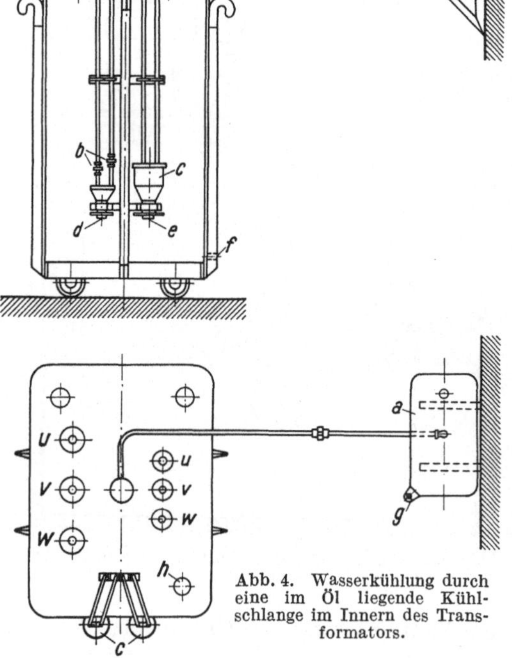

Abb. 4. Wasserkühlung durch eine im Öl liegende Kühlschlange im Innern des Transformators.

Verwendung finden, wo Transformatoren größter Leistung in Frage kommen und die Transformatoren ganz besonders hoch beansprucht werden.

Die Energiemengen, die in derartigen Transformatoren umgesetzt werden, ergeben sich ungefähr daraus, daß zum Beispiel für bekannte deutsche elektrochemische Werke Ofentransformatoren, und zwar Drehstromtransformatoren, gebaut werden mit Leistungen von 35000 kVA zum hochspannungsseitigen Anschluß an 6000 V, welche niederspannungsseitig 140 bis 220 V regulierbare Spannung abgeben, bei Heizstromstärken von ca. 100000 A pro Phase.

Abb. 7 stellt einen Transformator dar, der als Drehstrommantel-öltransformator für Ofenzwecke ausgeführt und mit Wasserkühlung versehen ist, und zwar durch in den Mantel eingesetzte Kühlschlangen. Der Transformator hat eine Leistung von 6500 kVA, wird mit 50 peri-odigem Strom betrieben und hat ein Übersetzungs-verhältnis von 25000 auf 135 V, regulierbar bis 105 V. Der Phasenstrom beträgt 28000 A. Die Se-kundärstromableitungen bestehen aus breiten schräggeschnittenen Ble-chen mit zwischengeleg-ter und aufgeschweißter Leiste, an welcher un-mittelbar die Anschluß-leitungen, welche zum Ofen führen, in der Weise befestigt werden, daß über die ganze Breite der An-schlußlaschen hinweg, also auch über die der anschließenden Stromlei-tungen hinweg, der Strom in stets gleichmäßig lan-gen Stromfäden unab-hängig von der Größe des Querschnitts, durch den er fließt, zum Ofen abgeleitet wird. Durch diese gleichmäßige Strom-verteilung wird übrigens ein gleichmäßiger Span-nungsabfall in allen

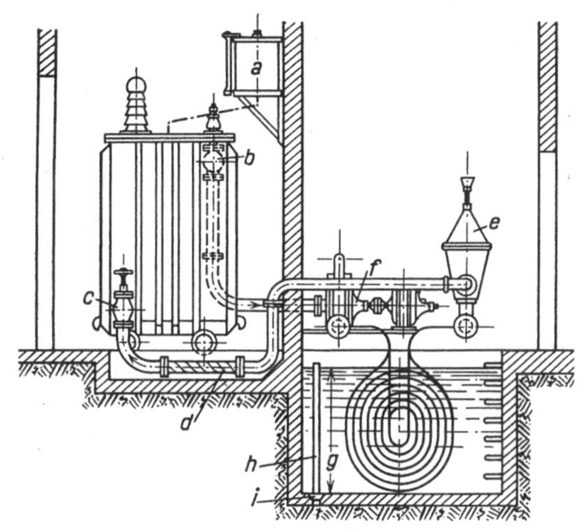

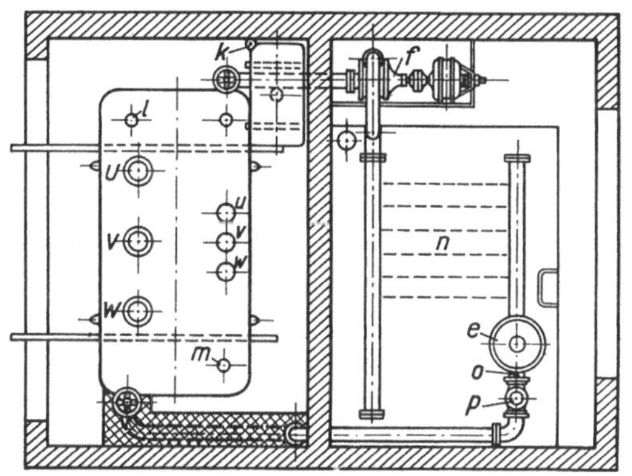

Abb. 5.   Wasserkühlung durch eine außen liegende Kühl-schlange.

Schichten des Querschnitts erzeugt und dadurch verhindert, daß Ein-zelteile des Querschnitts der Stromleitungen überlastet und stark er-wärmt werden.

Abb. 8 zeigt einen Einphasenmantelöltransformator, ebenfalls für Ofenzwecke, mit Wasserkühlung durch in den Kessel eingehängte Kühl-schlangen für 2000 kVA Leistung, Anschluß an 5000 V und regulierbarer Spannung von 71 auf 60 V bei 25800 A zum Anschluß an Wechselstrom von 50 Per. Der Transformator zeigt auf der Abbildung den Einbau der

Kernwicklungen in das Transformatorgestell und daneben gestellt die sekundären Wicklungen, welche, wie aus der Abbildung ersichtlich, mit Rücksicht auf die hohen Stromstärken in Form eines einzigen, zu einer Spule gebogenen Kupferbleches ausgeführt sind.

Abb. 9 gibt die Ansicht eines Drehstromtransformators für Ofenzwecke mit Umlaufwasserkühlung unter Verwendung eines im Wasserbehälter untergebrachten besonderen Rohrsystems, durch welches das vom Transformator mittels Pumpe abgesaugte Öl hindurchgedrückt wird. Die Leistung des Transformators beträgt 12500 kVA. Der Transformator ist eingerichtet zum Anschluß an ein Netz von 10000 V und 50 Per., die Sekundärspannung ist regulierbar von 165 auf 115 V, der Phasenstrom beträgt 60000 A. Im Bild ist der Transformator mit abgenommenem oberen Joch dargestellt, so daß die Drehstromwicklung deutlich erkennbar ist. Der Transformator wird liegend in den Kessel gesetzt.

Abb. 10 zeigt denselben Transformator fertig zusammengebaut. Die sekundären Stromleitungen des Transformators sind als wassergekühlte Rohre ausgeführt; die 3 Phasenreihen werden in einem Zug gekühlt. Wassergekühlte Rohrleitungen verwendet man bei Transformatoren für sehr hohe Leistungen, z. B. für Leistungen von 30000 kVA und darüber und, wie schon angedeutet, mit Rücksicht auf eine möglichst gedrängte Gesamtlänge der Leitungen. Es müssen die vom Transformator zum Ofen führenden Stromleitungen,

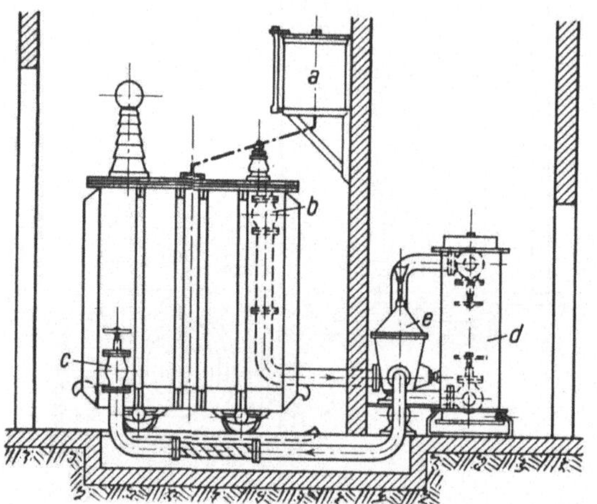

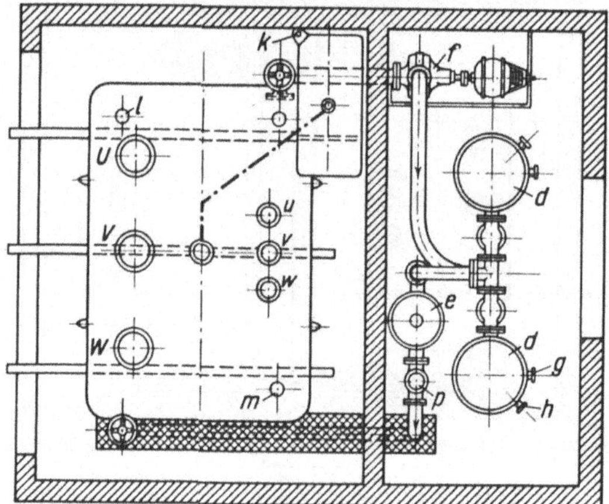

Abb. 6. Wasserkühlung durch einen außen liegenden Rohrkühler.

um die bei derartig hohen Strömen auftretenden Verluste durch Selbstinduktion herabzudrücken, in besonderer Verschachtelung verlegt werden.

Abb. 11 stellt einen Drehstromtrockentransformator für Karbidöfen dar mit forcierter Luftkühlung. Der Transformator ist für eine Leistung von 18000 kVA bei 50 Per. vorgesehen und zum Anschluß an 6000 V geeignet, bei einer regulierbaren Sekundärspannung von 158 bis 122 V, belastbar mit 86000 A Stromstärke pro Phase. Die Abbildung zeigt den fertig aufgebauten Transformator, jedoch ohne Ventilationsmantel. Die Luft wird horizontal durch den Transformator geblasen.

Abb. 12 gibt eine Übersicht über die Starkstromwicklung des vorgenannten Transformators, welche, wie ersichtlich, aus einem einzigen zu einer Spule gebogenen starken Kupferblech besteht.

Ein ganz besonderes Problem wird der Technik gestellt in der möglichst verlustlosen Fortleitung hoher Stromstärken, und zwar in Größenordnungen, wie sie oben angedeutet wurden. Die Aufgabe, Ströme so hoher Intensität möglichst verlustfrei bis zur Heizstelle zu leiten, erfordert eine besondere Anordnung der Stromableitungen und eine geeignete Dimensionierung derselben. Es kommen hier weniger die Ohmschen Verluste in Frage, auch weniger die Verluste durch Joulesche Wärme, als solche, die durch Induktion veranlaßt werden.

Abb. 7. Öltransformator mit innerer Wasserkühlung.

Abb. 8. Einphasentransformator mit sekundärer Spule auf dem Ölkessel montiert.

Es ist eine bekannte Tatsache, daß, wenn man durch einen Leiter einen Wechselstrom sendet, dessen Größe sich periodisch ändert, um den Leiter herum ein elektro-magnetisches Kraftlinienfeld entsteht, das

Abb. 9. Drehstromtransformator mit Umlaufwasserkühlung mit abgenommenem oberen Joch.

senkrecht zu dessen Stromrichtung steht und welches in dem Leiter eine elektromotorische Kraft durch Selbstinduktion erzeugt, die einen in entgegengesetzter Richtung fließenden Strom hervorruft. Um diese elektromotorische Kraft der Selbstinduktion zu überwinden, muß man dem Stromkreis eine höhere Spannung aufdrücken. Vergegenwärtigt man sich die in einem solchen Stromleiter sich abspielenden elektromagnetischen Vorgänge im Vektorendiagramm (Abb. 13), so kommt man zu folgender Überlegung: Es stellt die Ordinate den Stromvektor und die Abszisse, also um 90^0 gegen den Stromvektor verschoben, die Spannung dar, die dem Strom vorauseilt und die man dem Strom aufdrücken muß, um ihn durch den Leiter zu drücken. Senkrecht dazu, also in Phase mit dem Strom, liegt die Spannung, die den Ohmschen Spannungsverlust decken muß, und die Hypothenuse $a\,c$ des so entstehenden Spannungsdreiecks $a\,b\,c$ ist diejenige Spannung, die man schließlich dem gesamten Strom aufdrücken muß, also die von dem Stromerzeuger abzugebende Spannung. a—b stellt in

Abb. 10. Fertig zusammengebauter Drehstromöltransformator mit Umlaufwasserkühlung.

dem Dreieck die sogenannte Reaktanz, b—c die Resistanz und a—c die Impedanz dar. Je größer die Reaktanz, desto schlechter der Leistungsfaktor, desto größer also die Phasenverschiebung. Man wird also mit Rücksicht auf einen günstigen $\cos \varphi$ für eine möglichst enge Begrenzung der Reaktanz Sorge tragen müssen. Andererseits aber darf wiederum die Reaktanz einen bestimmten Wert nicht unterschreiten mit Rück-

sicht auf einen im wesentlichen stoßfreien ruhigen Heizvorgang. — Um einen solchen zu erreichen, gibt es verschiedene Mittel: einmal kann man die Phasenverschiebung durch ein Herabsetzen der Frequenz verbessern, dann wieder durch Erhöhung des Ohmschen Widerstandes und schließlich dadurch, daß man die Leitungsführung so anordnet, daß die in den einzelnen Leitungen auftretenden Selbstinduk-

Abb. 11. Drehstromtrockentransformator für Karbidofenbetrieb.

tionsströme aufgehoben werden. Letztere sind in erster Linie die Wege, welche man geht, um möglichst verlustlos die Heizströme zur Heizstelle zu leiten. Man kann diese Vorgänge bis zu einem gewissen Grade

rechnerisch erfassen, und doch ist es bisher noch nicht restlos gelungen, die in den Leitungen sich abspielenden elektrischen Vorgänge so zu beherrschen, daß man zahlenmäßig bis auf wenige Prozent die Verluste in einem Heizstromkreis, besonders bei sehr großen Einheiten und bei der Verlegung von Leitungen sehr großen Querschnittes, vorausbestimmen kann. Einen gewissen Aufschluß hierüber geben die Arbeiten von Dr. Wotschke, die in seinem Buche „Die Leistung des Drehstromofens"[1] festgelegt sind, und in welchem er

Abb. 12. Sekundärspule eines Drehstromtransformators.

speziell die eben geschilderten Vorgänge theoretisch betrachtet. Seine

[1] Wotschke, Dr.: Die Leistung des Drehstromofens. Berlin: Julius Springer 1925.

Ausführungen über die Zusammenhänge der Wirk- und Blindleistung sowie über das bekannte Phänomen der toten Phase geben brauchbare Werte für die praktische Berechnung von Starkstromleitungen

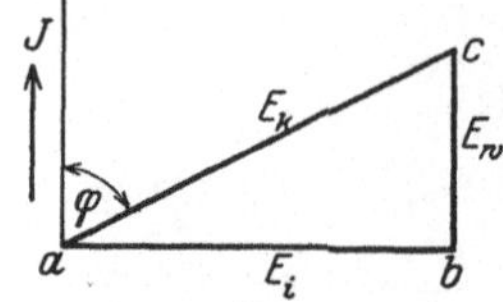

Abb. 13. Darstellung der Phasenverschiebung eines Wechselstromes zwischen Spannung und Strom im Vektorendiagramm.

hoher Belastung und bieten genügend Anhalt, um die in einem Ofenstromkreis verursachten, vornehmlich durch Selbstinduktion auftretenden Verluste in praktisch genügend engen Grenzen vorauszubestimmen.

Im nachstehenden sei eine kurze Berechnungsart wiedergegeben, welche auch einen gangbaren Weg zur Bestimmung dieser Verluste bietet, und zwar ist diese Berechnung für die Dimensionierung von Stromleitungen eines in der Praxis ausgeführten 12000 kW-Karbidofens angewendet worden.

Der Karbidofen hat eine Leistung von 12000 kW, 16000 kVA bei einer mittleren Spannung von 170 V und einer Stromstärke von 54500 A pro Phase.

Berechnung
einer Sekundärleitung für einen Karbidofen für 54500 A
(12000 kW-Ofen).

Die Berechnung des induktiven Spannungsabfalles in den Sekundär-

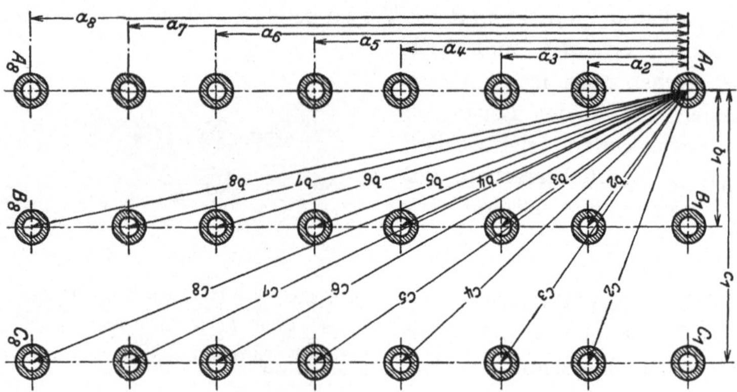
Abb. 14. Anordnung der unverschachtelten Rohrleitung.

leitungen ist für die folgenden Leitungsstrecken einzeln vorgenommen worden.

I. Vom Transformator bis zur Verschachtelung (Abb. 14). Länge 2,10 m.

Anordnung 8 Rohre 50/30 mm Durchmesser pro Phase $J = \dfrac{54500}{8}$ = 6800 A. Nach der Formel von Fischer-Hinnen ist:

$$L/\mathrm{m} = 10^{-7}\left(0{,}5 + 4{,}6 \log \frac{\sqrt{(b_1\,b_2\,b_3\,b_4\,b_5\,b_6\,b_7)(C_1 \ldots C_8)}}{E \cdot A_2 \ldots A_8}\right),$$

$$L/\mathrm{m} \text{ (für } A \text{ und } C) = 8{,}35 \cdot 10^{-7} \text{ Henry/m}$$

$$e_{s_1} = 2\,\pi\, f\, J\, L = 314{,}6800 \cdot 8{,}35 \cdot 10^{-7} = 1{,}78 \text{ V/m};$$

bei $1 = 2{,}10$ m

$$E_{s_1} = e_{s_1} \cdot 1 = 2{,}10 \cdot 1{,}78 = 3{,}74 \text{ V}.$$

II. Verschachtelte Leitungen (Abb. 15).

Länge ca. 15 m.

Anordnung 2·12 Rohre 50/30 mm Durchmesser verschachtelt, schleifenförmig.

Nach derselben Formel wie I. ergibt sich:

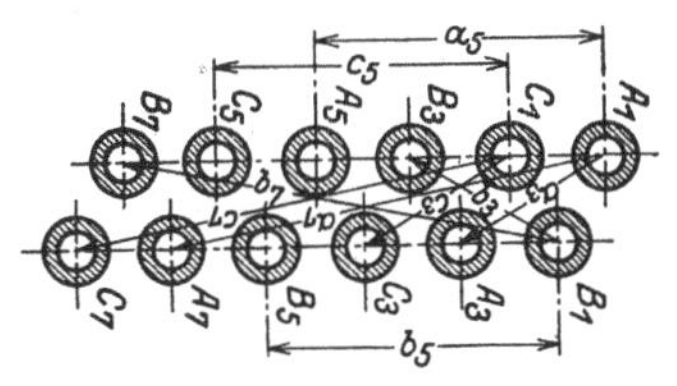

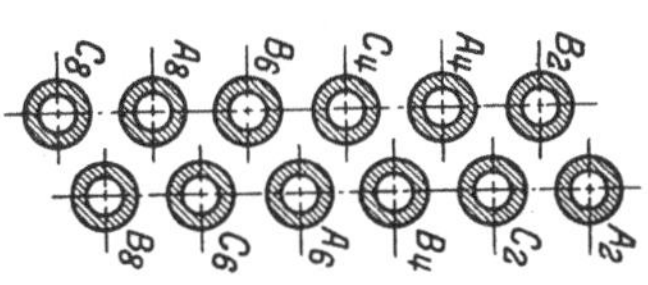

Abb. 15. Verschachtelte Rohrleitung.

$$L/\mathrm{m} = 0{,}82 \cdot 10^{-7} \text{ Henry/m},$$

$$e_{s_2} = 2\,\pi\, f\, J\, L = 314 \cdot 6800 \cdot 0{,}82 \cdot 10^{-7} = 0{,}175 \text{ V/m},$$

$$E_{s_2} = e_{s_2} \cdot 1 = 0{,}175 \cdot 15 = 2{,}62 \text{ V}.$$

III. Bänder (Abb. 16).

Länge 2,25 m.

$J = 5/500$ A.

Nach der Formel

$$L/\mathrm{m} = \left(\frac{h}{h + 2\,ho} + 4{,}6 \log \frac{\sqrt{(b_1 + ho)(c_1 + ho)}}{\dfrac{d}{2} + ho}\right) 10^{-7},$$

$$ho = d - h = \frac{60 - 15}{3{,}14} = 14{,}3 \,,$$

$$L/\mathrm{m} = 4{,}43 \cdot 10^{-7} \text{ Henry/m},$$

$$e_{s_3} = 2\,\pi\, f\, J\, L = 314 \cdot 54500 \cdot 4{,}43 \cdot 10^{-7} = 7{,}6 \text{ V/m},$$

$$E_{s_3} = e_{s_3} \cdot 1 = 7{,}6 \cdot 2{,}25 = 17{,}1 \text{ V}.$$

IV. Stromzuführungsbalken (Abb. 17).

Länge 2,3 m.

Nach derselben Formel wie bei III.:

$$L/\mathrm{m} = 4{,}41 \cdot 10^{-7} \text{ Henry/m},$$

$$e_{s_4} = 2\,\pi\, f\, J\, L = 314 \cdot 54500 \cdot 4{,}41 \cdot 10^{-7} = 7{,}55 \text{ V/m},$$

$$E_{s_4} = e_{s_4} \cdot 1 = 7{,}55 \cdot 2{,}3 = 17{,}4 \text{ V}.$$

V. Elektroden mit Verbindungsstreifen (Abb. 18).
Länge 2,5 m.
Nach der Formel wie bei III. und IV.:

$$L/\mathrm{m} = 4{,}09 \cdot 10^{-7}\,\mathrm{Henry/m}\,,$$

$$e_{s_5} = 2\,\pi\,f\,J\,L = 314 \cdot 54500 \cdot 4{,}09 \cdot 10^{-7} = 7\,\mathrm{V/m}$$

$$E_{s_5} = e_{s_5} \cdot 1 = 7 \cdot 2{,}5 = 17{,}5\,\mathrm{V}.$$

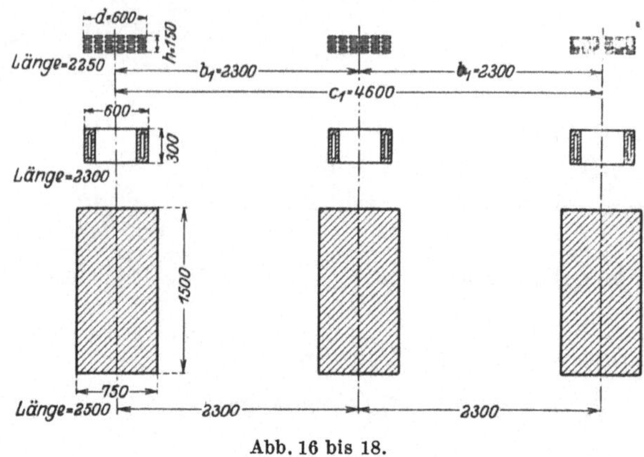

Abb. 16 bis 18.

Der gesamte induktive Spannungsabfall beträgt somit:

$$E_{s_1} = 3{,}74$$
$$E_{s_2} = 2{,}62$$
$$E_{s_3} = 17{,}1$$
$$E_{s_4} = 17{,}4$$
$$\underline{E_{s_5} = 17{,}5}$$
$$58{,}36\,\mathrm{V}.$$

5. Verwendung von Drosselspulen. Es war bereits vorher angedeutet, daß man bei den elektrischen Heizungsarten, die denen einer Bogenlampe gleichen, wegen der dort auftretenden, oft sehr hohen Stromstöße Vorkehrungen treffen muß, um diese auf ein solches Maß zu beschränken, daß weder das Leitungsnetz, an welches der Ofen angeschlossen ist, noch der Ofen selbst gefährdet werden. Ein Schutzmittel ist der Einbau von Drosselspulen, die die Stromstöße abflachen. Die Dämpfung der Stromstöße durch Drosselspulen ist natürlich auch mit einem Spannungsabfall verbunden, und man ist daher gezwungen, die Drosselung nur bis zu einem solchen Grade durchzuführen, daß die mit der Drosselung verbundene Phasenverschiebung nicht Werte annimmt, welche die Heizungsart unwirtschaftlich machen. Während

ohne Drosselung oder Dämpfung die Stromstöße fast die dreifache
Höhe der normalen Stromstärke erreichen können, hat man es in der
Hand, durch Einbau von Drosselspulen die Stromstöße auf etwa das
1,6- bis 1,5fache herabzudrücken, also in Grenzen zu halten, welche
eine Gefährdung des Netzes oder Ofenkreises ausschließen, andererseits
aber doch nicht die Reaktanz so weit erhöhen, daß die Heizungsart,
wie schon vorher erwähnt, unwirtschaftlich wird.

Die Vorgänge, welche sich durch Einschalten einer Drosselspule in
dem Ofenstromkreis abspielen, lassen sich an Hand des Vektorendia-

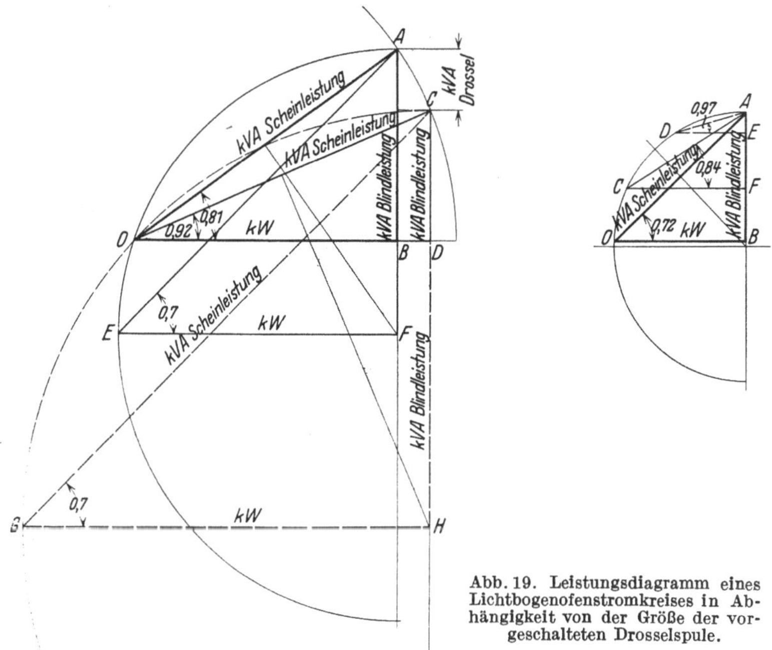

Abb. 19. Leistungsdiagramm eines
Lichtbogenofenstromkreises in Abhängigkeit von der Größe der vorgeschalteten Drosselspule.

grammes Abb. 19 darlegen. In dem linksstehenden Diagramm ist das
Leistungsdreieck eines Lichtbogenofenstromkreises in Abhängigkeit von
der vorgeschalteten Drosselspule dargestellt, und zwar beim Arbeiten
des Ofens mit erhöhter Spannung während der Phase des Einschmelzens.
ODC stellt das Leistungsdreieck des Ofens dar mit vorgeschalteter
Drosselspule bei geringer Drosselung, der von OC und OD eingeschlossene
Winkel φ die Phasenverschiebung des Ofenstromkreises. Die Linie OD
stellt die Leistungsaufnahme des Ofens in kW dar (Wirkleistung) und
die in Punkt D errichtete Senkrechte die Richtung der Blindleistung
des Ofens. Schlägt man um O mit der Länge der Scheinleistung des
Ofens einen Kreisbogen, so schneidet dieser die in D errichtete Senkrechte in C, und die Linie CD gibt die Blindleistung des Ofens wieder.

Will man nun dem Ofen eine bestimmte Reaktanz aufdrücken, d. h. also die Blindleistung um einen bestimmten Betrag durch Vorschalten der Drosselspule erhöhen, so verlängert man die Senkrechte in D um die Größe der angenommenen Reaktanz und zieht durch den Endpunkt derselben eine Parallele zur Linie OD, diese schneidet den um O geschlagenen Kreisbogen in A. Es ist A dann der Schnittpunkt des neuen Leistungsdreiecks mit der um den gewünschten Betrag erhöhten Reaktanz. Die Senkrechte von A auf OD, welche OD in B schneidet, also AB stellt dann die neue Blindleistung dar, die Linie OA die Scheinleistung und die Linie OB die Wirkleistung.

Es ist nun leicht ersichtlich, daß man für alle gewünschten Reaktanzen sich das Leistungsdreieck des Ofens aufzeichnen kann, da die Scheitelpunkte A und O sich auf der Peripherie eines Kreises bewegen,

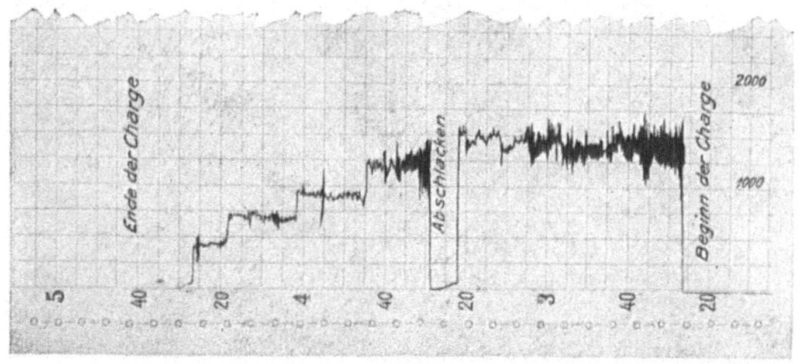

Abb. 20. Leistungskurve eines Drehstromlichtbogenofens mit eingeschalteter Drosselspule beim Anfahren des Ofens.

dessen Mittelpunkt in dem Schnittpunkt der in der Mitte von O und A errichteten Senkrechten und der Verlängerung der Linie AB liegt. Man kann auf diese Art und Weise durch das Vektorendiagramm diejenige Dämpfung bestimmen, welche für die Aufnahme der Höchstleistung des Ofens die günstigste ist.

Die nebenstehende Abbildung gibt das Leistungsdiagramm des Ofens wieder beim Arbeiten mit niedriger Spannung, also bei der Phase des Raffinierens oder Feinens der Charge, und zwar bei einer Spannung von 107 V. Auch hier lassen sich im Leistungsdiagramm ohne weiteres leicht erkennbar die Vorgänge zwischen Wirk- und Blindleistung in ähnlicher Weise verfolgen wie in der vorigen Abbildung, und es läßt sich das Optimum der Leistungsaufnahme bestimmen. Die Spannungsänderung wird erzielt durch Dreieck-Sternschaltung. Bei Dreieckschaltung der primären Seite des Transformators erhält man die hohe Leistungsaufnahme, bei Sternschaltung die auf das $\frac{1}{\sqrt{3}}$-fache erniedrigte.

Abb. 20 stellt die durch einen in den Ofenstromkreis eingeschalteten registrierenden Leistungsanzeiger aufgezeichnete Leistungskurve eines Drehstromlichtbogenofens dar, in der deutlich die bei Beginn der Schmelze durch Einschalten der Drosselspule hervorgerufene Dämpfung der Stromstöße zu erkennen ist. Gleichzeitig ist aus der Kurve zu entnehmen, daß die großen Stromstöße nur beim Einschmelzen von festem Einsatz auftreten, dagegen bei der Phase des Raffinierens, bei welcher die Drosselspule ausgeschaltet wird, erhebliche Stromstöße kaum in Frage kommen.

6. Ausführung von Stromleitungen für Ströme hoher Intensität. Je länger die Stromwege sind, welche von der Energiequelle zur Heizstelle führen, desto fühlbarer machen sich die Verluste durch Selbstinduktion, die in den Leitern entstehen, und desto schlechter wird der Leistungsfaktor der gesamten Heizanlage. Ein schlechter Leistungsfaktor wirkt sich aber vor allem in wirtschaftlicher Beziehung sehr unangenehm aus, denn im allgemeinen wird bei der Aufstellung der Stromtarife eine Energieabnahme mit hoher Blindleistung mit höheren Kosten belegt als eine reine Wirkleistung. Das Verhältnis der Veränderung des Leistungsfaktors zur Länge des Stromweges läßt sich im Koordinatensystem darstellen[1].

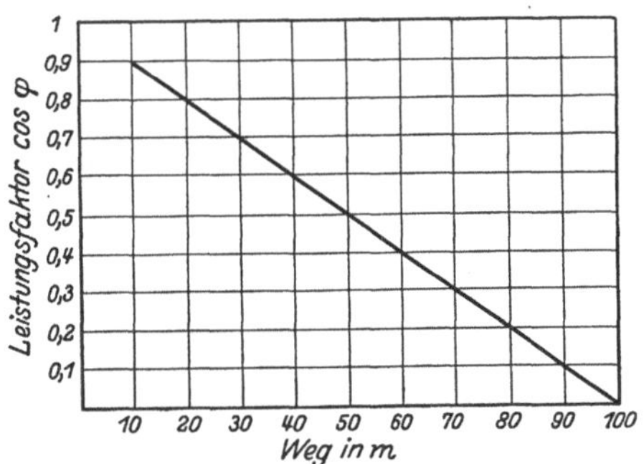

Abb. 21. Graphische Darstellung der Abhängigkeit der Phasenverschiebung von der Länge des Stromweges.

In Abb. 21 sind in der Abszisse die Längen des Stromweges in Metern aufgetragen, während die Ordinate die Phasenverschiebung des in Frage kommenden Ofenstromkreises kennzeichnet. Es ist deutlich ersichtlich, daß mit wachsender Länge des Stromweges der Leistungsfaktor nahezu linear abnimmt. Auf Seite 16 bis 18 ist ja eine Berechnung einer Ofenstromleitung für einen Karbidofen durchgeführt worden, welche theoretisch die Wege zeigt, die man gehen muß, um die Phasenverschiebung auf ein Minimum herabzudrücken. Die praktische Anwendung dieser Berechnung soll aber in wenigen Abbildungen noch nachstehend veranschaulicht werden, bei denen ähnliche Berechnungsarten zugrunde gelegt, aber abgesehen davon auch Wert darauf gelegt wurde, gewisse aus der Praxis herausgegriffene Kniffe bei der Verlegung der Leitungen anzuwenden.

---

[1] Vgl. Wotschke: Die Leistung des Drehstromofens. Berlin: Julius Springer 1925.

Abb. 22 stellt einen aus drei Einphasentransformatoren kombinierten Drehstromtransformator für eine Leistung von je 6600 kVA, also insgesamt 20000 kVA, dar. Die Transformatoren sind an ein 5000-V-Drehstromnetz angeschlossen, sie haben eine regulierbare Sekundärspannung von 170 bis 210 V, die Stromstärke beträgt pro Phase ca. 68000 A. Die Transformatoren werden sekundär in Stern geschaltet. Die Sekundärwicklungen sind aus dem Transformator offen herausgeführt, so daß die Sternverbindungen oberhalb des Transformators verlegt werden. Die Sternverbindung ist, wie aus der Abbildung ersichtlich, so angelegt, daß die in den Leitungen induzierten Ströme gegeneinander laufen,

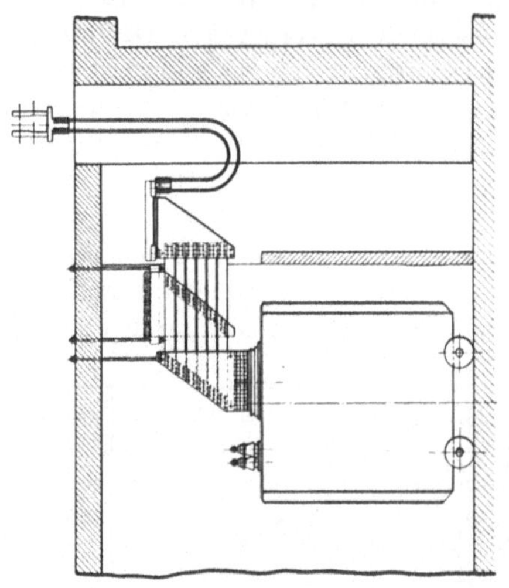

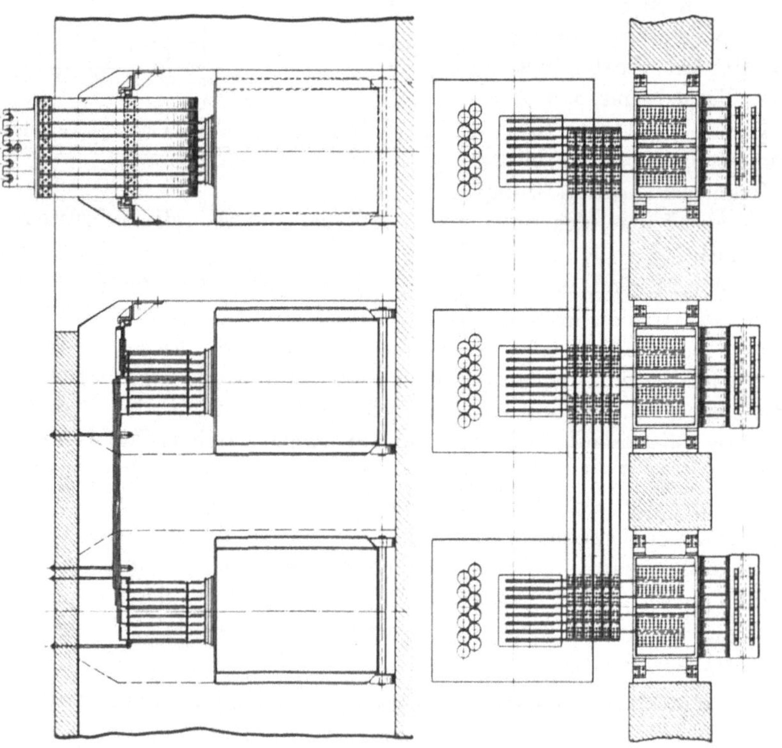

Abb. 22. Anordnung der Leitungsführung des aus drei Einphasentransformatoren kombinierten Drehstromtransformators von Karbidöfen.

sich also in ihrer schädlichen Wirkung bis zu einer gewissen Grenze auf-
heben. Außerdem ist bei der Dimensionierung der Leitungen besonderer
Wert darauf gelegt, diesen eine möglichst große Oberfläche zu geben,
und zwar mit Rücksicht auf die Stromverdrängung, den sogenannten
Skineffekt. Bekanntlich führt ein kompakter Leiter infolge des Skineffektes den Strom hauptsächlich an seinen Oberflächen, und es ist also
von der Oberfläche des Leiters auch der Widerstand abhängig, der dem
sich über die Oberfläche des Leiters ausdehnenden Strom entgegen-
gesetzt wird, und ebenso die Verluste durch Joulesche Wärme. Daher
wählt man in der Praxis die Belastung der Leiter so, daß die Stromdichte pro mm² Quer-
schnitt nicht über 2 A geht,
solange es luftgekühlte Leitungen sind, während man
bei wassergekühlten Roh-
ren Belastungen bis zu
4,5 A pro mm² Quer-
schnitt ohne weiteres zu-
lassen kann.

Es ist bereits darauf
hingewiesen worden, daß
mit Rücksicht auf die
gleichmäßige Verteilung des
Stromes in allen Teilen der
Leiterquerschnitte die Abmessungen der Leiter be-
stimmte Formen erhalten.

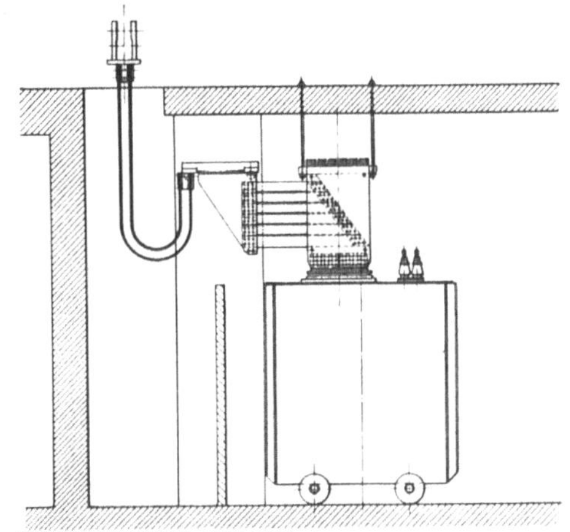

Abb. 23. Anordnung von Hochstromleitungen für
Karbidöfen.

Aus Abb. 23 und 24 läßt sich diese Tendenz der Schaffung gleich
langer Stromfäden in den Leitern klar erkennen. In Abb. 23 ist deutlich ersichtlich, daß die Verbindungslaschen zwischen den austretenden
Stromleitungen des Transformators und den zu dem Ofen führenden
Leitungen schräg abgeschnitten sind und eine aufgeschweißte Leiste
tragen, auf welcher Leiste senkrecht zu den herausgeführten Stromleitungen des Transformators die zum Ofen führenden starken Kupfer-
leitungen befestigt sind. Die Stromlinien verlaufen in den Leitungen
daher so, daß die am hinteren Ende der Stromzuführung austretenden
Ströme genau denselben Weg haben wie diejenigen am vorderen Ende.

In Abb. 25 ist dargestellt, in welcher Form die vom Transformator
zum Ofen führenden Leitungen miteinander verschachtelt werden, um
die in den Leitungen auftretenden Selbstinduktionsströme zu kom-
pensieren. Es sind an dem in der Abbildung schematisch dargestellten
Transformator die Leitungen $u\,v\,w$ der entsprechenden Phase so miteinander verschachtelt, daß neben der Leitung u unmittelbar die Lei-

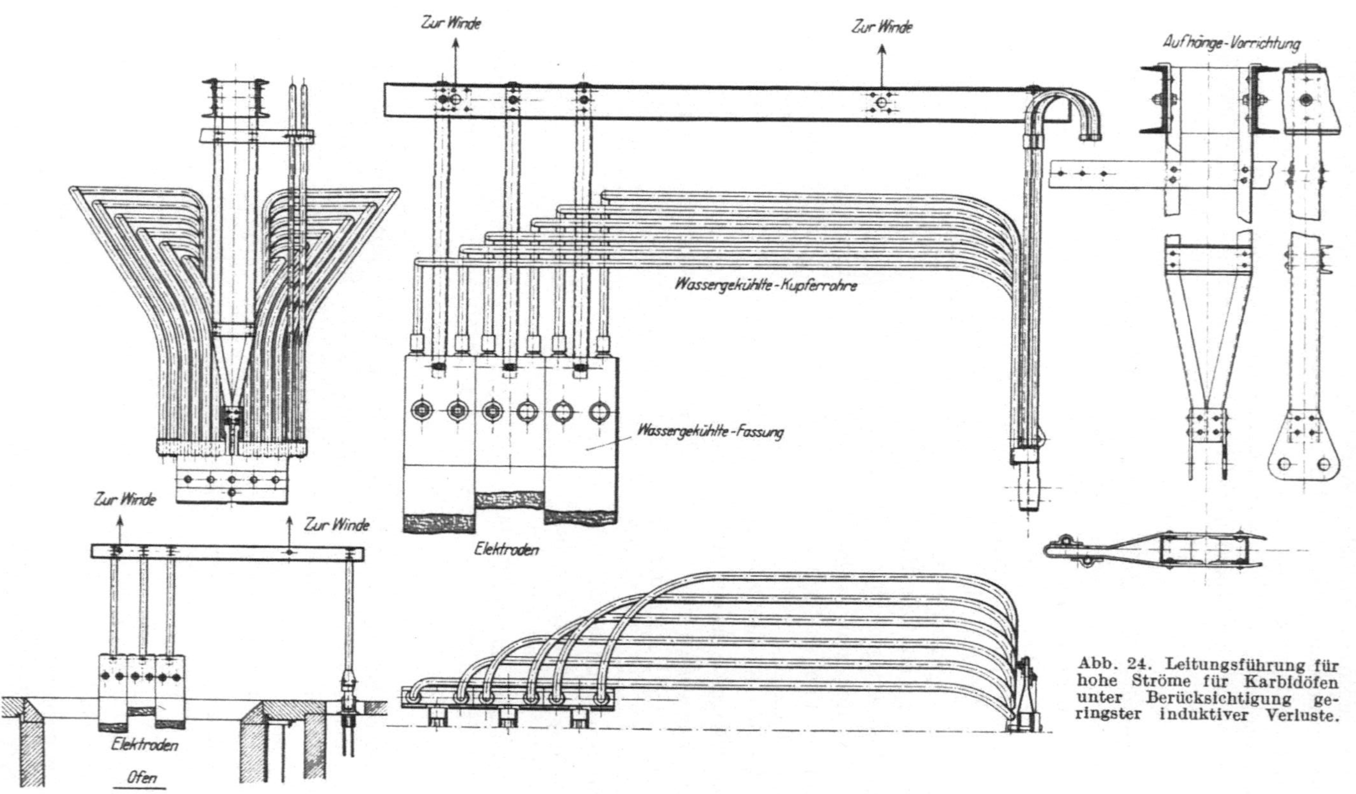

Abb. 24. Leitungsführung für hohe Ströme für Karbidöfen unter Berücksichtigung geringster induktiver Verluste.

tung v von Phase *2* geführt wird und neben v von Phase *2* die Leitung w von Phase *3*. In diesen drei Leitungen laufen die Selbstinduktionsströme alle gegeneinander, so daß ihre schädliche Wirkung aufgehoben wird. In derselben Weise sind die von Phase *2* und Phase *3* ausgehenden Leitungen mit denen von Phase *2* und Phase *1* verschachtelt. Diese Verschachtelung wird, wie aus der Abbildung ersichtlich, erst kurz vor dem Ofen aufgelöst, und zwar an der Stelle, an welcher die starren Verbindungen in flexible Leitungskabel übergehen. Es ist auf diese Weise möglich, selbst bei Öfen, die Stromstärken von 100 000 A und

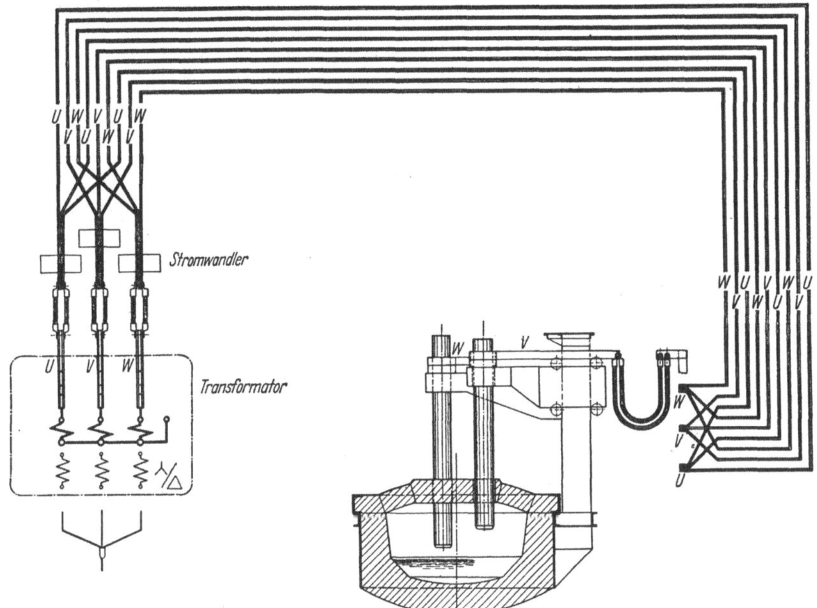

Abb. 25. Leitungsverschachtelung für Hochstromkarbidofenanlagen.

mehr haben, die Phasenverschiebung des Stromkreises auf ein erträgliches Maß herabzudrücken, so daß bei allergrößten Strömen der cos φ etwa 0,75 bis 0,8 beträgt. Bei Drehstromofenanlagen mit einer Leistung von 15 bis 20 000 kW ist es möglich, durch geschickte Anordnung der Leitungen mit einem cos $\varphi = 0,8$ und darüber zu arbeiten. Bei Einphasenöfen mit Stromstärken bis zu 150 000, ja 200 000 A läßt sich die Phasenverschiebung so weit herabdrücken, daß ein cos φ von 0,9 erreicht werden kann.

An Stelle der in den Abb. 23 und 25 veranschaulichten, aus Kupferbarren hergestellten starren Leitungsverbindungen lassen sich natürlich auch wassergekühlte Kupferrohre verwenden, bei denen man mit der Stromdichte bis auf 4 bis 5 A pro mm² Querschnitt heraufgehen kann, doch sind derartige Anordnungen nur da verwendbar, wo besondere Sorgfalt auf die Beschaffung eines von Schwebestoffen freien und praktisch reinen Kühlwassers verwendet wird. Es sind in der Praxis Fälle vorgekommen, wo man diese Forderungen nicht genügend berücksichtigt hat und daher die Ofenanlage alle 2 bis 3 Monate stillegen mußte, um die Rohrleitungen zu reinigen und so den durch die Verschmutzung herabgedrückten Kühleffekt wieder auf seine ursprüngliche Höhe zu bringen.

B. Über die Systematik der elektrischen Öfen.

1. Die verschiedenen Ofenarten, insbesondere die Lichtbogenöfen. Zum besseren Verständnis der Arbeitsweise der einzelnen elektrischen Ofenarten ist es zweckmäßig, einen kurzen Überblick der verschiedenen im praktischen Betrieb verwendeten Heizungsarten vorangehen zu lassen. Die sehr zahlreichen Ausführungsformen der elektrischen Heizung lassen sich zusammenfassend in zwei Hauptgruppen unterteilen: in die Gruppen der Lichtbogen- und Widerstandsheizung. Die Lichtbogenheizung, welche die bei weitem ältere ist, unterscheidet sich von der Widerstandsheizung dadurch, daß der als Widerstand eingeschaltete Leiter ein gasförmiger ist, also atmosphärische Luft oder irgendein anderes Gas, wogegen die Widerstandsheizung charakterisiert ist durch einen kompakten metallischen oder aus sonst leitendem Material hergestellten Leiter. Analog kann man das Vorhergesagte auf die elektrischen Öfen anwenden und unterteilt sie sinngemäß in Lichtbogenöfen und Widerstandsöfen.

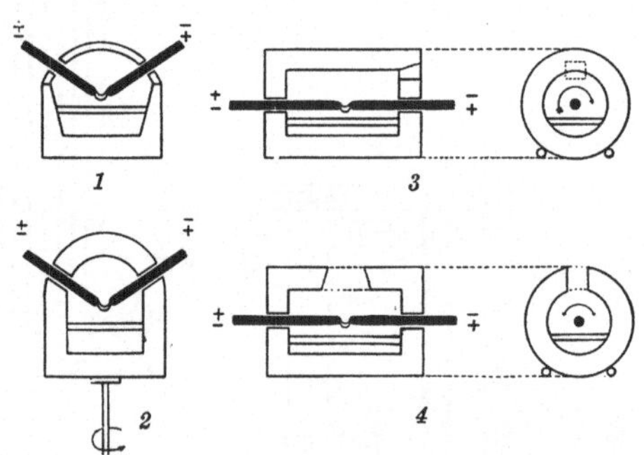

Abb. 26a. Indirekte Lichtbogenheizung.

1 Feststehende Öfen. Bauarten: Bonner Maschinenfabrik, Rennerfeldt, Schlegell, *2* Um senkrechte Achse rotierende Öfen. Bauarten: Stassano, Ges. Volta, *3* Um horizontale Achse rollende Öfen. Bauarten: Booth, Rheinmetall, Ruß, Siemens & Halske, *4* Um horizontale Achse schaukelnde Öfen. Bauarten: Detroit, Humboldt, Weeks.

Für die Gruppe der Lichtbogenöfen gibt es wieder drei Untergruppen: die der indirekten Lichtbogen- oder Strahlungsöfen, die der direkten Lichtbogenöfen und die der kombinierten Lichtbogenöfen.

Abb. 26a—c zeigen das Schema einer Ofenheizung nach der erstgenannten Gruppe, das eines indirekten Lichtbogenofens, welcher charakterisiert ist durch einen aufgemauerten Herd, über dessen Einsatz schräg durch das Gewölbe hinein die Elektroden ragen, zwischen denen ein Lichtbogen ausgezogen wird. Es heizt also die strahlende Hitze des Lichtbogens die über dem Metallbad befindliche Schlacke auf, und erst die Schlacke ist der Überträger der Lichtbogenwärme auf das Bad selbst. Diese Heizungsart gewährleistet eine reaktionsfähige, dünnflüssige Schlacke, hat aber bei feststehenden Öfen den Nachteil, daß man z. B. bei zu tiefer Einstellung des Lichtbogens eine lokale Überhitzung des Bades nicht verhindern kann, zumal die Bewegung im Bad selbst nur

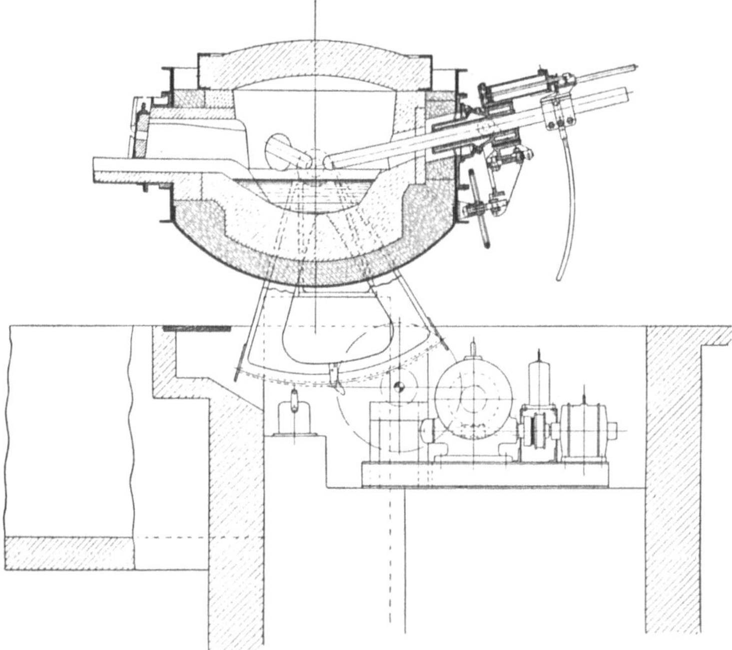

Abb. 26b. Indirekte Lichtbogenheizung.

durch den Ausgleich der spezifisch schwereren oder leichteren, mehr oder minder stark beheizten Massen erfolgt.

Die Bauarten, welche von der Bonner Maschinenfabrik ausgeführt worden sind, werden in modifizierter Form in der Weise, daß z. B. eine Kohlenelektrode senkrecht durch das Gewölbe zum Bade, im Winkel zu den beiden anderen stehend, hineinragt, durch das System Rennerfeld vertreten.

Es werden derartige Öfen heute nur noch für kleine Größen bis etwa 200 kg Fassungsvermögen hauptsächlich für die Herstellung von Edelstahl und Grauguß oder als Versuchsöfen verwendet.

Der in der gleichen Abbildung darunter stehende Typ des indirekten Lichtbogens ist, um eine bessere Wärmeverteilung in der Schmelzmasse zu erzielen, mit beweglichem Herd ausgerüstet, und zwar ist der Herd auf einer senkrechten Achse angeordnet, die in Rotation versetzt werden kann. Es entspricht diese Bauart der Ofenausführung dem Typ Stassano. Letzterer ist einer der ersten und ältesten Ofenkonstrukteure, der die elektrische Heizung praktisch für Schmelzöfen industriell verwendet hat.

Das dritte Schaubild von Abb. 26a kennzeichnet einen Lichtbogenstrahlungsofen, dessen Ofenkörper in zylindrischer Form ausgeführt ist, und welcher um eine horizontale Achse in Rotation versetzt werden kann. Die Elektroden ragen in der Richtung der Ofenachse in den Ofen hinein. Der Ofen wird hauptsächlich für das Schmelzen von Nichteisenmetallen verwendet und wird von nachstehenden Firmen gebaut: Booth, Rheinmetall und Siemens & Halske. Er hat gegenüber den anderen Öfen den Vorteil, daß infolge der Rotation immer neue Massen in den Bereich des strahlenden Lichtbogens gewälzt werden und dadurch ein Verbrennen des Metalls an der Oberfläche verhindert und eine gleichmäßige Erwärmung des Eisens bewirkt wird.

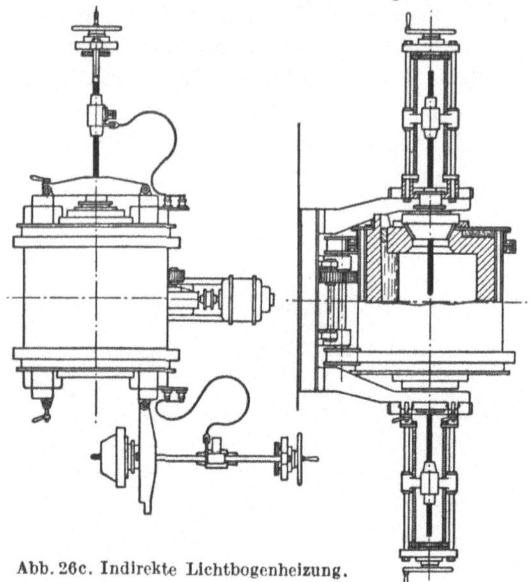

Abb. 26c. Indirekte Lichtbogenheizung.

1. Ofen mit oberen Elektroden allein

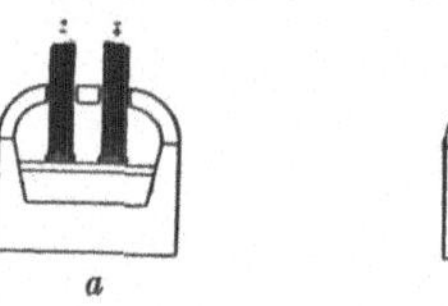

a

b

a mit freiem Austritt für die Ofengase. Bauarten: Héroult, Keller I, Harmet, b mit gekapselten Elektroden. Bauarten: Fiat, Tagliaferri, Siemens & Halske.

2. Öfen mit oberen und Bodenelektroden

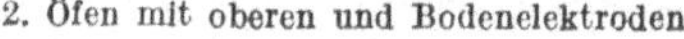

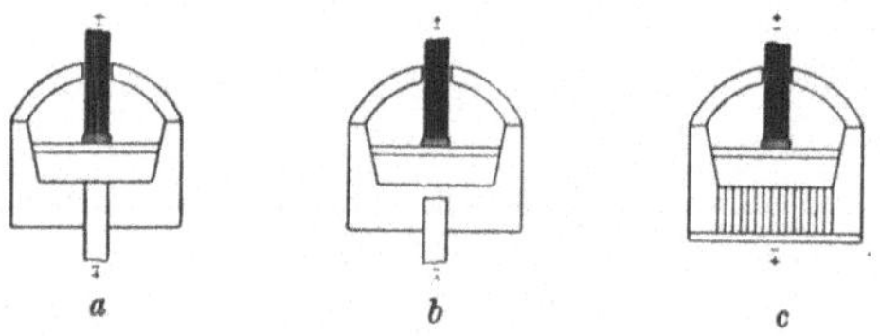

a

b

c

a Bodenelektrode direkt mit dem Einsatz in Kontakt. Bauarten: Girod, Chaplet, Snyder, b Bodenelektrode vom Einsatz durch Leiter 2. Klasse getrennt. Bauarten: Nathusius, Grönwall, Stobble, Greaves-Etchells, c armierter Herd. Bauart: Keller II.

Abb. 27a. Schema der direkten Lichtbogenheizung.

Einen ähnlichen Zweck der Durchmischung des Materials soll der darunter stehende Ofentyp, welcher eine Schaukelbewegung auch um

eine horizontale oder exzentrisch gelagerte Achse vollführt, anstreben.
Der Ofen wird auch größtenteils zum Schmelzen von Nichteisenmetallen
verwendet und ist besonders von Detroit in Amerika in größerem Umfange für diesen Zweck eingeführt worden. Wie schon vorher angedeutet,
wird der indirekte Lichtbogenstrahlungsofen, soweit die Herstellung

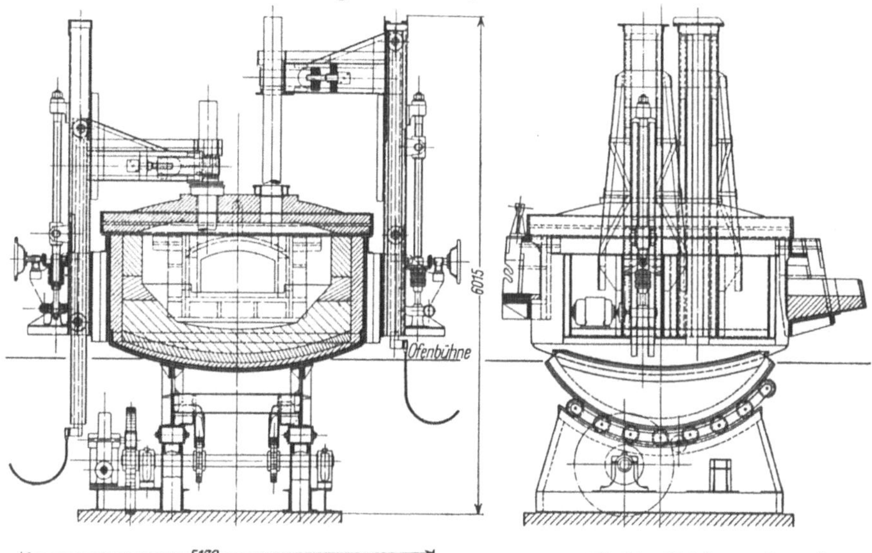

Abb. 27b. Direkter Lichtbogenofen mit
nicht abgedichteten Elektroden.

von Qualitätsstahl und Grauguß in Frage kommen, heute
nur wenig benutzt, hat dagegen in der Nichteisenmetall-
industrie einen immerhin noch
verhältnismäßig großen Anwendungsbereich, speziell im
Ausland.

Abb. 26 b und c geben ausgeführte oben beschriebene Ofenarten in Schnitt und Ansicht.

Abb. 27 a—c zeigten das Schema des direkten Lichtbogenofens. Dieser
hat sich für das Schmelzen und Veredeln von Eisenmetallen das Feld
erobert. Gekennzeichnet ist der Ofen in seinem schematischen Aufbau
durch einen feuerfesten Herd, der das Metallbad aufnimmt und der
mit einem Gewölbe überdeckt ist, durch das hinein senkrecht zur Bad-
oberfläche die Elektroden ragen. Der Strom nimmt bei diesem Ofen
den folgenden Weg: Er wird durch die eine Elektrode in den Ofen-

einsatz geschickt, durchwandert diesen, überbrückt den zwischen Elektrode und dem Einsatz resp. der Schlacke entstehenden Luft- öder Gaszwischenraum, streut teils in die Schlacke hinein zur zweiten Elektrode, nimmt aber in der Hauptsache seinen Weg durch den Schmelzeinsatz zur zweiten Elektrode, wobei er den zwischen dieser und dem Einsatz resp. der Schlacke entstehenden Luft- oder Gaszwischenraum überbrückt und durch die zweite Elektrodenkohle hindurch den Stromkreis schließt. Bei dieser Heizungsart ist nicht nur ein Aufheizen der Schlacke als solche gewährleistet, sondern man kann, wenn auch nur in begrenztem Maße, von einer gewissen Tiefenwirkung des Stromes auf das Schmelzbad sprechen.

Auch hier wird durch den in die Schlacke hineinstreuenden Strom eine sehr reaktionsfähige und dünnflüssige Schlacke erzielt. Vertreten wird dieses System durch die vier Bauarten in Abb. 27a.

Die Eintrittsstelle der Elektroden wird mit einfachen wassergekühlten Metallringen ausgerüstet, um zu verhindern, daß die ausstrahlende Wärme des Schmelzbades sowie die austretenden Gase die Elektroden an der Austrittsstelle zu stark erhitzen und diese infolge des Luftabbrandes Einschnürungen erhalten, welche leicht zum Abbrechen der Elektroden führen können.

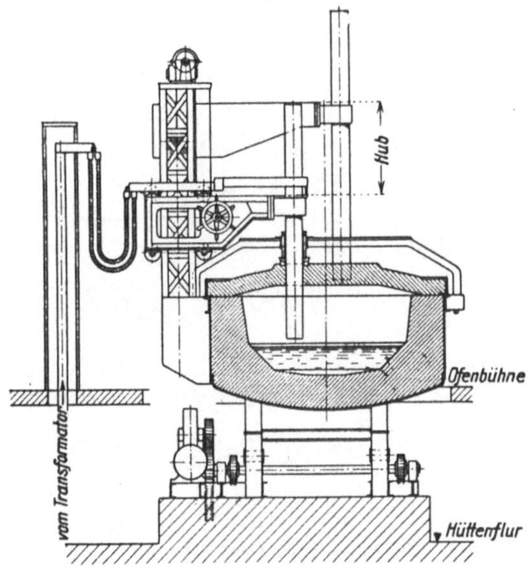

Abb. 27c. Direkter Lichtbogenofen mit abgedichteten Elektroden.

Eine weitere Bauart unterscheidet sich in der Hauptsache dadurch, daß die Elektroden luftdicht gekapselt sind. Man will dadurch einmal eine Reduktion des Abbrandes der Elektrodenkohle erreichen und andererseits die Möglichkeit haben, mit besonders hoher Energiedichte während der Phase des Schmelzens zu fahren. Dies hat insofern eine Abkürzung der Schmelzzeit und eine Ersparnis an Energie zur Folge, als ja die Abstrahlungsverluste eine Funktion der Zeit sind.

Diese Art der Abdichtung ist zuerst von den Fiatwerken in großem industriellen Maßstab auf den Markt gekommen und später von der Siemens & Halske A.-G. in modifizierter Form vereinfacht zur Anwendung gebracht worden. Die Erreichung einer hohen Energiedichte ist durch Umschaltung der Primärwicklung des Ofentransformators möglich, und zwar von Dreieck auf Stern. Bekanntlich ist bei Dreieckschaltung die Ofenspannung $\sqrt{3}$ mal so groß wie bei Sternschaltung, während die Stromdichte den gleichen Wert behält. Man arbeitet also am Ofen mit 2 Spannungen; während der Zeit des Einschmelzens mit hoher und während der Zeit der Raffination mit der $\frac{1}{\sqrt{3}}$-fachen, da im Hinblick auf die Trägheit der sich abspielenden chemisch-metallur-

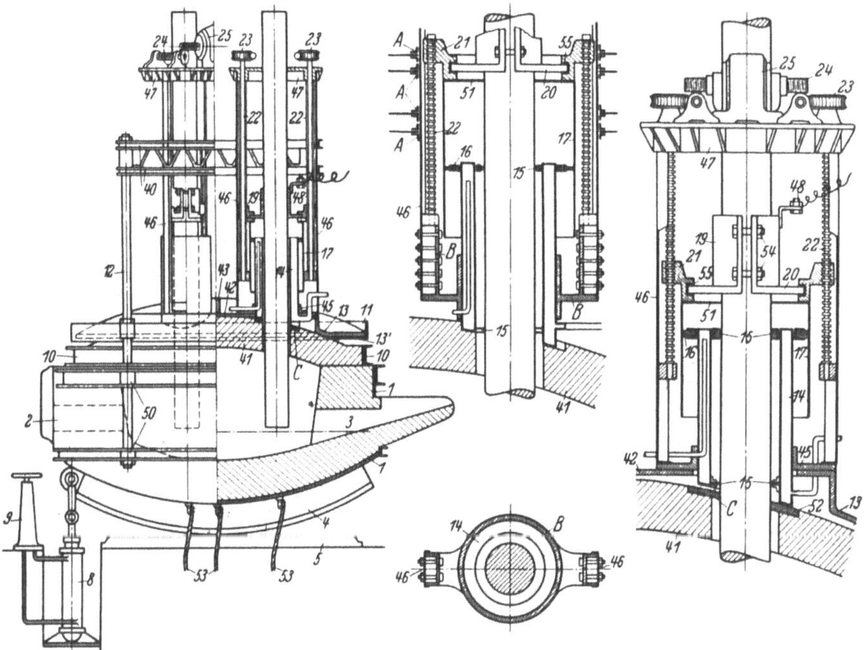

Abb. 28. Elektrodenabdichtung, System Fiat.

gischen Reaktion ein Fahren mit erhöhter Spannung oder Energiedichte keinen Vorteil bietet. Da man heute durchweg bei modernen Öfen wegen der Ersparung an Elektrodenkohle und wegen der Möglichkeit des schnellen Einschmelzens die abgedichteten Elektroden verwendet, so soll, was die Art der Abdichtung betrifft, noch etwas näher auf diese eingegangen werden.

In Abb. 28 ist die Abdichtung, wie sie Fiat bei seinen Öfen zum größten Teil verwendet, ersichtlich. Sie besteht aus teleskopartig übereinander und gegeneinander abgedichteten, wassergekühlten Zylindern, welche an ihrem oberen Ende die Elektrodenfassungen tragen. Diese Art der Abdichtung erfordert eine verhältnismäßig große Baulänge und macht infolgedessen das Annippeln mehrerer Elektroden notwendig, setzt also dem ankommenden Heizstrom hohen Widerstand in der Elektrodenkohle entgegen. Andererseits ist der untere Zylinder fest auf den Gewölbekörper aufgesetzt. Es kann also bei der unvermeidlichen Deformation, die das Gewölbe durch die vom Schmelzbad abstrahlende Hitze und die heißen Ofengase erleidet, die Abdichtung nicht folgen, und es ist die Gefahr des Bruches und Abscherens der Elektroden gegeben, eine Tatsache, die auch in praxi des öfteren zu verzeichnen war. Aus diesem Nachteil der Elektrodenfassungen hat die Siemens & Halske A.-G. gewisse Lehren gezogen und dementsprechend eine andere Abdichtungsart für ihre Öfen gewählt. Diese ist in Abb. 29 dargestellt. Die Abdichtungsart besteht aus einer auf das Gewölbe aufgesetzten, in ihrem unteren Teil wassergekühlten Sandzarge, in welche ein ringförmiger Ansatz eines wassergekühlten Metallzylinders eingreift, der die Elektroden auf eine verhältnismäßig kurze Länge umfaßt, welcher Zylinder mit einer keramischen Masse ausgestampft ist und am Ofenende durch eine Stopfbuchse abgeschlossen wird. Die Vorzüge der kurzen Bauart dieser Abdichtung sind leicht erkennbar. Durch Einlagerung des Abdichtungszylinders in die Sandzarge gestattet dieser, den Deformationen des Deckels zu folgen und die Elektroden vor dem Abscheren zu schützen. Allerdings ist bei dieser Anordnung eine nicht so weitgehende Kapselung der Elektroden vorgesehen wie bei Fiat, welche sich in praxi im allgemeinen aber auch nicht als notwendig erwiesen hat.

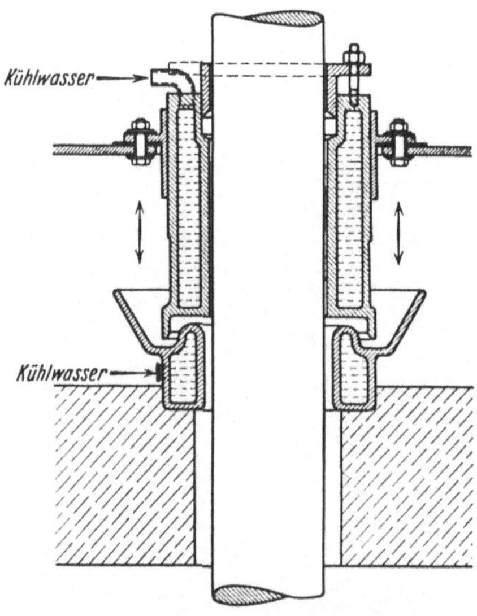

Abb. 29. Elektrodenabdichtung, System Siemens & Halske.

Wir wollen nun nochmals auf Abb. 27 a zurückkommen. Die dort gekennzeichnete Bauart mit abgedichteten Elektroden, welche, wie schon gesagt, heute fast durchweg das Schema einer modernen direkten Lichtbogenheizung darstellt, wird nach dem System Fiat, Tagliaferri und Siemens & Halske auf den Markt gebracht und für Ofeneinheiten von 200 kg bis 20 t, ja sogar bis 30 t Einsatzgewicht in Anwendung gebracht.

Weiter zeigt die Abbildung direkte Lichtbogenbauarten der Systeme Girod, Chaplet-Schneider, Nathusius, Grönwall, Stobbie, Greaves-Etchells. Sie unterscheiden sich von den beiden vorbeschriebenen dadurch, daß außer der Oberflächenheizung noch eine Bodenheizung vorgesehen ist. Das System Girod ist dadurch gekennzeichnet, daß wassergekühlte Stahlelektroden in den Schmelzeinsatz hineinreichen. Die Bauart Nathusius dagegen sieht Metall- oder Kohleelektroden vor, die in die Zustellung eingestampft sind. Bei beiden Systemen wird die Bodenheizung durch einen Teilstrom des Transformators oder einen besonderen Zusatztransformator betätigt.

Bei allen elektrischen Schmelzprozessen kommt, wie bereits vorher ausgeführt, die Umsetzung des elektrischen Stromes in Joulesche Wärme in Frage. Wenn man nun die ungeheuren Querschnitte berücksichtigt, die ein solches Eisenbad hat, und den dadurch bedingten sehr geringen Widerstand, so kann man ungefähr ermessen, daß das Produkt $J^2 w$ nur einen geringen Wert hat; jedenfalls ist der Querschnitt 800 bis 900 mal größer als der der Zuleitungen und es ist dementsprechend natürlich auch keine Rede davon, daß durch einen senkrecht durch das Bad geleiteten Strom besondere Heizwirkungen wirtschaftlich erzielt werden können. Man ist daher auch von der Bodenbeheizung wieder abgegangen. — Die Heizwirkung kann erhöht werden, indem man die Bodenelektrode durch einen Leiter zweiter Klasse vom Bad trennt (Bauart Nathusius u. a.). Es besteht bei diesen Öfen aber die Gefahr

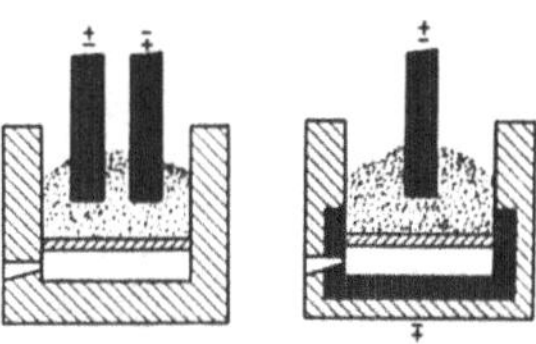

Abb. 30. Kombinierte Lichtbogen-Widerstandsheizung.

eines Bodendurchbruchs, durch den eine explosionsartige Aufkohlung hervorgerufen werden würde. Die Wirkung auch dieser Bodenheizung ist gering im Verhältnis zur Unbequemlichkeit, die sie im Gebrauche zeigt.

Der letzte dargestellte Ofen kennzeichnet einen direkten Lichtbogenofen mit armiertem Boden. Abb. 27b und c geben eine Ansicht praktisch ausgeführter direkter Lichtbogenöfen im Schnitt, und zwar b einen Ofen mit nicht abgedichteten und c einen solchen mit abgedichteten Elektroden. Abb. 27c zeigt die Aufhängung eines Elektrodenarmes für direkte Lichtbogenöfen mit abgedichteten Elektroden bis 20 t Einsatzgewicht, System Siemens & Halske.

Eine Kombination von direkten Lichtbogen- und Widerstandsöfen zeigt Abb. 30. Dieses System unterscheidet sich von dem direkten Lichtbogensystem dadurch, daß die Elektroden unmittelbar in das zu schmelzende Material hineinragen und von diesem umgeben sind. Es nimmt der Strom seinen Weg durch die Elektroden, streut in die Masse zum Teil hinein, bildet unterhalb der Elektrode einen Schmelz- oder Reaktionsherd, verläßt durch den unterhalb der zweiten Kohle gebildeten Schmelz- oder Reaktionsherd das Rohmaterial, durchströmt die Elektrodenkohle und schließt so den Stromkreis. Es schmilzt also das von

Elektrodenkohle umgebene Material in ein unter diesem sich bildendes Schmelzbad hinein, sammelt sich dort an und kann seitlich abgestochen werden. Solche Öfen, vornehmlich Reduktionsöfen, werden in erster Linie für die Herstellung von Roheisen unmittelbar aus den Erzen und auch für das Schmelzen von Ferrolegierungen unmittelbar aus dem Rohstoff sowie auch für elektrochemische Zwecke, also für Karbid, Korund usw., verwendet.

Der in der gleichen Abbildung gekennzeichnete zweite Ofentyp unterscheidet sich von dem ersten dadurch, daß der Strom durch die

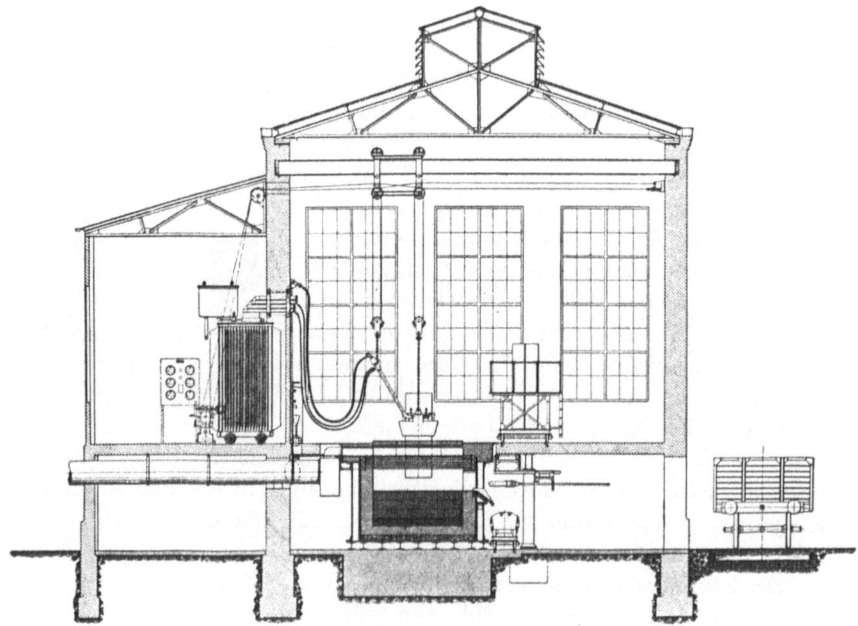

Abb. 31. Schnittzeichnung einer Karbidofenanlage.

oben in das Material hineinragende Elektrode eingeführt wird und durch eine Bodenelektrode, welche unterhalb des heruntergeschmolzenen Materials liegt, den Ofen verläßt. Der Heizvorgang spielt sich in ähnlicher Weise ab wie bei dem vorgenannten System. Die Öfen werden ebenfalls für die oben genannten Zwecke verwendet.

Abb. 31 zeigt die Verwendung eines Reduktionsofens vorbeschriebenen Schemas im praktischen Karbidbetrieb, in Schnittzeichnung dargestellt. Einen ungefähren Überblick über die Arbeit der Lichtbogenöfen verschafft folgende Tabelle, die für Stahlöfen gemessen wurde.

2. Feuerfeste Auskleidung von Elektroöfen. Eine besonders schwierige Frage beim Elektroofenbau ist die der Wahl des richtigen feuerfesten Baustoffes. Im Hinblick darauf, daß beim Elektroofen die Be-

15 t-Lichtbogenofen.

kWh/t	Davon zum Einschmelzen kWh/t	Davon zum Feinen kWh/t	Transformator-leistung kVA	Einsatz kg
865	532 (2 Stunden)	333 (4 Stunden)	5400 (4000—4400 kV)	15000

3 bis 4 t-Lichtbogenofen.

kWh/t	Davon zum Einschmelzen kWh/t	Davon zum Feinen kWh/t	Transformator-leistung kVA	Einsatz kg
632	575 (2 Stunden)	57 (1 Stunde)	1400	4500

anspruchung des feuerfesten Auskleidungsmaterials in bezug auf hohe
Erwärmung, Temperaturschwankungen, auf Schlackenangriffe, auf
Wärmedurchlässigkeit und Wärmeisolation eine außerordentlich hohe
ist, ist ganz besondere Sorgfalt beim Ausmauern der Öfen am Platze.
Man soll daher nur solche Baustoffe wählen, die schon einen möglichst
hohen Schmelzpunkt, geringe Ausdehnung bei Hitzebeanspruchung und
hohe Widerstandsfähigkeit bei Temperaturschwankungen aufweisen.

Hohe Erweichungstemperaturen, Widerstandsfähigkeit gegen Schlak-
keneinflüsse sowie gegen reduzierende und oxydierende Einflüsse bei
der Durchführung der verschiedensten metallurgischen Prozesse sind
ebenfalls anzustreben, und für geeignete Wärmedurchlässigkeit ist
Sorge zu tragen.

Bis heute hat die Keramik nicht vermocht, Baustoffe in den Dienst
der Elektroofentechnik zu stellen, die in annehmbarem Maße alle vor-
erwähnten Forderungen befriedigen können. Es ist und bleibt daher
gerade die Frage der geeigneten Ausmauerung der Elektroöfen für die
Keramiker noch ein sehr dankbares Feld der Betätigung.

In Abb. 32 ist der ausgemauerte Herd eines direkten Lichtbogenofens
dargestellt. Die feuerfeste Auskleidung des Herdes ist von einem
schmiedeeisernen Mantel umgeben und das feuerfeste Gewölbe von einer
schmiedeeisernen Zarge eingefaßt. Der Ofen besitzt an der einen Seite
eine Ausgußschnauze und an der gegenüberliegenden Seite die Schlak-
kentür. Der Ofenboden hat in seiner untersten Schicht eine lose, pulver-
förmige Aufschüttung von Magnesit, darüber angeordnet eine Lage
Schamottesteine und über den Schamottesteinen eine Schicht von
Magnesitsteinen. Die Keilsteine sind ebenfalls aus Schamotte hergestellt.
Über den Magnesitsteinen ist bei basischer Zustellung ein Gemisch aus
Teer und Dolomit oder Teermagnesit aufgestampft, während die Steine

in der Schlackenzone wieder aus Magnesit bestehen. Die Gewölbesteine der Ausgußschnauze, der Schlackentür und des gewölbten Deckels bestehen aus Silika- oder Dinasmaterial.

In Abb. 33 sieht man eine weitere Bauart der feuerfesten Auskleidung. Der Boden ist wieder aus Teerdolomit oder Magnesit, die Schlackenzone aus Magnesit, der Ofendeckel aus Silikasteinen und die Ausgußschnauze sowohl als auch die Schlackentür sind mit Dinassteinen ausgemauert. Oberhalb des Gewölbes ist der Durchtritt der Elektroden deutlich gekennzeichnet. Die Elektroden sind natürlich an ihrer Durchtrittsstelle, wie vorhin schon erwähnt, mit wassergekühlten Rin-

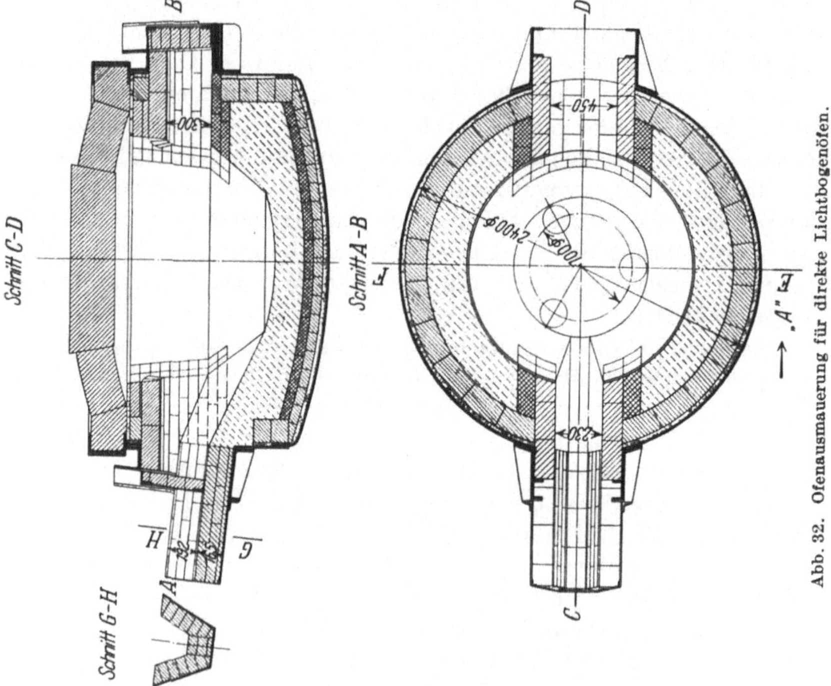

gen versehen und bei abgedichteten Elektroden mit wassergekühlten, metallischen Zylindern umgeben.

Bei saurer Zustellung des Ofens wird anstatt des Teer-Dolomitgemisches ein Teerquarzitgemisch oder Quarzit-Tongemisch verwendet. Über die Haltbarkeit solcher Zustellungen wird später berichtet werden.

3. Elektroden. Bei den bisher geschilderten Lichtbogenöfen bedient man sich zur Einleitung des Stromes in das Schmelzbad der Elektroden aus Kohle.

Man unterscheidet drei verschiedene Arten von Kohleelektroden: sogenannte amorphe Kohleelektroden, welche nach ihrer Formgebung künstlich gebrannt werden, graphitierte Elektroden, die nach ihrer künst-

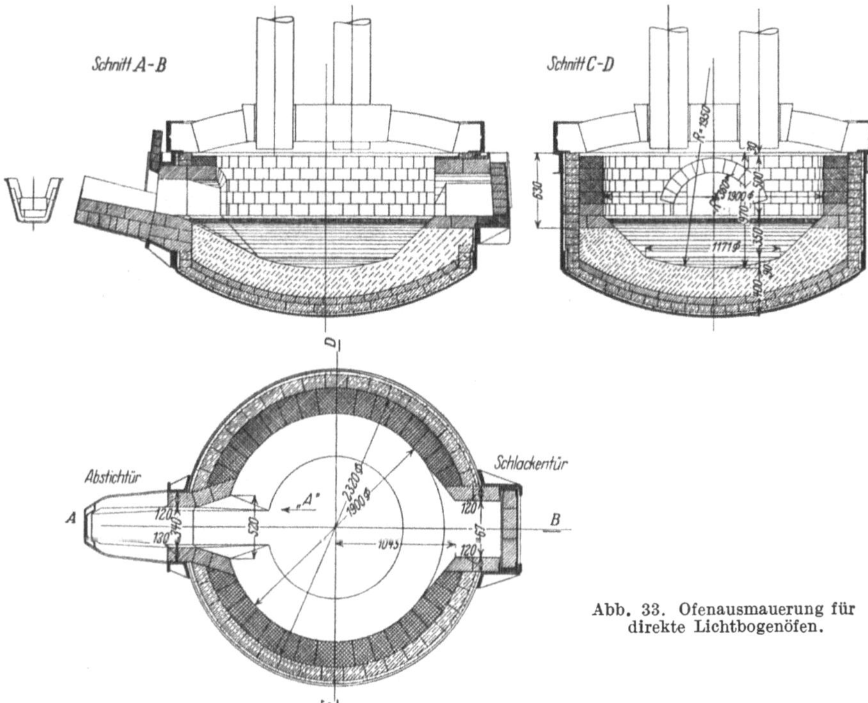

Abb. 33. Ofenausmauerung für direkte Lichtbogenöfen.

lichen Brennung noch einer längeren Heizdauer bei hohen Temperaturen ausgesetzt werden, so daß sich die amorphe Masse in graphitierte umsetzt, und Elektroden, die ungebrannt in den Ofen eingesetzt werden, sogenannte selbstbrennende Elektroden (Söderbergelektroden). Wenden wir uns einmal zuerst den amorphen Kohleelektroden zu und betrachten wir die in Frage kommenden Rohstoffe, so sind diese: Anthrazit, Retorten-Graphit, Petrolkoks, Schmelzkoks, Ruß und als Bindemittel Teer oder Pech. Die Rohstoffe werden gereinigt, entgast oder getrocknet, gebrochen und gesiebt, in Kugel- und Rohrmühlen zu Pulver vermahlen, bei bestimmten Hitzegraden mit dem Bindemittel vermischt und erhalten dann entweder nach dem Stampfverfahren oder nach dem hydraulischen Preßverfahren ihre Form, und zwar nach dem Stampfverfahren in geheizten Eisenformen, in denen die Elektroden mittels elektrisch angetriebener Stampfer aufgestampft werden, oder nach dem zweiten Verfahren mittels hydraulischer Pressen, aus denen die Kohlenmischungen mittels geeignet geformter Mundstücke in den geforderten Elektrodenquerschnitten herausgepreßt werden. Nach der Formgebung werden die Elektroden bei den angeführten Verfahren, nachdem sie erkaltet sind, in besonders konstruierten Öfen bei 1200 bis 1400° gebrannt. Die Brennöfen werden durch Generatorengas aufgeheizt. Die Brenndauer beläuft sich auf ca. 3 Wochen. — Soll die amorphe Kohle in graphitierte Kohle übergeführt werden, so müssen die Elektroden in besonders gebauten elektrischen Widerstandsöfen längere Zeit bei hohen Temperaturen von ca. 3000° erhitzt werden, wobei sich unter dem Einfluß der hohen Temperaturen die chemische Umsetzung der amorphen Kohle in graphitierte Kohle vollzieht. Über die Herstellung von Graphit wird ausführlicher an anderer Stelle berichtet. Amorphe Kohlenelektroden werden bei rundem Querschnitt bis 1200 mm und in Längen bis zu 3 m ausgeführt, ferner in prismatisch größten Abmessungen von 600×600 bis 600×850 mm, graphitierte Kohlen durchweg in Längen von 1500 mm mit maximal 400 mm Durchmesser. Die Leitfähigkeit der graphitierten Elektroden ist wesentlich höher als die der amorphen. Während der Widerstand der amorphen 40 bis 100 Ohm pro cm^2 Querschnitt und 1 m Länge beträgt, ist der Widerstand der graphitierten Kohle nur ungefähr $^1/_4$ bis $^1/_5$ davon, also etwa 8 bis 12 Ohm. Der Aschegehalt einer amorphen Kohle ist 3 bis 7%, der einer graphitierten dagegen nur 0,5 bis 1%.

Es soll nun eine kurze Betrachtung über die selbstbrennende „Söderbergelektrode" folgen. Diese unterscheidet sich im Prinzip von den vorgenannten dadurch, daß die fertiggemischte Elektrodenmasse in einem aus 2 bis 3 mm Eisenblech hergestellten Zylinder, welcher an verschiedenen Stellen ausgestanzt ist und dessen ausgestanzte Teile nach innen umgebogen sind, um die Elektrodenmasse zu halten, eingestampft wird. Die so entstehenden, mit Elektrodenmasse ausgefüllten Eisenblechzylinder werden aufeinander gesetzt, die Eisenmäntel aneinander geschweißt und von einer sie schrumpfringartig umgebenden Elektrodenfassung getragen. Eine solche selbstbrennende Elektrode zeigt Abb. 34 und 35. Die selbstbrennende Elektrode hat natürlich zuerst keine Leitfähigkeit und die Hauptmenge der Energie wird durch die Eisenzylinder eingeleitet. Sie wird in prismatischem und rundem Querschnitt ausgeführt. Abb. 34 zeigt eine in prismatischem Querschnitt ausgeführte Elektrode, ferner kann man in der Abbildung die schrumpfringartige Fassung erkennen. Abb. 35 zeigt die in rundem Querschnitt ausgeführte Elektrode.

An Stelle dieser Elektroden können ohne weiteres amorphe Kohlenelektroden treten, die, wie gesagt, in Querschnitten bis zu 800 mm ausgeführt werden und die dann in einer besonders dafür konstruierten Fassung, einer sogenannten Durchrutschfassung, welche selbstklemmende Wirkung hat, eingespannt werden. Abb. 36 veranschaulicht eine solche Elektrode mit Fassung.

Was die Verwendung der verschiedenen geschilderten Elektrodenarten anbelangt, so wird man amorphe Elektroden meist in größeren Öfen, die zur Herstellung von Roheisen oder Ferrolegierungen bestimmt sind, benutzen. Für Öfen, die der Veredelung von Eisen, also der Herstellung von Edelstahl oder Grauguß, dienen, verwendet man mit Rücksicht auf die bessere Leitfähigkeit und den kleineren Querschnitt, wie bereits erwähnt, graphitierte Elektroden.

Söderbergelektroden für den Elektrostahlofenbetrieb zu verwenden, empfiehlt sich nicht, da die Gefahr gegeben ist, daß Teile der ungebrannten Elektroden ins Schmelzbad hinein abbröckeln und dadurch eine unerwünschte Aufkohlung des Bades hervorrufen. Von praktischem Wert ist die Söderbergelektrode deshalb, weil sie ein schnell und bequem zu beschaffender Ersatz ist, wenn andere Elektroden aus irgendeinem Grunde nicht beschafft werden können.

Abb. 34. Selbstbrennende prismatische Elektrode (Söderberg).

Abb. 35. Runde, selbstbrennende Elektrode (Söderberg).

4. Elektrodenregulierung.

Es ist bereits vorstehend erwähnt worden, daß die Lichtbogenheizung ihrem Charakter nach mit dem Betrieb einer Bogenlampe zu vergleichen ist, einer Bogenlampe, deren Kohlen ständig dem Abbrand unterliegen und infolgedessen reguliert werden müssen. Ganz analog spielen sich im Elektrolichtbogenofen diese Vorgänge des Abbrandes ab, so daß auch hier die Notwendigkeit einer Regulierung der Elektroden vorliegt. Die verschiedenen Arten der Regulierungen, die in der Praxis bei Lichtbogenöfen in Anwendung gebracht werden, sind einmal Handregulierungen, dann elektrisch automatische Regulierungen und eine Kombination von elektrischen und hydraulisch-automatischen Regulierungen. Die Handregulierung wird in den weitaus meisten Fällen für Ferrolegierungs- und Karbidofenbetrieb verwendet, aber auch für diese Betriebe beginnt sich die automatische Regulierung auf größerer Basis einen Anwendungskreis zu schaffen. Die Handregulierung besteht im allgemeinen aus einer elektromotorisch betriebenen Winde, welche durch Drahtseilübertragung Flaschenzüge betätigt, an denen die Elektroden hängen. Die Flaschenzüge werden elektromotorisch und von Hand aus reguliert; die grobe Regulierung geschieht elektromotorisch, die feine Regulierung von Hand aus. Die Art eines solchen Betriebes mit Regulierung der Siemens & Halske A.-G. zeigt Abb. 37.

Abb. 36. Elektrode mit Rutschfassung.

Für den Betrieb von Lichtbogenöfen für die Herstellung von Edelstahl oder Grauguß kommen dagegen fast durchweg automatische Elektrodenregulierungen in Frage, wobei selbstverständlich auch die Möglichkeit der Regulierung von Hand beim Einstellen der Elektroden vorgesehen ist.

Sehr wichtig ist der Einbau einer automatischen Regulierung bei den direkten Lichtbogenöfen für den Stahlbetrieb.

Es treten infolge Abbrandes der Elektroden, Aufwallen des flüssigen Schmelzbades oder durch Gasentwicklung und beim Einschmelzen von stückigem, sperrigem Schrott ständige Veränderungen in der Stromaufnahme auf, die ein schnelles Einstellen der Elektroden erfordern.

Diese Einstellungsänderung geschieht durch automatisch gesteuerte Elektromotoren über Ketten, Seilzüge oder Spindelantriebe.

Abb. 38 kennzeichnet einen solchen elektrisch-automatisch gesteuerten Ofen.

Über einen in den Ofenstromkreis eingeschalteten Stromtransformator wird der Ofenstrom zu einem Differentialrelais geführt, dessen

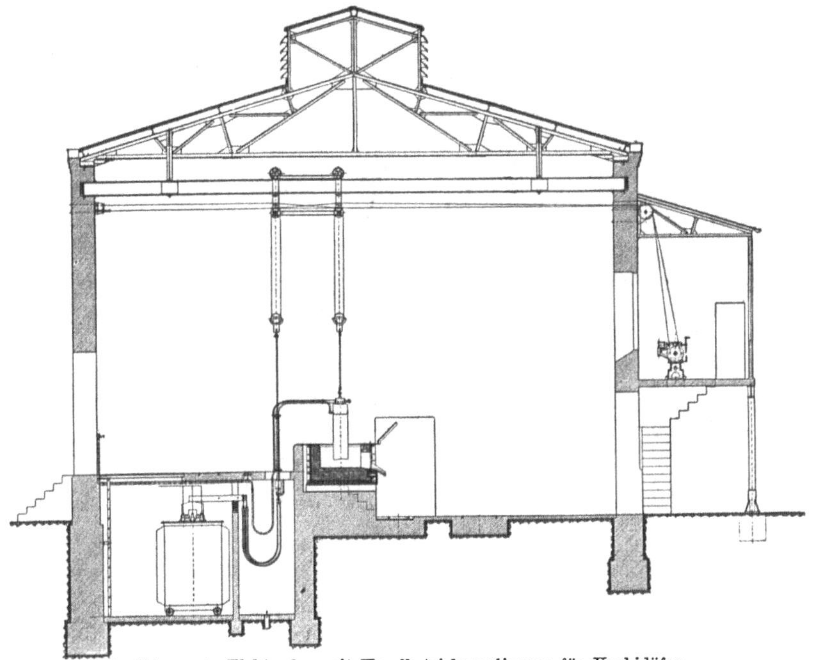

Abb. 37. Gebrannte Elektroden mit Handbetriebregulierung für Karbidöfen.

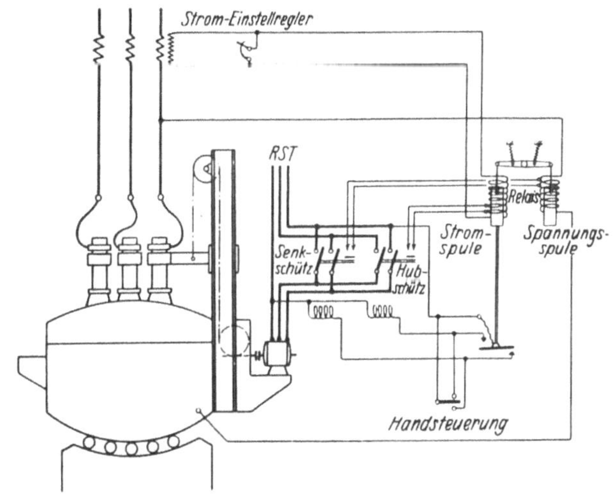

Abb. 38. Automatische Elektrodenregulierung für Stahlöfen, System Siemens & Halske.

Kontakte den Stromkreis, der zur Bedienung der Motorschützen vorliegt, schließen, welche wiederum den Stromkreis der Reguliermotoren im Sinne einer Rechts- und Linksdrehung der Motoren schließen und dadurch eine Bewegung der Elektroden, ein Heben oder Senken, bewirken. Praktisch spielt sich der Vorgang etwa folgendermaßen ab: Sobald infolge zu starker Annäherung der Elektroden an das Schmelzbad oder das zu schmelzende Material der Strom ansteigt, wird das linker Hand befindliche Relais erregt, schließt die Kontakte, welche die Stromführung zu den Motorschützen bedienen, wobei sich nach kurzer Zeit automatisch ein Teil der Erregerwicklung abschaltet, so daß eine große Labilität des Relais erzeugt wird, die das Relais bei einem neuen Stromimpuls wieder leicht ansprechen läßt. Die Motorschützen schließen den Motorstromkreis zu einer im Sinne eines Hebens der Elektroden ausgeführten Drehrichtung.

Im umgekehrten Falle steigt, wenn sich die Elektrodenkohle zu weit vom Schmelzbad entfernt, die Spannung, das Spannungsrelais spricht an und es spielt sich derselbe Vorgang ab mit dem Unterschied, daß der Reguliermotor in entgegengesetzter Drehrichtung läuft.

Treten plötzlich Stromspitzen auf, die nur von kurzer Dauer sind, so darf eine gute Regulierung nicht ansprechen. Deshalb versieht man das Relais mit einer verstellbaren Dämpfungspumpe. Die Schützen werden als Bremsschützen ausgeführt, so daß die Motoren nach dem erfolgten Regulierimpuls nicht lange nachlaufen. Anfahr- und Bremsgeschwindigkeit sind durch nachgehende Widerstandbemessung regelbar. Nach diesen Grundprinzipien arbeiten alle elektrisch-automatischen Regulierungen.

Die Vorbedingung für eine gute Regulierung liegt eben in einer sachgemäßen Ausführung und Überwachung der mechanisch-elektrischen Getriebe und Übertragungsteile für die Elektrodenbewegung. Vor allem müssen Klemmungen, Federungen und tote Gänge vermieden werden.

Abb. 39 gibt einen Überblick über die Anordnung der Elektrodenregulierung der AEG, die in ihrer Wirkungsweise den oben geschilderten Einrichtungen ähnelt.

Nachfolgend sollen nunmehr einige Systeme elektrisch-hydraulischer Elektrodenregulierungen beschrieben werden.

Abb. 40 kennzeichnet das Schema des sogenannten Thoma-Reglers. Über einen Ofentransformator ist ein Elektromagnet in den Ofenstromkreis eingeschaltet, welcher direkt mit dem Kolben eines Steuerschiebers gekuppelt ist. Bei normaler Stromlieferung befindet sich der elektromagnetisch betätigte Steuerschieber in einer Lage, die die Druckleitung eines von einer Ölpumpe aus bewegten Ölflusses abschließt. Sinkt z. B. der Ofenstrom, so wird das magnetische Feld des Schiebers geschwächt, die Steuerscheibe senkt sich und öffnet die Kanäle der Öldruckleitung, die Ölpumpe fördert das Öl in einen sogenannten Servemotor, einen

Steuermotor, hinein, in diesem bewegt sich ein Regulierschieber in der
Richtung, daß die Druckleitungen einer Wasserzufuhr frei werden und

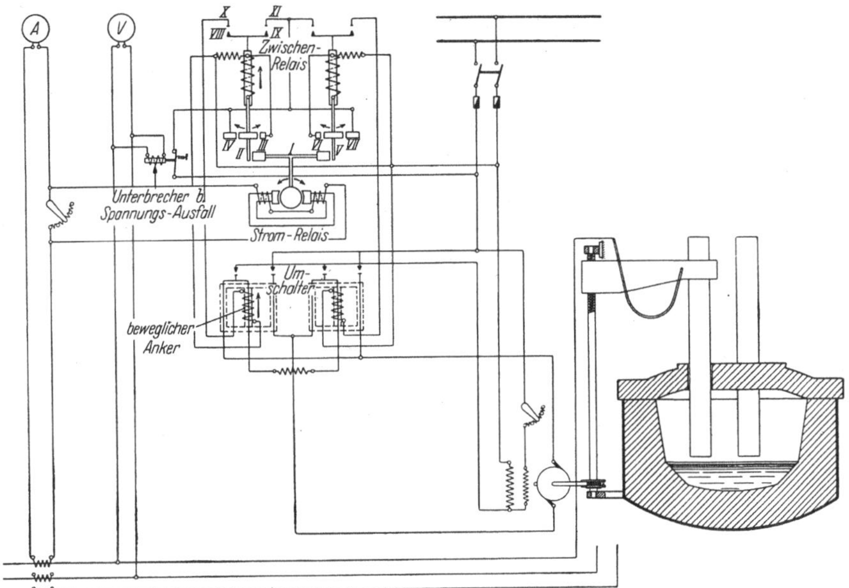

Abb. 39. Automatische Elektrodenregulierung, System AEG.

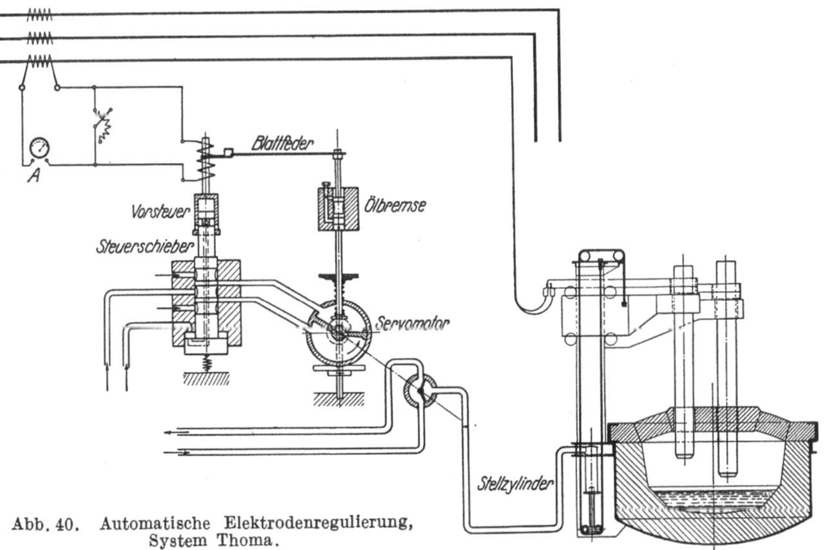

Abb. 40. Automatische Elektrodenregulierung,
System Thoma.

den Kolben in den Steuerzylinder herabdrücken. Durch entsprechende
Seilführung wird hierdurch ein Heben der Elektroden veranlaßt. Der

Servemotor hat einen durch Zahnrad gekuppelten Nockenumlauf, welcher ein sogenanntes Spießventil betätigt, das den Eisenkern in einem Magnetsystem wieder anhebt und für den neuen Stromimpuls empfindlich macht. Im Falle des Steigens des Stromes spielt sich der umgekehrte Vorgang ab: das Steuerventil wird gehoben, der Schieber des Servemotors bewegt sich in der entgegengesetzten Richtung, gibt die Druckleitungen des hydraulischen Zylinders frei, so daß das Druckwasser wieder auslaufen kann und so die Elektroden im Sinne des Senkens bewegt werden.

Das nächste Bild (Abb. 41) zeigt ein ebenfalls sehr häufig verwendetes elektrisch-hydraulisches Reguliersystem, den sogenannten Arka-Regler,

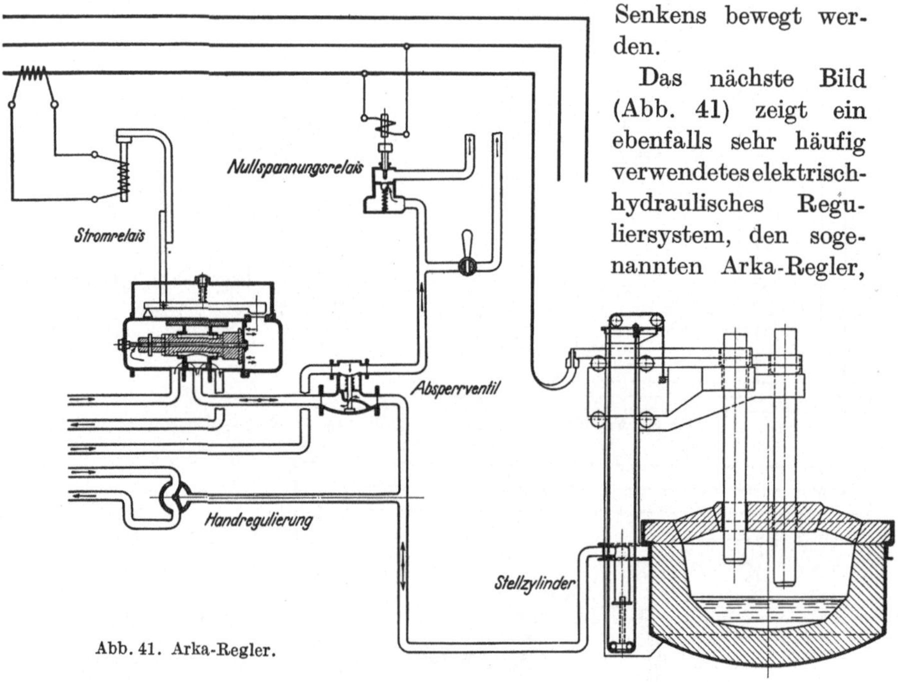

Abb. 41. Arka-Regler.

und Abb. 42 die Regulierung von Brown & Boveri, Abb. 43 den Tury-Regler und Abb. 44 den Fuß-Regler (Bergmann).

Die elektrisch-hydraulisch betätigten automatischen Steuerungen haben den rein elektrischen gegenüber den Nachteil, daß sie nur anfangs sehr exakt arbeiten, mit der Zeit aber werden die Ventile abgeschliffen oder die Membranen schlaff, so daß allmählich die Regelung in ihrer Präzision nachläßt und die Regler daher später sehr ungenau arbeiten.

Bei allen Regulierungen arbeitet die Elektrodenbewegung fast durchweg mit einer Toleranz von $\pm$ 10% bei flüssigem Einsatz und $\pm$ 25% bei festem Einsatz, d. h. also, daß sie die Leistungsschwankungen bei flüssigem Einsatz bis zu $\pm$ 10% und bei festem Einsatz bis zu $\pm$ 25% der Stoßhöhe begrenzt.

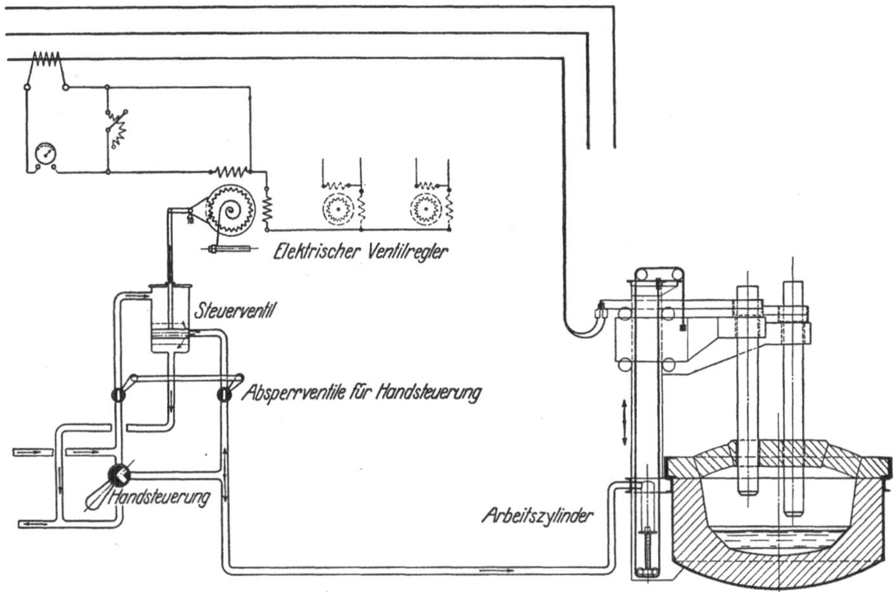

Abb. 42. Automatisch hydraulisch gesteuerte Elektrodenregulierung.

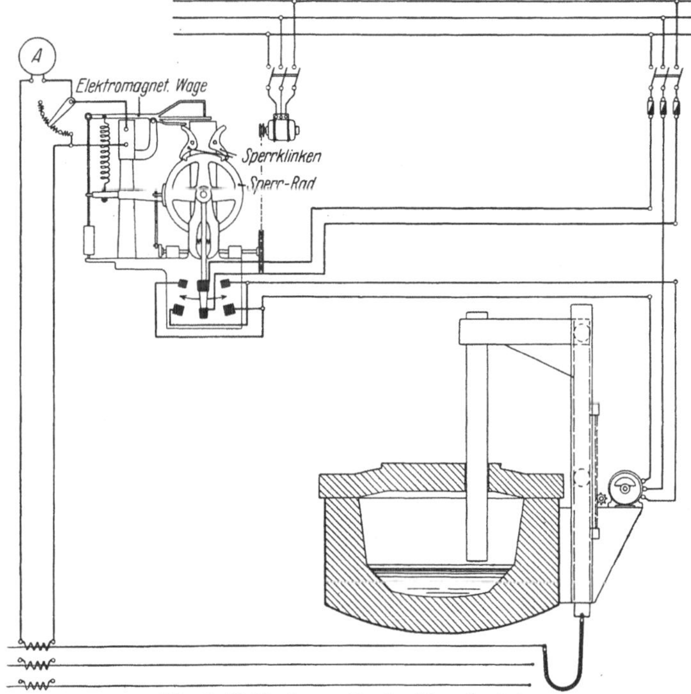

Abb. 43. Elektrodenregulierung (Tury-Regler).

Abb. 45 zeigt die Begrenzung der Stromstöße eines durch rein elektrisch-automatische Regulierung gesteuerten 6 bis 8 t-Lichtbogenofens in der durch registrierenden Leistungszeiger aufgenommenen Leistungskurve des Ofens.

5. Elektrodenfassungen. Besonderer Beachtung bedarf beim Bau des Elektroofens die zweckmäßige Anordnung der Elektrodenfassungen. Gerade hier kann viel gesündigt werden durch falsche Bemessung der stromführenden Querschnitte der Fassung, ungenügende Kühlung, schlechte Kontaktgabe zwischen Fassung und Elektrode und unzweck-

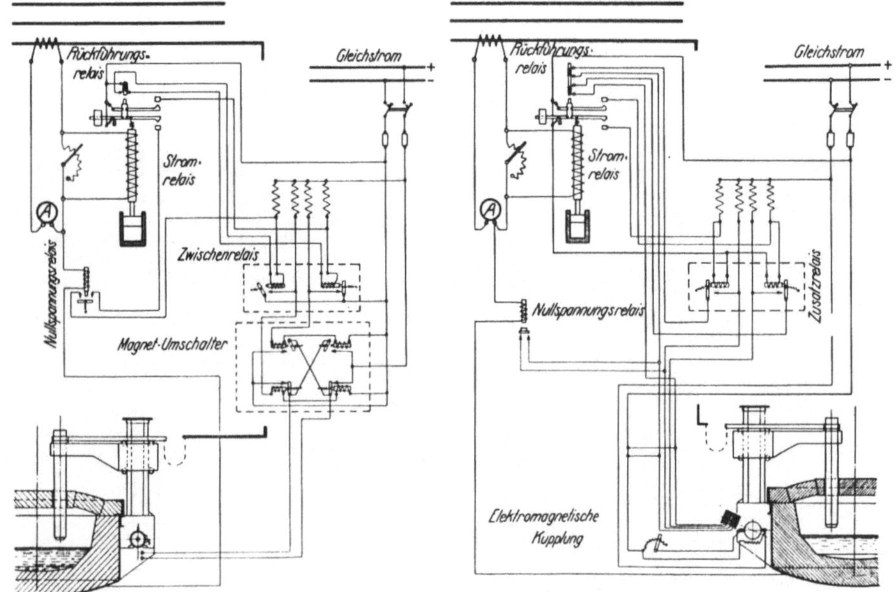

Abb. 44. Automatische Elektrodenregulierung, System Fuss.

mäßige Anordnung der Stromzuführung. Es sind vorwiegend Erfolge praktischer Erfahrungen, die zur richtigen Lösung dieses Problems führten, deren konstruktive Einzelheiten aus den nächsten Abbildungen mit für den Konstrukteur ausreichender Deutlichkeit hervorgehen.

In Abb. 46 ist eine Elektrodenfassung dargestellt, wie sie speziell für den Betrieb von Elektrostahlöfen zur Verwendung kommt, und zwar die sogenannte Zangenfassung in dreiteiliger Form, deren beide bewegliche Backen gegeneinander geschoben und durch Schrauben fest an die Elektrode gedrückt werden können. Die Backen selbst werden mit einer dünnen Lage von Kupferblech ausgelegt, das den eigentlichen Kontakt zwischen Elektrodenkohle und Fassung bildet. Die Fassung wird für Elektroden bis zu 150 mm Durchmesser verwendet.

Die größere Elektrodenfassung in Abb. 46, die für Elektroden über
150 mm Durchmesser verwendet wird, besitzt vier in Gelenken bewegliche Backen, von denen die beiden unteren in einer Traverse sitzen,
welche durch Spin-
delantrieb gegen die
beiden oberen geho-
ben werden kann. In-
folge der kugelgelenk-
artigen Lagerung der
Backen ist ein nach
jeder Richtung hin
tadelloser Kontakt
mit einer auch nicht
ganz zylindrisch ge-
formten Elektrode
gewährleistet, wel-
cher Vorteil gerade
bei Verwendung von
Graphitelektroden
sehr wichtig ist, da
die Graphitelektro-
den beim Pressen
doch immer etwas
konisch durchbiegen.
Wenn sie auch leicht
bearbeitbar sind,
sollte man es doch
mit Rücksicht auf die
große Dichte und
Festigkeit der oberen
Haut im Hinblick auf
den Elektrodenab-
brand vermeiden, die
Elektroden stark zu
bearbeiten. Die Fas-
sung ist wasserge-
kühlt; die Stroman-
schlüsse sieht man
an der oberen Seite.

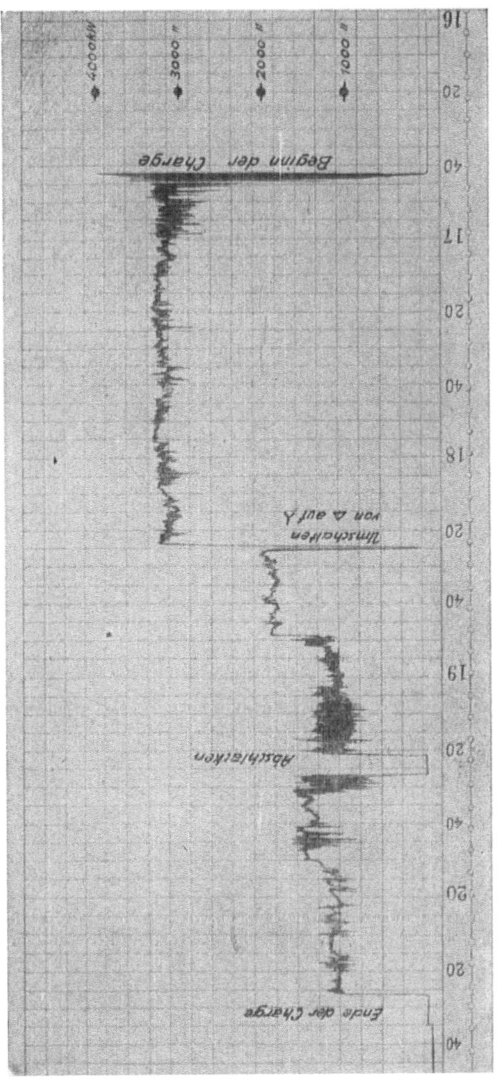

Abb. 45. Strombegrenzung bei Lichtbogenöfen durch automatische Elektrodenregulierung.

Im nächsten Bild (Abb. 47) ist noch einmal eine Zangenfassung in
Ansicht dargestellt, die ähnlich der oben beschriebenen ausgeführt ist;
daneben eine sogenannte Backenfassung, wie sie für prismatische Elektroden speziell im Karbid- und Ferrolegierungsbetrieb verwendet wird,

sowie eine Stirnfassung, bei der der Kontakt zwischen der Stirnseite der Elektrode und der Fassung hergestellt ist.

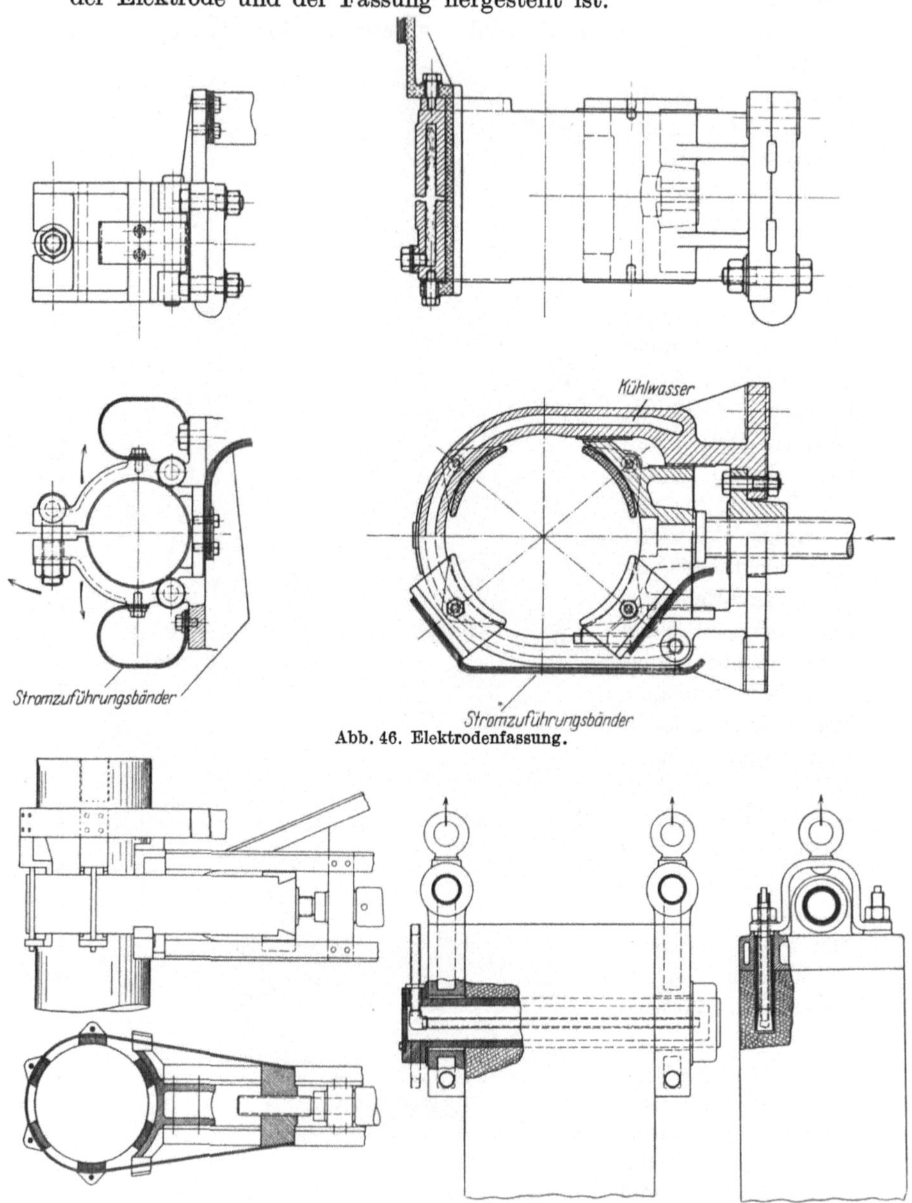

Abb. 46. Elektrodenfassung.

Abb. 47. Zangenfassung für Elektroden.

6. Widerstandsöfen. Die Widerstandsöfen, unter denen Öfen zu verstehen sind, bei welchen entweder das zu heizende Material direkt als

Widerstand zwischengeschaltet ist, also der Einsatz aus flüssigem Metall
besteht, oder bei denen durch einen besonderen Widerstand eine direkte
Erhitzung erfolgt oder eine Erhitzung durch Abstrahlung, werden im
allgemeinen, soweit wenigstens ihre Verwendung für das Schmelzen
von Eisen- und Nichteisenmetallen in Frage kommt, in verhältnismäßig
geringem Umfange und nur für kleinere Leistungen verwendet oder nur
in solchen Fällen, in denen Metalle mit niedrigem Schmelzpunkt in Frage
kommen.

Bereits bei der Besprechung der kombinierten Lichtbogenwider-
standsöfen ist in Abb. 30 auf reine Widerstandsöfen verwiesen worden.
Abb. 48 bringt der besseren Übersicht halber diesen Ofen nochmals
schematisch zur Anschauung. Der links unten gekennzeichnete Ofen
besteht aus einem feuerfesten Herd, in dem das zu behandelnde Metall
in flüssiger oder fester Form vorhanden ist. Der Strom wird direkt durch
horizontal in das Gewölbe eingebaute Kohle- oder Metallelektroden in
das Schmelzgut geleitet. — Es
ist dieses die Ofenart Gin, die
praktisch kaum Anwendung gefunden hat.

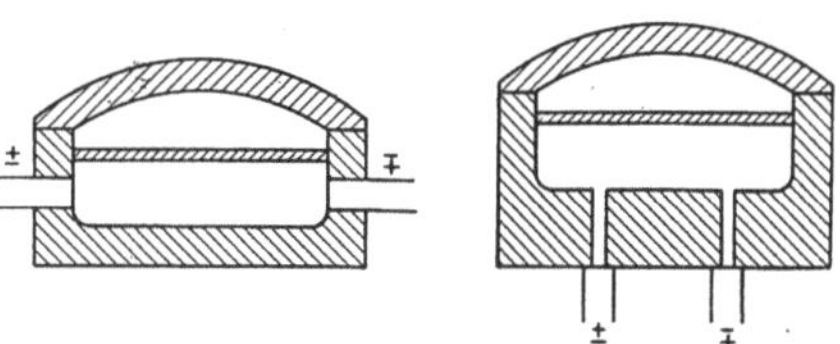

Abb. 48. Direkte Widerstandsofenheizung.

Eine andere direkte Wider-
standsofenbauart mit Elektroden als Einleitungsmittel des
elektrischen Stromes ist der
rechts aufgeführte Ofen von Hering. Dieser ist insofern sehr interessant, als der Strom durch zwei senkrechte Kanäle, die unterhalb
des Arbeitsherdes liegen, eingeleitet wird und diese Kanäle so weit und
andererseits so kurz gehalten werden, daß der durch zwei am Boden
der Kanäle angebrachte Elektroden geleitete Strom das Phänomen
des Pintcheffektes auslöst.

Es sei hier kurz angedeutet, daß der Pintcheffekt eine Erscheinung
ist, die sich bei flüssigen Leitern zeigt. Faßt man diese als Parallelschal-
tungen einer Zahl dünnerer Leiter auf, die sich, da sie von gleichgerich-
teten Strömen durchflossen werden, gegenseitig anziehen, so sieht man,
daß flüssige stromdurchflossene Leiter ihren Querschnitt zu verengen
suchen, d. h. daß ein nach der Mitte zu wachsender Druck in ihnen
herrscht. Führt man den Strom durch entsprechend geformte, mit geschmolzenem Metall gefüllte Kanäle in den Ofen ein, so wird das in
den Kanälen erhitzte Metall durch den Druck aus der Kanalmitte in
den Ofen getrieben, während von den Seiten kaltes Metall in die Kanäle
strömt. Durch dieses Spiel wird das Metall gründlich durchmischt und
gleichmäßig auf die gewünschte Temperatur erhitzt. Der Effekt kann
sowohl bei der Widerstands- als auch bei der Induktionsheizung erreicht
werden.

Das Prinzip der Widerstandsheizung läßt sich in der mannigfaltigsten Form zur Anwendung bringen. Abb. 49 gibt die interessantesten Anordnungen schematisch wieder. Die erste Abbildung zeigt das Schema eines Widerstandsofens, welcher das nur durch einen Tiegel vom Heizkörper getrennte Heizgut durch elektrisch aufgeheizte Kryptolschüttung oder Elektrodenkohle, die nach außen hin keramisch geschützt ist, durch Diffusion erwärmt. Der Ofen kann bei vorhandenen niedergespannten Strömen bis 500 V unmittelbar an das Stromnetz angeschlossen werden; bei vorhandenem Hochspannungsnetz mit über 500 V Spannung wird, wie in der Abbildung angegeben, durch zwischengeschalteten Transformator eine Umformung des Hochspannungsstromes auf den unmittelbaren niedergespannten Heizstrom vorgenommen. Anstatt der Elektroden oder der Kohlekörnerschüttung kann man auch kompakte Widerstände

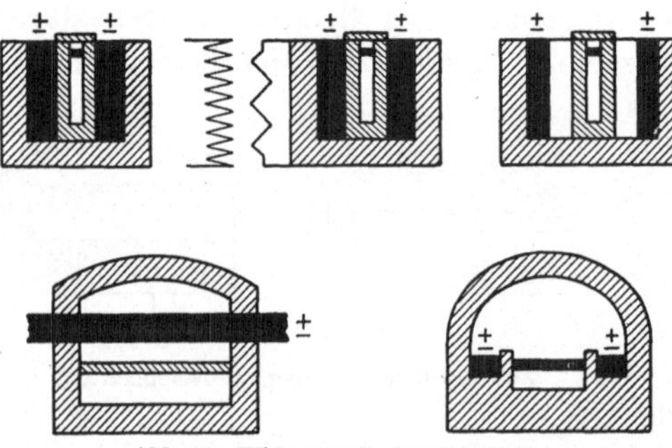

verwenden, die um oder in die Schmelztiegel gelegt sind, z. B. aus Chrom-Nickeldrähten, in denen sich der Heizstrom auswirkt.

Die dritte Figur in Abb. 49 zeigt einen ähnlichen Widerstandsofen, einen sogenannten indirekten Strahlungsofen, bei dem die Heizelektroden

Abb. 49. Widerstandsstrahlungsheizung.

von der Tiegelwand durch dazwischenliegende Luftschichten getrennt sind. Selbstverständlich kann man auch hier anstatt der Kohlenelektroden metallische Heizkörper oder auch Silitstäbe verwenden. Die beiden unten schematisch dargestellten Öfen bezwecken die Heizung durch Strahlung auf den Einsatz, und zwar einmal die direkte Widerstandsstrahlungsheizung, bei welcher in dem Ofenherd oberhalb der Bäder die Heizkörper untergebracht sind, d. h. Silitstäbe oder Kohlenstäbe, und die im danebenstehenden Ofentyp gekennzeichnete Strahlungswiderstandsheizung, wobei die durch das Gewölbe reflektierten Strahlen eines um den Schmelzherd herumgestampften Kohlewiderstandes das Metallbad aufheizen. Die vorgeschilderten Heizungsarten, speziell die fünf letzgenannten, werden zum größten Teil angewendet für Blankglühen, Härteöfen, Salzbad- und Metallöfen, also für Öfen, die nicht unter den Begriff „Schmelzöfen" fallen. Die Öfen können, wie schon gesagt, durchweg an niedere Spannungen angeschlossen werden. Meist wird wohl Drehstrom zur Verfügung stehen, trotzdem wird man kleinere Öfen nur als Einphasenöfen direkt anschließen können bis Spannungen von 220 V. Darüber hinaus ist man gezwungen, die Spannung durch Zwischenbau eines Transformators umzuformen. Bei größeren Öfen, bei denen man Gruppenanordnung von Heizungen wählen kann, ist es natürlich gangbarer, Drehstrom direkt zu verwenden, und zwar bis zu 300 V. Die Unterteilung in Gruppen ist bei größeren Öfen deshalb besonders angebracht, weil Stufentransformatoren für größere Öfen sehr teuer sind. Man muß sich also mit einer Abstufung der Heiztemperaturen durch Gruppenanordnung begnügen, und in den Fällen, wo Drehstrom vorliegt, ist ja auch eine Umschaltmöglichkeit von Stern auf Dreieck gegeben, durch die eine weitere Regulierung der einzelnen Gruppen erreicht werden kann, z. B. im Verhältnis von 1 : 3.

7. Induktionsöfen. Ein weiterer in der Ofenpraxis als geeignet zum Schmelzen von Eisen- und Nichteisenmetallen verwendeter Schmelzapparat zur Erzeugung hoher Temperaturen ist der Induktionsofen.

Man unterscheidet hier ebenfalls zwei Gruppen von Induktionsöfen, und zwar die Niederfrequenzöfen und die Hochfrequenzöfen. Ein solcher Induktionsofen ist eigentlich nichts weiter als ein Wechselstromtransformator, dessen Sekundärwicklung aus dem um die Schmelzrinne zu einem geschlossenen Ring gelegten Metallbad besteht. Die in die Sekundärspule des Transformators geleiteten Wechselströme erzeugen ein Kraftlinienfeld, dessen Kraftlinien das Metallbad schneiden und im Metallbad die Heizströme induzieren. Es wird also hier der gesamte Querschnitt des Metallbades von den Heizströmen durchflossen und daher in allen Querschnitten des Bades eine homogene Temperatur erzeugt. Nun ist die dem Metallbad zugeführte Wärme proportional dem Kopplungsgrad, d. h. dem Verhältnis der Anzahl der Kraftlinien, die das Bad schneiden, zu der Gesamtzahl der in der Primärspule erzeugten Kraftlinien, ferner proportional der elektro-magnetischen Kraft der Primärspule sowie der Anzahl der pro Sekunde auftretenden Stromwechsel. Es ist also notwendig, bei einem niederfrequenten Induktionsofen für eine möglichst dichte Kopplung zwischen Primärspule und Einsatz Sorge zu tragen und im Gegensatz zum Hochfrequenzofen mit möglichst hoher Feldstärke zu arbeiten, während beim Hochfrequenzofen mit schwächeren Feldern und bei hoher Frequenz gearbeitet werden muß. Diese erstere Forderung ist natürlich bei Niederfrequenzöfen nur in gewissen Grenzen zu erfüllen, denn je größer der Ofen ist, desto geringer ist der Ohmsche Widerstand des Schmelzbades, abgesehen von der Erhöhung des Streufeldes selbst, da größere Ofeneinheiten natürlich stärkere Rinnenquerschnitte erfordern. Man ist daher gezwungen, bei größeren Ofeneinheiten, um der mit der Streuung und dem abnehmenden Widerstand zunehmenden Phasenverschiebung Rechnung zu tragen, besondere Umformer vorzuschalten, die den vom Netz kommenden Strom normaler Frequenz umsetzen. Öfen bis zu 3 t Einsatz kann man unmittelbar an das Netz anschließen, darüber hinaus, z. B. bei 9 t Einsatz, muß man schon eine Frequenz von 16 wählen und bei 20 t-Öfen auf eine solche von 7 bis 5 heruntergehen. Für die Erzeugung des Heizstromes sind dabei besondere Umformer notwendig.

1. Öfen mit Röhrenwicklung. Bauarten: Kjellin, Colby usw.

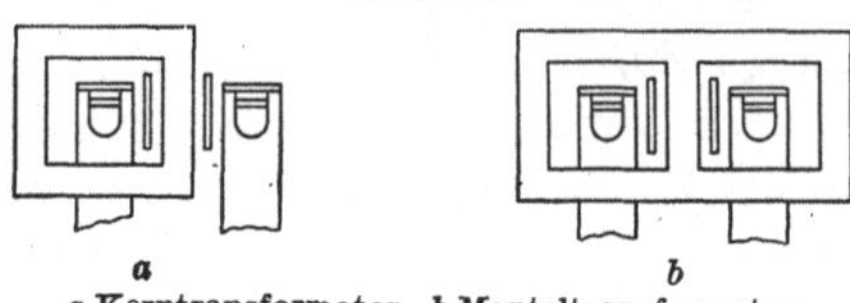

a Kerntransformator, *b* Manteltransformator

2. Öfen mit Scheibenwicklung. Bauarten: Frick usw.

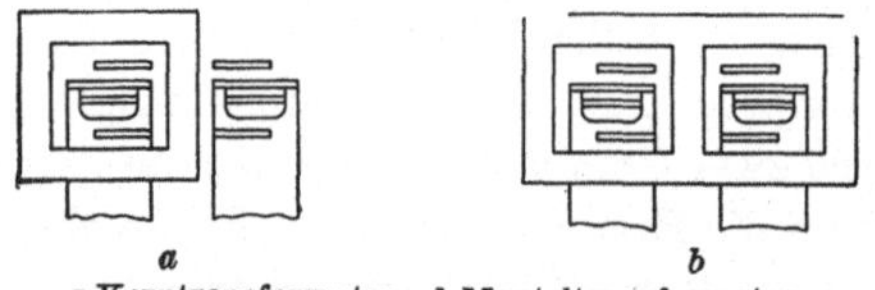

a Kerntransformator, *b* Manteltransformator.

Abb. 50. Induktionsofenheizung ohne besonderen Arbeitsherd.

8. Niederfrequenzöfen. Es gibt nun, wie aus Abb. 50 ersichtlich, verschiedene Arten von Niederfrequenzöfen, und zwar solche mit horizontaler und solche mit vertikaler Schmelzrinnenanordnung. Der in Abb. 50 links oben veranschaulichte Ofen ist ein Ofen der Type Kjellin, welcher eine um die Primärspule des Ofens gelegte kreisförmige Schmelzrinne aufweist, wobei der Transformator mit Rohrwicklung versehen ist.

Der nebenstehende Ofen ist ebenfalls ein Einphasenofen der Bauart Kjellin mit rohrförmig gewickelter Primärspule und Verwendung eines Manteltransformators. Die darunterstehenden Öfen sind Öfen der Bauart Frick mit Scheibenwicklung. Diese Scheibenwicklung hat einen ganz besonderen Vorteil. Es ist eine bekannte Tatsache, daß bei dem Ofenrinnenschmelzeinsatz elektrodynamische Kräfte auftreten, die radial zur Heizrinne wirken und die Tendenz haben, dem Einsatz eine bestimmte Schräglage zu geben. Diese Schräglage ergibt sich aus dem Mittel der Schwergewichtskraft des Ein-

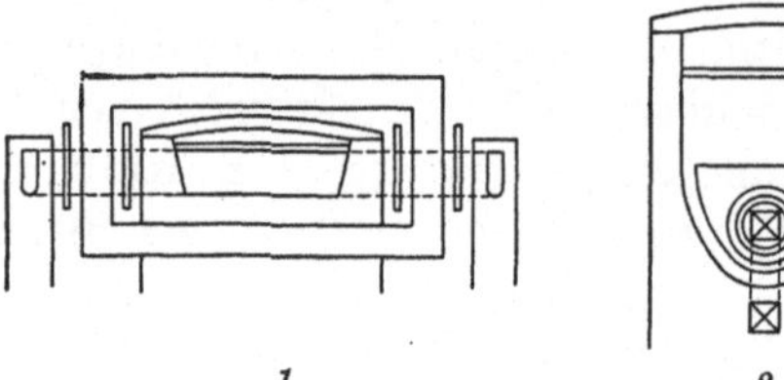

Abb. 51. Induktionsofenheizung mit besonderem Arbeitsherd.

1 Arbeitsherd und Heizrinnen in einer Horizontalebene. Bauarten: Röchling-Rodenhauser, Blanc-Dolter, Hiorth, *2* Die Heizrinnen liegen unterhalb des Arbeitsherdes. Bauarten: Ajax-Wyatt, Foley, Snyder, Moore.

satzes und der radial wirkenden dynamischen Kräfte. Durch Anordnung der Scheibenwicklung, wie sie der Frickofen hat, wird dieser Schräglage des Bades, die natürlich, wenn sie zu weite Grenzen annimmt, zu Betriebsstörungen des Ofens führen kann, entgegengewirkt.

Abb. 51 gibt das Schema eines Induktionsofens des Systems Röchling-Rodenhauser, welches System in der Praxis hauptsächlich für die Herstellung von Edelstählen die weitgehendste Anwendung gefunden hat. Der Ofen ist gekennzeichnet durch einen zentralen Arbeitsherd welcher in zwei Schmelzrinnen überläuft, die sich um die Primärspule des in Scottscher Schaltung gekoppelten Ofentransformators herumlegen. Der Ofen ist also direkt an ein Drehstromnetz anzuschließen, da die Scottsche Schaltung Drehstrom in Zweiphasenstrom umzuwandeln gestattet.

Der in der Abbildung danebenstehende Induktionsofentyp unterscheidet sich dadurch, daß die Rinnen senkrecht unterhalb des Arbeitsherdes liegen und sich in einem bestimmten Winkel zueinander neigen. Diese Art der Induktionsheizung wird in erster Linie von Ajax-Wyatt, Schneider und Mohr angewendet und hauptsächlich für das Schmelzen von Nichteisenmetallen in Gebrauch genommen. Bei der Induktionsheizung mit senkrecht liegenden Rinnen wird in erhöhtem Maße das Phänomen des Pintcheffektes herangezogen, um ein Herausschleudern des in der senkrechten Rinne sich befindlichen stark erhitzten Metalles in den Arbeitsherd zu ermöglichen und ein Nachfließen der kälteren Metallmassen in den Arbeitsherd hinein.

Es kommen bei Induktionsheizungen zur Bewegung des Heizmaterials eigentlich drei verschiedene dynamische Kräfte in Frage:
1. der Pintcheffekt,
2. der Motoreffekt,
3. der Repulsionseffekt.

Der Pintcheffekt ist an anderer Stelle erläutert. Die beiden anderen Effekte sind Wirkungen des Streufeldes.

Die Motorkräfte, welche durch die von den Streukraftlinien des Magnetfeldes herrührende Kraft hervorgerufen werden, sind bei symmetrischer Anordnung von Primärspule und Schmelzrinne rein zentrifugal, drücken also das Schmelzgut an die Außenwand der Rinne. Verschiebt man aber die Rinne aus der Mittelebene der Primärspule heraus nach der einen oder anderen Seite, so erhält die Kraftwirkung der Streukraftlinien außer der zentrifugalen noch eine axiale Komponente in der Richtung, nach der hin die Verschiebung erfolgt, und diese Komponente bewirkt den sogenannten Repulsionseffekt.

Der Motoreffekt ist eine Ausnutzung der Zentrifugalkomponente des Repulsionseffektes durch geeignete Formgebung und Lage bestimmter Kanalteile.

Die Vorzüge der Induktionsheizung liegen in erster Linie darin, daß, wie gesagt, das Schmelzgut in allen seinen Querschnitten vollständig gleichmäßig erhitzt wird, ferner findet durch die auftretenden dynamischen Kräfte eine sehr gute Durchmischung des Schmelzgutes statt, was wiederum die Erzeugung einer sehr homogenen metallischen Struktur des Schmelzgutes zur Folge hat. Ein weiterer Vorzug besteht in der

Möglichkeit, die Temperaturen durch Regelung der Spannung in bestimmten Stufen aufs äußerste fein abzustimmen.

Der Nachteil der Induktionsheizung liegt darin, daß Induktionsöfen nicht mit festem Einsatz beschickt werden können, daß infolgedessen nur ein Zusammenarbeiten mit anderen rein thermischen Heizapparaten, wie z. B. Martinöfen, oder Bessemer- oder Thomasbirne möglich ist, daß immer ein bestimmter Sumpf als Grundstock der Einleitung der Induktionsheizung vorhanden sein muß, und daß infolge des schlechten Leistungsfaktors besonders bei großen Öfen besondere Umformer für die Erzeugung des Heizstromes bereit stehen müssen. Wie weit der Anwendungsbereich der Öfen heute noch reicht, wird später erörtert werden.

9. Hochfrequenzöfen. Die zweite Art der Induktionsheizung, die erst seit verhältnismäßig kurzer Zeit in der Praxis Einführung gefunden hat, ist die Hochfrequenzheizung. Hochfrequenzinduktionsöfen sind in erster Linie eisenlose Öfen. Es ist also bei ihnen die Kopplung keine so enge wie bei den Niederfrequenzinduktionsöfen, sondern der Heiztiegel selbst ist von einer eisenlosen Spule umgeben, durch die hochfrequente Ströme eines gedämpften oder ungedämpften Schwingungskreises geschickt werden. Da man auf eine engere Kopplung verzichten muß, so wird die Energie durch wesentliche Erhöhung der Frequenz übertragen. Diese Frequenzsteigerung bringt gleichzeitig eine Verbesserung des Ofenwirkungsgrades mit sich, die im Verhältnis der Verdrängung der induzierten Ströme auf die Außenflächen des sekundären Belastungswiderstandes wächst. Infolge des Skineffektes nimmt natürlich die Stromdichte in dem eingesetzten Metallkörper nach innen sehr schnell ab.

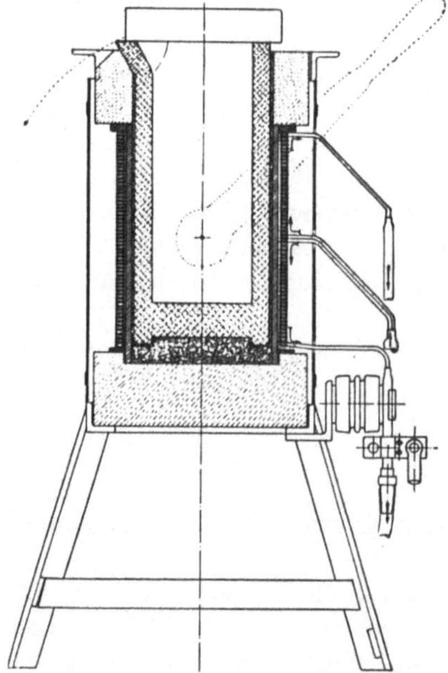

Abb. 52. Schema einer Hochfrequenzofenheizung.

Abb. 52 veranschaulicht einen solchen Ofen in seiner schematischen Darstellung. Er ist gekennzeichnet durch einen Tiegel, um den herum eine Heizspule gelegt wird, durch welche hochfrequente Ströme fließen, die in dem Heizgut Wirbelströme erzeugen; bei ferromagnetischem Material bis zur Umwandlungsgrenze wirken auch die Hysteresisströme mit.

Der eisenlose Induktionsofen stellt einen fast durchweg induktiven Widerstand dar, so daß die an den Ofen abgegebene Scheinleistung zum größten Teil Blindleistung ist. Man muß daher, um ausreichende Wirkleistungen im Ofen zu erzielen, den Ofenkreis auf die erregende Frequenz abstimmen, d. h. man wirkt der Induktion durch entsprechende Kapazität entgegen. Wir haben also hier im Wechselstromkreis Induktion und Kapazität in Serie oder in Parallelschaltung. Die in Frage kommenden Schaltungsarten sind die der Stromresonanz und der Spannungsresonanz. In beiden Fällen ist die Blindleistung des Ofens dann aufgehoben, wenn der induktive Widerstand gleich dem kapazitiven ist, d. h. wenn also die Resonanzbedingung erfüllt ist:

$$\omega = \sqrt{\frac{1}{LC}}.$$

Der Unterschied zwischen den beiden Schaltungen ist der, daß bei den Spannungsresonanzen an den Reaktanzen Teilspannungen auftreten, die sehr viel größer sein können als die zugeführte Maschinenspannung. Bei der Stromresonanz treten umgekehrt in den Reaktanzen Teilströme auf, die den zugeführten Gesamtstrom um ein Vielfaches übersteigen können.

Es ändert sich natürlich der Widerstand des Ofeneinsatzes während der Dauer einer Charge sehr stark, und zwar hängt das von der Art des Einsatzes ab, d. h. ob kleinstückiges Material oder massive Blöcke in Frage kommen, ferner natürlich auch von der Änderung der Leitfähigkeit und, falls es sich um Eisenschmelzen handelt, von der Änderung der mit der Temperaturänderung verbundenen Permeabilität. — Diese Widerstandsänderungen bedingen eine Verschiebung der Induktion und Kapazität, und um dem Ofen die volle Leistungsaufnahme zu ermöglichen, ist daher eine Zu- bzw. Abschaltung der Kapazität oder eine Regulierung der Größe der Selbstinduktion des Ofenkreises bis zur Resonanzabstimmung erforderlich.

Der Hochfrequenzofen hat gegenüber dem Niederfrequenzofen den großen Vorteil, daß einmal eine kompakte Tiegelform für den Ofen benutzt werden kann, womit natürlich die Vorteile der Vermeidung des Pintcheffektes und einer lokalen Überhitzung sowie geringe Verluste durch Abstrahlung und anderes mehr gegeben sind. Ein zweiter Vorteil ist eine sehr starke Rührwirkung, die z. B. speziell für die Raffination bei metallurgischen Prozessen von sehr großem Wert ist, und ein besonders ins Auge springender Vorteil ist die Möglichkeit, den Leistungsfaktor der Ofenanlage in einfacher Weise auf 1 zu bringen. Ein weiterer Vorteil ist die große Leistungsaufnahme, die in erster Linie durch den sehr hohen Skineffekt zustande kommt und infolgedessen ein sehr schnelles Einschmelzen des Materials gestattet, wesentlich schneller als beim Niederfrequenzinduktionsofen; dann ist man nicht daran gebunden, nur mit flüssigem Einsatz zu arbeiten, man kann ohne weiteres festes Material einschmelzen und die Charge ohne Bestehenlassen eines Sumpfes entleeren. Ein weiterer Vorteil ist der, daß man, natürlich bei Auswechseln des Tiegels, verschiedene Legierungen schnell hintereinander schmelzen kann.

Der elektrische Wirkungsgrad dieser Öfen ist nach Esmarch innerhalb der in der Praxis üblichen Grenzen für die Größe des Ofens und insbesondere bei der Verarbeitung von großstückigem Schrott unabhängig von der Frequenz und von der Amperewindungszahl, nur bedingt durch die geometrischen Verhältnisse der Spule und des Ofeneinsatzes, sowie durch die Leitfähigkeit des Schmelzgutes. Bezeichnen wir die Leistungsaufnahme eines solchen Ofens mit R, so ist

$$R = k \cdot \sqrt{\gamma\, \nu} \cdot Z_1^2 \, ,$$

wobei

Z_1 die Amperewindungszahl der Ofenspule,
ν die Frequenz,
γ spez. Leitvermögen des Einsatzes,
k eine Konstante ist,

die von den geometrischen Verhältnissen, also von dem Verhältnis des Ofenspulendurchmessers zur Länge und von dem Kopplungsgrad der Ofenspule abhängt. Ist die Stromstärke gegeben, so ist die Leistungsaufnahme proportional der Quadratwurzel aus der Frequenz. Nun ist allerdings zu berücksichtigen, daß auch die Resonanzspannung an der Spule resp. dem Kondensator mit der Frequenz steigt. Wenn man mit der Spannung nicht zu hoch gehen will, muß man natürlich die Frequenz verringern. Umgekehrt ist die zur Abstimmung nötige Kapazität proportional dem Quadrat der Frequenz und somit auch bei gewählter Resonanzspannung und Stromstärke umgekehrt proportional der ersten Potenz der Frequenz.

$$C = \frac{J_1}{\omega \cdot E} \, .$$

Um den Kondensator nicht zu umfangreich zu bauen, muß man mit der Frequenz herabgehen, man wird also bei kleinen Leistungen mit hoher Frequenz arbeiten, bei größeren Leistungen sogar bis auf Mittelfrequenz heruntergehen. Es kommen infolgedessen folgende allgemeine Gesichtspunkte für den Bau von Hochfrequenzanlagen in Frage:

Die geometrischen Verhältnisse sind unabhängig von Frequenz- und Amperewindungszahl nur mit Rücksicht auf einen maximalen Wirkungsgrad des Ofens zu wählen. Was die geometrischen Verhältnisse anbelangt, so wählt man die Frequenz und die Amperewindungszahl, soweit sie unterzubringen sind, und zwar bis man die gewünschte Leistungsaufnahme erhält. Es dürfen aber die für die Resonanzspannung und Kapazität des Kondensators geeigneten zulässigen Grenzwerte nicht überschritten werden.

C. Die Vorzüge der elektro-thermischen Heizung gegenüber der rein thermischen Heizung.

Für die praktische Einführung der elektrischen Öfen sind von ausschlaggebender Wichtigkeit die Antworten auf folgende Fragen: „Hat der elektrische Ofen gegenüber den rein thermischen Schmelz- und Vergütungsöfen Vorteile von derart einschneidender Bedeutung, daß diese seiner Anwendung für den Eisenhüttenbetrieb in ausgedehntestem Maße das Wort reden", und die zweite Frage „Welches sind diese Vorteile ?"

Die erstere Frage kann man mit wenigen Worten durch den Hinweis auf den immer mehr wachsenden Bedarf an Elektroöfen beantworten. Während im Jahre 1914 in den Eisenhüttenwerken, und besonders in den Edelstahlwerken nur einige hundert Elektroöfen vertreten waren, ist heute deren Zahl weit in die Tausende hinein gestiegen. Ein weiterer Beweis für die vorhandenen Vorteile des Elektroofens gegenüber den anderen Heizverfahren ist darin zu erblicken, daß z. B. die Tiegelstahlfabrikation durch den Elektrostahlofen vollständig in den Hintergrund gedrückt ist. Abb. 53 und 54 legen beredtes Zeugnis von diesem Siegeslauf des Elektroofens ab. Sie veranschaulichen einmal die Größe der Elektrostahlfabrikation in Deutschland und das andere Mal in Amerika und bringen deutlich die Abnahme der Tiegelstahlfabrikation zugunsten der Elektrostahlfabrikation zum Ausdruck.

In Abb. 53 zeigt die erste Kurve die Produktion an Edelstahl in Deutschland einschließlich Luxemburg bis zum Jahre 1925, und man kann feststellen, daß bereits im Jahre 1914 eine starke Überschneidung der Tiegelstahlkurve durch die Elektrostahlkurve stattfindet und während der Kriegsjahre die Gesamtproduktion an Edelstahl ungeheuer heraufschnellt, während die Tiegelstahlfabrikation immer mehr in eine unbedeutende Rolle gedrängt wird. Zahlenmäßig ausgedrückt liegen die Verhältnisse so, daß im Jahre 1908 in Deutschland und Luxemburg 81,9% der Gesamtproduktion von Edelstahl in Tiegelöfen stattfand und nur 18,1% durch Elektroöfen gedeckt wurde. Heute ist das Verhältnis gerade umgekehrt; es werden ca. 90% des gesamten Edelstahlbedarfs durch Elektroöfen und nur noch 10% durch Tiegelstahlöfen gedeckt. In Amerika, siehe Abb. 57, liegen die Verhältnisse derart, daß 1908 die Tiegelstahlfabrikation 100% und die Edelstahlfabrikation Null betrug; heute werden 96,6% in Elektrostahlöfen und nur 3,4% in Tiegelstahlöfen hergestellt.

Ein schlagenderer Beweis für die Notwendigkeit der Einführung der Elektroöfen speziell zur Herstellung von Qualitätsprodukten kann wohl kaum gegeben werden.

Einer der wichtigsten Vorzüge ist der, daß der Elektroofen die bei weitem reinste Heizungsart darstellt, die überhaupt technisch möglich ist. Verunreinigungen durch Eindringen von Außenluft oder erzeugt

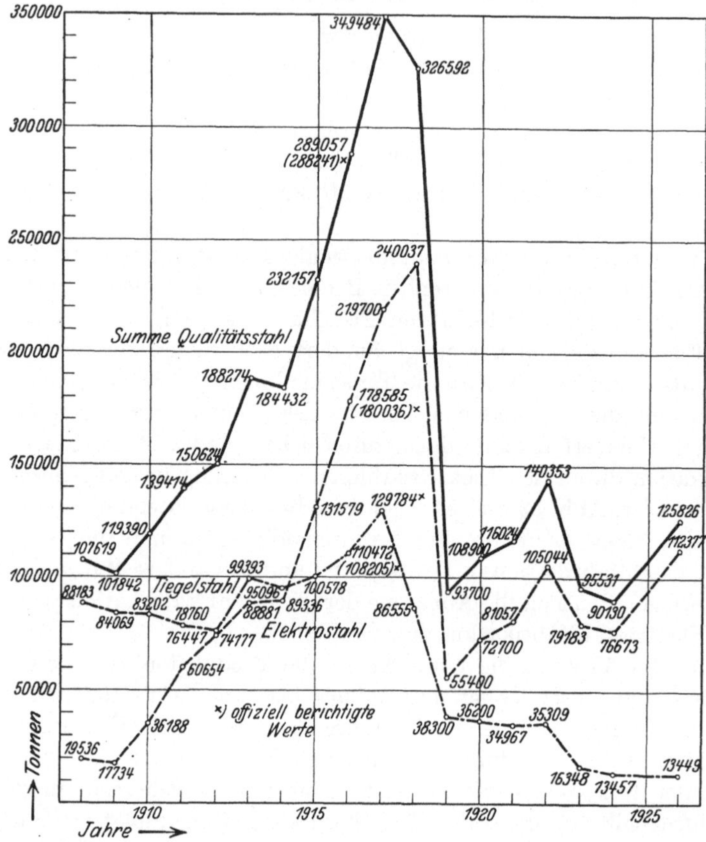

Abb. 53. Verdrängung der Tiegelstahlproduktion durch Elektrostahl in Deutschland und Luxemburg.

durch Bestandteile von Heizgasen sind beim Elektroofen vollständig ausgeschlossen. Man kann in neutraler Atmosphäre arbeiten, kann leicht mit Unterdruck oder Überdruck die angestrebten metallurgischen Prozesse durchführen, kann vor allen Dingen Temperaturen zur Anwendung bringen, wie sie durch die rein thermischen Heizvorrichtungen nicht erreicht werden können, also Temperaturen, die weit über 2000° gehen und bis 3000° heranreichen und denen auch nur durch die Haltbarkeit der keramischen Materialien im Ofenbetriebe eine Grenze gezogen wird.

Was aber eine Überhitzung, besonders der Schlacke, für eine gute Entgasung des Materials und eine gute Desoxydation bedeutet, ist ja jedem Hüttenmann bekannt, ebenso wie die Tatsache, daß unter Einwirkung der hohen Lichtbogenwärme eine Schlacke karbidischen Charakters entsteht, die eine außerordentlich hohe und aktive Desoxydationskraft besitzt und vor allen Dingen eine Herabdrückung des Schwefelgehaltes des geschmolzenen Materials bis zu Grenzen ermöglicht, die in anderen Heizverfahren, z. B. dem Herdfrischverfahren, als welches ja hauptsächlich das Siemens-Martinverfahren in Frage kommt, ganz unmöglich erscheint. Wollte man im Martinofen so weitgehend entschwefeln, so müßte man so viel Mangan zusetzen, daß der Martinofenbetrieb unrentabel würde.

Besonders wertvoll ist bekanntlich die weitgehende Entschwefelung für die Herstellung von legierten Blechen für die Transformatoren- und Dynamomaschinenfabrikation, und es werden derartige

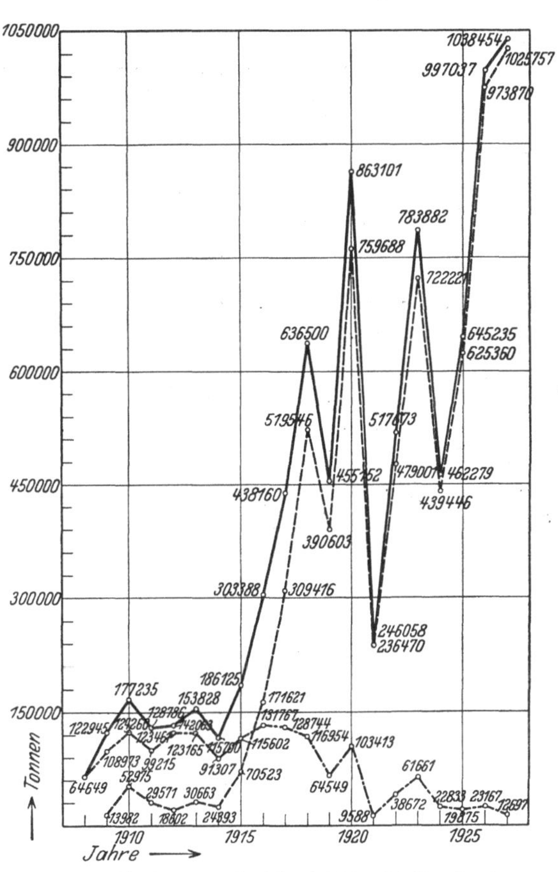

Abb. 54. Verdrängung der Tiegelstahlproduktion durch Elektrostahl in Amerika.

Produkte heute fast durchweg im Elektroofen hergestellt. Solche im Elektroofen hergestellten Dynamo- und Transformatorenbleche weisen auch hochwertige elektro-magnetische Eigenschaften auf. Es werden Dynamobleche mit einem Siliziumgehalt bis 4,2% und einem Schwefelgehalt von 0,0012% hergestellt, die eine außerordentlich geringe Koerzitivkraft bei verhältnismäßig hoher Permeabilität haben und Kraftliniendichten von 18 bis 20000 pro cm² Blechquerschnitt zulassen, die also zu den besten Transformatoren- und Dynamoblechen der Praxis rechnen.

Der Elektroofen gestattet ferner eine außerordentlich feinstufige Regulierung der Temperaturen. Temperatursprünge von 10^0 C sind ohne weiteres leicht einzuhalten. Ferner hat er den Vorzug einer sehr großen Anpassungsfähigkeit an bereits vorhandene Heizvorrichtungen. Man kann in ihm des weiteren alle metallurgischen Prozesse vornehmen, die für die Durchführung und Veredelung in der Stahlfabrikation notwendig sind, sei es aus festem oder flüssigem Einsatz oder aus in anderen thermischen Heizapparaten vorgefrischtem Einsatz.

Man kann z. B. im Elektroofen frischen, d. h. auf dem Wege der Oxydation alle diejenigen Verunreinigungen des Eisens oder Stahlschrottes beseitigen, die durch Oxydation entfernt werden können, wie z. B. Phosphor, Mangan und in erster Linie Kohlenstoff.

Man kann im Elektroofen weitgehendst desoxydieren, also alle Verunreinigungen beseitigen, die auf dem Wege der Reduktion zu entfernen sind, wie z. B. Eisenoxyde, und in erster Linie in weitgehendem Maße den Schwefel. Man kann im Elektroofen legieren, und zwar erhält man eine außerordentlich gleichmäßige Legierung des gewonnenen Produktes mit sehr homogenem Gefüge. Gerade durch die im Elektroofen mögliche sehr lebhafte Bewegung des Bades sind nach dieser Richtung hin außerordentlich günstige Erfolge erzielt worden.

Man kann im Elektroofen des weiteren abstehen und abgaren lassen.

Ferner ist ein Vorteil darin zu erblicken, daß man den Elektroofen leicht kippbar gestalten und mit einem sehr bequemen zugänglichen Arbeitsherd zur Vornahme intensiver Schlackenarbeit ausrüsten und ihn an jede vorhandene Stromquelle, eventuell unter Zwischenschaltung von Umformern oder Transformatoren, anschließen kann.

Daß man im Elektroofen ein dem Tiegelstahl, also dem besten aller Stähle, welchen wir besitzen, vollkommen gleichwertiges Material herstellt, ist schon eingangs durch vorgeführte Produktionskurven aus der Elektrostahlfabrikation bewiesen.

Während das Tiegelstahlverfahren die Verwendung eines schon vorgefrischten und weitgehend desoxydierten Materials zur Voraussetzung haben muß, da ja das Tiegelstahlverfahren ein reines Abgarungs- und Abstehverfahren ist und in der Hauptsache in der Reaktion der Tiegelwand mit dem Einsatz besteht, kann man im Elektroofen aus billigem Einsatzmaterial ohne jedwede Vorbehandlung ein dem Tiegelstahl vollständig gleichwertiges Produkt herstellen.

Der Elektroofen ist, wie schon gesagt, an jedes Kraftnetz anschließbar, da die Möglichkeit gegeben ist, eventuell auftretende Stromstöße durch geeignete elektrische Vorrichtungen, wie Drosselspulen, zu mildern und bei längeren Stromstößen durch Einschaltung von Zeitstromrelais in den Ofenstromkreis, welche auf die Auslösevorrichtungen der

Ölschalter arbeiten, ein rechtzeitiges Abschalten des Ofens automatisch zu erreichen und so jede Gefahr für das Anschlußnetz auszuschalten.

Das sind wohl im großen und ganzen die Vorzüge, die der Elektroofen gegenüber den rein thermischen Heizapparaten hat.

Die Anwendungsgebiete des Elektroofens.

1. Roheisen. Die Hüttenleute strebten schon lange danach, auf elektrischem Wege unmittelbar aus den Eisenerzen schmiedbares Eisen und schmiedbaren Stahl herzustellen. Schon Ende des vorigen Jahrhunderts befaßten sich Männer wie Stassano, Heroult und Keller eingehend mit Versuchen zur elektrothermischen Reduktion im Hochofen; wenn sie auch das angestrebte Ziel nicht erreichten, so gaben sie doch dem schwedischen Ingenieuren Grönwall und Thyssland wichtige Anregungen zum Bau der elektrischen Hoch- und Niederschachtöfen.

In den letzten Jahren sind auch in Schweden wieder neuere Versuche unternommen worden, direkt aus den Erzen Stahl herzustellen, und zwar mit mehr oder minder großem Erfolg.

Die Aufgabe des thermischen Hochofens ist hauptsächlich die, die in den Erzen vorhandenen Eisenoxyde zu metallischem Eisen zu reduzieren und die in ihnen vorhandenen Verunreinigungen zu verschlacken. Die Reduktion der Erze geschieht durch Zugabe von Kohlenstoff in Form von Koks, Holzkohle, Anthrazit, während die Verschlackung in der Hauptsache durch Kalkzusatz vor sich geht. Die Kohle hat im Hochofen eine dreifache Aufgabe zu erfüllen, und zwar wird ein Teil der Kohle benötigt, um die Reaktionswärme zu erzielen, der sogenannte thermische Koks, ein zweiter Teil hat die Reduktionsarbeit zu leisten, d. h. also, den in den Erzen befindlichen Sauerstoff zu binden, und ein dritter Teil geht an das Eisen in chemische Bindung über. Von der für eine Tonne Roheisen ungefähr benötigten einen Tonne Koks werden ungefähr zwei Drittel für die Reaktionswärme benötigt, während das letzte Drittel für Reduktions- und Lösungszwecke verbraucht wird. Will man nun mittels des elektrischen Stromes die Verhüttung von Eisenerzen im Hochofen betreiben, so muß man so viel Strom hineinschicken, daß die aus $^2/_3$ thermischer Kohle gewonnene Wärme in Form von elektrischem Strom bereitgestellt wird.

Eine derartige Heizungsart ist nur dann möglich, wenn verhältnismäßig billige Kraft zur Verfügung steht. Es müssen also, wenn der elektrische Ofen mit wirtschaftlichem Erfolg arbeiten und die elektrische Heizung mit der rein thermischen gleichen Schritt halten soll, die Kosten für eine Tonne Koks und die Kosten für die aufzuwendende elektrische Energie + 300 kg Koks für Reduktions- und Lösungszwecke annähernd gleich sein, und das ist nach praktischen Erfahrungen nur bei einem Strompreis von 0,5 bis 1 Pf. der Fall. Man wird also elektrische Hoch-

öfen nur dort verwenden können, wo entweder billige Wasserkräfte
zur Verfügung stehen oder die Beschaffung von Hochofenkoks Schwierigkeiten macht. So wurden beispielsweise eine Reihe von elektrischen Hochöfen in Norwegen, Schweden, Amerika und Italien ausgeführt, während
bei uns in Deutschland dieser Ofen keine Verwendung gefunden hat.

Abb. 55 veranschaulicht einen elektrischen Hochofen. Man beobachtet
wie beim thermischen Hochofen einen Ofenkörper mit steil aufsteigender

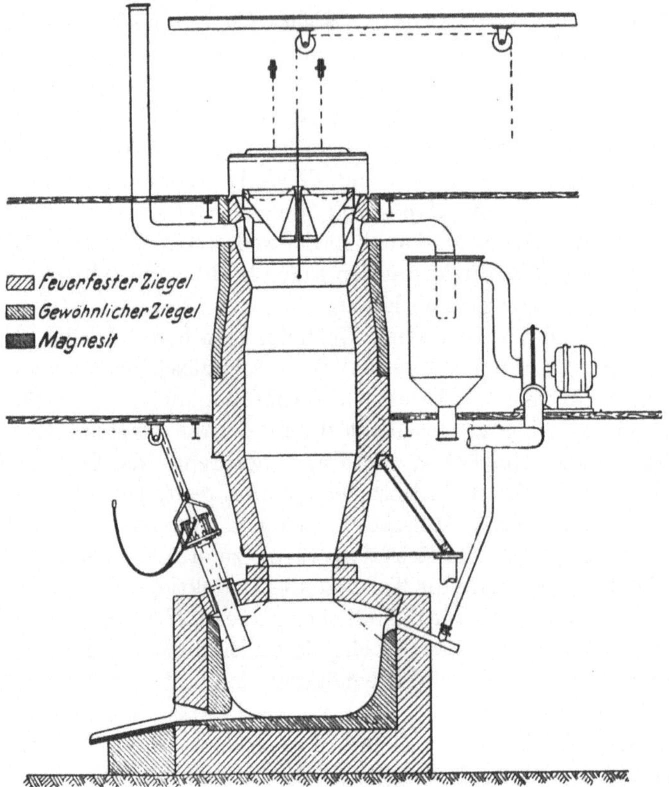

Abb. 55. Elektrischer Hochofen, System Grönwall.

Rast und darüber liegender Gicht und unter der Rast liegendem Schmelzherd. Der Schmelzherd ist podestmäßig ausgebaut, in welchen Ausbau
hinein die Elektrodenkohlen zur Einleitung des elektrischen Stromes
eintauchen. Solche Hochöfen werden meist mit Drehstrom betrieben,
und da pro Tonne zu erzeugenden Roheisens ungefähr 2500 kWh verbraucht werden, ferner solche Öfen für maximal 40 t Durchsatz gebaut
werden, so kommen für den Betrieb der Öfen Drehstromtransformatoren mit Leistungen, die maximal zwischen 5000 und 6000 kVA
liegen, in Frage, mit entsprechenden Spannungen zwischen 70 und 120 V.

Abb. 56 zeigt eine elektrische Hochofenanlage in der Gesamtansicht. Die Vorzüge der im elektrischen Hochofen gewonnenen Produkte liegen darin, daß der elektrische Hochofen gestattet, ein Roheisen mit

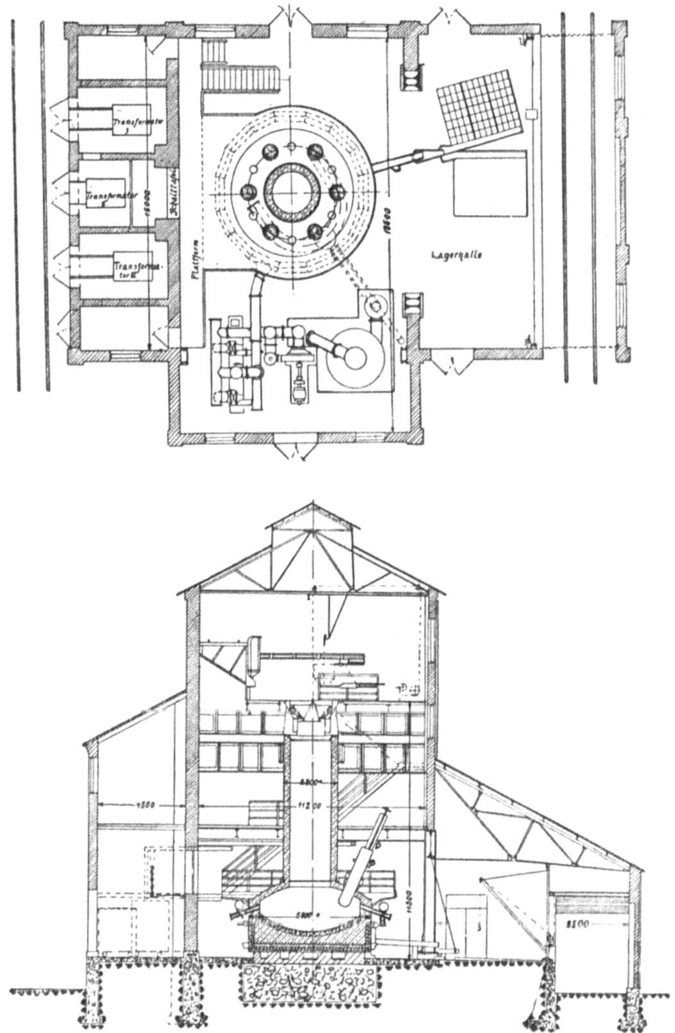

Abb. 56. Schema einer vollständigen elektrischen Ofenanlage.

verhältnismäßig geringem Kohlenstoff und niedrigem Phosphorgehalt zu erzeugen, ferner darin, daß die Auswahl der Erze in bezug auf die Qualität sowie Zusammensetzung und physikalische Eigenschaften nicht so gewissenhaft zu sein braucht wie beim thermischen Hochofen, um ein nach jeder Richtung hin gutes Roheisen zu erzeugen. Außerdem ist auch die Tragfestigkeit des Kokes im elektrischen Hochofen, der in seinem Aufbau der Höhe nach geringer ist als der thermische, nicht von so großer Bedeutung wie bei letzterem, das gleiche bezieht sich auf die Beschaffenheit des Erzes selbst. An Kohle kommen für thermische Hochofenprozesse nur Holzkohle, Steinkohlenkoks und Anthrazit in Frage.

Es gibt noch ein zweites Verfahren zur Gewinnung von Roheisen, das sogenannte Niederschachtofenverfahren, welches in der Lage ist, sich den meisten Erz- und Kohlensorten, sogar wenn diese in kleinstückiger Form vorliegen, anzupassen, und zwar aus dem Grunde, weil in Niederschachtöfen nur eine geringe Beschickungshöhe, 1 bis 2 m oberhalb

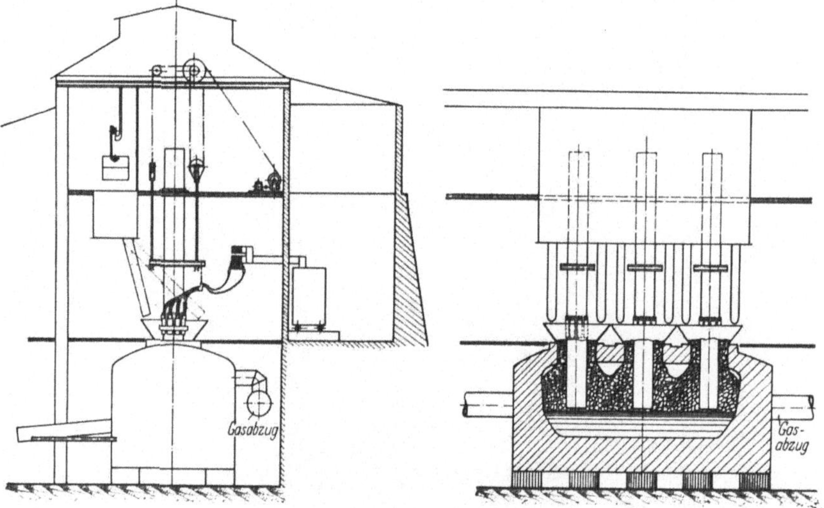

Abb. 57. Schema einer Niederschachtroheisen-Elektroofenanlage.

der Schmelzzone, erforderlich ist. Ein elektrischer Niederschachtofen zur Gewinnung von Roheisen ähnelt in seiner Anordnung dem Karbidofen, nur daß er mit einem geschlossenen Gewölbe abgedeckt ist.

Abb. 57 zeigt einen solchen Niederschachtofen. Während bei einem thermischen Hochofen pro Tonne 4000 bis 6000 m³ Hochofengase mit einem Wärmeinhalt von im Durchschnitt 800 cal/m³ frei werden, werden beim Elektrohochofen und Niederschachtofen 500 bis 1000 m³ Gas pro Tonne erzeugten Roheisens gewonnen. Natürlich tritt bei einem so geringen Gasgehalt die Verwendung des Gases zum Aufwärmen der im Hochofen aufgeschütteten Kohle- und Erzschichten ganz in den Hintergrund. Wenn man aber das Gas in der Zone entnimmt, wo es das günstigste Verhältnis zwischen Kohlensäure und Kohlenoxyd hat, d. i. höchstens 1 bis 2 m über dem mittleren Schmelzherd, erhält man ein Gas mit wesentlich höherem Wärmeinhalt. Im Elektrohochofen werden die Gase im Ofen selbst, wenn auch unerheblich, zur Vorwärmung des Rohmaterials ausgenutzt und sind deswegen kalorisch weniger wertvoll als die im Niederschachtofen gewonnenen. Während man im Elektrohochofen durchweg mit einer Wärmeeinheit des Abgases von 1500 bis 2000 cal/m³ rechnet, erzeugt der Niederschachtofen hochwertigere Gase bis zu 3000 cal/m³.

Die elektrischen Hochöfen werden durchweg nach dem System Grönwall gebaut und sind bereits in ca. 100 Fällen in solchen Ländern, die über große Wasserkräfte verfügen, wie Schweden, Norwegen, Nordamerika, Mexiko und Italien, vertreten. Niederschachtöfen sind erst in neuerer Zeit in Betrieb gekommen und in den Spigerverken in Norwegen in Größenordnungen von etwa 4000 kW bis 6000 kW nach dem System Thyßland aufgestellt.

Es ist bereits darauf hingewiesen, daß der Kraftverbrauch pro Tonne gewonnenen Roheisens 2500 kWh beträgt. Im Niederschachtofen war er mit Rücksicht auf das gering vorgewärmte Material in dem erst angeführten Ofen etwas höher, und zwar 2700 bis 3000 kWh pro Tonne, doch kann man bei guter Beschickung und Absaugung der Öfen heute schon den Kraftverbrauch in Niederschachtöfen auf 2300 bis 2200 kWh herabdrücken.

Um nochmals kurz zusammenfassend die Unterschiede der beiden Ofenarten klarzulegen, kann man sagen, daß man im Niederschachtofen aus den meisten Erzen und Kohlensorten ein gutes Roheisen und hochwertiges Gas erhalten kann, während man beim Elektrohochofen aus hochwertigerem Erz und Kohle ein gewöhnliches Roheisen und minderwertiges Gas erzeugen wird.

Es würde den Rahmen dieser Abhandlung überschreiten, auch noch über die chemische Zusammensetzung der erzeugten Eisenarten Mitteilungen zu machen.

2. Ferrolegierungen. Es soll jetzt nur noch kurz auf die Herstellung der verschiedenen Ferrolegierungen eingegangen werden. Hier steht im Vordergrund hüttenmännischen Interesses die Herstellung von Ferromangan und Ferrosilizium als Desoxydationsmittel. Die elektrothermische Herstellung von Ferromangan und Ferrosilizium spielt sich nämlich ähnlich wie der Karbidprozeß ab, d. h. es wird in einem gewöhnlich nach oben hin offenen Ofen hergestellt, in den hinein die Elektrodenkohlen ragen und um die Elektroden herum die Rohstoffe geschüttet werden. Die Rohstoffe schmelzen in einem unterhalb der Elektrodenkohle befindlichen Reaktionsherd zusammen und werden in flüssiger Form abgestochen. Man hat früher selbstverständlich auch Ferromangan und Ferrosilizium im thermischen Hochofen erzeugt, ja es wird sogar heute noch der größte Teil des Ferromangans auf diese Weise hergestellt, während die Erzeugung von Ferrosilizium fast ausschließlich im Elektroofen vor sich geht, besonders wenn es sich um hochprozentiges Ferrisilizium handelt. Der Vorgang bei der Herstellung von Ferromangan verläuft nach der Formel:

$$MnO_2 + 2\,C = Mn + 2\,CO - 65\,855 \text{ Wärmeeinheiten.}$$

Es sind theoretisch pro 1000 kg Mangan etwa 437 kg Reaktionskohlenstoff erforderlich und zum Verschlacken der Gangart Zuschläge in Form von Kalkstein oder Kalk, ferner zur Gewinnung einer sehr dünnflüssigen Schlacke Zusätze von Flußspat. Pro Tonne 80 proz. Ferromangans werden benötigt etwa:

1,9 t	Manganerze,	0,10 t	Schrott,
0,45 t	Koks,	40 kg	Elektrodenkohle,
0,25 t	Kalk,	3500—4000 kWh.	
0,03 t	Flußspat,		

Diese Daten beziehen sich ungefähr auf einen Elektroofen in der Größenordnung von 1000 bis 2000 kW. Es werden heute auch schon Öfen bis zu 10000 kW Energieaufnahme gebaut. Das Ausbringen des Mangans beträgt ca. 78 bis 80%, die Verluste in der Schlacke etwa 15% und durch Verdampfung gehen etwa 5% verloren. Die Zusammensetzung des im elektrischen Ofen hergestellten Ferromangans ist folgende:

Mangan	78 — 80%
Eisen	10 — 12%
Kohle	5 — 7%

Rest: Silizium, Phosphor usw.

Man kann selbstverständlich auch ohne weiteres ärmere Manganerze verarbeiten. Bei den angegebenen Kraftzahlen war zugrunde gelegt ein Mangan von 50%. Bei etwa 37 bis 40 proz. Manganerzen, wie sie in Amerika während des Krieges verarbeitet wurden, steigt der Strombedarf etwas höher, etwa auf 4500 bis 5000 kWh pro Tonne.

In Norwegen laufen z. B. bei einer norwegischen Gesellschaft drei Elektroöfen für je 10000 kW Kraftaufnahme, ferner laufen einige Öfen in Frankreich (Savoyen) und in Nordamerika und Italien. In Deutschland sind bisher elektrische Ferromanganöfen nicht im Betrieb, dagegen erfolgt die Herstellung von Ferrosilizium, Ferrochrom, Ferrowolfram, Ferromolybdän und Ferrovanadin sowie Ferrotitan fast ausschließlich im Elektroofen.

Bei der Herstellung von Ferrosilizium im elektrischen Ofen, wobei auch Einheiten bis zu 20000 kW verwendet werden, kommen als Rohstoff in Frage: Quarz, Koks, Eisen. Die Reduktion des Quarzes geht nach der Formel vor sich:

$$SiO_2 + 2\,C = Si + 2\,CO.$$

Pro 1000 kg Ferrosilizium werden ca. 1200 kg Quarz und 800 kg Kohlenstoff benötigt. Bei 98 proz. Ferrosilizium sind ca. 800 kg Koks oder eine

entsprechende Kohlenmenge oder Anthrazit erforderlich. Der Elektrodenverbrauch beträgt pro Tonne 40 bis 60 kg, der Energieverbrauch beträgt
bei 45 bis 50proz. Ferrosilizium 6500 bis 7000 kWh pro Tonne, für 75
bis 85proz. Ferrosilizium 12000 bis 16000 kWh pro Tonne und bei
95proz. Ferrosilizium 18000 bis 22000 kWh pro Tonne.

Das Ferrosilizium wird genau wie Roheisen in flüssiger Form abgestochen und in mit Elektrodenkohlen ausgelegten Pfannen aufgefan-
gen, zum Abkühlen stehen gelassen und dann mit dem Hammer zerkleinert, in Kisten oder Fässern verpackt verschickt.

3. Elektrostahlherstellung. Für die Herstellung des Elektrostahls
werden Induktionsöfen und Lichtbogenöfen verwendet. Während die
Induktionsöfen in der Vorkriegszeit und während der Kriegsjahre fast
durchweg das Feld für die Edelstahlfabrikation behaupteten und etwa
70% der Gesamtproduktion im Induktionsofen hergestellt wurde,
ist nach dem Kriege der Lichtbogenofen für die Zwecke der Edelstahlfabrikation weitgehend bevorzugt worden, und zwar, weil er sich den
vorliegenden hüttentechnischen Arbeiten besser anpaßt. Während man
beim Induktionsofen nur mit flüssigem Einsatz arbeiten kann, also die
Verarbeitung von in den Hütten anfallendem Schrott überhaupt nicht
in Frage kommt, und man daher den Induktionsofen im Zusammenhang
mit der Bessemer- oder Thomasbirne oder dem Martinofen verwenden
muß, d. h. in ihm nur desoxydieren, abstehen und abgaren lassen kann,
paßt sich der direkte Lichtbogenofen allen in den Hütten vorliegenden
Arbeitsverhältnissen wesentlich besser an. Man kann im Lichtbogenofen
mit kaltem Einsatz arbeiten, kann in ihm frischen, kann desoxydieren,
vornehmlich entschwefeln, abstehen und abgaren lassen und kann nach
jeder Richtung hin weitmöglichst legieren.

Der Induktionsofen findet für hochwertige Stähle heute nur noch in
einigen Hüttenwerken Anwendung, z. B. zur Herstellung von hochwertigen Werkzeugstählen oder zur Herstellung von hochwertigen Stählen
für die Automobilfabrikation oder auch zur Herstellung von legierten
Blechen aus flüssigem Einsatz. Im Lichtbogenofen kann man aus ein-
gesetztem kalten Schrott die gleichen Qualitäten erzeugen. Der Induktionsofen hat aber den Vorteil, daß eine bessere Rührwirkung im
Schmelzbad erzielt wird durch die auftretenden dynamischen Kräfte,
die ja im Abschnitt über die Systematik der elektrischen Öfen bereits
geschildert wurden, und auch den Vorteil einer gleichmäßigen Beheizung
des Schmelzbades. Infolgedessen ist die Garantie gegeben, daß ein außerordentlich gleichmäßiges homogenes Gefüge des erzeugten Stahles
erreicht wird, und zwar gleichmäßiger und homogener, als es überhaupt
in einem thermischen Veredelungsapparat möglich ist, mit Ausnahme
des Tiegelstahls, der ja aber, wie vorhin bereits angedeutet, auf einem
einfachen Abstehverfahren beruht, vor allem aber weitgehendst vor-

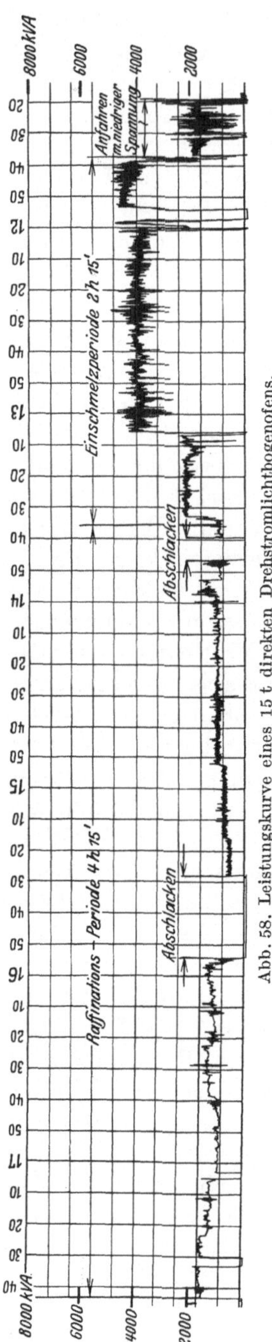

Abb. 58. Leistungskurve eines 15 t direkten Drehstromlichtbogenofens.

gefrischtes und desoxydiertes Material zum Einsatz haben muß. Der hauptsächlichste Nachteil der Induktionsöfen ist der, daß die Zustellung außerordentliche Schwierigkeiten bereitet und, falls die Zustellung defekt wird, die Herstellung einer neuen mit hohen Kosten verknüpft ist, so daß sich seine Verwendung nur für Herstellung hochwertiger Stähle lohnt.

Viel einfacher liegen die Verhältnisse beim Lichtbogenofen. Während z. B. beim Induktionsofen bei der Herstellung legierter Bleche für gewisse Zwecke, wenn die Legierung im Induktionsofen selbst stattfindet, die Zustellung kaum mehr als 60 bis 120 Chargen aushält, sind im Lichtbogenofen bei gleicher Arbeitsweise mit Ausnahme der Gewölbehaltbarkeit (diese beträgt im Durchschnitt 120 Chargen), doch ohne weiteres 500 bis 600, ja 700 Chargen und noch mehr zu fahren, natürlich unter der Voraussetzung, daß inzwischen der Herd nach mehrmaliger Verwendung geflickt wird. Die einfache Form des Lichtbogenofens gestattet auch solche Flickarbeit in sehr bequemer und billiger Weise, während bei dem komplizierten Herd des Induktionsofens diese mit viel größeren Schwierigkeiten verknüpft ist.

Ein ungefähres Bild von den elektrometallurgischen Arbeitsvorgängen im Elektroofen gibt die in Abb. 58 dargestellte Leistungskurve eines 15 t-Drehstromlichtbogenofens.

Die Abbildung zeigt den Schmelzvorgang bei legierten Blechen in einem Ofen, der von der Siemens & Halske A.-G. gebaut wurde.

Abb. 59 zeigt den Aufbau des Ofens. Der eisenummantelte Ofenherd ist an der Seitenwand mit Dinassteinen ausgemauert, das Gewölbe mit Dinassteinen abgedeckt, die Schlackenzone mit Magnesitsteinen, der Herd selbst ist aus Dolomitstampfmasse.

Angeheizt wird der Ofen durch Einschütten von Koks in den Herd, und zwar wurden ca. 500 kg eingebracht, die Anheizdauer beträgt ca. 14 Stunden bei einem Kraftaufwand von 5600 kWh. Die Leistungsaufnahme des Ofentransformators beträgt 600 bis 1000 kVA während der Anheizdauer bei einer Spannung von 104 V. Es wurden in den Ofen 12 000 kg Platinenbleche eingesetzt. Beim Anfahren der Charge wurde, wie man aus der Kurve Abb. 58 erkennen kann, kurze Zeit mit niederer Spannung gearbeitet unter Einschaltung der Drosselspule und dann auf höhere Spannung, auf 180 V, gegangen und mit höherer Energiedichte eingeschmolzen. Die Leistungsaufnahme des Ofens betrug 4000 bis 4500 kW. Es wurde dreimal abgeschlackt und Proben genommen, die einen

Kohlenstoffgehalt von etwa 0,6 % und einen Mangangehalt von im Durchschnitt 0,15 % ergeben. Es wurden dann Zuschläge von Mangan und Ferrosilizium gemacht, und zwar 130 kg Mangan und 77 kg Ferrosilizium. An Elektroenergie wurden im ganzen bei der ersten Charge pro Tonne Ausbringen einschließlich Raffination 845 kWh

Abb. 59. 15 t-Drehstromlichtbogenofen, System Siemens & Halske.

benötigt, während lediglich für das Einschmelzen 600 kWh notwendig waren, also für den Raffinationsvorgang 235 kWh. Bei der dritten Charge wurden bei einem Einsatz von 15 t Platinen ca. 14 t Blöcke hervorgebracht bei einem Kraftverbrauch von 668 kWh pro Tonne einschließlich Raffination. Die Chargendauer betrug 6 Stunden. Es wurden also bei einem solchen 15 t-Ofen pro Tag und 24 Stunden 3 bis 3½ Chargen ohne weiteres gefahren. Der Durchschnittskraftverbrauch bei 8 Chargen betrug 750 bis 800 kWh pro Tonne fertiges Produkt, wobei der durchschnittliche Kraftverbrauch für das Einschmelzen im Mittel 550 kWh ergab.

Als weitere Daten für den 15 t-Ofen seien angegeben, daß die Transformatorenleistung für 5400 kVA bemessen ist. Der Elektrodenverbrauch bei derartigen Öfen hat sich zu etwa 7 bis 8 kg pro Tonne erzeugten Stahles bei festem Einsatz ergeben. Der Ofen arbeitet mit einer Spannung von 180 V bei Dreieckschaltung und mit $\dfrac{180}{\sqrt{3}} = 101$ V bei Sternschaltung. Man kann in Abb. 59 sehr gut die sekundären Stromzuleitungen vom Transformator zum Ofen erkennen, sowie die Aufhängung der Elektroden selbst, welche in auslegerkranartigen Armen ruhen, die

Abb. 60. 4 t-Drehstromlichtbogenofen, System AEG.

beweglich an fest an den Ofenkörper angenieteten Eisenkonstruktionen angeordnet sind. Die Auslegerarme hängen an Seilzügen, welche über die auf den Elektrodenständern befindliche, über ein Schneckenradgetriebe elektromotorisch angetriebene Winde als Seile ohne Ende laufen und durch ein Gegengewicht, das sich innerhalb der Eisenkonstruktion eines jeden Elektrodenständers bewegt, ausbalanciert werden. Der Ofen trägt an der Vorderseite die Ausgußschnauze und an der Rückseite die Schlackentür, die auch gleichzeitig zum Chargieren des Einsatzes dient. Er ist auf schmiedeeisernen Kippwangen gelagert, zu denen parallel ein Zahnradsegment läuft, das in das Ritzel eines Zahnradgetriebes des über ein Schneckenradgetriebe elektromotorisch betätigten Kippwerkes eingreift und den Ofen bis zu einem Winkel von 45° nach vorn und hinten kippt.

Abb. 61. 4 t-Drehstromlichtbogenofen in Kippstellung.

Abb. 60 und 61 geben die Bauart der Öfen der AEG wieder, und zwar einen Ofen für die Firma Schäffer & Budenberg als Drehstrom-Lichtbogenofen für 5 t Einsatz mit abgedichteten Elektroden. Elektrische Ausrüstung AEG, mechanische Ausrüstung Demag. Der Ofen hat einen Transformator für 1450 kVA, eine Spannung von 180/115 V, stellt Stahlformguß aus festem Einsatz, Schrott und Spänen her. Kraftverbrauch 670 bis 720 kWh pro Tonne.

Abb. 62 gibt die Bauart eines Induktionsofens, wie er im Stahlwerk Becker für die Herstellung von legierten Werkzeugstählen verwendet wird. Der Ofen hat ein Fassungsvermögen von 8 t, ist nach dem System Röchling - Rodenhauser, also einem Zweirinnensystem mit dazwischenliegendem Arbeitsherd, von der Siemens & Halske A.-G. gebaut. Die beiden Ofentransformatoren sind in Scottscher Schaltung angeordnet und geben dem Ofen eine Leistung von 1950 kVA bei einem cos φ von 0,4—0,45 ab. Der Ofen wird mit 16,2 Per. betrieben, also unter Zwischenschaltung eines Drehstrom-Einphasen-Umformers an das vorhandene Kraftnetz angeschlossen. Die Spannung im Ofentransformator beträgt 5000 V und ist bis 3000 V regulierbar.

Der Ofen wird vom Martinofen aus mit vorgefrischtem flüssigen Stahl beschickt, so daß im Ofen selbst nur die Arbeit einer geringen Aufkohlung und Desoxydation, also hauptsächlich Entfernung des Schwefels, Entgasung, Abstehen- und

Abb. 62. 8 t-Induktionsofen, System Röchling-Rodenhauser und Siemens & Halske A.G.

Abgarenlassen getätigt wird. In dem Ofen werden etwa 6 Chargen pro Tag in 24 Stunden gefahren; der Kraftverbrauch pro Tonne Einsatz beträgt rd. 230 bis 235 kWh bei Kohlenstoffstählen, 250 kWh bei legierten Stählen, bei 4 Chargen, 450 kWh bei legierten Blechen, je nach der Art der Legierung.

Abb. 63 zeigt einen Ofen mit abgedeckten Elektroden anderer Type als der 15 t-Ofen in Abb. 59, und zwar einen Ofen mit einer Brückenkonstruktion, wie er mit einem Fassungsvermögen von ca. 8 t bei der Bergischen Stahlindustrie in Remscheid vor ca. 3 Jahren von der Siemens & Halske A.-G. geliefert wurde. Die Brückenkonstruktion, die nur in diesem einen Falle angewendet wurde, um ein Zwischenstadium der Art der Abdichtung der Elektroden zu schaffen, ist in zwei Stockwerken gegliedert, das obere Stockwerk trägt die Elektrodenwinde, während im zweiten Stockwerk die Abdichtungszylinder für die Elektroden ruhen. Der Ofen wird natürlich ebenso wie der vorhergehende

15 t-Ofen automatisch reguliert, hat einen Ofentransformator mit einer Leistung von 3000 kVA und arbeitet mit Spannungen von 183/101 V, je nachdem er in Dreieck oder Stern geschaltet läuft. Der Ofen wird zur Herstellung von Konstruktionsstahl für die Automobilindustrie benutzt, macht im Tag etwa 4 Chargen bei festem Einsatz und hat einen Kraftverbrauch von ca. 850 kWh pro Tonne, wobei etwa 580 kWh auf das Einschmelzen des festen Einsatzes gerechnet werden. Die Brückenkonstruktion ist, wie zu erkennen, an dem unteren Ofenherd, der ebenfalls kippbar angeordnet ist, abnehmbar befestigt, so daß, falls irgendwelche Gewölbearbeiten vorzunehmen sind, die Brücke beiseite gesetzt werden

Abb. 63. 8 t-Drehstromlichtbogenofen mit abgedichteten Elektroden, System Siemens & Halske A.G.

kann. Die Ausmauerung des Ofens ist basisch, d. h. aus Teer-Dolomitgemisch, das Gewölbe besteht aus Dinassteinen. Die Gewölbehaltbarkeit beträgt 60 bis 100 Chargen je nach der Art des Einsatzes und der Dauer der Chargen und die des Bodens ca. ¾ Jahr, wobei natürlich zwischendurch Flickarbeiten vorgenommen werden müssen. Die Haltbarkeit der Seitenwände beträgt ca. 2 bis 3 Monate. Abb. 64 zeigt einen für Rußland erbauten Ofen, und zwar für ca. 7 bis 8 t bei einer Leistungsaufnahme von 2200 kVA, Spannung 150/101 V.

4. **Elektrograuguß.** Das Feinen von Grauguß im Elektroofen ist bereits während des Krieges in Amerika betrieben worden, und zwar nach dem sogenannten Duplexverfahren, d. h. man überließ die Arbeit des rohen Einschmelzens den bisher in den Eisengießereien am häufigsten verwendeten Schmelzapparaten, dem Kupolofen, und beschränkte sich darauf, im Elektroofen das im Kupolofen vorgeschmolzene Gußeisen zu veredeln. In Deutschland hat man leider der Verbesserung der physikalischen Eigenschaften des Gußeisens erst in den letzten Jahren mehr Beachtung geschenkt, so daß auch jetzt schon in einigen Eisengießereien Elektroöfen für diesen Zweck verwendet werden. Das Gußeisen ist ja bekanntlich unser billigster Baustoff in der Maschinentechnik und es ist daher verständlich, wenn man schon aus rein wirtschaftlichen Gründen nach Mitteln und Wegen sucht, um ihn zu veredeln und daher auch für

stärker beanspruchte Maschinenteile zu verwenden. Es waren bisher in Deutschland, ehe man zu dem Duplexverfahren überging, auch eine Reihe von Verbesserungsvorschlägen an den alten thermischen Heizapparaten gemacht worden, die alle die Erzielung eines Gußeisens mit höherer Festigkeit anstrebten. Als solche Verbesserung ist das Lanzsche Perlitgußverfahren zu betrachten, das unter Einhaltung einer bestimmten Gattierung der Rohstoffe den Siliziumgehalt herabdrückt, so daß ein Vorwärmen der Form sich als notwendig erweist, damit das Gußeisen grau erstarrt.

Hierdurch will Lanz ein rein perlitisches Gefüge erzielen, aber es wird hierdurch die Graphitabscheidung nach keiner Richtung hin berührt, und gerade das ist ja das Charakteristikum eines Edelgusses, daß der in ihm befindliche Kohlenstoff zum größten Teil in fein eutektischem Graphit ausgeschieden wird. Gerade dieses ist eine der fundamentalsten Vorbedingungen für die Erzeugung eines Gusses hoher Festigkeit. Während die Zugfestigkeit von gewöhnlichem Grauguß zwischen 14 bis 18 kg/mm² liegt,

Abb. 64. 7 t - Drehstromlichtbogenofen mit abgedichteten Elektroden, System Siemens & Halske A. G.

liegt sie bei dem Lanzschen Perlitguß zwischen 22 und 24 bei einer Biegefestigkeit von 40 bis 45 und einer Brinellhärte von etwa 180 bis 200. Zur näheren Erläuterung zeigt Abb. 65 das Gefügebild eines solchen Gusses. Man kann auf derselben das lamellenartige Perlitgefüge gut erkennen, gleichzeitig aber auch starke Graphitadern.

Abb. 66 zeigt als Gegensatz zum perlitischen Gefüge ein solches von ferritischer Grundmasse mit stark ausgeprägten Graphitnestern. Es handelt sich hier um ein Gefügebild eines Gusses von wesentlich geringerer Festigkeit, und zwar ist dies der Bildung der starken Graphitnester zuzuschreiben, die eine wesentliche Verminderung der Festigkeit herbeiführen.

Als weitere Verfahren, die vornehmlich der Erzeugung eines festen Gusses dienen, sind zu nennen: Das Perlitverfahren von Thyssen-Emmel, das Schützsche Graphit-Eutektikum, ferner das Verfahren

Abb. 65. Gefüge eines im Elektroofen hergestellten Perlitgusses.

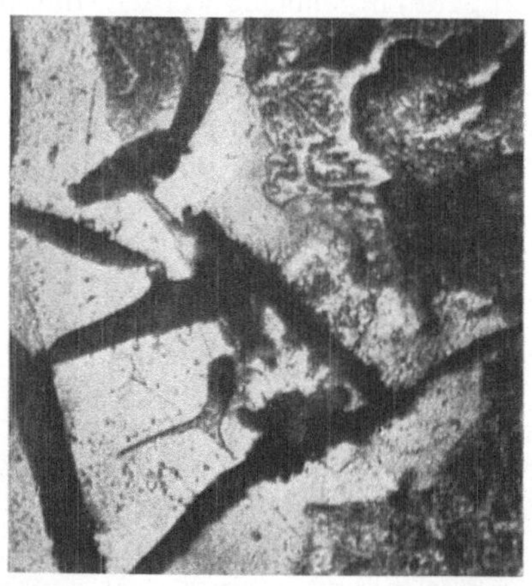

Abb. 66. Gefüge eines Gusses aus dem Kupolofen.

von Geheimrat Wüst, letzteres eine Kombination von Kupol- und Flammofenverfahren, das Korsaliverfahren, welches mit gesteigerter Windzufuhr im Kupolofen arbeitet und das Metall in einen besonderen

Abb. 67. 6 t -Drehstromlichtbogenofen der Zwickauer Maschinenfabrik.

Vorherd überfließen läßt, in den geschmolzenes Ferromangan und Silizium zugesetzt wird. Hierdurch glaubt man ein perlitisches Gefüge bei geringem Abbrand des Siliziums zu erhalten und somit einen verhältnismäßig niedrigen Kohlenstoffgehalt von etwa 2,8 % zu erzielen. Die Festigkeitszahlen beim Korsaliverfahren sind etwa

30 kg/mm² Zugfestigkeit, ca. 50 kg/mm² Biegefestigkeit bei einer Brinellhärte von 150 bis 180. Ferner sind noch zu nennen das Verfahren von Dürkop-Lyken-Rein mit einer Entschwefelung im Vorherd durch Zugabe von Sodabriketts und das sogenannte Rüttelverfahren, eine Verfeinerung, wobei man durch eine Rüttelbewegung eine Verfeinerung des zu Graphit ausgeschiedenen Kohlenstoffs anstrebt.

Alle die vorgenannten Verfahren haben zwar, wie gesagt, eine Steigerung der Festigkeit des Produkts zur Folge, aber doch nicht in dem Maße, wie man sie beim Elektroofen erreichen kann. Der Grund dafür liegt darin, daß man bei allen vorgenannten Apparaten die Charge nicht überhitzen kann. Es kommt aber in der Hauptsache auf eine Überhitzung, und zwar eine dauernde Überhitzung, an, um durch die Überhitzung eine feinblättrige eutektische Graphitausscheidung des in der Schmelzmasse befindlichen Kohlenstoffes zu erreichen. Selbstverständlich muß auch der Überhitzung eine entsprechende Abkühlung und ein Abstehen- und Abgarenlassen der Charge im Elektroofen folgen. Aus dem Elektroofen gewonnener Grau-

Abb. 68. Gußproben aus Elektroofen (*1*) und Kupolofen (*2*).

guß zeigt Festigkeitszahlen von 36 bis 40 Zugfestigkeit, 60 bis 70 Biegefestigkeit bei einer Brinellhärte von ca. 150 bis 200. Die wirtschaftliche Seite des Feinens von Grauguß ist die, daß man bei billigem Strom von etwa 2 bis 3 Pfg. pro Kilowattstunde direkt mit festem Einsatz arbeiten kann. Man braucht ferner auf keine besondere Gattierung wie beim Kupolofen Rücksicht zu nehmen, sondern man kann gewöhnlichen Gußbruch zweiter und dritter Qualität verwenden und doch auf einen hochwertigen Grauguß kommen.

Um einen ungefähren Überblick über die Rentabilität des Feinens von Grauguß nach dem Duplexverfahren, d. h. unter Berücksichtigung der rohen Arbeit des Einschmelzens im

Abb. 69. Induktionsofen für Nichteisenmetalle, System Siemens & Halske, 712 kg Abstichgewicht.

Kupolofen, zu gehen, wird es zweckmäßig sein, eine Betriebskostenberechnung für einen Elektroofen wiederzugeben, und zwar soll diese Betriebskostenberechnung sich auf die Feinungsarbeit eines Ofens von 3 t Fassungsvermögen erstrecken. Es ist ja schon vorher darauf hingewiesen, daß durch die Zusammenarbeit von Kupolofen und Elektroofen das Einsatzmaterial geringerer Qualität sein kann, und wir wollen auch in diesem Falle als Einsatzmaterial gewöhnlichen Gußbruch zweiter

Abb. 70. Hochfrequenzofen, System Siemens & Halske, für Laboratoriumszwecke.

und dritter Qualität zugrunde legen. Es ergeben sich somit folgende Zahlen:

Der Betriebskostenberechnung liegt die Annahme zugrunde, daß der Ofen täglich 24 Stunden arbeitet.

In dieser Zeit werden 10 Schmelzen von 3 t gemacht. Die jährliche Graugußerzeugung beträgt mit 250 Arbeitstagen im Jahr gerechnet $10 \cdot 3 \cdot 250 = 7500$ t.

Kraftbedarf. a) Zum Austrocknen und Anwärmen der feuerfesten Herdzustellung sind nach unseren Erfahrungen für einen 3 t-Ofen ca. 300 kg Koks und 1500 kWh erforderlich. Die Seitenwände halten etwa 250 Schmelzen zu 3 t aus. Das Anheizen erfordert je Tonne demnach

$$\text{an Koks} \quad \frac{300}{250 \cdot 3} = 0{,}4 \text{ kg} \quad \text{zu M. } 30/t = \text{M. } 0{,}02$$

$$\text{an Kraft} \quad \frac{1500}{250 \cdot 3} = 2 \text{ kWh} \quad ,, \quad ,, \quad 0{,}02 = \quad ,, \quad 0{,}04$$

$$\overline{\underline{\text{M. } 0{,}06}}$$

b) Für das Raffinieren des Graugusses sind ca. 220 kWh für die Tonne aufzuwenden. Die Stromkosten betragen also bei einem Preise von M. 0,02 für die kWh

$$220 \cdot 0{,}02 = 4{,}40 \text{ M.}$$

Ofenzustellung. Für die notwendige Erneuerung der Türen und Seitenwände werden gebraucht:

4000 kg Stampfmasse zu M. 0,04	= M. 160,—
700 ,, Silikaformsteine zu M. 0,14	= ,, 98,—
50 Arbeitsstunden zu M. 1,20	= ,, 60,—
	M. 318,—

Für das Gewölbe werden gebraucht:

4000 kg Silikaformsteine zu M. 0,14	= M. 560,—
50 Arbeitsstunden zu M. 1,20	= ,, 60,—
	M. 620,—

Bei einer Lebensdauer des Herdes von etwa 1000 Chargen und der

Seitenwände von ca. 250 Chargen sowie des Gewölbes von 100 Chargen zu 3 t betragen die laufenden Zustellungskosten pro Tonne flüssigen Graugusses:

$$\frac{318}{250 \cdot 3} + \frac{232}{1000 \cdot 3} + \frac{620}{100 \cdot 3} = \text{M. } 3{,}55 \,.$$

Elektrodenverbrauch. Für die Tonne Grauguß werden 2 kg

Abb. 71. Hochfrequenzofen, System Lorenz, für Laboratoriumszwecke.

Graphitelektroden verbraucht. Bei einem Preise von M. 1,60/kg stellen sich die Elektrodenkosten auf

$$2 \cdot 1{,}60 = \text{M. } 3{,}20.$$

Kühlwasser. Die Kühlung der Elektroden erfordert pro Stunde 1 m³ Wasser. Bei einem Preise von M. 0,10 pro Kubikmeter Wasser betragen die Kühlwasserkosten pro Tonne Grauguß

$$1 \cdot 24 \cdot \frac{0{,}10}{10 \cdot 3} = \text{M. } 0{,}08 \,.$$

Arbeitslöhne. Für die Bedienung des Ofens werden benötigt:

3 Schmelzer mit einem Lohn von M. 1,50 je Std. . . = M. 36,—
3 Helfer mit einem Lohn von M. 1,20 je Std.. . . . . = „ 28,80
M. 64,80

Bei einer täglichen Erzeugung von 30 t betragen die Lohnkosten für eine Tonne Grauguß

$$\frac{64{,}80}{30} = \text{M. } 2{,}16 \,.$$

Verzinsung und Amortisation. Das Anlagekapital setzt sich aus der elektrischen und mechanischen Ausrüstung einschließlich

Montage und Leitungsmaterial ohne bauliche Einrichtungen zusammen und beträgt etwa M. 90000.—.

Bei einer Dauer der Abschreibung von 10 Jahren und einer Verzinsung von 10% betragen die Kosten für Tilgung und Verzinsung des Anlagekapitals ca. M. 15000.—.

Es entfallen also bei einer jährlichen Erzeugung von 7500 t auf 1 t flüssigen Grauguß

$$\frac{15000}{7500} = M.\ 2.—.$$

Zusammenstellung.

Kraftbedarf: a) Anheizen	M.	0,06
b) Schmelzen	„	4,40
Zustellung und Instandhaltung	„	3,55
Elektroden	„	3,20
Kühlwasserverbrauch	„	0,08
Arbeitslöhne	„	2,16
Verzinsung und Tilgung	„	2,—
Werkzeug und Verschiedenes	„	1,55
	M.	17,—

Abb. 72. Hochfrequenzofen, Bauart Siemens & Halske, für einen Einsatz von 100 kg bis 1 t.

Die Raffinationskosten pro Tonne flüssigen Eisens aus dem Kupolofen betragen also M. 17.—.

Abb. 67 kennzeichnet einen Ofen der Zwickauer Maschinenfabrik, in dem heute Grauguß gefeint wird. Der Ofen ist ein Ofen für 6 t Fassungs-

Abb. 73. Umformeraggregat der Lorenz A.G.

vermögen und arbeitet mit einem Drehstromtransformator von 1200 kW bei 103 V Spannung. Es werden in ihm 2 Chargen im Kupolofen vorgeschmolzenen Materials gefeint.

Kraftverbrauch 220 kWh/t.

Elektrodenverbrauch 2,5 kg pro Tonne fertigen Produkts.

Abb. 68 gibt eine Gußprobe aus dem Kupolofen (oben) im Vergleich zu den aus dem Elektroofen gewonnenen.

5. Schmelzen von Nichteisenmetallen. Für das Schmelzen von Nichteisenmetallen bedient man sich vornehmlich der Induktionsöfen, und zwar der Niederfrequenz- sowie der Hochfrequenzöfen. Abbildung 69 gibt einen Überblick über den Aufbau eines von der Siemens & Halske A.-G. in dem Metallwerk der Siemens-Schuckertwerke aufgestellten Ofens für ein Abstichgewicht von 712 kg bei einer Energieaufnahme von 370 kW und einem $\cos \varphi = 0,5$ bei einer Frequenz von 8000 Hertz. Der Ofen ist an 500 V angeschlossen in Scottscher Schaltung[1], mit 2 Rinnen versehen, sowie einem geräumigen mittleren Arbeitsherd, und ist in mehreren Span-

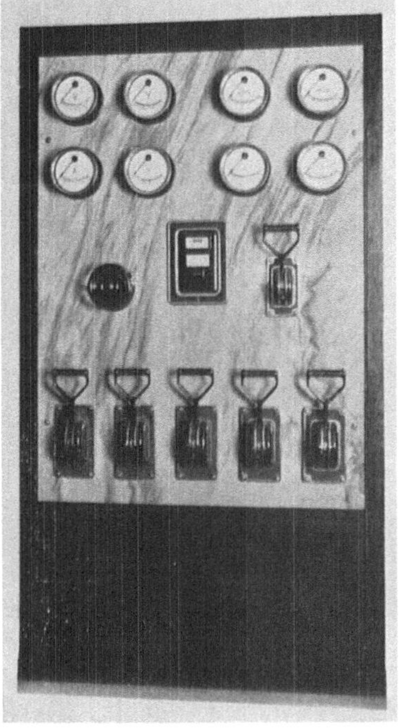

Abb. 74. Schaltanlage, System Siemens & Halske A.G.

nungsstufen regelbar. Es werden besondere Spannungsstufen für das Warmhalten des Ofens vorgesehen; für das Warmhalten werden 30 kWh benötigt. — Der Ofen macht bis 2000 Chargen mit einer Zustellung und hat den Vorzug, daß er bis zum Ende der

Abb. 75. Kondensatoren, System Siemens & Halske A.G., 3000 V Spannung.

Ofenreise eine gleichmäßige Produktion hat gegenüber Öfen mit senk-

---

[1] Strecker: Starkstromtechnik.

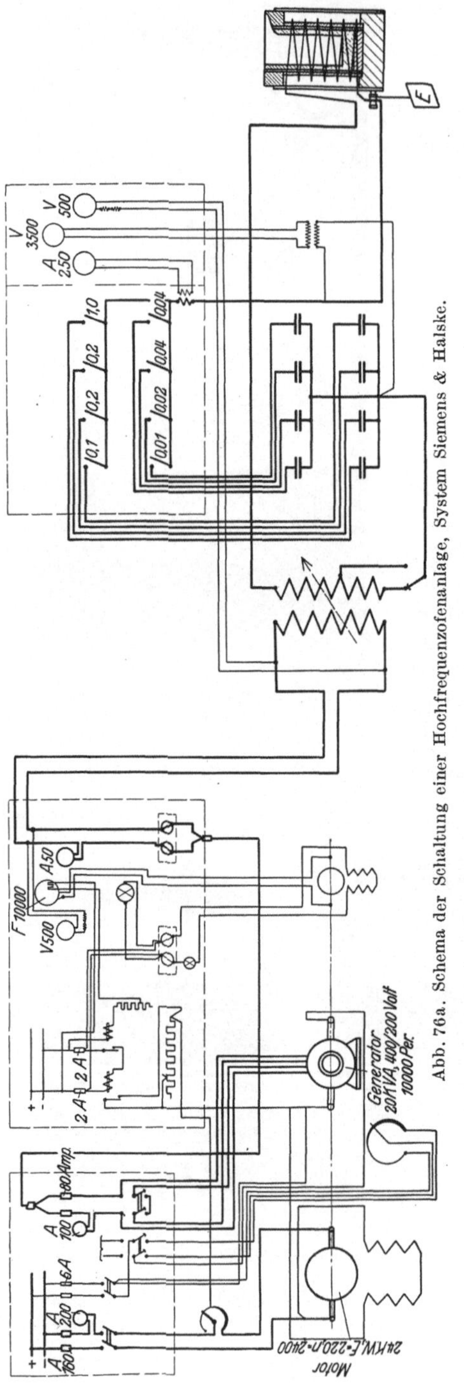

Abb. 76a. Schema der Schaltung einer Hochfrequenzofenanlage, System Siemens & Halske.

recht unter dem Abstichherd liegenden Rinnen, die in ihrer Produktion nach 600 Chargen wegen Zusetzens der Heizrinnen erheblich nachlassen. — Der Kraftverbrauch pro Tonne erzeugten Metalls beträgt bei 56- bis 63iger Messing ca. 220 bis 250 kWh. Abb. 70 und 71 zeigen eine Hochfrequenzanlage der Siemens & Halske A.-G. und der Firma Lorenz. Die Öfen bewegen sich in Größenordnungen von 20 bis 30 kW.

Abb. 72 zeigt Hochfrequenzöfen der Firma Siemens & Halske in der Art, wie sie bis zu einem Fassungsvermögen von 1 t gebaut werden.

Abb. 73 zeigt ein Umformeraggregat der Firma Lorenz A.-G.

Abb. 74 die Schaltanlage und Abb. 75 die Kondensatoren der Siemens & Halske A.-G.

Es werden in den Öfen Messing, Aluminium, Kupfer und andere Nichteisenmetalle, sowie Edelstahl und hochwertige Stahllegierungen erschmolzen. Der Kraftverbrauch ist derselbe wie im Niederfrequenzofen. Der Hochfrequenzofen hat aber den Vorteil, daß man wesentlich mehr Chargen erschmelzen kann wie im Niederfrequenzofen, also eine höhere Schmelzleistung erzielt, und vor allen Dingen durch die leichte Auswechselbarkeit des Tiegels auch die Möglichkeit des Hintereinanderschmelzens verschiedener Legierungen hat. Über die Dauer der Tiegelhaltbarkeit liegen Zahlen aus Dauerbetrieben noch nicht vor. Soweit es sich bisher aber überblicken läßt, dürfte der Hochfrequenzofen auch in dieser Beziehung ein wirtschaftlicher Konkurrent der anderen elektrischen Öfen, welche auf dem Markte sind, sein.

Abb. 76a zeigt die Schaltungsweise eines Hochfrequenzofens und Abb. 76b eine praktische Ausführung der Öfen der Siemens & Halske A. G., wie sie in Einheiten von 20 kg bis 1 t Fassungsvermögen

Abb 76b. Hochfrequenzofen für 800 kg bis 1 t Fassungsvermögen.

sowohl für das Schmelzen als auch das Feinen von Eisen und Nichteisenmetallen hergestellt werden.

Der in Abb. 76b gekennzeichnete Ofen wird im Forschungsinstitut der Vereinigten Stahlwerke in Bochum für das Erschmelzen von hochwertigen Qualitätsstählen verwendet. Der Ofen arbeitet mit einem Einsatzgewicht von 600 kg und weist bei der Herstellung von hochwertigen Qualitätsstählen einen durchschnittlichen Stromverbrauch von 750 bis 850 kWh pro Tonne Fertigprodukt auf einschließlich Einschmelzen und Feinen, je nach der Art des hergestellten Endproduktes. Die Haltbarkeit der Tiegel hat im Durchschnitt ca. 40 Chargen betragen, doch ist zu erwarten, daß diese sich noch erheblich steigern wird.

II. Elektrische Schmelzöfen für Nichteisenmetalle.

Von

M. Tama (Finow i. d. Mark).

Mit 26 Abbildungen.

Die folgenden Ausführungen beziehen sich auf elektrische Schmelzöfen für Nichteisenmetalle, Schmelzöfen genannt zum Unterschied von den Glühöfen, die hier nicht behandelt werden. Jedoch muß erwähnt werden, daß für die Industrie der Nichteisenmetalle die elektrischen Glühöfen nach und nach eine ebenso große Bedeutung erlangen werden wie die Schmelzöfen und daß die technischen Aufgaben bzw. die konstruktiven Schwierigkeiten beim Bau von Glühöfen, Wärmebehandlungsöfen usw. viel verwickelter und mannigfaltiger sind als bei den Schmelzöfen. Beim Schmelzofen hat man es mehr oder weniger mit einer unförmigen Masse zu tun; es kommt nur darauf an, das Metall zu schmelzen. Bei den Glühöfen dagegen handelt es sich meist um Material, das schon eine bestimmte Form hat, wodurch es erschwert ist, innerhalb der Masse des Glühgutes eine gleichmäßige Temperatur zu erzielen. Außerdem müssen die Rekristallisationstemperaturen, die in sehr engen Grenzen liegen, genau eingehalten werden, so daß die Lösungen der gestellten Aufgaben hier viel schwieriger sind als bei den Schmelzöfen.

Die Schmelzöfen für Nichteisenmetalle sind erst viel später entwickelt worden als die für Eisen und Stahl. Das hat vielleicht seinen Grund darin, daß überhaupt die Technik der Herstellung von Eisen und Stahl der Technik der Herstellung von Nichteisenmetallen bisher stets vorangegangen ist. Jedoch ist heute diese Entwicklung nachgeholt, und besonders auf dem Gebiete der elektrischen Schmelzöfen sind in der Industrie für Nichteisenmetalle große Fortschritte zu verzeichnen.

Wie schon oben ausgeführt, unterscheiden wir zwischen Eisenmetallen und Nichteisenmetallen. Die Grenze zwischen beiden Gebieten kann man verschieden fassen, je nachdem von welchem Standpunkt aus man die Dinge betrachtet. So wie die Lehre der elektrischen Öfen drei Wissenschaften umfaßt, die alle voneinander grundverschieden sind, nämlich die Metallurgie, die Elektrotechnik und die Keramik feuerfester Materialien, so kann man auch die Metalle von den Gesichtspunkten dieser drei Wissensgebiete aus betrachten.

Der Metallurge macht einen Unterschied zwischen Eisenmetallen und Nichteisenmetallen, je nachdem ob in einem Material das Element Eisen vorherrschend ist oder nicht. Dieses Merkmal des Metallurgen ist jedoch sehr verschwommen; es kommen so viele Stahlarten vor, bei denen die Nichteisenbestandteile überwiegen, daß keine scharfe Trennung zwischen Eisenmetallen und Nichteisenmetallen mehr möglich ist.

Der Elektrotechniker zieht die Grenze zwischen diesen beiden Gruppen entsprechend den magnetischen Eigenschaften der Metalle, d. h. je nach der Größe der Permeabilität der betreffenden Stoffe. Das hat seinen guten Grund darin, daß für bestimmte Öfen, insbesondere für Induktionsöfen, der sekundäre Widerstand des Schmelzmaterials eine große Rolle spielt. Dieser ist verschieden, je nachdem ob das Material magnetisch ist oder nicht. Im besonderen ist dies wichtig bei den Öfen, in denen fester Einsatz verarbeitet wird, bei denen also das Material von dem magnetischen in den nichtmagnetischen Zustand übergeht. Die Grenze, die der Elektrotechniker zieht, wird also eine ganz andere sein, als die des Metallurgen. Für den Elektrotechniker sind z. B. Nickel und Kobalt Eisenmetalle, ebenso verschiedene Legierungen von Nickel und Eisen und auch andere Legierungen von hoher Permeabilität.

Schließlich kann man die Gebietsabgrenzung vom Standpunkte des Keramikers feuerfester Materialien aus vornehmen. Dieser wieder unterscheidet zwischen Eisen- und Nichteisenmetallen, je nachdem ob die betreffenden Metalle mit den Tiegelwandungen eine Reaktion eingehen oder nicht. Bei Nichteisenmetallen sind wir bemüht, solche feuerfesten Ausmauerungen für die elektrischen Öfen zu wählen, bei denen eine chemische Reaktion zwischen Schmelzmetall und Tiegelwand nicht stattfindet; bei der Herstellung von Eisen und Stahl ist dagegen diese Reaktion die Regel.

Man sieht also, daß es sehr schwierig ist, zwischen diesen beiden Gebieten eine scharfe Trennung zu ziehen. Daher wird es nicht ausbleiben, daß man bei der Besprechung mancher Ofenkonstruktionen von einem Gebiet in das andere übergreift.

Es mag für den Laien und auch für manchen Techniker zunächst merkwürdig klingen, daß, um Wärme zu erzeugen, der Umweg über die Elektrizität gewählt wird. In Form von Elektrizität gewinnt man nur 20, höchstens 25% der eingesetzten Wärmeenergie; dann muß diese Elektrizität wieder in Wärme umgewandelt werden, was wiederum mit einem Verlust verknüpft ist, so daß es niemals möglich ist,

die Ausnutzung zu erreichen, welche die direkte Erzeugung der Wärme
ermöglicht. Dasselbe braucht aber nicht von der Wirtschaftlichkeit zu
gelten. Denn die Stromkosten allein sind nicht ausschlaggebend, sie sind
nur einer unter vielen Faktoren, die bei der Beurteilung der Wirtschaftlichkeit eines Schmelzverfahrens zu berücksichtigen sind. Die Entwicklung hat dann auch gezeigt, daß das elektrische Schmelzen im
Gegenteil viel billiger ist, als die direkte Erzeugung von Wärme im
Tiegel oder in anderen Öfen, bei denen mit Wirkungsgraden von 10,
höchstens 15% gearbeitet wurde, während der elektrische Ofen auf
Wirkungsgrade von 90% und darüber kommt. Berücksichtigt man die
Wirkungsgrade der Umwandlung von Wärme in Elektrizität, so kommt
immer noch ein Gewinn zugunsten dieses komplizierten Prozesses gegenüber der direkten Wärmeerzeugung zustande.

Zur Frage der Schmelzkosten ist noch folgendes zu bemerken:
Man hört oft sagen, das elektrische Schmelzen sei zwar sehr schön,
aber um die elektrischen Öfen allgemein einführen zu können, müsse
man zuerst günstige Strompreise haben. Der Verfasser möchte den
Satz umkehren und sagen, daß, um günstige Strompreise zu erhalten,
das elektrische Schmelzverfahren durchgeführt werden muß. Das hat
auch die Praxis gezeigt. Die meisten Kraftwerke sind heute noch viel
zu ungünstig durch Licht und Kraft belastet. Sie kommen in der Regel,
wie die Statistik zeigt, auf nicht mehr als etwa 2500 Benutzungsstunden
im Jahre, was natürlich eine sehr schlechte Ausnutzung der Anlage
ist. Bekanntlich setzen sich die Stromkosten zusammen aus den Kohlekosten und dem Kapitaldienst für die Anlage. Die Kohlekosten sind
heute bei weitem die geringsten; ausschlaggebend ist der Kapitaldienst,
der um so höher ist, je geringer die Anlage ausgenutzt wird. Da nun
die elektrischen Schmelzöfen besonders geeignet sind, sich allen Be-
dürfnissen der Kraftwerke in bezug auf Spitzenausgleich usw. anzupassen, so wird man bei zweckmäßiger Verwendung leicht zu einer
für beide Teile vorteilhaften Zusammenarbeit mit den Kraftwerken und
damit zu sehr günstigen Strombedingungen gelangen.

Zu dieser zweckmäßigen Verwendung gehört zunächst einmal der
24-Stunden-Betrieb, mit dem die meisten elektrischen Schmelzereien
arbeiten und durch den eine hohe Anzahl von Benutzungsstunden erzielt wird; zweitens rechne ich dazu das Ausgleichen von Spitzen durch
stärkere Inanspruchnahme der Öfen in der Nacht. Dies letztere ist
leicht einzurichten, indem man einige der Öfen tagsüber unter Strom
hält, was nur wenig Enerige erfordert und erst nachts voll arbeiten
läßt.

Die erste Abbildung (Abb. 1) bestätigt das, was ich soeben gesagt
habe, nämlich daß die Gleichmäßigkeit der Stromentnahme eines
Werkes sich bedeutend verbessert, je mehr elektrische Öfen eingeführt

werden. Sie ersehen aus dieser Abbildung die Kurven der Stromentnahme bei einem großen Metallwerk für die Jahre 1924 und 1927 bei ungefähr gleicher Produktion. Die viel größere Gleichmäßigkeit der Stromentnahme im Jahre 1927 ermöglicht bedeutend billigere Strompreise. Sehr gut ist die gleichmäßige Stromentnahme während der

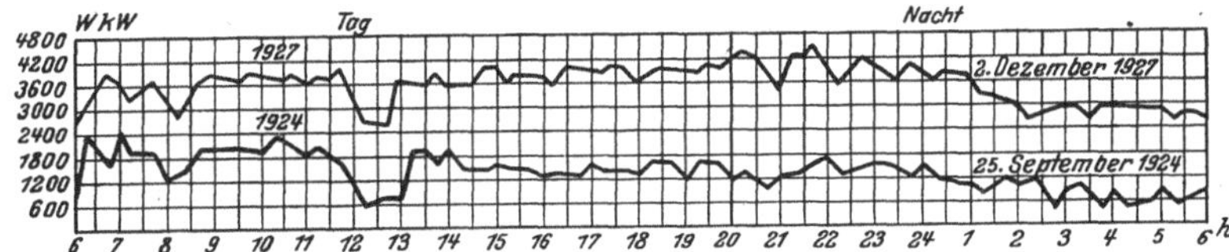

Abb. 1. Belastungskurve eines großen Metallwerkes.

Nacht ersichtlich. Dieses Werk entnimmt den Strom mit einer Benutzungsstundenzahl von 6000 im Jahre; der cos φ wird hier auf über 0,90 gehalten.

Eins der Hauptanwendungsgebiete für die elektrischen Öfen ist die Messinggießerei geworden. Wie schon eingangs erwähnt, war man am Anfang dieser Entwicklung skeptisch in bezug auf die Möglichkeit, das elektrische Schmelzen wirtschaftlich zu machen. Auf Tab. 1 sind die Schmelzkosten pro Tonne Messing beim elektrischen Betriebe und bei Koksbetrieb zusammengestellt.

Tabelle 1. Gegenüberstellung der Betriebskosten je Tonne für das Schmelzen von 63er Messing im Ajax-Wyatt-Induktionsofen mit 300 kg Abstichgewicht und im Koksofen.

1. Ajax-Ofen		2. Koksofen.	
Jahresproduktion	1680 t	Koksverbrauch	13,70 M.
Stromverbrauch	8,80 M.	+ 10% für Anheizen	1,37 „
Zustellungskosten	0,23 „	Tiegelverbrauch	5,— „
Löhne[1]	2,— „	Ofenmauerung	1,10 „
Ventilator	0,05 „	Löhne	8,30 „
Abbrand	2,— „	Gebläsekosten	0,10 „
Amortisation u. Verzinsung	3,60 „	Abbrand	16,— „
Werkzeug und Gezähe	0,82 „	Werkzeug und Gezähe	0,83 „
	Sa. 17,50 M.		Sa. 46,40 M.

Zugrunde gelegt ist 0,04 M. pro kWh, als Einsatz Blöcke und bis zu 10% Späne.
Arbeitslohn 1,— M/h.
Zustellungshaltbarkeit ca. 2400 Schmelzen.
Abbrand 0,6%.

Kokspreis 4,18 M. je 100 kg.
Tiegelhaltbarkeit 40 Guß.
Kosten eines Tiegels 60.— M.
Abbrand 1,6%.
Arbeitslohn 1,— M.

Die Umwandlungskosten pro Tonne betragen beim elektrischen Schmelzen etwa 17,50 M., während sie sich beim Koksbetrieb auf

---

[1] Ein Mann bedient zwei Öfen gleichzeitig.

46,40 M. belaufen, wobei den Stromkosten von 8,80 M. Brennstoffkosten von 13,70 M. gegenüberstehen, und den Zustellungskosten beim elektrischen Betrieb etwa die 20fachen des Koksbetriebes. Dieses Bild wiederholt sich bei jeder Ofenart und wird überall bestätigt. Ein weiterer Faktor, der für die elektrischen Öfen spricht, sind die Löhne. Beim elektrischen Schmelzen ist es möglich, mit weit billigeren Arbeitskräften auszukommen und auch eine größere Leistung pro Mann herauszuholen.

Nachdem somit die Wirtschaftlichkeit des elektrischen Schmelzens klargestellt ist, gilt es, für die verschiedenen Metalle bzw. Legierungen die am besten geeignete Ofentype zu skizzieren.

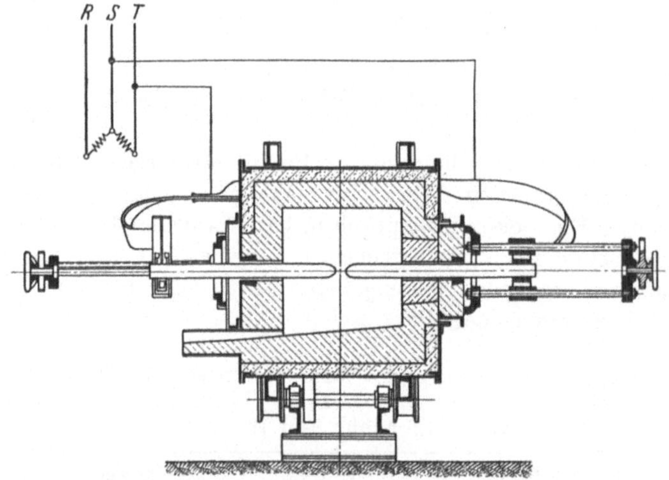

Abb. 2. Einphasen-Lichtbogen-Rollofen.

Für die folgenden Betrachtungen kommen an Metallen in Frage: das Kupfer, die Kupferlegierungen, z. B. Cu-Zn, dann das Nickel, die Nickellegierungen und das Aluminium. — Damit sind zunächst die wichtigsten Metalle genannt, die in größeren Mengen hergestellt werden. Andere Metalle, wie Blei, Zink und deren Legierungen kommen für die Schmelzung im elektrischen Ofen kaum in Frage.

Um nun die richtigen Schmelzöfen für jedes der oben angeführten Metalle konstruieren zu können, ist zunächst eine genaue Kenntnis der Eigenschaften dieser Metalle, insbesondere bei den höchsten Temperaturen, im Schmelzfluß erforderlich. Im folgenden soll auf einige wesentliche Punkte hingewiesen werden.

Kupfer ist z. B. ein Metall, das sich sehr schwer gießen läßt, insbesondere in größter Reinheit. Diese wird aber gefordert, um eine hohe Leitfähigkeit zu erhalten und eine gute Walzbarkeit zu erzielen. Ferner muß der Konstrukteur auf zwei unangenehme Eigenschaften des Kupfers Rücksicht nehmen, nämlich auf seine leichte Oxydierbarkeit und die Fähigkeit, die meisten feuerfesten Ausmauerungen zu zerfressen.

Die Kupfer-Zinklegierungen bieten dagegen andere Schwierigkeiten. Bei ihnen handelt es sich darum, der leichten Verdampfbarkeit des Zinks entgegenzuwirken und den Zinkverlust (sog. Zinkabbrand) möglichst gering zu halten. Die chemischen Einflüsse auf die feuerfeste Ausmauerung sind bei diesen Legierungen sehr gering.

Das Nickel hat einen sehr hohen Schmelzpunkt, so daß bei diesem Metall nur wenige feuerfeste Massen verwendet werden können. Da es außerdem leicht oxydiert, so muß man mit Abdeckmitteln arbeiten, um überhaupt ein gutes Material zu erhalten. Zu alledem kommt noch die unangenehme Eigenschaft des Nickels, sehr leicht Kohlenstoff aufzulösen, wodurch es spröde wird. Es ist daher sehr schwer, einwandfrei Nickel in solchen Öfen zu schmelzen, die Kohlenstoff — sei es für die Wärmeerzeugung, also in Form von Elektroden, oder in der feuerfesten Ausmauerung — enthalten.

Die Nickellegierungen sind etwas leichter

Abb. 3. Booth-Ofen.

zu behandeln, insbesondere weil sie nicht so leicht Kohlenstoff aufnehmen wie das reine Nickel.

Das Aluminium schließlich gehört zu den am schwierigsten zu behandelnden Metallen. Der Grund dafür ist einmal sein geringes spezifisches Gewicht und ferner seine Fähigkeit, leicht Oxyde zu bilden, welche insbesondere bei Öfen, die infolge von Induktionsströmungen eine Bewegung haben, in das Bad hinuntersinken und so das Schmelzgut verunreinigen.

Dies zunächst zur kurzen Kennzeichnung der verschiedenen Metalle. Es werden nun in verschiedenen Abbildungen die hauptsächlichsten Öfen vorgeführt, die heute für die Nichteisenmetalle verwendet werden. Es sind dabei verschiedene Stromquellen verwendet worden, verschiedene Arten der Umwandlung von Elektrizität in Wärme. Es werden Öfen gezeigt, bei denen die Wärme durch Strahlung ins Schmelzgut einge-

Abb. 4. Detroit-Ofen.

leitet wird, dann Induktionsöfen, bei denen die Wärme als Joulesche Wärme, durch Erzeugung von Strömen innerhalb des Bades erzeugt wird, ferner Widerstandsöfen. Aus den folgenden Bildern ist der gegen-

Abb. 5. Detroit-Öfen der Detroit-Brass-Company.

wärtige Stand der Technik zu ersehen. In der Wissenschaft der elektrischen Öfen ist ein genau so langer Weg zurückgelegt worden wie bei allen anderen Forschungsgebieten; es wurden Lösungen gefunden, die im Laufe der Zeit wieder verlassen werden mußten, weil sie nicht wirtschaftlich waren und die sich deshalb nicht halten konnten. Die

Abb. 6. Drehstrom-Rollofen.

folgenden Ausführungen werden daher auf Ofenkonstruktionen be-schränkt, die heute als praktisch angesehen werden können.

Es seien zuerst die elektrischen Öfen, die heute hauptsächlich für Kupfer-Zinklegierungen verwendet werden, behandelt, d. h. besonders für Messing und Bronze. Es ist nicht möglich, eine solche Legierung in einem ruhenden Bad, etwa in dem Héroult-ofen, gut zu schmelzen, weil in diesem Ofen die Wärme von oben kommt und das Metall sich nicht bewegt. Um Messing und andere Kupfer-Zinklegierungen gut schmelzen zu können,

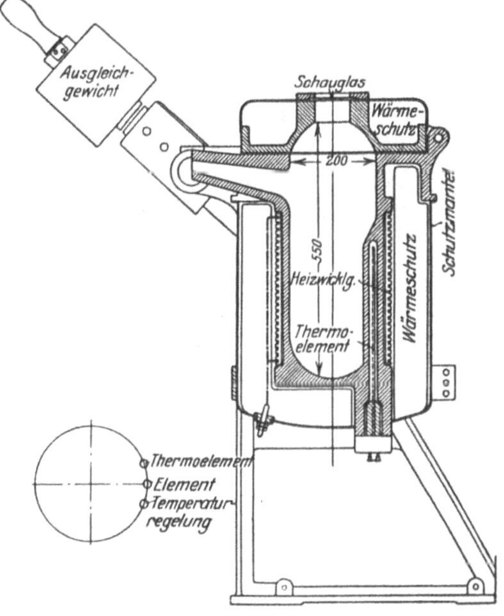

Abb. 7. Widerstandsofen zum Schmelzen von Aluminium.

muß man irgendeine Bewegung des Metallbades erzielen. Diese Bewegung kann entweder wie in den Lichtbogenöfen neuer Konstruktion mechanisch oder wie beim Induktionsofen durch elektro-dynamische Wirkung hervorgerufen werden.

Abb. 2 veranschaulicht einen einphasigen Ofen, bei dem zwei Elektroden vorgesehen sind, die einen Lichtbogen in der Mitte des Ofens erzeugen. Der Ofen ist als Trommel ausgebildet, die mit Hilfe eines Motors gedreht werden kann, so daß es möglich ist, das Metall gut durchzumischen.

Zunächst ist das nur eine Prinzipskizze des Lichtbogenofens, wie er augenblicklich verwendet wird. Er ist hauptsächlich in Amerika entwickelt worden, aber auch in Deutschland vielfach eingeführt. Wie schon gesagt, ergeben sich aber bei diesem Ofen, der unter dem Namen Booth-Ofen bekannt ist, beim Schmelzen von Kupfer-Zinklegierungen metallurgische Schwierigkeiten, die in den anderen Öfen vermieden sind.

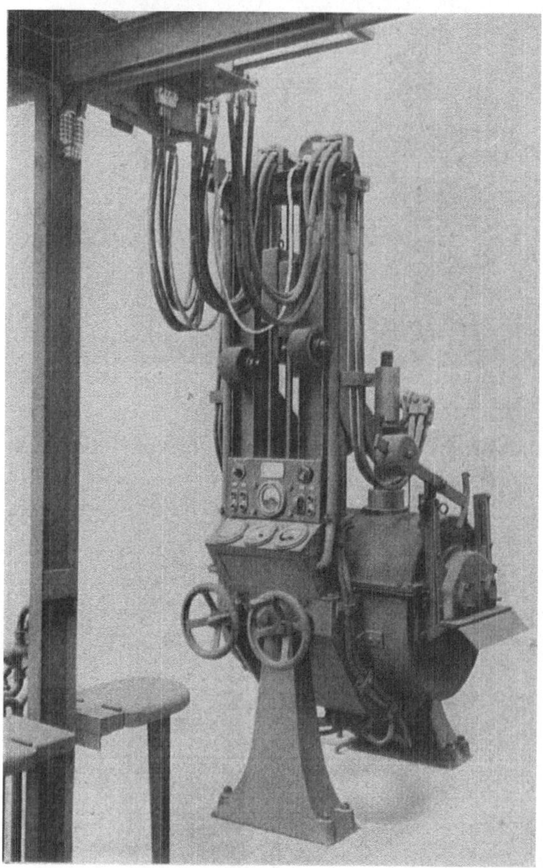

Abb. 8. BBC-Lichtbogenofen zum Schmelzen von Nickel.

Von dem Booth-Ofen (Abb. 3) unterscheidet sich der Detroit-Ofen dadurch, daß er die Ausgußöffnung an der Mantelfläche hat, während sie sich bei jenem an der Stirnwand des Zylinders befindet. Sonst sind diese beiden Öfen gleich.

Das eigentliche Gebiet des Lichtbogenofens in dieser Form ist die Stückgießerei, d. h. ein Gießereibetrieb, der aus verschiedenen Gründen meistens nur 8 Stunden am Tage arbeitet, so daß die Öfen über Nacht erkalten, und an jedem Tage von neuem angewärmt werden müssen. Ein solcher Ofen muß mit entsprechend geringerer Masse konstruiert

werden, damit der Wärmeinhalt, also die zum Anheizen erforderliche Energie, möglichst klein bleibt. Zu diesem Zweck opfert man die Isolierung, d. h. die Öfen sind mit kleinen Isoliermassen versehen und haben daher auch größere Wärmeverluste.

Abb. 4 zeigt einen kleinen Detroit-Ofen, wie er sehr viel für Stückgießerei verwendet wird. Die Öfen werden meist einphasig angeschlossen, und die Kraftwerke haben sich bei der Entwicklung dieser Öfen oft an den einphasigen Anschluß gewöhnen müssen. Das ist nicht immer leicht; doch lassen sich Öfen bis zu 150 und 200 kW meist ohne weiteres einphasig anschließen, insbesondere bei Werken, die eine sehr große Gesamtbelastung haben. In Amerika habe ich sogar größere Einheiten gesehen.

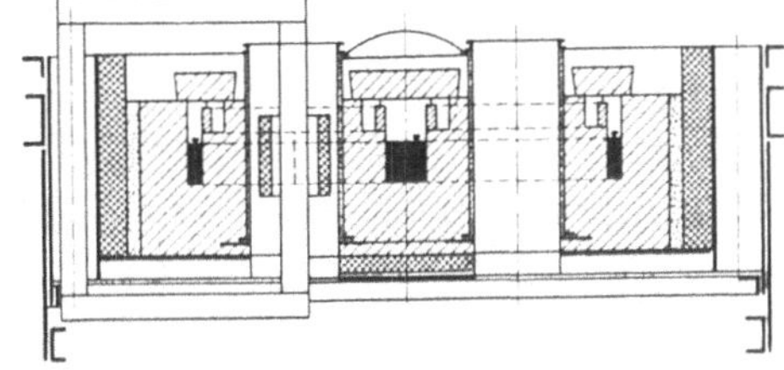

Abb. 9. Induktionsofen nach Röchling-Rodenhauser.

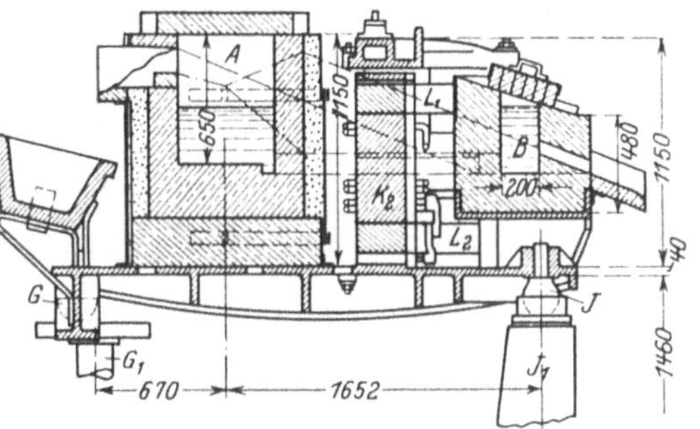

Abb. 10. Induktionsöfen nach Schneider-Creusot (senkrechter Schnitt).

Abb. 5 zeigt eine Anlage, bei der solche Öfen auch im Walzwerkbetrieb eingeführt sind, und zwar in der Detroit-Brass-Company in Detroit. Wie ich schon sagte, sind diese Öfen den Induktionsöfen im Walzwerksbetrieb unterlegen und von diesen ganz verdrängt worden, wie ich bei meiner Anwesenheit in Amerika im Oktober 1927 erfuhr. Dagegen besteht dieser Ofen in der Formgießerei zu Recht. Kon-

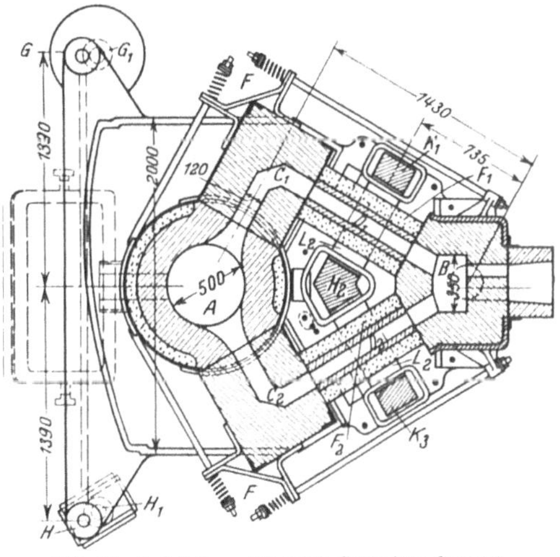

Abb. 11. Induktionsofen nach Schneider-Creusot (wagerechter Schnitt).

struktiv ist an ihm interessant, daß der Ausguß bei feststehender Ausgußöffnung erfolgt. Zu diesem Zweck muß nicht nur eine Rotation ausgeführt werden, sondern es muß auch möglich sein, beim

Ausgießen die Drehachse so festzuhalten, daß die Ausgußöffnung stehen bleibt.

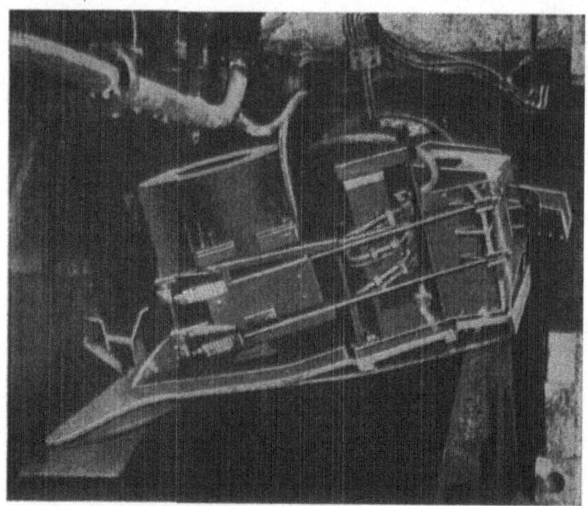

Abb. 12. Induktionsofen nach Schneider-Creusot (Ansicht).

Für größere Leistungen hat es sich als zweckmäßig herausgestellt, die Lichtbogenöfen als dreiphasige Öfen auszubilden. Abbildung 6 zeigt einen Ofen, bei dem drei Elektroden von der einen Seite eingeführt sind, so daß ein dreifacher Anschluß notwendig ist. Diese Öfen werden in der Größenordnung von 250 bis 300 kW gebaut; sie fassen 500 bis 1000 kg.

Dadurch, daß eine Stirnseite frei von Elektroden ist, kann sowohl die Chargiertür wie auch die Ausgußöffnung auf dieser Seite angebracht werden. Die Öffnung wird verstopft, so daß der Ofen vollständig gedreht werden kann. Das Ausgießen erfolgt nach Freimachung der Öffnung in die Kokillen. Diese Öfen werden zweckmäßig mit automatischer Elektrodenregulierung versehen, die nach verschiedenen Gesichtspunkten ausgebildet werden kann und deren Zweck es ist, die zugeführte Stromstärke konstant zu halten. Meist ist es notwendig, die Transformatoren oder die Zuleitungen mit genügender Reaktanz zu versehen. Das geschieht entweder dadurch, daß man die Transformatoren mit einem hohen induktiven Widerstand baut oder daß man besondere Drosselspulen einschaltet, um die großen Stromstöße zu vermeiden, die für das Netz unangenehm sind.

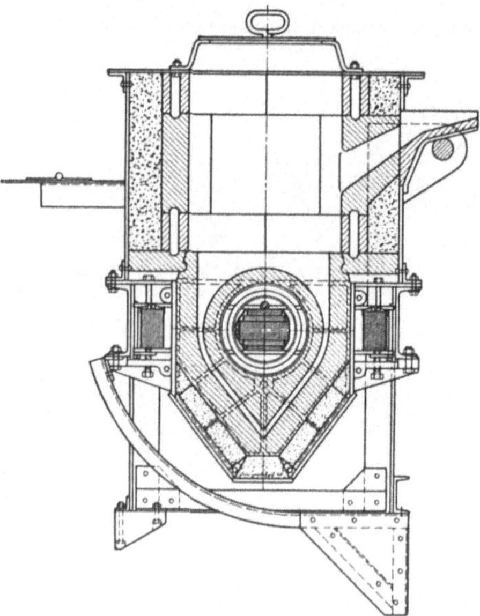

Abb. 13. Einphasen-Induktionsofen, System Ajax-Wyatt.

Im Gegensatz zu den soeben behandelten Öfen zum Schmelzen von
Messing, muß man zum Schmelzen von Aluminium, das ja bekanntlich
leicht oxydiert, das Bad möglichst ruhig halten. Dies ist aber nach
unserer heutigen Kenntnis nur bei reiner Strahlungs- oder Widerstands-
erwärmung möglich, d. h. wenn man das Metall durch Leiter erwärmt.
So sind denn auch die Öfen ausgebildet, die man heute für das Aluminium verwendet. Abb. 7 zeigt einen solchen Ofen, der von der Firma
Heraeus konstruiert wurde, und von den Siemenswerken vertrieben

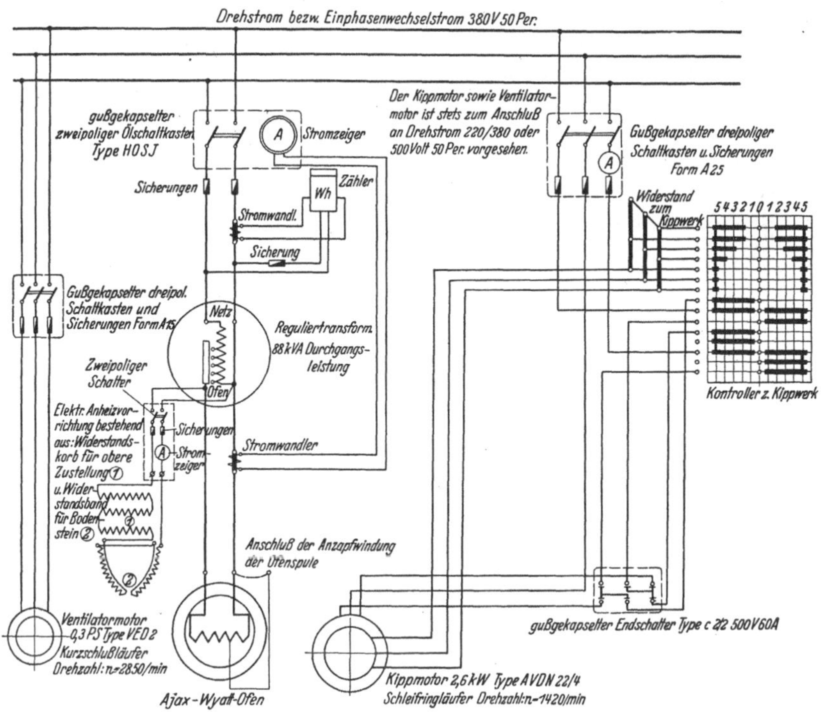

Abb. 14. Anschlußschema des Induktionsofens, System Ajax-Wyatt.

wird. Wie aus Abb. 7 ersichtlich, ist er als Widerstandsofen ausgebildet.

Er besteht aus einem gußeisernen Tiegel, so daß eine Reaktion
zwischen dem Aluminium und der Tiegelwand nur in sehr kleinem
Ausmaße stattfindet. Die Erhitzung erfolgt durch Leitung; Wider-
standsdrähte oder -bänder, die von Strom durchflossen sind, erzeugen
Joulesche Wärme, die durch Leitung in das Innere des Tiegels gebracht wird. Diese Lösung hat jedoch den Nachteil, daß es nicht möglich
ist, mit solchen Öfen über eine bestimmte Leistung hinwegzukommen,
denn diese ist gegeben durch den Temperaturunterschied zwischen den

Heizdrähten und der Metallwand. Die Heizdrähte, die aus hochwertigem Metall bestehen — meist Chrom-Nickel- und Nickel-Eisenlegierungen — können nicht über eine bestimmte Temperatur hinaus beansprucht

Abb. 15. Bodensteine zum Induktionsofen
Ajax-Wyatt.

werden, so daß der Leistungssteigerung eine Grenze gesetzt ist. Im allgemeinen trachtet man beim Bau von elektrischen Öfen danach, möglichst große Leistungen in ein kleines Volumen hineinzubringen. Denn dadurch ergibt sich ein günstiger Wirkungsgrad. Andererseits ist, wie schon gesagt, nach dem heutigen Stande der Erkenntnis dies die einzige Methode, nach der Aluminium einigermaßen günstig geschmolzen werden kann. Versucht man nämlich, Aluminium in Induktionsöfen zu schmelzen, so erzeugt man

meist Aluminiumoxyd, und da dieses schwerer ist als das Aluminium, so sinkt es nach unten, dringt in die Schmelzkanäle ein und setzt, da

Abb. 16. Transformatorkörper mit abgenommenem
Joch (Ajax-Wyatt-Ofen).

es nicht leitend ist, den Ofen außer Betrieb.

Für die Metallurgie des Aluminiums haben diese Öfen aber auch verschiedene Vorteile. Zunächst ist es beim Aluminium sehr wichtig, daß man das Metall nicht überhitzt. Es muß eine ganz bestimmte Temperatur eingehalten werden. Das läßt sich natürlich sehr leicht erreichen, wenn der Ofen mit einem Pyrometer versehen wird. Dieses Pyrometer steuert eine Temperaturregelungseinrichtung, d. h. eine Einrichtung, die durch ein Galvanometer gesteuert wird und so mit Hilfe von Relais den Strom aus-

bzw. einschaltet, sobald eine bestimmte Temperatur über- bzw. unterschritten ist. Auf dieseWeise ist es möglich, in den Grenzen von 5 bis 10°

die Temperatur vollkommen automatisch zu regeln. Dies stellt einen sehr großen Vorteil dar, besonders für solche Werke, die Qualitätsmaterial herstellen wollen. Die Lösungsfähigkeit zwischen dem Aluminium und der Tiegelwand, die meist aus bestimmten Sorten Gußeisen hergestellt wird, ist nicht so groß, wie man es zuerst befürchtet hatte. Das Metall bleibt vollkommen ruhig, so daß ein sehr gutes Material erzielt wird. Aluminium ist an sich ein Metall, das für die Behandlung im elektrischen Ofen undankbar ist, und zwar abgesehen von den verschiedenen bereits charakterisierten Eigenschaften, auch noch wegen seiner sehr großen spezifischen Wärme und der großen Schmelzwärme, die beide viel höher sind als beispielsweise beim Messing. Während man beim Aluminium 400 kWh pro Tonne braucht, kommt man beim Messing mit der Hälfte aus, obwohl die Gießtemperatur des Aluminiums nur 650° und die des Messings 1050° beträgt.

Abb. 17. Bodenstein, Spule und Transformatorkörper zum Einbau vorbereitet (Ajax-Wyatt-Ofen).

Als drittes Metall kommt das Nickel in Betracht, das, wie erwähnt, wegen der starken Kohlenstoffaufnahme sehr schwierig zu behandeln ist. Es wird in großem Maßstabe in dem Werk Huntington der International-Nickel-Company in einem Ofen geschmolzen, der dem Héroult-Ofen ähnlich ist.

Abb. 18. Traggestell während der Montage (Ajax-Wyatt-Ofen).

Es ist ein Ofen mit großen Elektroden, und man sollte meinen, daß dadurch die Gefahr einer Kohlenstoffzuführung vergrößert ist. Aber durch geeignete Schlackenführung, insbesondere durch Verwendung von Kalziumkarbidschlacke, hat man die Elektroden so gut vor der

Abb. 19. Feuerfeste Auskleidung zum Ajax-Wyatt-Ofen.

Berührung mit dem Metall geschützt, daß sich ein kohlenstofffreies Metall ergibt.

Abb. 8 ist ein Lichtbogenofen von der Firma Brown-Boveri, der heute mit Erfolg für Nickel verwendet wird. Die Trommel dreht sich nicht, sondern der Ofen kann gekippt werden; er ist in der Art der Beheizung ähnlich wie der Héroult-Ofen gebaut.

Als letzte Gruppe sollen die Induktionsöfen erwähnt werden, die heute in zwei verschiedenen Formen verwendet werden, nämlich als

Abb. 20. Blick in das Innere des Ajax-Wyatt-Ofens
(ohne feuerfeste Auskleidung).

eisengekoppelte und eisenlose Öfen, die beide für die Nichteisenmetalle eine sehr große Bedeutung erlangt haben. Der Hauptvorteil dieser Öfen ist der, daß die Wärme im Metall selbst erzeugt wird, wodurch man von anderen Wärmequellen unabhängig ist. Die Wärmeerzeugung im Schmelzgut geschieht also nicht durch Leitung, d. h. durch ein Temperaturgefälle, sondern durch direkte Anwendung der Stromwärme.

Bei den eisengekoppelten Induktionsöfen unterscheiden wir zwischen Öfen mit offener Rinne und solchen mit geschlossener Rinne. Die erstere Konstruktion hat für die Messingindustrie keine sehr große Bedeutung. Diese Öfen sind nämlich für die Nichteisenmetalle, d. h. solche, die eine größere elektrische Leitfähigkeit haben als das Eisen, nicht gut zu verwenden, und zwar wegen der eigentümlichen Erscheinungen,

denen die stromdurchflossenen flüssigen Leiter infolge von elektrodynamischen Wirkungen unterworfen sind. Will man einen solchen
Ofen für Kupfer und Messing verwenden, so muß man bei einer
kleinen Stromdichte bleiben; dagegen sind diese Öfen für Stahl und
Eisen heute noch bei guten Stahl-
werken in Verwendung.

Abb. 9 zeigt eine Prinzipskizze
eines solchen Ofens; die sekundäre
Spule ist konzentrisch zu der primären angeordnet.

Ein Induktionsofen mit geschlossenen Kanälen ist auf Abb. 10, 11
und 12 in Ansicht bzw. Schnitt ersichtlich. Er ist nur ganz roh gebaut, aber mit diesem Ofen ist zum
erstenmal der Gedanke entwickelt
worden, die sekundären Schmelzkanäle als eine geschlossene Schleife
zu führen. Dies hat den Vorteil,
daß man das Metall unter Druck

Abb. 21. Ajax-Wyatt-Induktionsofen
(Ansicht).

hat und mit höheren Stromstärken arbeiten kann. Vor allem aber
hat man die Möglichkeit — was bei den Öfen mit offenen Kanälen
nicht der Fall ist — diesen Ofen bei gleichbleibender sekundärer Belastung zu betreiben, d. h. mit konstanter Leistung von Anfang bis
zu Ende.

Abb. 13 zeigt einen mo-
dernen Induktionsofen, wie
er heute zum Schmelzen
von Messing verwendet
wird. Der Transformator-
körper — ein Kern mit
zwei Jochen — ist von einer
Primärwicklung umgeben,
die meist an die vorhandene
Wechselspannung von 220
bis 500 V angeschlossen ist.
Die sekundäre Windung ist
in eigentümlicher Form

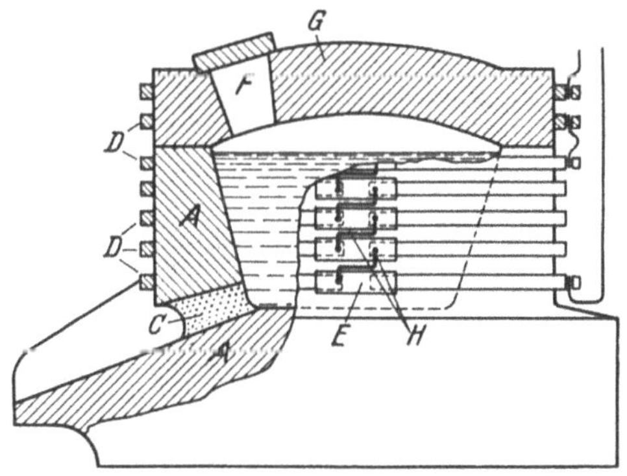

Abb. 22. Hochfrequenzofen.

ausgebildet und so nahe wie möglich an die primäre gebracht. Man
hat es durch zielbewußte Arbeit verstanden, den Abstand zwischen der
kalten primären und der 1100° warmen sekundären Wicklung auf ein
Mindestmaß — 55 bis 60 mm — zu bringen. Man hat auch schon Ausmauerungen von sehr langer Lebensdauer hergestellt. Der Verfasser

hat im Jahre 1927 in Schweden einen Ofen gesehen, der als Methusalem vorgestellt wurde. Seine Ausmauerung hatte etwa 300 M. gekostet; sie hielt bereits 5 Jahre, und 33000 Güsse waren damit ge-

Abb. 23. Anlage von Laboratoriums-Hochfrequenzöfen mit Quecksilber-Funkenstrecke.

macht worden. Man kann sich leicht einen Begriff von der Tragweite dieser Ersparnis machen. Das Metall füllt den Ofen im oberen Teil. Die ganze Wärme wird in einem Teil erzeugt, der nur einen Bruchteil des Einsatzes ausmacht und muß deshalb dauernd nach oben abgeführt werden. Das Schaltungsschema (Abb. 14) zeigt den, wie meist, einphasigen

Anschluß. Dieser Ofen muß dauernd — also auch Sonntags — unter Strom gehalten werden. Es ist nicht möglich, die sekundäre Stromrinne erstarren zu lassen, weil sie dann auseinander geht, da sich das Metall zusammenzieht. Dies würde eine Unterbrechung der Sekundärwicklung bedeuten, so daß man beim Einschalten keinen Strom erhalten würde.

Abb. 15 zeigt die feuerfesten Steine für die Ausmauerung; sie sind die Konkurrenten des alten ehrwürdigen Graphittiegels, der bei den Koksöfen verwendet werden mußte, und der eine unzuverlässige und teure Zugabe für die Gießereien war. Jetzt ist er durch diese Steine ersetzt worden, die eine hervorragende Lebensdauer aufweisen.

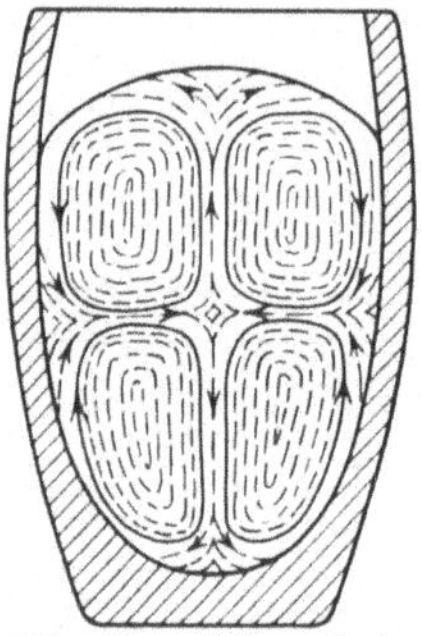

Den Aufbau eines solchen Ofens zeigen die Abb. 16 bis 21. Die Steine sind in zwei Platten eingespannt, der Transformatorkörper wird eingeschoben, die Primärspule darauf gebracht. Das Ganze wird dann mit der oberen Zustellung bzw. dem Ofengerüst verschraubt.

Abb. 24. Schematische Darstellung der Bewegung des Schmelzgutes im Hochfrequenzofen.

Mit diesen elektrischen Öfen lassen sich sämtliche mechanischen Fragen lösen, die in einem Fabrikationsbetrieb auftauchen; hier sind dem Konstrukteur keine Grenzen gesetzt.

Im folgenden werden nun die sogenannten eisenlosen Induktionsöfen behandelt. Bei diesen Öfen ist darauf verzichtet worden, zwischen die primäre und die sekundäre Wicklung eine Eisenkopplung anzubringen; sie werden meist mit hohen Frequenzen betrieben. Abb. 22 ist die erste Zeichnung eines solchen Ofens, der aus Frankreich stammt. Man sieht, daß wieder die alte Form des Tiegels beibehalten worden ist. Er wird

Abb. 25. 400 kW-Hochfrequenzgenerator der AEG.

von einer Spule umgeben, die von Wechselstrom höherer Frequenz durchströmt wird. In der Sekundären entsteht eine Erwärmung. Die hohe Frequenz dient dazu, den Widerstand zu vergrößern. Obwohl das Schmelzgut sehr große Dimensionen hat, erreicht man in der sekundären Wicklung einen großen Ohmschen Widerstand.

Zunächst wurde dieser Ofen zur Speisung durch oszillierende Funkenstrecken entwickelt. Später ist man dazu übergegangen, die Ströme durch Hochfrequenzmaschinen zu erzeugen. Man hat dadurch eine zuverlässigere Stromquelle und auch verschiedene wirtschaftliche Vorteile.

Abb. 23 zeigt eine kleinere Anlage, die mit Funkenstrecken betrieben wird. Es sind Öfen mit einer Leistung von 30 bis 35 kW, der

Tiegeldurchmesser ist gering, die Periodenzahl beträgt 18000. In diesen Öfen werden Nickel- und Eisenlegierungen geschmolzen.

Auch in dem eisenlosen Induktionsofen hat man eine lebhafte Bewegung des Metallbades. (Abb. 24.) Man muß sich auch hier eine Zentripetalkraft denken. Man stelle sich eine Primäre und eine Sekundäre vor wie zwei Ströme, die nach verschiedener Richtung fließen. Hier ist es also umgekehrt wie bei der Zentrifuge. Für verschiedene Zwecke, insbesondere für Raffinationsarbeit ist das günstig. Für andere Metalle als Stahl hingegen ist dieser Ofen nicht so geeignet.

Abb. 26. 100 kW-Hochfrequenzofen, System Ajax-Northrup, während des Gießens.

Eine Zeitlang herrschte die Meinung, daß es gefährlich sei, mit Hochfrequenzmaschinen zu arbeiten, da sie unzuverlässig seien. Man kann aber sagen, daß diese Maschinen ebenso zuverlässig, wenn nicht zuverlässiger sind als die normalen Maschinen. Sie werden so aufgebaut, daß die Erreger- und Arbeitswicklung beide auf dem Stator sind; im Rotor befindet sich keine Wicklung; er hat nur die Aufgabe, den magnetischen Kreis zu schließen. Die Maschinen werden als sogenannte Gleichpolmaschinen ausgebildet.

Abb. 25 zeigt eine Ausführung der AEG; es ist eine Maschine von 400 kW Leistung und einer Frequenz von 1000 Perioden pro Sekunde.

Einen Hochfrequenzofen beim Ausgießen zeigt Abb. 26. Eigentümlich ist, daß die ersten Öfen, die gebaut wurden und die aus Holz bestanden, die besten sind. Es ist interessant, daß das Nickel mit einer Schmelztemperatur von über 1500° in einem Holzofen geschmolzen wird. Man kann sich ein Bild von der guten Wärmeisolierung und damit der guten Ausnutzung des Stromes machen.

Naturgemäß ergab die durch die starke Induktionsbelastung des Hochfrequenzofens auftretende Verschlechterung des Leistungsfaktors die Notwendigkeit, diesen durch Zuschaltung von Kondensatoren wieder zu verbessern. Diese Kondensatoren, gegen deren Verwendung bis vor kurzer Zeit noch große Bedenken bestanden, werden neuerdings mit derartiger Zuverlässigkeit hergestellt, daß auch bei dauerndem angestrengten Betrieb keine Anstände zu erwarten sind.

Ich möchte nicht verfehlen, darauf hinzuweisen, daß gerade die Hochfrequenzöfen in letzter Zeit in dauernder Weiterentwicklung stehen und sicher bald eine wichtige Rolle bei der Lösung metallurgischer Spezialaufgaben spielen werden.

III. Die technische Herstellung von Siliziumkarbid, Elektrokorund und Elektroschmelzzement.

Von

R. Schneidler (Chemnitz).

Mit 14 Abbildungen.

Mit der fortschreitenden Entwicklung der Industrie, insbesondere der Eisen- und Stahlindustrie, wurden an die Leistungsfähigkeit der Schleifwerkzeuge immer größere Anforderungen gestellt, denen die natürlichen Schleifmaterialien, wie Sandstein und Schmirgel, nicht genügen konnten. Hierdurch wurden die fast 5 Jahrzehnte zurückliegenden, mehr tastenden Versuche französischer und amerikanischer Forscher zur Herstellung künstlicher Rubine, Saphire und Diamanten in die bestimmte Richtung nach einem künstlichen Schleifmittel von außerordentlicher Härte gedrängt, um schließlich mit der Entdeckung des Siliziumkarbids durch Acheson im Jahre 1891 und dem Patent Franz Hasslachers zur Herstellung eines künstlichen Korundes auf elektro-thermischem Wege im Jahre 1896 einen gewissen Abschluß zu finden und gleichzeitig den Anstoß zu geben zur industriellen Herstellung von Produkten, deren Verwendung in stetigem Wachsen begriffen ist.

Die Entwicklung dieser Industrie wird gekennzeichnet dadurch, daß z. B. der erste Siliziumkarbid-Ofen täglich ¼ Pfund Siliziumkarbid erzeugte, welche Produktion von den Edelstein- und Juwelenschleifern Neuyorks zum Preise von 1600 Dollar per kg abgenommen wurde, während die jetzigen Öfen in 36 Stunden ca. 8000 kg Siliziumkarbid mit einem Verkaufswert von höchstens 30 Cts. per kg erzeugen und den Markt jährlich mit über 35000 t Siliziumkarbid versorgen.

Im folgenden sollen die Grundzüge der Herstellung von Siliziumkarbid und Elektrokorund nach dem heutigen Stand der Technik geschildert werden, wobei die historische Entwicklung wie auch einzelne Spezialverfahren unberücksichtigt bleiben werden.

Zum Schluß wird die Herstellung von Elektroschmelzzement kurz gestreift werden.

Reines Siliziumkarbid hat die chemische Zusammensetzung SiC. Die Herstellung des Siliziumkarbids erfolgt im elektrischen Ofen durch Reduktion von Kieselsäure durch Kohlenstoff nach den Bruttogleichungen:

$$SiO_2 + 2\,C \;\rightleftarrows\; Si \;+ 2\,CO \tag{1}$$

$$3\,Si \;+ 2\,CO \;\rightleftarrows\; 2\,SiC + SiO_2, \tag{2}$$

wobei zweifellos nebenher kompliziertere, insbesondere auch katalytische Reaktionen auftreten. Die extrem hohen Temperaturen des elektrischen Ofens sind zur Herstellung des Siliziumkarbids erforderlich, weil die nach der Gleichung (1) zur Spaltung von Siliziumdioxyd aufzubietende Energie weit größer ist als die Bildungswärme von 2 Mol. CO. Die Vereinigung des freien Silizium mit Kohlenstoff zu Siliziumkarbid nach (2) erfolgt hingegen mit sehr geringer Wärmeentwicklung und findet schon bei 1200 bis 1400° statt.

Als Rohmaterialien der Siliziumkarbid-Herstellung dienen Sand, Koks, Sägemehl und Salz. Der Sand muß ein guter Glassand mit 99,5 bis 99,8% SiO_2 sein, seine Verunreinigungen bestehen hauptsächlich aus Eisen- und Aluminiumverbindungen. Als Koks verwendet man meistens Petrolkoks mit 85 bis 90% Kohlenstoff, auf dessen gleichmäßigen Gehalt man Wert legen muß, da sich die einzelnen Kokssorten im Ofen ganz verschieden verhalten. Beide Materialien unterliegen ständiger analytischer Kontrolle. Der Zweck des Sägemehls ist lediglich der, die Mischung porös zu machen, wodurch der Austritt der bei dem Fabrikationsprozeß entstehenden Gase erleichtert wird. Ein geringer Zusatz von Salz zur Mischung übt auf die Qualität des erzeugten Siliziumkarbids eine günstige Wirkung aus, indem das Salz bei der hohen Arbeitstemperatur verdampft und Verunreinigungen im Koks und Sand, wie z. B. Eisen, als Chloride entfernt.

Die Ausgangsmaterialien werden trocken auf 2 bis 5 mm Korngröße zerkleinert, passieren elektromagnetische Trommelscheider zur Entfernung von metallischem Eisen, das bei dem Aufbereitungsprozeß durch die Zerkleinerungsmaschinen hineingekommen sein könnte, werden abgewogen und nach gründlicher Durchmischung in Mischtrommeln Silos aufgegeben. Das frische Gemisch hat etwa folgende Zusammensetzung:

52—56% Sand   11—7% Sägemehl
35% Koks   2% Salz.

Die tatsächliche Ofenmischung ist häufig etwas anders zusammengesetzt, da man meist die bei dem Fabrikationsprozeß entstehenden Zwischenprodukte und das durch denselben nur teilweise umgewandelte Material aus früheren Chargen zur Beschickung des nächsten Ofens mit verwendet.

Der Siliziumkarbid-Ofen ist ein elektrischer Ofen nach dem Widerstandstyp mit festen Polen und arbeitet in periodischem Betrieb (Abb. 1 und 2).[1] Er besteht aus einer oben offenen, rechteckigen Struktur von ca. 15 m Länge, 3 m Breite und 2 m Höhe aus feuerfesten Steinen. Die Endmauern des Ofens sind ca. 60 cm stark und stationär errichtet. Die Seiten bilden transportable Wände aus feuerfesten Steinen (Abb. 3), die nach Beendigung des Brennprozesses zur Entfernung der Charge abge-

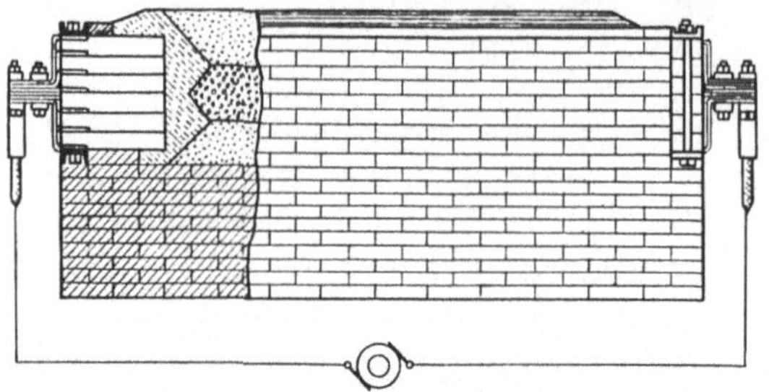

Abb. 1. Schematische Darstellung eines Siliziumkarbid-Ofens.

nommen werden können, bei älteren Öfen werden diese Seitenwände vor jedem Arbeitsgang aus lose verbundenen Steinen neu errichtet.

In der Mitte des Ofens liegt als elektrischer Leiter parallel zu den Seitenwänden ein zylindrischer Kern von ca. 50 cm Durchmesser aus gekörntem Koks, der jeweils von Hand hergestellt und um den das Mischgut bis zum oberen Rand des Ofens gebettet wird (Abb. 2). Die richtige Zusammensetzung und Einlage des Kerns ist für den elektrothermischen Effekt des Ofens und für den glatten Verlauf des Prozesses von Bedeutung und erfordert große Sorgfalt, da zur Vermeidung von Stromschwankungen ein möglichst konstanter Widerstand

Abb. 2. Siliziumkarbid-Ofen.

des Kerns angestrebt werden muß. In der Praxis wird diese letztere Forderung nie erfüllt, da besonders im Anfang des Prozesses der Widerstand des Kerns außerordentlich schnell abnimmt:

1. infolge Temperaturerhöhung des Kerns,

2. dadurch, daß die im Koks enthaltenen Verunreinigungen verdampfen,

---

[1] Abb. 1 bis 3 nach amerikanischer Literatur.

3. schließlich und hauptsächlich durch die Umwandlung des Kokses in Graphit.

Wenn nun zur Herstellung des Kerns nur frischer Koks verwendet werden würde, so müßte das Maximum und Minimum der Spannung am Beginn und am Ende des Arbeitsganges weit auseinanderliegen, da der Widerstand von unreinem Koks bei gewöhnlicher Temperatur und reinem, weitgehend graphitiertem Koks bei der Temperatur des Siliziumkarbid-Ofens sehr verschieden ist.

Diese Schwierigkeit wird teilweise dadurch überwunden, daß man zur Herstellung des Kerns nicht nur neuen Koks verwendet, sondern in seine Mitte einen sog. „alten" Kern legt, d. h. Koks, der bereits einmal im Ofen war. Da der „alte" Kern einen viel geringeren Wider-

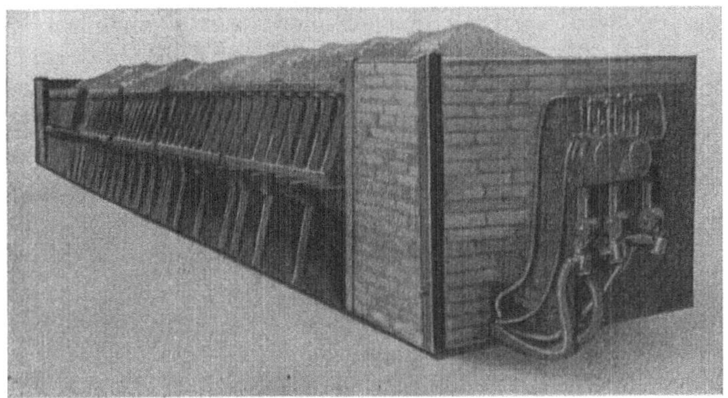

Abb. 3. Transportable Seitenwände eines Siliziumkarbid-Ofens.

stand hat als neuer Koks, erhitzt er den ihn umgebenden Kern aus frischem Koks rasch und setzt dessen Widerstand herab, so daß der Ofen bald mit der endgültigen Spannung arbeitet.

Da weiterhin der Widerstand eines elektrischen Leiters, der aus unzusammenhängenden Kohleteilchen besteht, von der Innigkeit der Berührung dieser Teilchen abhängt, ist die richtige Auswahl der Koks-körnung und saubere Absiebung derselben von Bedeutung; die Korn-größe der Kokskörner ist ebenso wie die zweckmäßige Länge und Dicke des Kernes für fast jede Anlage verschieden und muß durch Versuche festgestellt werden.

Die Stromzuführung in den Kokskern erfolgt an den Endmauern des Ofens durch Kohleelektroden. Diese bestehen aus Bündeln recht-eckiger Kohlestäbe von je ca. 10 cm Querschnitt und 90 cm Länge, die in mehreren horizontalen Lagen in die Endmauern eingebaut sind. Die Enden der Kohlestäbe ragen außen ein Stück aus dem Mauerwerk hervor, und hier werden zwischen die horizontalen Lagen der Kohlestäbe Kupferplatten eingelegt, die Zwischenräume zwischen den einzelnen Kohlestäben werden sorgfältig mit Graphit ausgestopft. Die Kupferplatten ragen ihrerseits wieder ein Stück aus den Elektrodenbündeln hervor und tragen hier Bohrungen, in denen die Stromführungskabel vermittels Bolzen befestigt werden. Das Ganze wird an der Außenseite der Öfen mit breiten Eisenklammern fest zusammengehalten.

Die Stromabnahme erfolgt durch Kupferkabel von Kupferschienen, die oberhalb der Öfen angeordnet sind und zur Schaltanlage führen (Abb. 2). Bei neueren Konstruktionen werden die Stromzuführungskabel unterirdisch verlegt.

Die Öfen arbeiten mit 750 kW und erhalten diese Energie aus Wechselstrom von 2200 V, der auf 150 V transformiert wird. Zwischen den Transformatoren und den Öfen sind Regulatoren eingeschaltet, die eine Veränderung der Spannung des Sekundärstromes zwischen 75 und 200 V gestatten. Man faßt zweckmäßig mehrere Öfen zu einer Einheit zusammen, bestehend aus Transformator und dazugehörigem Regulator, und verwendet für 2 solche Einheiten Induktionsregulatoren, während der Regulator der 3. Einheit durch Ein- und Ausschalten der Spulen der Primärwicklung der Transformatoren den Strom stufenweise reguliert. Von jeder Einheit ist je ein Ofen gleichzeitig in Betrieb, die Regulierung der Spannung erfolgt mit Hilfe eines Handrades an den Induktionsregulatoren.

Soll der Ofen in Betrieb genommen werden, so werden zunächst die Seitenwände aufgestellt und dann durch eine über dem Ofen an einem Kran laufende Beschickungsanlage die Mischung fast bis zur Höhe der obersten Elektrodenlage in den Ofen gegeben, wobei man das Altmaterial aus früheren Chargen nicht unter die Mischung nimmt, sondern hieraus getrennt Untergrund und Seitenwände herstellt. Vorher werden in den Öfen parallel mit den Endwänden Eisenplatten, einige Zentimeter von den Kohleelektroden entfernt, senkrecht aufgestellt, damit die Mischung nicht mit den Elektroden in Berührung kommt. Der Zwischenraum zwischen den Eisenplatten und den Elektroden wird mit feinem Koks ausgestampft. Hierauf wird aus der Mischung zwischen den an den Enden des Ofens befindlichen Eisenplatten ein halbkreisförmiger Ausschnitt vom Durchmesser des Kokskerns gehoben und dieser eingelegt, so daß er die Gestalt eines zwischen beiden Enden des Ofens horizontal liegenden Zylinders erhält. Alsdann werden die Eisenplatten herausgezogen und der Ofen bis zum obersten Rand mit Mischung gefüllt, wobei man für die Bedeckung wiederum Altmaterial verwendet. Eine Charge für Öfen angeführter Größe benötigt ca. 25 t Mischung einschließlich Alt-, jedoch ohne Kernmaterial.

Der Arbeitsprozeß in dem nunmehr betriebsfertigen Ofen wird mit einer Spannung von ca. 190 V begonnen. Mit zunehmender Erwärmung des Ofens nimmt der Widerstand rasch ab und erreicht nach ca. 4 Stunden eine Spannung von 125 V bei maximal ca. 6000 A Stromstärke, die bis zum Ende des Prozesses konstant gehalten wird. Die Überwachung der Stromzuführung erfordert große Aufmerksamkeit, da richtige und konstante Stromverhältnisse für die qualitative und quantitative Ausbeute des Ofens ausschlaggebend sind.

Zunächst verbrennt das Sägemehl, später entweicht Kohlenoxyd, das an der Seite und an der Oberfläche des Ofens frei herausbrennt (Abb. 4). Mit fortschreitendem Brennprozeß sinkt die Masse

Abb. 4. Siliziumkarbid-Ofen während des Betriebes.

etwas zusammen, was besonders bei Verwendung von ungeeignetem Koks Anlaß zu Brückenbildung und damit ernsten Betriebsstörungen geben kann. Bei 1500 bis 2000° findet die Bildung von Siliziumkarbid statt, das bei höherer Temperatur allmählich wieder zerfällt, indem Silizium wegdestilliert und Graphit zurückbleibt. Diese Spaltung wird schon bei 2200° bemerkbar und tritt in gewissem Umfange in der Praxis stets ein. Nach 36 bis 40 Stunden ist der Prozeß beendet. Man unterbricht den Strom und läßt den Ofen 24 Stunden abkühlen. Alsdann entfernt man zunächst die oberste Schicht der Charge, die aus wenig veränderter Mischung besteht. Hierunter liegt eine schmale Schicht von amorphem Siliziumkarbid und unter dieser das reine, kristallisierte Siliziumkarbid. Diesem folgt eine

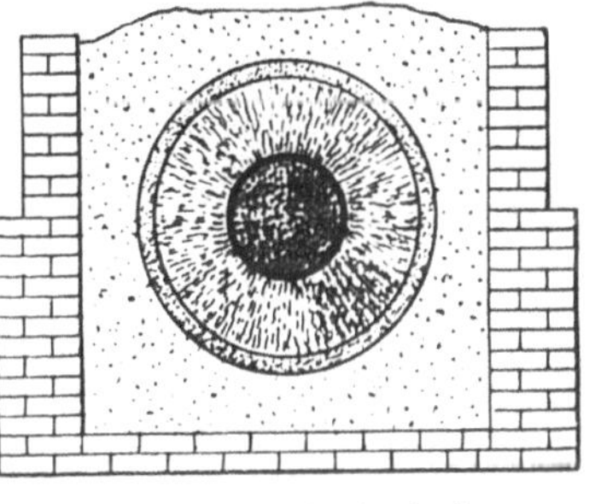

Abb. 5. Querschnitt durch einen Siliziumkarbid-Ofen.

dünne Schicht Graphit und schließlich der Kokskern (Abb. 5).

Das kristallisierte Siliziumkarbid wird von Hand aussortiert und kommt in Stücken oder gekörnt als

„Carborundum", „Carbo-Diamantin", „Carborite", „Carbosilit", „Crystolon" u. a. in den Handel, gekörnt nach einer chemischen Behandlung zur Entfernung von kleinen Mengen anhaftenden Graphits, Quarz und anderer Verunreinigungen.

Die quantitative Ausbeute des Siliziumkarbid-Ofens beträgt bei Dauerbetrieb 27 bis 30% Ia kristallisiertes Siliziumkarbid, berechnet auf Koks und Quarzsand als die wichtigsten Rohmaterialien. Hierzu kommen etwa 4,5% amorphes Siliziumkarbid und 10% Graphit, welche Nebenprodukte ebenfalls hohen Handelswert besitzen. Der Energiebedarf kann mit 10 bis 12 kW pro kg kristallisiertes Siliziumkarbid angenommen werden. Der derzeitige Verkaufspreis für erstklassige gekörnte Ware liegt etwas über M. 1,— per kg.

Siliziumkarbid bildet rhomboedrische Kristalle, die, frei von Verunreinigungen, farblos und durchsichtig sind. Gewöhnlich sind sie jedoch durch Graphit und Siliziumverbindungen verschiedener Oxydationsstufen, die in dünnen Schichten auf der Oberfläche der Kristalle lagern, schwarz, grün oder blau getönt. Die Erzielung einer bestimmten Färbung hat man bis zu einem gewissen Grade durch die Führung des Fabrikationsprozesses in der Hand, und hierauf ist die Abkühlungszeit des Ofens von Einfluß. Siliziumkarbid scheint, wenigstens bei gewöhnlichem Druck, unschmelzbar zu sein, indem es bei Temperaturen über 2200⁰ in Kohlenstoff und Silizium dissoziiert. Bei dieser Zersetzung zeigt sich nicht das geringste Anzeichen eines Schmelzens, denn der zurückbleibende Graphit hat genau die Gestalt der Siliziumkarbidkristalle. Gegen chemische Agenzien, insbesondere Säuren, ist Siliziumkarbid sehr beständig, dagegen wird es durch schmelzende Ätzalkalien und Karbonate angegriffen. Siliziumkarbid ist nicht ganz unverbrennbar, sondern kann im Knallgasgebläse bei Anwendung eines großen Sauerstoffüberschussses langsam verbrannt werden, wobei das Silizium zu Kieselsäure oxydiert wird.

Die technische Bedeutung des Siliziumkarbids liegt in erster Linie in seiner hohen Härte, nach der es in die Mohssche Skala zwischen die Härte 9 und 10 eingereiht werden muß, und zwar entschieden nach 10 hin neigend. Neben der außerordentlichen Härte haben die Schleifpartikel eine günstige Kristallisationsform, scharfe Ecken und Kanten, so daß Siliziumkarbid als idealstes Schleifmittel anzusprechen ist. Diesen Eigenschaften verdankt es seine ausgedehnte Verwendung in der Schleifmittelindustrie. Weiterhin findet Siliziumkarbid wegen seiner Feuerbeständigkeit in stets wachsendem Maße Verwendung zur Herstellung feuerfester Baumaterialien, und es soll in Amerika auch heute noch in bescheidenem Umfange bei der Stahlfabrikation zum Desoxydieren und Silizieren von Stahl an Stelle von Ferrosilizium verwendet werden.

Wir wenden uns nunmehr der Herstellung von Elektrokorund zu.

Als Elektrokorund bezeichnet man auf elektrischem Wege hergestelltes, kristallisiertes Aluminiumoxyd zum Unterschied von dem als „Naturkorund" (Schmirgel) oder als „Edelstein" (Rubin, Saphir) vorkommenden mineralischen und dem auf andere Weise künstlich erhaltenen kristallisierten Aluminiumoxyd.

Die Herstellung von Elektrokorund unterscheidet sich von der des Siliziumkarbids prinzipiell dadurch, daß Siliziumkarbid aus seinen Komponenten aufgebaut wird, während man Elektrokorund durch Raffination hochtonerdehaltiger Mineralien unter gleichzeitiger Überführung der in diesem als Hydrogel enthaltenen Tonerde in den kristallinen Zustand erhält. Da diese Raffination verschieden weit getrieben werden kann und nie zu einem chemisch und physikalisch einheitlich definierten Körper führt, wäre es exakter, von Elektrokorunden als von Elektrokorund zu sprechen, zumal, da die Einzelheiten der Herstellung die Eigenschaften von Elektrokorunden gleicher chemischer Zusammensetzung wesentlich beeinflussen.

Als Rohmaterial einer normalen Elektrokorundfabrikation dient Bauxit, das tonerdereichste bekannte Mineral. Bauxit ist ein kolloidales Verwitterungsprodukt tonerdehaltiger Gesteine, wie Granit, Gneis und Basalt. Die hauptsächlichsten Lagerstätten des rot- bis weißgefärbten Minerals befinden sich in Südfrankreich, Ungarn, Dalmatien, Istrien und Nordamerika. Die deutschen Vorkommen am Vogelsberg und im Westerwald sind unbedeutend und zur Herstellung von Elektrokorund wenig geeignet. Die chemische Zusammensetzung des Bauxits liegt etwa zwischen:

$$50\text{—}70\,\%\ Al_2O_3 \qquad 1\text{—}\ 3\,\%\ TiO_2$$
$$3\text{—}20\,\%\ Fe_2O_3 \qquad 10\text{—}30\,\%\ H_2O,$$
$$2\text{—}25\,\%\ SiO_2$$

er besteht also vorwiegend aus Tonerdehydrat mit beigemengtem Eisenoxydhydrat in stark wechselnder Zusammensetzung.

Zur Verarbeitung auf Elektrokorund wird Bauxit auf mindestens Walnußgröße zerkleinert, im Dreh- oder Schachtofen möglichst weit kalziniert und mit bestimmten Mengen fester Reduktionsmittel, meistens Anthrazit, gemischt.

Das Gemisch wird im elektrischen Ofen auf Temperaturen über 2000° erhitzt, wobei der Bauxit schmilzt und zuerst die Eisen-, später die Silizium- und Titanverbindungen durch den Kohlenstoff reduziert werden. Aluminiumoxyd wird zunächst nicht angegriffen. Während der kleinere Teil des Siliziums als Siliziumdioxyd in Form eines weißen Rauchs entweicht, bildet der größere Teil mit dem reduzierten metallischen Eisen Eisensilizide.

Diese bleiben während des Schmelzprozesses flüssig und sinken auf Grund ihres hohen spezifischen Gewichts zu Boden. Hierdurch unterstützen sie rein mechanisch die Trennung des ebenfalls flüssigen, spezifisch leichteren Aluminiumoxyds von den Reduktionsprodukten. Sobald die Reduktion der Eisen-, Silizium- und Titanoxyde vollzogen und eine weitgehende Scheidung der Schmelze in eine untere Schicht von silizium- und titanhaltigem Eisen und eine obere von Aluminiumoxyd eingetreten ist, kann der Raffinationsprozeß als beendet angesehen werden. Je nach der Arbeitsweise entfernt man nunmehr das flüssige Eisen und das Aluminiumoxyd getrennt aus dem Ofen oder läßt beides zusammen im Ofen erkalten, wobei Aluminiumoxyd zu Elektrokorund kristallisiert.

Der in vorstehendem prinzipiell beschriebene Reduktionsprozeß ist in Wirklichkeit wesentlich komplizierter und von einer Reihe von Nebenreaktionen begleitet. So kann ein Überschuß an Kohlenstoff oder eine Überhitzung der Schmelze zur Reduktion von Aluminiumoxyd und metallischem Eisen zu Aluminiumkarbid und Eisenkarbid führen, die man praktisch auch in fast jedem Elektrokorund in Spuren finden wird. Es ist die nur durch Erfahrung zu lernende Kunst der Ofenführung, den Schmelzprozeß dann abzubrechen, wenn Eisen- und Siliziumoxyde eben bis zu Eisensiliziden reduziert sind, während Aluminiumoxyd noch nicht angegriffen wurde und wenn die oben beschriebene mechanische Scheidung der Schmelze in Eisensilizide und Aluminiumoxyd so weit fortgeschritten ist, daß der obere Teil der Schmelze überwiegend aus hochprozentigem Aluminiumoxyd besteht.

Abb. 6. Korundofen in Betrieb.

Der Korundprozeß ist im wesentlichen ein Lichtbogenprozeß — obwohl auch die Widerstandserhitzung eine Rolle spielt — denn der eigentliche Reaktionsherd ist nur in der Lichtbogenzone zu suchen. Der Prozeß wird entweder als Abstichbetrieb kontinuierlich gestaltet, indem dem Ofen von oben immer neue Mischung zugegeben und von Zeit zu Zeit der gebildete Korund und das Eisen in flüssigem Zustande durch eine Abstichöffnung abgezogen wird, oder diskontinuierlich als Blockbetrieb, wobei man im Ofen einen möglichst großen Block von geschmolzenem Korund anwachsen läßt, hierauf den Prozeß unterbricht, den Block aus dem Ofen entfernt und diesen dann von neuem beschickt. Dem Blockbetrieb wird im allgemeinen der Vorzug gegeben, weil man im Abstichbetrieb schwer das schön kristalline Produkt erhält, das der Blockbetrieb liefert und weil durch die oben beschriebene Art eines Saigerprozesses eine bessere Raffination des Korunds im Ofen stattfindet, als es im Abstichbetrieb möglich ist.

Die Öfen selbst bestehen für beide Verfahren lediglich aus einem ortsfesten oder fahrbaren Herd von 1,5 bis 4 m Durchmesser, dessen Boden mit Kohle, Teer u. a. ausgestampft ist. Als Wände dienen abnehmbare, nach oben leicht konisch zulaufende und 80 bis 160 cm hohe Ringe aus 8 bis 10 mm starkem Eisenblech ohne Ausfütterung, die je nach den Dimensionen des Ofens aus einem Stück hergestellt

Abb. 7. Korundofen zu Beginn der Füllung.

Abb. 8. Korundofen nach vollendeter Füllung.

sind oder aus 2 bis 3 Segmenten zusammengesetzt werden. Bisweilen sind die Ringe auch noch horizontal unterteilt, so daß man z. B. 2 kleinere Ringe lose aufeinandersetzt. Eine besondere Verbindung oder Abdichtung der Ringe untereinander oder gegen den Herdboden ist nicht erforderlich. In den oben offenen Ofen werden freischwebend 3 parallele, in vertikaler Richtung bewegliche Kohleelektroden gehängt, zwischen denen der Lichtbogen erzeugt wird. Die Wahl geeigneter Elektroden ist für die Fabrikation von großer Wichtigkeit, es sind dafür Spannung, Ofensystem, spez. Belastung und wohl auch persönliches Urteil der Betriebsleiter maßgebend. Meistens verwendet man harte Elektroden von der Art der in der Kalziumkarbidfabrikation üblichen; ihr Gewicht beträgt bei großdimensionierten Öfen über 1000 kg bei einer Länge von 240 cm und einem Durchmesser von 60 cm.

Als Verbindung der Elektroden mit den als Stromzuführungen dienenden Kupferkabeln sind Fassungen verschiedenster Art mit und ohne Wasserkühlung in Gebrauch, die den Elektrodenkopf entweder mit Kupferlamellen seitlich umfassen oder durch senkrecht in den Elektrodenkopf geführte Verschraubungen halten. Die Elektroden brennen auf ca. 100 cm ab; die übrigbleibenden Stümpfe werden zum Auskleiden der Herdböden verwendet oder nach besonderem Verfahren wieder zusammengesetzt, wodurch praktisch ein fast restloser Verbrauch der Elektroden ermöglicht wird. Der Elektrodenverbrauch durch Abbrand beträgt etwa 70 kg per t Korund (Abb. 6)[1].

Als Stromquelle dient 3 Phasen-Drehstrom von 6300 V, der in 6 Stufen auf 83 bis 124 V transformiert werden kann. Die Umschaltung erfolgt durch Stufenschalter mittels zweipoligem Steckkontakt, wobei vor dem Ändern der Spannung alles, auch der Transformator, ausgeschaltet werden muß, weil sonst Kurzschluß oder Rückschlag eintreten kann. Die zweckmäßigste Spannung ändert sich mit der verwendeten Bauxitsorte und muß durch Versuche gefunden werden; bei Änderungen während des Betriebes, die nach Möglichkeit vermieden werden sollen, ist darauf zu achten, daß die Elektroden hochgezogen sind, damit das Wiedereinschalten nicht unter Vollast erfolgt, was gefährlich werden kann.

Abb. 9. Der Korundblock wird ausgehoben.

Die Leistung großer Öfen beträgt im Jahresmittel etwa 850 kW, infolge unvermeidlicher Stromstöße schwankt sie um ± 100 kW. Größere Ausschläge sind nach Möglichkeit zu vermeiden und kommen nur bei ganz anormalem Betrieb vor.

Die Regulierung der Belastung erfolgt durch Heben und Senken der Elektroden entweder mittels Flaschenzugs von Hand oder mittels

---

[1] Abb. 6 bis 13 Originalaufnahmen aus dem Elektroschmelzwerk Badisch Rheinfelden des Schmirgelwerk Dr. Rudolf Schönherr.

automatisch wirkender Elektromagnete, wobei nach Möglichkeit die Stromstärke auf 6000 A gehalten wird.

Die Arbeitsweise ist folgende:

Der Boden des Herdes wird mit einer Schicht Koks bedeckt und durch Senkung der Elektroden Stromschluß bewirkt. Der entstandene Lichtbogen wird nun mit etwas Bauxitkohlegemisch bedeckt und wenn dieses geschmolzen und der Lichtbogen frei gelegt ist, neue Mischung aufgegeben. Der geschmolzene Bauxit überzieht den Herdboden und erstarrt dort, wo er aus der Lichtbogenzone kommt, hierdurch ein Auslaufen der Öfen verhindernd. Das Decken des Lichtbogens wird bis zur Füllung des Ofens fortgesetzt, was nach 36 bis 42 Stunden erreicht ist (Abb. 7 und 8). Man unterbricht die Stromzuleitung durch Ausheben der Elektroden, läßt 4 bis 5 Stunden erkalten und entfernt zunächst den Ofenmantel. Alsdann legt man um den Block eine an einem Kran hängende Kette und hebt ihn von der Schmelzstelle auf Wagen, mittels derer er aus der Schmelzhalle entfernt wird. Der Block haftet nicht an dem Herdboden, so lange sein unterer, überwiegend aus Siliziumeisen bestehender Teil noch flüssig

Abb. 10. Der Korundblock wird ausgehoben.

Abb. 11. Der Block wird auf den Wagen gehoben.

ist, d. h. wenn das Abheben des Blockes von dem Herd nicht zu lange verzögert wird (Abb. 9 bis 12).

Nach mindestens 4 tägigem Erkalten kann der Block von dem Wagen abgeladen werden, ist aber dann noch so heiß, daß er nicht mit der Hand berührt werden kann. Man läßt 8 bis 14 Tage erkalten und zerschlägt den Block schließlich mittels eines Fallbärs oder durch bloßes Umstürzen, wobei er meist durch sein Eigengewicht in mehrere Teile zerfällt (Abb. 13). Diese werden in Brechern weiter zerkleinert und nunmehr durch Bearbeitung mit Hämmern von Hand von anhaftender unvollständig geschmolzener Mischung oder minderwertigem Korund gereinigt. Die Abfälle aus dem Herd und der sog. „Abputz" werden wieder in den Prozeß als Rohmaterial zurückgeführt.

Abb. 12. Der Block wird in die Schmelzhalle gefahren.

Ein Block ergibt bei normalem Schmelzverlauf 8 bis 10 t Korund und je ca. 1 t Siliziumeisen und „Abputz", was einer Korundausbeute von 55 bis 60% entspricht, berechnet auf Bauxit. Naturgemäß unterliegt die Ausbeute starken Schwankungen, die in erster Linie von dem verwendeten Bauxit und der Qualität des erzeugten Korunds abhängig sind. Das gleiche gilt von dem Stromverbrauch, der mit 3 bis 4 kWh pro kg Korund angegeben werden kann.

Abb. 13. Zerfallener Block.

Der Abstichbetrieb arbeitet im Prinzip wie der Blockbetrieb mit dem Unterschied, daß der flüssige Korund alle 4 bis 6 Stunden durch ein Abstichloch im Ofenmantel abgezogen wird. Das Aufbrechen der Abstichlöcher erfolgt mit Eisenstangen, das Verschließen mit nassem Lehm oder Ton, wodurch das Durchbrechen der harten Kruste aus halberstarrtem Korund unnötig gemacht wird.

Hochtonerdehaltiger Elektrokorund zeigt in großen Stücken weiße bis graue Farbe, häufig mit einem Stich nach braun oder rosa, seltener finden sich Stücke von blauer oder grüner Färbung in den verschiedensten Tönungen. Minderwertige Qualitäten sind dunkelgrau bis schwarz gefärbt. Das spez. Gewicht liegt zwischen 3,5 und 4, die Härte etwas unter der des Siliziumkarbids. Der handelsübliche Elektrokorund enthält 94 bis 97% Al_2O_3, doch sind neben geringeren Qualitäten auch solche mit einem Gehalt von über 98% Al_2O_3 am Markt. Im Feuer steht guter Elektrokorund unter normalem Druck bis zu Temperaturen von etwa 2000°. ·

Der technische Wert der Elektrokorunde liegt in erster Linie in ihrer durch den hohen Gehalt an kristallisiertem Aluminiumoxyd bedingten Härte, die sie neben Siliziumkarbid zu dem wichtigsten Rohmaterial der Schleifmittelindustrie macht. Hohe Feuerfestigkeit, niedriger Wärmeausdehnungskoeffizient, hohe mechanische Festigkeit und chemische Reaktionsträgheit führen zu immer ausgedehnterer Verwendung für feuerfeste Baumaterialien und Laboratoriumsapparate.

Zum Schluß möchte ich noch kurz die Eigenschaften und Herstellung der Elektroschmelzzemente streifen.

Der Elektroschmelzzement, auch Tonerdeschmelzzement genannt, ist das jüngste Glied unter den hydraulischen Bindemitteln und deutet schon durch seinen Namen an, daß es sich um ein geschmolzenes Produkt handelt im Gegensatz zu dem nur gesinterten Portlandzement. Er unterscheidet sich von den anderen Bindemitteln durch seinen hohen Tonerde- und verhältnismäßig niedrigen Kalk- und Kieselsäuregehalt. Während Portlandzement in der Hauptsache aus Kalksilikaten besteht, sind die Hauptbestandteile des Elektroschmelzzementes Kalkaluminate.

Die Herstellung des Elektroschmelzzementes erfolgt durch reduzierendes Schmelzen eines Gemisches von Bauxit, Kalk und wenig Koks bei Temperaturen über 2000°.

Der Schmelzprozeß wird vorgenommen entweder in sog. Wassermantelöfen, die hier unberücksichtigt bleiben sollen und die in der Bauart und Arbeitsweise den Hochöfen ähneln, oder in elektrischen Lichtbogenöfen. Nach allgemeiner Ansicht ergeben elektrische Ofen bessere Qualitäten als Schachtöfen, da in letzteren der erzeugte Schmelzzement stärker durch Kohle und Eisen verunreinigt ist als in Elektroöfen.

Die Elektroöfen für Zementherstellung sind entweder Trogöfen, wie sie früher auch in der Korundherstellung gebraucht wurden, oder geschlossene Öfen nach Art der Elektrostahlöfen. Die 3 Kohleelektroden tauchen in die Schmelzmasse und schmelzen diese ähnlich wie bei der Korundherstellung nieder. Die Beschickung des Ofens erfolgt durch einen über dem Schmelzbad angebrachten Schacht, den die Rohmaterialien durchwandern, wobei sie entwässert werden und der Kalkstein die Kohlensäure abgibt. Die langsam nachrückenden Massen schwimmen auf dem Schmelzbad und werden von diesem ganz allmählich aufgelöst. Die Öfen haben einen teilweise wassergekühlten Eisenmantel ohne jede feuerfeste Auskleidung, die Sohle ist mit einer Masse aus Kohle und Teer ausgestampft (Abb. 14)[1].

Ähnlich wie bei dem Abstichbetrieb der Korundherstellung zieht man von Zeit zu Zeit das wasserflüssige Schmelzgut ab und läßt es in eisernen Formen oder Gruben erstarren. Man kann auch das Schmelzgut wie Hochofenschlacke mit Wasser granulieren, so daß man ein vollständig glasiges Produkt erhält. Die Behandlungsart hängt ab von der Abbindezeit, die die Zemente haben sollen, da die Schnelligkeit der Abkühlung die Abbindezeit des Fertigproduktes beeinflußt.

Als Energiebedarf rechnet man beim Elektroofen mit ca. 1,5 kWh pro kg fertigen Zements.

Die hervorragendsten Eigenschaften des Elektroschmelzzements sind:

1. seine außerordentlich hohen und schnell erreichten Anfangsfestigkeiten,

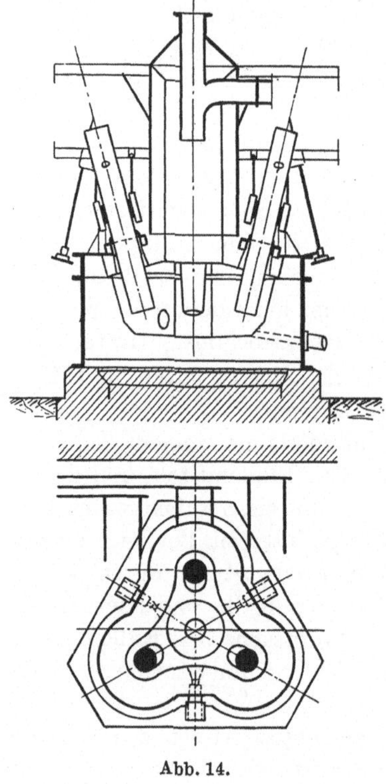

Abb. 14.

2. die Möglichkeit, ihn bei Temperaturen weit unter 0° verarbeiten zu können, da das Abbinden mit einer wesentlich höheren Wärmeentwicklung vor sich geht als beim Portlandzement,

3. seine Widerstandsfähigkeit gegen aggressive Wasser, insbesondere gegen fast alle Salzlösungen.

---

[1] Abb. 14 nach Biehl: Der Tonerde Schmelzzement.

IV. Elektrographit.

Von

M. Pirani (Berlin).

Mit 5 Abbildungen.

A. Das Achesonsche Verfahren.

Bei den ersten Versuchen, Carborundum im elektrischen Ofen herzustellen, wurde beobachtet, daß in den Teilen des Ofens, in denen die Temperatur sehr hoch war, Graphit erhalten wurde, und diese Tatsache bildete den Ausgangspunkt für Versuche, künstlichen Graphit auf elektrothermischem Wege herzustellen. Nachdem in der vorhergehenden Arbeit die Darstellung des Carborundums ausführlich dargelegt worden ist, soll in diesem Zusammenhang nur noch einmal kurz darauf hingewiesen werden, daß Carborundum dargestellt wird, indem man einen elektrischen Strom durch einen Kern aus granulierter Kohle fließen läßt, der von einer Mischung von 60 Teilen Sand und 40 Teilen gepulverter Kohle umgeben ist. Die Bildung des Carborundums erfolgt nach der Gleichung:

$$SiO_2 + 3C = SiC + 2CO.$$

Wenn die in dem Kern entwickelte Wärme so groß ist, daß die Temperatur eine bestimmte Höhe erreicht, so scheidet sich zwischen dem Kern und den Carborundumkristallen eine mehr oder weniger dicke Schicht Graphit ab. Acheson hat festgestellt, daß dieser abgeschiedene Graphit eine kristallinische Struktur hatte, die der des Carborundums gleich war, so daß er durch Zersetzung des Carborundums entstanden sein mußte, nach der Gleichung

$$SiC = C + Si.$$

Das Silizium verdampfte, wobei der Dampf sich entweder in den inneren Teilen des Ofens niederschlug oder zu SiO_2 verbrannte. Der auf diese Weise entstandene Graphit wurde von Acheson untersucht und sehr rein befunden.

Acheson fand, daß außer dem Siliziumkarbid auch die Karbide anderer Metalle die Eigenschaft haben, bei der Überschreitung ihrer Zersetzungstemperatur Graphit abzuscheiden.

Aus der Tatsache, daß der Kern des Carborundumofens, der ja aus Koks bestand, nach dem Öffnen des Ofens regelmäßig graphitiert war, ersah er außerdem, daß es nicht notwendig war, so viel Metall zuzusetzen, als zur Überführung des gesamten Kohlenstoffs in Graphit notwendig ist, sondern daß es sich offenbar um eine katalytische Wirkung handelte.

Die Zusätze spielen nur die Rolle des Reaktionsbeschleunigers: sie bewirken, daß die Reaktion, die sonst erst bei viel höherer Temperatur mit einer beträchtlichen Geschwindigkeit verläuft, schon bei niedrigerer Temperatur ermöglicht wird.

Neuere Versuche von Pirani und Fehse[1] bestätigen diese Auffassung, denn es gelang diesen, bei Anwendung äußerst hoher Temperaturen von ca. 3500⁰ Kohlenstoff mit einem Aschegehalt von weniger als $^5/_{10000}$% in Graphit umzuwandeln.

Bei dem technischen Prozeß geht man meist vom Anthrazit aus, der etwa 5 bis 6% Verunreinigungen, vorwiegend Kieselsäure, Aluminiumoxyd und Eisenoxyd, enthält, oder vom Petroleumkoks. Diesem muß man, da er zu wenig mineralische Bestandteile enthält, einige Prozent Eisenoxyd zusetzen, um bei den technisch angewendeten Temperaturen von 2500⁰ die erwähnte katalytische Reaktion durch intermediäre Umwandlung in Karbid einzuleiten.

Der fertige Graphit, der die Form des Ausgangsproduktes beibehält — also im Falle der Zersetzung von Siliziumkarbid die Form der ursprünglichen Siliziumkristalle — besitzt, wenn der Prozeß bei genügend hoher Temperatur und genügend lange durchgeführt wird, nur noch geringe Verunreinigungen in der Größenordnung von einigen hundertstel Prozent.

Wie der Aschegehalt dieser Kohle beim Ausglühen auf verschiedene Temperaturen abnimmt, zeigt die folgende Tabelle.

Ausglühtemperatur ⁰C	Aschegehalt %
500	1
1800	0,66
2200	0,36
2700	0,2
3000	0,07

Es handelt sich in diesem Fall um aus Azetylzellulose hergestellte Kohlefäden, welche einen Aschegehalt von 1% hatten. Die Asche bestand etwa zu gleichen Teilen aus Kieselsäure, Aluminiumoxyd und Kalziumoxyd. Die hier unter laboratoriumsmäßigen Bedingungen erhaltenen Ergebnisse dürften einen gewissen Rückschluß auf die technischen Verhältnisse gestatten. Die Tabelle entstammt der oben erwähnten Arbeit von Pirani und Fehse.

Das technische Produkt, z. B. eine Elektrode, weist einen Aschegehalt von etwa 0,2 bis 0,5% auf. In der Asche findet sich etwa 50% Kieselsäure, etwa je 15% Karborund, Eisenoxyd, Kalziumoxyd und etwas Aluminiumoxyd und Magnesiumoxyd.

---

[1] Z. Elektrochem. Bd. 27, S. 168—174. 1923.

B. Herstellungsgang und Öfen.

Die elektrischen Öfen für die Herstellung von künstlichem Graphit
wurden mit geringen Abänderungen, die in der größeren Leitfähigkeit
des Materials begründet sind, aus der Carborundumfabrikation über-
nommen, die im vorigen Abschnitt beschrieben ist. Diese Änderungen
ergeben sich aus dem Umstand, daß es sich bei der Graphitfabrikation
nicht nur um die Herstellung von Graphitpulver handelt, sondern in
erster Linie um die Herstellung von geformten Körpern, insbesondere
von Elektroden, die entweder in runder Form oder von rechteckigem
Querschnitt ausgeführt werden. Handelt es sich um runde Elektroden-
stäbe, so werden diese in vorgebranntem Zustand senkrecht zur Stromrichtung, wie in Abb. 1 angedeutet, angeordnet. Zwischen die einzelnen Stücke wird jeweils eine dünne Schicht Kohlepulver geschüttet.
Bei dieser Anordnung werden zwei Dinge erreicht: erstens hat der

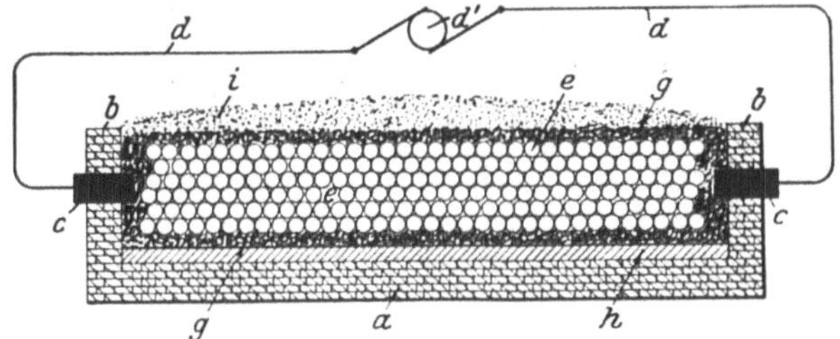

Abb. 1. Graphitierung von Elektrodenstäben.

Ofen einen nicht zu kleinen Widerstand, da viele Übergangsstellen von
schlechtleitenden zu gutleitenden Körpern vorhanden sind, zweitens
bekommen die Stäbe im ganzen Querschnitt gleichmäßige Temperatur,
was, wenn man sie in der Stromrichtung anordnet, infolge der etwas
verschiedenen Leitfähigkeit der einzelnen Stäbe, nicht so leicht zu
erreichen ist. Die Elektroden werden dann nochmals mit Kohle umgeben und das ganze mit Karborund zugedeckt.

Bei der Herstellung von feinem Graphitpulver, mit einem Aschegehalt von etwa 0,2%, das sich wegen seiner öligfettigen Beschaffenheit
gut als Schmiermittel eignet, muß besonders sorgfältig gearbeitet
werden (s. Amberg[1]: Künstlicher Graphit). Diese Sorgfalt erstreckt
sich sowohl auf die Auswahl des Rohmaterials, als auf Bau und Betrieb und die Art der Abkühlung des Ofens, als vornehmlich auch
auf seinen Abbau. Der Ofen, dessen Seitenmauern vorher entfernt sind,
wird mit langen, breiten Messern in eine Anzahl Abschnitte eingeteilt.
Vor diesen einzelnen Abteilungen werden große galvanisierte Behälter,
die gut gereinigt und mit Deckeln verschlossen sind, aufgestellt. In

---

[1] Technische Elektrochemie von Askenasy, I, Elektrothermie, S. 195. Braun-
schweig: Vieweg & Sohn 1910.

diese Behälter wird der Graphit mit Schaufeln schnell und sauber eingefüllt, wobei die Deckel der Behälter jedesmal geöffnet und wieder geschlossen werden, um auf diese Weise das Hineinfallen jeglicher Art von Staub zu verhindern. Das auf diese Weise gewonnene Produkt wird im Mahlraum zu grobem Pulver zerkleinert, in einem Konzentrator von etwaigem hartem Graphit befreit und gelangt in Kannen von 50 bis 100 kg Inhalt. Im Laboratorium wird ein Muster aus je einer Kanne auf seinen Aschengehalt untersucht, der weniger als 1% betragen muß.

Dann werden die Proben mikroskopisch auf ihren Gehalt an groben Partikeln untersucht und erst dann geht die betreffende Kanne in die nächste Fabrikationsabteilung. Der Graphit wird hier zu äußerst feinem Pulver zerrieben und erhält damit die Form, in der er in den Handel gebracht wird, nachdem vorher nochmals eine Aschenbestimmung gemacht worden ist, die mit dem Ergebnis der ersten übereinstimmen muß.

Ein anderes bemerkenswertes Erzeugnis der Elektrographitfabrikation ist die Graphitemulsion. Hier befindet sich der Graphit in einem annähernd kolloidalen Zustand, der seiner Natur nach noch wenig bekannt ist und der in Wasser und Öl in feinster Verteilung lange Zeit erhalten bleibt. Man erzielt diesen Zustand durch Behandlung des Graphitpulvers mit Wasser, Gerbsäure und Ammoniak.

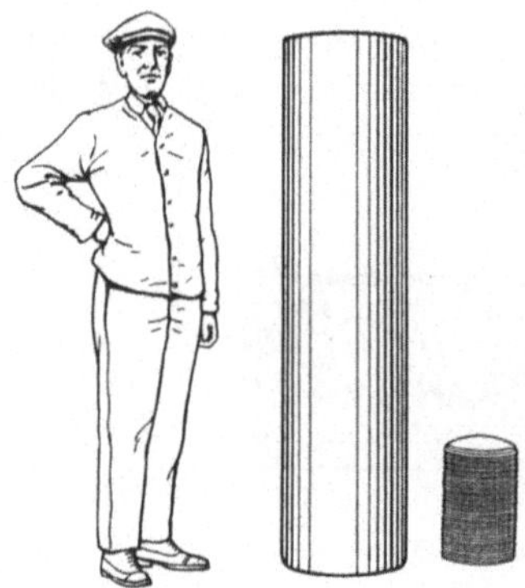

Abb. 2. Graphitelektroden und Graphitnippel.

Das Produkt, von der Acheson Graphite Corporation hergestellt, führt den Namen Aquadag (Dag = Deflocculated Acheson-Graphite) und dient als rostsicherer Anstrich von Eisen und Stahl und als Schmiermittel, das sich unter anderem auch in Tropfölern benutzen läßt. Es gelang diese feine Verteilung des Graphits auch in Öl herzustellen; dieses Produkt führt den Namen Oildag.

Die Energieverhältnisse beim Graphitofen unterscheiden sich von denen beim Carborundumofen hauptsächlich durch die größere Leitfähigkeit der Charge am Ende des Prozesses. Z. B. hat ein 1000 kW-Ofen von 10 m Länge, am Anfang ca. 150 V, am Ende des Prozesses 100 V. Der Strom steigt von ca. 1500 auf 10000 A, d. h. der Widerstand des Ofens sinkt auf den zehnten Teil des Anfangswertes.

Die Kapazität der Transformatoren bewegt sich bei den modernen Öfen wie sie z. B. die Siemens-Planiawerke in Lichtenberg-Berlin verwenden, zwischen 800 und 3000 kW; die Größe der Öfen richtet sich nach der Größe der Elektroden, die in ihnen hergestellt werden und von denen die größten eine Länge von ca. 150 cm besitzen (Abb. 2). Diese

Dimension ist nach dem vorher Gesagten für die Breite des Ofens maßgebend, die Länge desselben beträgt in der Regel etwa 10 m. Der
Energieverbrauch beläuft sich auf etwa 7 bis 11 kWh per kg. Die Öfen
haben ein Fassungsvermögen von 5 bis 20 t; die Ofentemperatur beträgt
rund 2500° C.

C. Die Eigenschaften des Elektrographits[1].

Im folgenden werden die wichtigsten Eigenschaften des Elektrographits zusammengestellt.

1. Härte. Mohsche Härteskala unter 1 (Talg = 1), Brinell-Härte
5 bis 10. (Geglühtes Kupfer = 40; geglühtes Aluminium = 25.)

2. Dichte. Wahre Dichte 2,21. Scheinbare Dichte der aus Elektrographit hergestellten Gegenstände 1,5 bis 1,6. (Porosität 25 bis 30%.)

3. Ausdehnung. Linearer Ausdehnungskoeffizient zwischen 0 und
$100° C = 8 \cdot 10^{-6}$. (Quarz $= 5 \cdot 10^{-7}$; Kupfer $= 16,5 \cdot 10^{-6}$.)

4. Elastizitätsmodul für Biegung 840 kg/mm² bei 20°. (Kupfer
= 11000, Blei = 1500.)

5. Zugfestigkeit von Graphitstäben bei 20° C 50 bis 75 kg/cm².
(Blei = 200, Kupfer = 4000.)

6. Spezifische Wärme.

°C		cal/Grad g	
zwischen	0— 100	0,17	(Kupfer 0,09)
„	200— 300	0,2	
„	700— 800	0,3	
„	1400—1500	0,4	

7. Wärmeleitfähigkeit von Elektrographitkörpern $\frac{cal}{cm\ sec\ Grad}$
= 0,1 (Kupfer = 1,0).

8. Emissionsvermögen für Strahlung aller Wellenlängen rund 80%.
(Schwarzer Körper = 100%.)

9. Schmelzpunkt = ca. 3500° C (Kupfer = 1083 C, Wolfram
= 3390 C.)

10. Dampfdruck etwa 0,5 Atmosphären beim Schmelzpunkt.

11. Elektrischer Widerstand beträgt bei gut graphitierten
Elektroden bei 20° $\sigma = 6—12\ \frac{Ohm\ mm^2}{m}$. (Nichtgraphitierte Kohleelektroden 30 bis 100, Kupfer = 0,017.)

Die dünnsten Stäbe haben den niedrigsten Widerstand. Für Graphit-
kristalle fand Ryschkewitz[2] $\sigma = 0,4$, für großkristalline Graphit-
fäden Pirani und Fehse[3] $\sigma = 0,5$.

---

[1] Zum Teil nach Angabe der Acheson Comp. und der Siemens-Plania-Werke.
[2] Z. Elektrochem. Bd. 28, S. 474. 1924.
[3] Z. Elektrochem. Bd. 27, S. 168. 1923.

12. Der Temperaturkoeffizient von Graphitkristallen und grobkristallinen Fäden ist positiv und von gleicher Größenordnung wie der eines reinen Metalls.

Während die Graphitelektroden einen mit der Temperatur bis etwa 500^0 fallenden Widerstand zeigen, der dann wieder ansteigt, und bei 1200^0 die Größe des Kaltwiderstandes erreicht, ist bei 1800^0 der Widerstand dann 10% höher, als bei Zimmertemperatur. Das bedeutet, daß bei tieferen Temperaturen der Einfluß des Kontaktwiderstandes[1] zwischen den Graphitkörnern, aus denen der Stab besteht, überwiegt, während

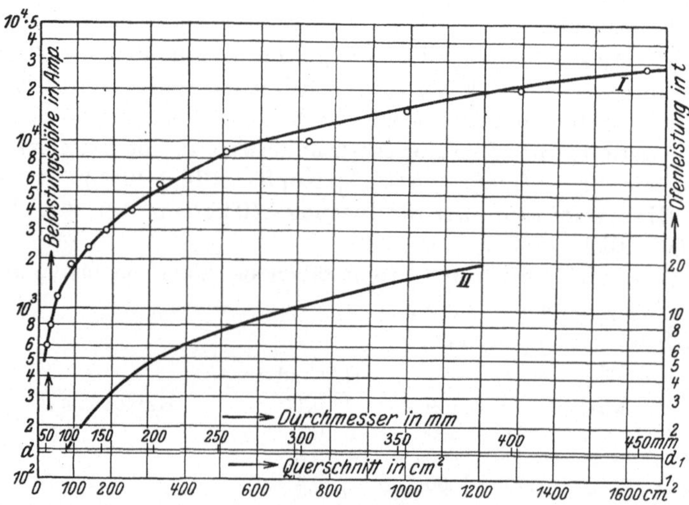

Abb. 3. Belastbarkeit von Graphitelektroden in Ampere in Abhängigkeit vom Querschnitt (*I*) und dazu gehörige Ofenleistung in t (*II*).

bei höheren das Verhalten des Materialwiderstandes immer stärker maßgebend wird.

Eine der wichtigsten Eigenschaften für die technische Verwendung ist die elektrische Belastbarkeit der Elektroden. Die Abb. 3 gibt die Zahlen für Elektroden mit kreisförmigem Querschnitt von 20 bis 450 mm Durchmesser. Diese Zahlen sind nur als roher Anhaltspunkt anzusehen, da die Frage der Belastbarkeit der Elektroden in erster Linie davon abhängig ist, wieweit es im Betriebe gelingt, die Elektroden vor Luftabbrand zu schützen.

Eine merkliche Oxydation des Kohlenstoffes tritt oberhalb 500^0 ein und es ist daher Haupterfordernis, den Luftsauerstoff von den Elektroden fernzuhalten.

Erst in zweiter Linie vermeidet man eine zu hohe Erhitzung der

---

[1] Holm, E. u. R.: Wissenschaftl. Veröff. aus d. Siemens-Konzern. VII, Bd. 2, S. 272—304. 1929.

Elektrographitelektroden aus mechanischen Gründen. Die Bruch- und Zugfestigkeit läßt nämlich bei steigender Temperatur, wie bei allen Körpern, so auch bei Graphit rasch nach. Wo eine mechanische Beanspruchung nicht vorliegt, ist deshalb die elektrische Belastbarkeit des Elektrographits bei Ausschaltung der Oxydation durch Luftzutritt nach oben unbegrenzt (siehe hierzu den Abschnitt Laboratoriumsöfen).

In der nebenstehenden Abb. 4, welche hauptsächlich für den praktischen Elektrotechniker Interesse bieten dürfte, sind die Zusammenhänge zwischen den Übergangswiderständen verschiedener Materialien gegen Graphit bei Auflagedrucken von 0 bis 75 kg/cm² dargestellt. Wie man sieht, ist die Verbindung zwischen

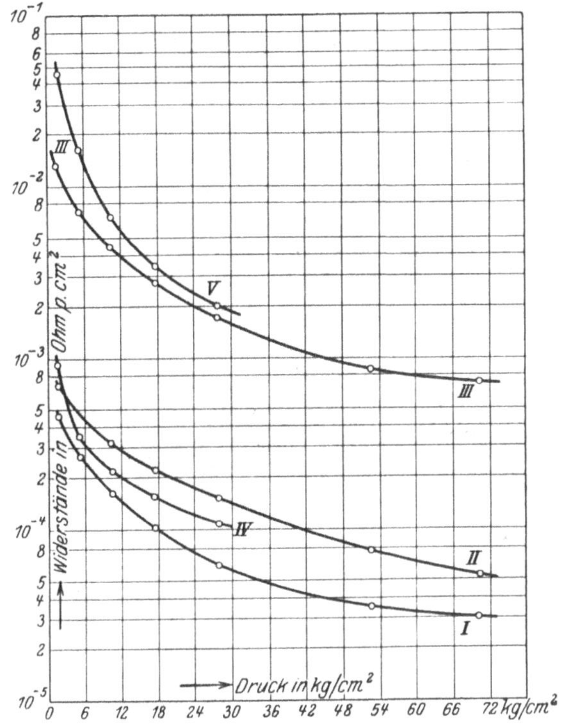

Abb. 4. Übergangswiderstände in Ohm/cm² bei verschiedenen Auflagedrucken für *I* Graphit auf Graphit, *II* Graphit auf Kupfer, *III* Graphit auf Stahl, *IV* Graphit auf Messing, *V* Graphit auf Aluminium.

Graphit und Graphit die günstigste. Das ist auch der Grund, warum man zur Verbindung von Graphitelektroden untereinander zwecks Verlängerung Graphitnippel anwendet, wie sie in Abb. 5 im Schnitt und an der rechten Seite der Abb. 2 zu sehen sind.

D. Anwendungsgebiete und Vorteile des Elektrographits.

Die besonderen Vorteile der Graphitelektroden, die im elektrothermischen Betriebe, vor allen bei der Stahl- und Eisenerzeugung verwendet werden, gegenüber den früher allgemein verwendeten Kohleelektroden sind folgende:

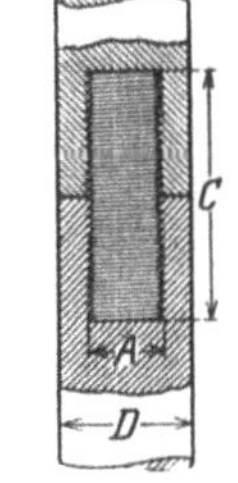

Abb. 5. Graphitnippel.

Die Leitfähigkeit ist 5 bis 10 mal so groß, so daß kleinere Querschnitte verwendet werden können.

Der Abbrand ist wesentlich geringer, die Graphitelektroden können bei gleichem Abbrand um ca. 200⁰ höher erhitzt werden (600⁰ gegen 400⁰).

Graphitelektroden sind trotz ihrer hohen Dichte weich und leicht bearbeitbar, während Kohleelektroden spröde und schwer bearbeitbar sind.

In der Elektrolyse werden die Elektroden in großem Maßstab verwandt. Graphitanoden werden in wäßriger Lösung zwar von starken Säuren ebenso angegriffen wie amorphe Kohle, in chlorhaltigen Flüssigkeiten jedoch und stark alkalischen Elektrolyten sind sie den Kohleelektroden stark überlegen. Sie werden deshalb in großem Maße zur Nickelgewinnung aus Nickelchlorürlösungen und zur Abscheidung des Goldes aus Kaliumgoldzyanidlösungen verwendet, in denen man Kohle nicht verwenden konnte, und eiserne Anoden unliebsame Störungen hervorriefen. Gegen Sauerstoff in wäßriger Lösung ist der Graphit bedeutend widerstandsfähiger als Kohle. Er bildet neben geringen Mengen gasförmig entweichender Kohlensäure (nach 15 stündiger Elektrolyse von Chlornatrium enthielt das Chlor erst 1,8 % CO_2) nur unlösliche Graphitsäure, wodurch eine Verunreinigung des Elektrolyten vermieden wird, während amorphe Kohle durch die Bildung kompliziert zusammengesetzter organischer Verbindungen die bekannte gelb- bis tiefbraune Färbung hervorruft. Daher haben sich Graphitelektroden in der Elektrolyse der Chloralkalien und bei der Herstellung von Bleichflüssigkeiten als höchst wertvoll erwiesen.

Elektrographitpulver findet in den verschiedensten Zweigen der Technik Verwendung. Es seien nur ein paar besonders wichtige aufgezählt: die Fabrikation von Maler- und Anstrichfarben, von Schmelztiegeln für Metalle, von Bleistiften, von Dynamobürsten, von Trockenelementen, von Schmiermitteln.

In Deutschland wird Elektrographit hauptsächlich von den Siemens-Plania-Werken in Lichtenberg hergestellt. Ein Teil des inländischen Bedarfes an Elektrographit wird noch von der Acheson Graphite Compagnie in Niagara Falls U. S. A. gedeckt. Die Weltproduktion an Elektrographit beträgt zur Zeit etwa 20 Millionen kg pro Jahr im Werte von etwa 12 Millionen Mark. Davon werden in Deutschland etwa 30 % verbraucht.

V. Kalziumkarbidanlagen.

Von

R. Gross (Berlin).

Mit 2 Abbildungen.

Die Herstellung von Kalziumkarbid im elektrischen Ofen wird schon seit ca. 35 Jahren industriell betrieben. Die chemische Reaktion verläuft nach der Formel

$$CaO + 3\,C = CaC_2 + CO,$$

d. h. zwei Drittel des Reduktionskohlenstoffes werden zur Bildung des Karbides benötigt, während das letzte Drittel in Form von Kohlenoxyd entweicht und in offener Flamme mit dem Sauerstoff der Luft zu Kohlensäure verbrennt. Die Öfen sind bereits in Abb. 31, S. 34 bildlich dargestellt und bestehen in der Hauptsache aus nach oben offenen, mit feuerfesten Steinen ausgekleideten Kästen, in welche an mehrfachen Flaschenzügen oder Kettengehängen aufgehängt die Elektroden senkrecht in den Ofen hineinragen. Während man früher in der Hauptsache mit Einphasenöfen arbeitete, hat sich im Laufe der letzten 20 Jahre der Drehstrom-Karbidofen das Feld erobert und ist bis zu Größeneinheiten von 30 000 kW herangewachsen. Wenn man bedenkt, daß für die Herstellung von einer Tonne Karbid ca. 3600 kWh erforderlich sind, so kommt man zu der Schlußfolgerung, daß ein solcher Ofen von 30 000 kW Größenordnung im Durchschnitt 200 t 80 proz. Karbid pro Tag und 24 Stunden erzeugt. Gerade im Laufe der letzten Jahre hat die Karbidfabrikation außerordentlich zugenommen, und zwar mit Rücksicht auf die Verwendung des Karbides als Vorprodukt für künstliche Düngemittel, also für die Kalkstickstoffabrikation. Die großen modernen Kalkstickstoffwerke, wie z. B. die Reichsstickstoffwerke in Pisteritz und an der Alz in Bayern, sowie die Stickstoffwerke in Knappsack, arbeiten mit Karbidofeneinheiten in Größenordnungen bis ca. 10 000 kW, die fast durchweg als Drehstromöfen laufen. Die Stromzuführung zu den Öfen geschieht über amorphe Kohlenelektroden, welche in gekühlten Gußeisen- oder Stahlformgußfassungen ruhen und die entsprechend ihrem jeweiligen Abbrand elektromotorisch von Hand aus oder automatisch gesteuert werden. Aber auch selbstbrennende Elektroden, wie Söderbergelektroden, finden gerade für diesen elektrochemischen Produktionszweig weitgehende Anwendung, wenn auch, wie im Kapitel über Elektrodenkohlen bereits erwähnt, neuerdings die Tendenz vorhanden ist, die Söderberg-elektrode wieder durch amorphe Kohleelektroden zu ersetzen und diese amorphen Kohleelektroden bis zu den größtmöglichen Dimensionen als endlose Elektroden bei Verwendung von mechanischen oder mit Druckwasser betriebenen Rutschfassungen auszuführen.

Es war vorher angedeutet, daß die Karbidöfen durchweg als nach oben offene, mit feuerfesten Steinen ausgekleidete eiserne Kästen gebaut werden. Aber in den letzten Jahren ist die Entwicklung dahin gegangen, die Öfen gedeckt oder halbgedeckt auszuführen und für Absaugung der Kohleoxydgase unter ins Augefassung ihrer eventuellen Verwertung für Reduktionen, thermische oder chemische Zwecke, Sorge zu tragen. Während man von der Herstellung völlig gedeckter Öfen ganz abgegangen ist, sind die Versuche mit halbgedeckten Öfen, d. h. mit Öfen mit eingebauten wassergekühlten Abzugkanälen, zum Teil mit Erfolg durchgeführt, jedoch hat bisher eine Absaugung der Gase nicht praktisch durchgeführt werden können. Man hat sich daher damit begnügt, in auf die Kanäle aufgesetzten Rohrstutzen das abziehende Kohleoxydgas in offener Flamme zu Kohlensäure zu verbrennen.

Was die Rohstoffe für die Karbidfabrikation anbelangt, so kommen als solche hauptsächlich Kalk und Kohle in Frage, und zwar ein Kalziumoxyd mit ca. 95% CaO-Gehalt und maximal 1,5% Magnesiumgehalt und Reduktionskohle in Form von Anthrazit, Koks oder einem Anthrazit-Koksgemisch oder auch Holzkohle. Jedenfalls soll die Reduktionskohle nach Möglichkeit einen Aschegehalt von 8 bis 10% nicht überschreiten.

Was die Güte des erzeugten Karbides anbelangt, so wird als handelsübliches Marktprodukt für Beleuchtungszwecke ein Karbid von mindestens 300 l Azetylen pro Kilogramm Karbid, gemessen bei 15⁰ C und 750 mm Barometerstand, verkauft.

Für die Weiterverarbeitung des Karbides auf Kalkstickstoff ist eine so große Gasausbeute nicht nur nicht erforderlich, sondern sogar nicht erwünscht; man begnügt sich mit einem Karbid von durchschnittlich 280 l Azetylen.

Die Ausbeute des Ofens wird heute in praxi für Beleuchtungszwecke mit 6,5 bis 7 kg Karbid pro kW-Tag und 24 Std., für Karbid zur Weiterverarbeitung auf Kalkstickstoff mit 7 bis 7,2 kg pro KW-Tag und 24 Stunden gerechnet.

Als besonders interessant ist auf einen zur Zeit in Frankreich bestehenden Einphasenkarbidofen von Herrn Miguet, Direktor der Société Electrometallurgique de Montricher, hinzuweisen, welcher Ofen charakterisiert ist durch die Verwendung einer Hohlelektrode von ungewöhnlich großem Ausmaß. Abb. 1 gibt eine Ansicht dieses Ofensystems, der in-

sofern als ein moderner Ofen angesprochen werden kann, als für eine
gute Absaugung der Gase Sorge getragen ist und der Ofen durch um den
Ofen herum aufgebaute Silos, deren Auslaufklappen mechanisch gesteuert werden, automatisch gleichmäßig beschickt wird. Die Hohlelektrode selbst wird ebenfalls mit minderwertigem Rohmaterial aufgefüllt.
Um sich eine Vorstellung von der Größenordnung der Hohlelektrode
zu machen, sei gesagt, daß für einen 5000 kW-Ofen eine solche Elektrode

Abb. 1. Einphasenkarbidofen, System Miguet.

einen Außendurchmesser von 2,5 m besitzt. Die Elektrode selbst besteht
aus mehreren Segmenten, die ineinander verzahnt von einem Eisen-
gestell getragen werden und eine Ringbreite von 500 mm besitzen, so
daß der Hohlraum einen Durchmesser von 1,5 m aufweist. Da der Ofen
mit sehr hohen Stromstärken arbeitet, und zwar mit Stromstärken von
125000 A, so ist die Transformatorleistung auf 5 Transformatoren
à 1000 kW mit je 25000 A Stromstärke bei einer Spannung von 40 bis
50 V unterteilt, welche Transformatoren unterhalb des Ofens aufgestellt
sind und parallel auf den Ofen arbeiten. Die Zuleitungen vom Transfor-

mator zum Ofen sind aber kurz, und infolge der geschickten Verlegung der Leitungen mit Rücksicht auf Kompensierung der induktiven Verluste arbeitet der Ofen mit einem cos $\varphi = 0{,}95$.

Bei großen Drehstromöfen ist im Durchschnitt ein Leistungsfaktor von 0,75 bis 0,8 zu erreichen, wobei allerdings ebenfalls Ströme bis zu 100 000 A in Frage kommen, und infolgedessen ist das Problem der Leitungsverlegung ein außerordentlich schwieriges und heikles. Über das Problem dieser Leitungsverlegung ist bereits in der Systematik

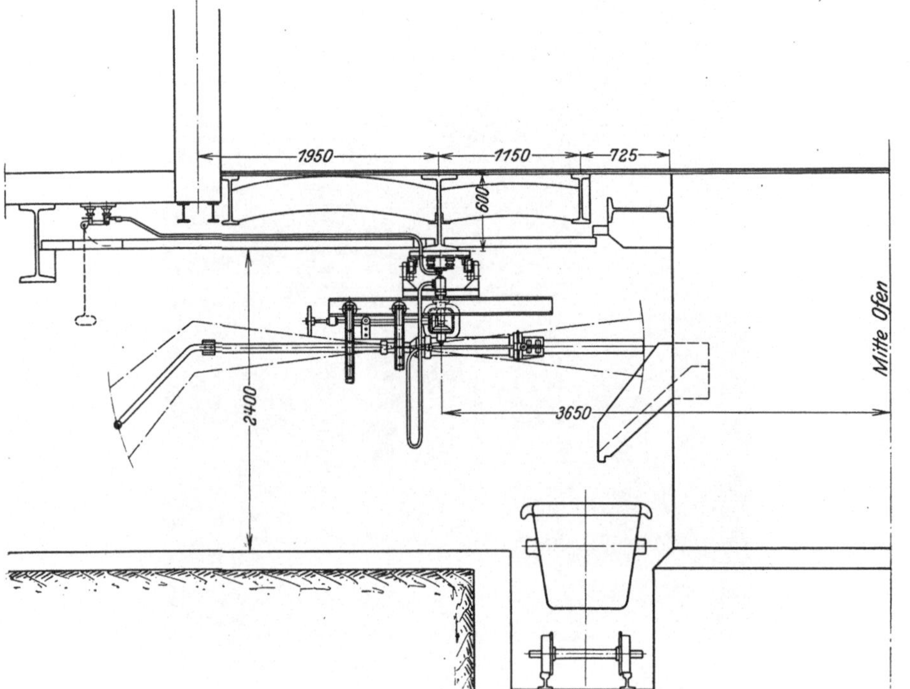

Abb. 2. Elektrische Abstichmaschine für Karbidöfen, System Siemens & Halske.

der Öfen unter dem Kapitel „Ofentransformatoren" Genaueres mitgeteilt und Andeutungen über die Berechnungsweise solcher Leitungen gegeben worden.

Es sei zum Schluß noch darauf hingewiesen, daß Karbidöfen in Größenordnungen von 500 bis 30 000 kW gebaut werden; kleinere Karbidöfen unter 500 kW kommen nur in seltenen Fällen zur Aufstellung, wenn es sich darum handelt, kleinere Wasserkräfte nutzbringend zu verwerten, werden dann aber fast durchweg nur als Einphasenöfen ausgeführt, während man von 500 kW an aufwärts den Ofen im allgemeinen als Drehstromofen aufbaut.

Der Karbidofenbetrieb selbst ist wirtschaftlich nur dann durchführbar, wenn verhältnismäßig billige Kraft zur Verfügung steht und die Kilowattstunde den Preis 1½ bis 2 Pfg. nicht überschreitet. Für die Weiterverarbeitung auf Kalkstickstoff darf aber der Strompreis keineswegs über 1,2 Pfg. gehen, wobei noch zur Voraussetzung gemacht werden muß, daß die Rohmaterialien Kalk und Kohle in der vorher angedeuteten Qualität am Ort der Produktion billig zu haben sind.

Gerade der Karbidofen ist besonders dazu geeignet, Kraftzentralenanlagen als Puffer und Ausgleich für deren Netzbelastung zu dienen, da ja Schwankungen bis zu 40% in bezug auf seine Energieaufnahme, wenn solche über große Zeitintervalle hin ein dauernd gleiches Niveau aufweisen, ohne weiteres zulässig sind.

Es sei noch kurz darauf hingewiesen, daß Karbidöfen nur nach dem Abstichverfahren arbeiten und das früher öfters verwendete Blockverfahren vollständig verschwunden ist, weil es unrentabel war. Man sticht heute das Karbid in flüssiger Form in gußeisernen Pfannen ab, läßt es abkühlen bis zu einer Temperatur von etwa 100^0, schickt es durch Walzen- und Backenbrecher und verleiht ihm auf diese Art die marktübliche Körnung, wobei das jeweilige Marktprodukt durch Sortierung in geeigneten Trommelsieben hergestellt wird. Das Abstichverfahren als solches wird in modernen Anlagen elektrisch betrieben. Eine solche Abstichmaschine zeigt Abb. 2, aus der erkennbar ist, daß sie aus einem Fahrgestell besteht, in welchem nach allen Seiten beweglich gelagert, oberhalb des Abstichloches aufgehängt, eine Elektrodenfassung ruht, welche die zum Abstich nötigen, den Strom übertragenden Elektroden aus amorphen oder graphitierten Kohlen trägt. Man bedient sich hierbei entweder eines besonderen Abstichtransformators oder schließt die Abstichvorrichtung an eine Phase des Ofentransformators an.

VI. Geschmolzener Quarz.

Von

Felix Singer (Berlin).

Mit 32 Abbildungen.

Das Interesse am geschmolzenen Quarz als Werkstoff ist begründet durch seine für sehr viele technische Zwecke besonders günstigen chemischen und physikalischen Eigenschaften. Geschmolzener Quarz gehört zu den anorganischen Stoffen allergrößter Säurewiderstandsfähigkeit; er besitzt den kleinsten Ausdehnungskoeffizienten aller bekannten Materialien und ist hochfeuerfest. So wertvoll diese letzte Eigenschaft den geschmolzenen Quarz auch für zahllose Zwecke macht, so sehr erschwert sie gleichzeitig seine Verarbeitung. Kieselsäure schmilzt bei 1725° C und erst die Erzielung dieser Temperaturen machte die Überführung des Quarzes in seine amorphe Form möglich. Die Kurve (Abbildung 1) veranschaulicht zwar nur ganz schematisch, aber recht anschaulich die Steigerung des Schmelzpunktes von Gläsern in Abhängigkeit vom Kieselsäuregehalt.

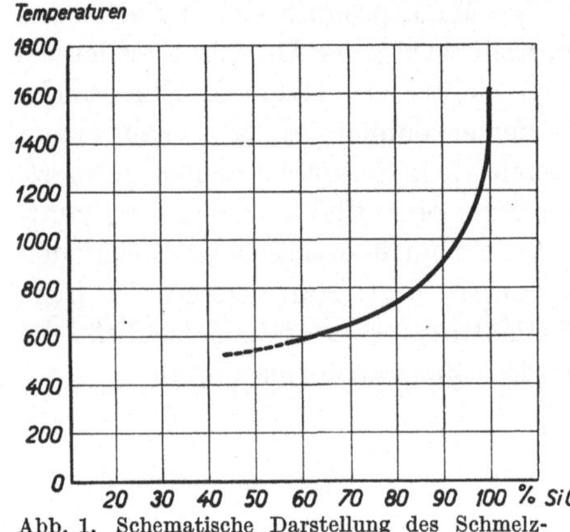

Abb. 1. Schematische Darstellung des Schmelzpunktes von Gläsern in Abhängigkeit vom Kieselsäuregehalt.

Man unterscheidet im Handel hauptsächlich 2 Sorten von „geschmolzenem Quarz", nämlich „Quarzglas" und „Quarzgut". Chemisch und physikalisch sind beide Materialien praktisch identisch. Beide Werkstoffe bestehen aus reiner Kieselsäure in der geschmolzenen, amorphen Form mit allen wissenschaftlichen Merkmalen dieser präzise definierbaren Substanz. Äußerlich unterscheiden sich die beiden Formen durch die völlige Durchsichtigkeit des Quarzglases und die nicht völlige Transparenz des Quarzgutes, das kleine eingeschlossene Gasbläschen aufweist. Im allgemeinen pflegt man Quarzglas aus Bergkristall zu erschmelzen, während reiner Quarzsand das Rohmaterial für Quarzgut darstellt. Die korrekte wissenschaftliche Bezeichnung für beide handelsüblich unterschiedenen Werkstoffe ist „geschmolzene Kieselsäure". Für beide Abarten des amorphen Kieselsäureglases gelten prinzipiell die gleichen Schmelzverfahren, Viskositäts- und Erstarrungserscheinungen, Verarbeitungsgrundsätze usw. Daneben hat jede Ausführungsform noch besondere Handhabungen usw.

Jahrzehntelange Arbeiten und Studien waren notwendig, um aus der ersten Beobachtung des in der Natur als sogenannte „Blitzröhren" (Abb. 2 und 3) vorkommenden Kieselsäureglases eine Industrie entstehen zu lassen.

Mit Hilfe des Knallgasgebläses erschmolz im Jahre 1839 M. Gaudin als erster Bergkristall zu dünnen Fäden und stellte ihre besondere Biegsamkeit fest, sowie die Eigenschaft, nach dem Erkalten die Doppelbrechung zu verlieren und in den amorphen Zustand überzugehen.

Ebenso fand Gaudin, daß Quarzsand sich im Knallgasgebläse schmelzen und zu Fäden ziehen läßt, daß jedoch diese Fäden nicht klar durchsichtig, sondern schneeweiß und perlmutterartig schillernd sind.

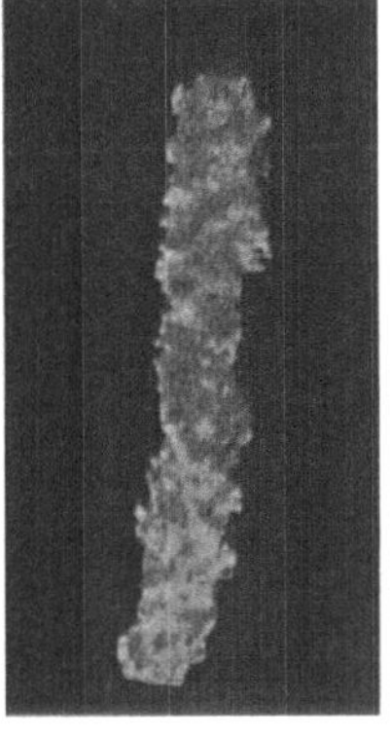

Abb. 2.   Abb. 3.

Abb. 2 u. 3. Blitzröhren.

Zehn Jahre später (1849) sah Despretz bei Untersuchungen über das Schmelzen von Kohlestäben, die er in Quarzsand einbettete, daß sich ein rohrförmiger Körper aus geschmolzenem Quarz um den Kohlestab gebildet hatte. Die gleiche Beobachtung machte 1887 Parsons (England). Mit dieser Zufallsentdeckung wurden beide Vorläufer des ersten in großem Stile ausgewerteten Schmelzverfahrens. In den Jahren 1865 bis 1869 stellte Arm. Gautier Kapillaren, Spiralen und kleine Thermometerkugeln vor dem Gebläse her. Dasselbe Verfahren verfolgten unter gleichzeitiger Feststellung verschiedener Eigenschaften des Erzeugnisses in Frankreich A. Dufour, Villard und H. Lechatelier, der den geringen Ausdehnungskoeffizienten des geschmolzenen Quarzes erkannte. In England waren es C. V. Boys, der feststellte, daß Quarz selbst in einer mit Feuchtigkeit gesättigten Atmosphäre ein guter elektrischer Isolator ist, und W. A. Shenstone; beide haben unter Anwendung des Knallgasgebläses die Erzeugnisse des Quarzglases vervollkommnet.

Im elektrischen Lichtbogenofen schmolz 1893 Moissan erstmalig einige hundert Gramm Quarzsand, größere Mengen von Quarzsand wurden 1899 durch Threlfall in einem Lichtbogenofen von 100 kW geschmolzen.

Shenstone zerkleinerte den Quarz, erhitzte ihn in geeigneten Tiegeln bis zur Rotglut und stellte dann daraus Stangen auf die Weise her, daß er kleine Bruchstücke an ihren Enden schmolz und zusammenpreßte. Die so erhaltenen Stücke zog er zu Fäden bis 1 mm Durchmesser aus, wickelte sie um einen dicken Platindraht und erhitzte so lange, bis diese Fäden zu einem Ganzen, d. h. einem Rohr verschmolzen. Dieses Verfahren war jedoch zu kostspielig und zeitraubend. In Deutschland gelang es erstmalig 1899 der Firma W. C. Heraeus in Hanau, größere Mengen an Bergkristall unter Verwendung von Gefäßen aus reinem Iridium im Knallgasofen zu schmelzen. Eine Zusammenarbeit mit Dr. Siebert und Kühn, Cassel, führte bereits zur Verformung der erschmolzenen Masse zu Kugeln und Hohlgefäßen.

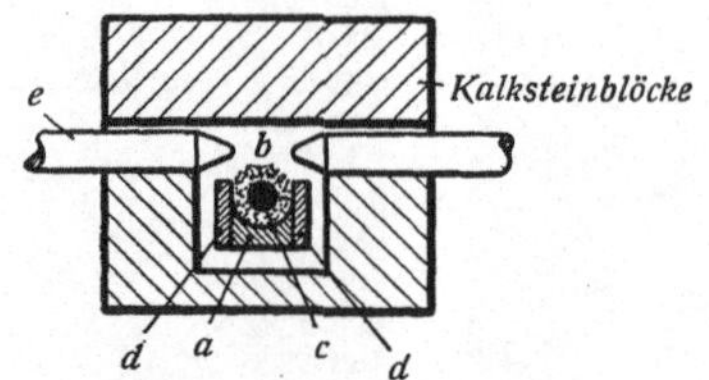

Abb. 4. Elektrischer Lichtbogenofen nach R. S. Hutton.

Der Übergang vom Knallgasgebläse zur elektrischen Erhitzung bedeutet einen der entscheidenden Schritte für die Entwicklung von dem „Kunsthandwerk" des Quarzschmelzens zur industriellen Betätigung. Die Verwendung des elektrischen Lichtbogens war der erste Schritt, die Benutzung des Widerstandsofens der maßgebende Fortschritt.

Im Jahre 1902 zeigte Askenasy, daß man eine Schicht Quarzkörner mittels eines darüber geführten Lichtbogens von ca. 50 A. zu Platten zusammenschmelzen und diese durch Zusammenschweißen an ihren Rändern zu Gefäßen vereinigen kann (D. R. P. 153 503). Praktische Bedeutung hat dieses Verfahren nie erlangt.

W. A. Shenstone machte darauf aufmerksam, daß es bei den Quarzerzeugnissen nicht gerade wie beim reinen Bergkristall auf Klarheit und Durchsichtigkeit ankäme, sondern vielmehr auf die chemischen Eigenschaften des Endproduktes, wie Schwerschmelzbarkeit, Temperaturwechselbeständigkeit und Säurefestigkeit. Diesen Bedingungen entsprechen auch die Erzeugnisse des geschmolzenen, nicht klaren Sandes, also das Quarzgut.

R. S. Hutton ging zum Arbeiten im geschlossenen Ofen über (300 A bei 50V), (Abb. 4). Um einen Kohlestab c herum wurde in einer zwischen den Seitenleisten d befindlichen Rille a Quarz oder Sand b gelagert. Die Rinne wurde während des Prozesses bis zur Verschmelzung der ganzen Füllung im rechten Winkel zu dem Lichtbogen verschoben.

Das erhaltene Quarzgut löste sich leicht von der Kohleunterlage ab. Aber auch dieses Verfahren zeigte keine wirtschaftlichen Erfolge; es fand keinen Eingang in die Industrie.

Den Lichtbogenofen verwendeten ebenfalls Lake, der Österreichische Verein für chemische und metallurgische Produktion u. a. m.; doch haben deren Verfahren eine praktische Bedeutung nicht erlangt.

Da das im elektrischen Lichtbogenofen erschmolzene Material sehr schnell wieder erstarrte, suchte man nach anderen Heizquellen, um ein gleichmäßig durchschmolzenes und nach der Entfernung der Wärmequelle noch leicht verformbares Erzeugnis zu erhalten.

Die Deutsche Gold- und Silberscheideanstalt, vorm. Roeßler in Frankfurt a. M. schlug im Jahre 1899 in ihrem D. R. P. 113817 vor, als Gußform elektrisch leitende, gleichzeitig als Heizwiderstand fungierende Kohle zu benutzen. Der Vorteil dieses Verfahrens liegt darin, daß sich das geschmolzene Material an den Formkern anschmiegt und somit bereits im Ofen während des Schmelzens geformt werden kann.

In demselben Sinne arbeitete im Jahre 1904 E. Thomson (A. P. 778286). Ein Kohlestab oder -körper a (Abb. 5), der den Umrissen des herzustellenden Gegenstandes entspricht, wird mit Quarzsand, der vorher auch schon geschmolzen und pulverisiert worden sein kann, umgeben. Beim Durchschicken des Stromes durch die Zuführungen b und c gelangt der Sand durch die bis zur Weißglut erhitzten Kohlen zum Schmelzen und paßt sich vollständig der Form des Kernes an. Nach dem Glühen wird die Kohlestange mit dem geschmolzenen Quarz, wie Abb. 5B zeigt, herausgezogen. Der Schmelzüberzug haftet meist nicht an und kann entfernt werden, so daß das Rohr, Abb. 5C, zurückbleibt. Will man ein gebogenes Rohr haben, so muß der Kern auch eine solche Form haben, Abb. 5D. Der Kohlekern kann dann herausgebrannt werden. Das Äußere des Rohres ist mehr oder weniger körniger Natur und hängt von der Feinheit der verwendeten Körnchen ab; durch Erhitzen im elektrischen Lichtbogen kann es von einem Ende zum anderen geglättet werden.

Soll das Rohr einen größeren Durchmesser aufweisen, dann wird der Heizkern als Rohr ausgebildet, Abb. 5E, und zum Entweichen der während des Prozesses entstehenden Gase mit Löchern versehen.

Wird eine Platte oder Tafel verlangt, so bildet man den Heizkern zu einer durchlöcherten Platte d (in Abb. 5F) aus. Diese wird von zwei schweren Endsteinen e und f begrenzt. Man legt eine Schicht der Körnchen auf und schmilzt. Nach Abkühlung wird die äußere Seite, die oft noch ungeschmolzenen Quarz aufweist, mit dem elektrischen Lichtbogen weiter behandelt.

Der Kern kann aber auch vertikal angeordnet sein (Abb. 5J).
Sollen Tafeln mit verschiedenen parallel verlaufenden Öffnungen

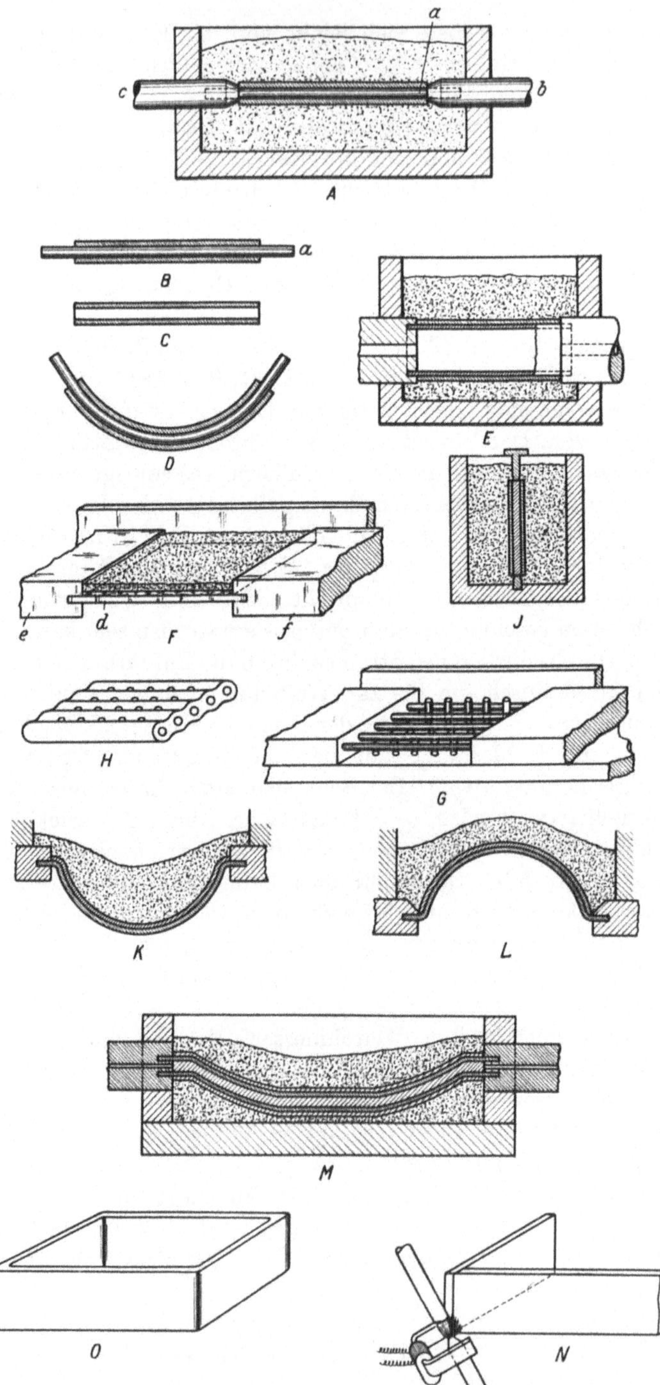

Abb. 5, *A* bis *O*. Erschmelzung von Quarz nach E. Thomson. A. P. 778286.

hergestellt werden (Abb. 5*H*), so bedient man sich einer aus mehreren Kohlestäben bestehenden Heizvorrichtung (Abb. 5*G*). Der aus Kohle bestehende Heizleiter wird nach unten oder oben gebogen, wenn die Schmelzung gebogene Platten oder Schalen ergeben soll (Abb. 5*K* und 5*L*). Der Kern muß nach der Formgebung herausgebrannt werden. Abb. 5*M* stellt eine Anordnung mehrerer Heizplatten dar. Schalen werden durch Zusammenschmelzen mehrerer Platten mit einem Lichtbogen angefertigt (Abb. 5*O* und 5*N*).

Eine Fortentwicklung dieses Verfahrens wird durch das A.P. 1546266 veranschaulicht. E. Thomson und H. L. Watson stellen nach ihm Gegenstände unregelmäßiger Form, wie z. B. Isolatoren mit Aushöhlungen und Erhebungen, her. Abb. 6*A* und 6*B* stellen einen Längs- und Querschnitt eines Ofens dar, der aus einem Gehäuse aus geeignetem feuerfestem Material besteht, und zwar aus einer äußeren Wand *a* und einer inneren Mauer *b*, deren Zwischenschicht *c* wärmeisolierendes Material ist. An der inneren Wand befindet sich, serienweise angeordnet, der aus mehreren Kohlestäben bestehende elektrische Widerstand *d*;

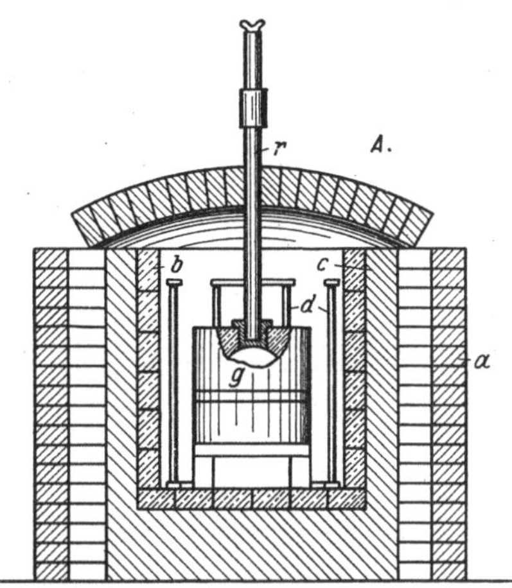

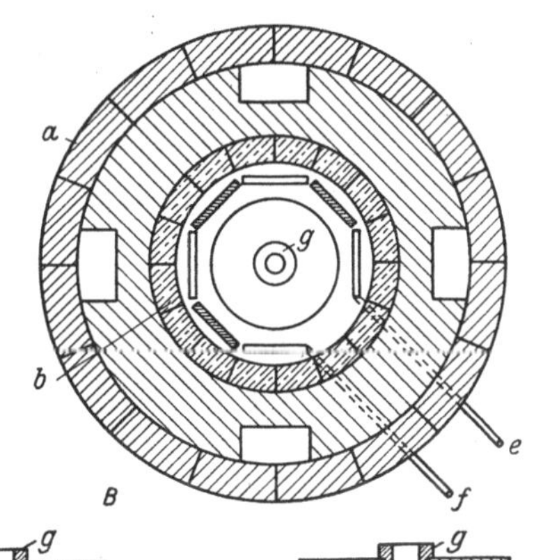

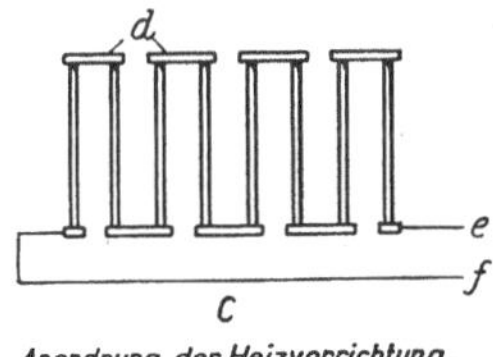

Abb. 6, *A* bis *E*. Erschmelzung von Quarz und Herstellung von Isolatoren nach E. Thompson. A. P. 1546266.

mit ihm verbunden sind die elektrischen Konduktoren *e* und *f*. In die im Heizraum befindliche, ebenfalls aus Kohlematerial bestehende Form *g* werden gepulverte Kieselsäureteilchen gefüllt. In den Abb. 6*D* und 6*E* sind Formen für die Herstellung von Kettenisolatoren wiedergegeben.

h und i sind Durchgänge, die von den Kohleteilen k und l und m und n gebildet werden, wobei letztere in einem keilförmigen Schlüsselglied p ihre Stütze finden. Einen Teil der oberen Form bildet das Rohr g, in das ein Pyrometerrohr r hineingebracht wird.

Die in die Form g eingefüllten Kieselsäureteilchen, die so zerkleinert sind, daß sie durch ein Zwanzigmaschensieb hindurchgehen, werden auf 1750^0 erhitzt. Die Wärme muß genau reguliert werden, um eine Überhitzung und damit eine Verdampfung der Masse zu vermeiden. Das Füllgut wird weich, und die Teilchen verschmelzen miteinander, behalten aber die ursprüngliche Form der Masse bei. Findet ein Übergang aus dem

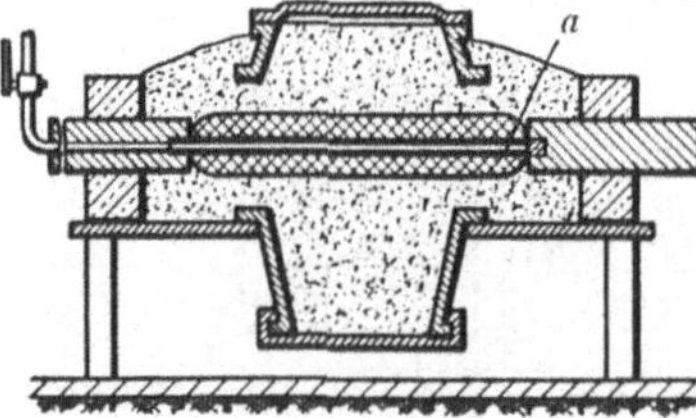
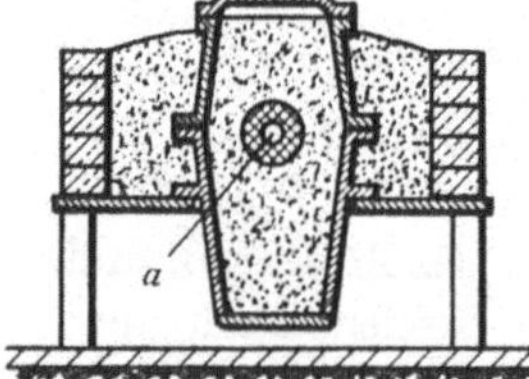
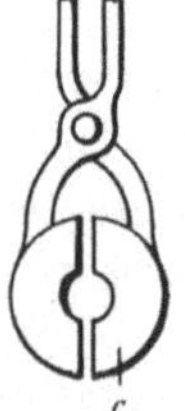

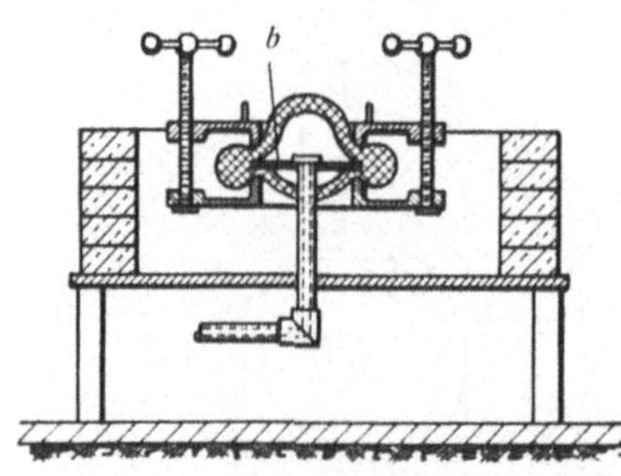

Abb. 7. Schmelzverfahren nach Bottomley, Hutton und Paget. D.R.P. 169958.

kristallinen Zustand in den glasigen statt, dann tritt eine Ausdehnung ein, die Gase entweichen, und die Masse erfährt wiederum eine Schwindung. Bei dem langsamen Schmelzvorgang wird ein relativ großer Plastizitätsbereich durchlaufen; die Erweichung findet daher allmählich statt. Das Enderzeugnis hat ein weiches glasiges Aussehen und weist bei mikroskopischer Betrachtung unzählige kleine Hohlräume auf, die durch Gaseinschlüsse entstanden sind. Die Oberfläche ist jedoch glatt, nicht porös und daher auch nicht durchlässig für Flüssigkeiten und Gase.

Das nach diesem Verfahren hergestellte Erzeugnis behält im wesentlichen die ursprüngliche Form bei, da seine Dichte mit der Erhitzung stark abnimmt; sie beträgt ca. 1,9 bis 2,0.

J. Fr. Bottomley, R. S. Hutton und A. Paget sind die eigentlichen Pioniere der Quarzgutindustrie; sie sind die Schöpfer technischer Verfahren durch ihr endgültiges Verlassen des Lichtbogensofens und die Einführung industriell brauchbarer Widerstandsöfen. Ihr Verfahren zum Blasen von Quarzglasgegenständen gemäß D. R. P. 169958, ist der maßgebliche Vorläufer der heute benutzten, von den gleichen Erfindern stammenden Methoden. Nach diesem Verfahren (Abb. 7) wird der Quarzglasrohstoff auf einer gelochten Platte b oder um einen gelochten stabförmigen Kern *a* durch einen Strom von ca. 1200 A und ca. 17 V liegend geschmolzen. Hierauf wird die erweichte Masse durch einen Rahmen an die Platte oder durch geeignete Kneifzangen (*c*) an zwei Stellen an den Kern fest angedrückt und zwischen die Platte (oder den Kern) und die erweichte Masse Preßluft durch die Lochungen der Platte oder des Kernes eingeblasen. Die Preßluft treibt die auf der Platte liegende Schmelze innerhalb des durch den Rahmen gegebenen Umrisses zu einem Hohlkörper auf, oder die um den stabförmigen Kern liegende Schmelze zu einem den Kern umgebenden, an den Enden am Stabe anliegenden Hohlkörper. Die Verformung wird also im Ofen selbst vorgenommen, um die Schmelze nicht beim Herausnehmen aus dem Ofen erstarren zu lassen.

Einen wesentlichen Schritt weiter gingen die gleichen Erfinder mit ihrem elektrischen Ofen zur Erzeugung von Quarzglaszylindern, gemäß dem D. R. P. 170234. Bottomley und Paget konstruierten eine heute noch mit Vorteil benutzte Ofeneinrichtung, die ein müheloses Ablösen der geschmolzenen Masse vor seiner Erstarrung von dem als Heizkörper dienenden Kern gestattet, so daß sie außerhalb des Ofens durch geeignete Vorrichtungen beliebig geformt werden kann (Abb. 8).

Als Heizung dient eine Graphit- oder Kohlestange *a*, die mit einer der Elektroden *b* fest verbunden, von der anderen aber lösbar ist. Um diese wird das Rohmaterial *c* in dem Trog geschichtet. Ein Strom von 1000 A und 15 V bewirkt in dem langsam gedrehten Ofen durch Erhitzung des Kernes die Schmelzung. Ist diese vollendet, dann wird der Graphitkern mit der Elektrode, in die er eingeschraubt ist, herausgezogen. Soll die Lockerung des Heizkernes von der Schmelzmasse erleichtert werden, so führt man durch im Heizkern befindliche Löcher Gas oder Luft zu, so daß sich zwischen beiden eine Gasschicht bildet. Die Drehung des Behälters kann zwecks gleichmäßiger Erhitzung der Quarzglasmasse um seine Längs- wie um seine Querachse stattfinden. Die Schmelzung kann so reguliert werden, daß sie vor dem Weichwerden der äußeren, an der Behälterwand anliegenden Schicht beendet wird, daß also die äußere Schicht noch starr ist.

Hierdurch war das Problem der fabrikatorischen Erzeugung von geschmolzenem Quarz grundsätzlich gelöst. Schmelzung und Formgebung mußten nicht sofort hintereinander im Ofen ausgeführt werden. Notwendig war aber noch ein Verfahren, das ermöglichte, geschmolzene Kieselsäuremassen in einem gewissen Zeitabschnitt nach erfolgter Schmelzung zu verarbeiten, d. h. das Arbeitsintervall zu vergrößern und dadurch die an sich sehr schwierigen Formgebungsmöglichkeiten zu erweitern. Diese Aufgabe wurde durch das D. R. P. 174509 glänzend gelöst. Dieses Verfahren des J. Franc. Bottomley und Arth. Paget gründet sich auf der besonderen Erkenntnis, daß ein geschmolzener

Quarzkörper, unmittelbar nachdem er dem Ofen entnommen ist, unter
Wegfall des Wiedererhitzens gezogen, geblasen oder sonstwie ausgedehnt
werden kann, auch wenn er schon äußerlich erstarrt ist. Es ist nur notwendig, den mit dem Fortgang der Erstarrung dauernd wachsenden

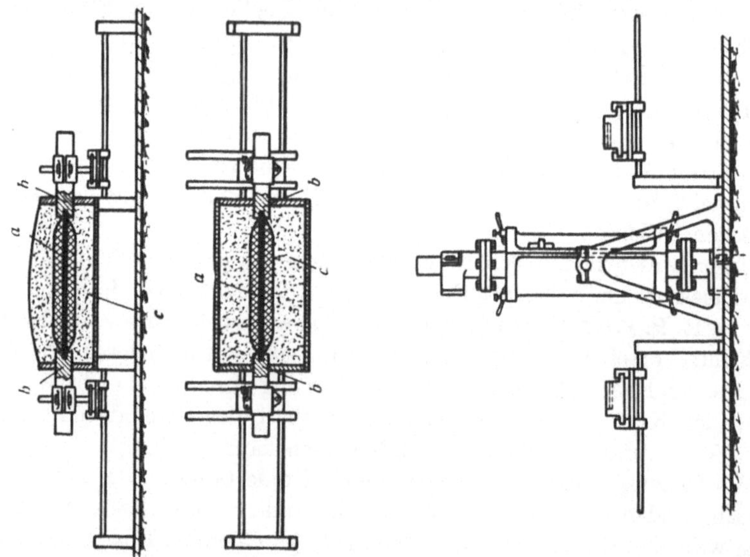

Widerstand mechanisch zu überwinden. Die
im elektrischen Ofen nach dem D. R. P. 170234
geschmolzene, noch teigige Masse wird sofort
in eine bereitgestellte Form (Abb. 9) gebracht, wobei die Preßluftdüse v der Zange u
in eines der Enden des bildsamen Glaszylin-
ders y eingesteckt und die plastische Masse
mittels Zangenbacken ringsum angepreßt
wird. Gleichzeitig wird das andere Ende des
Zylinders durch eine andere Zange von geeigneter Form durch Zusammendrücken geschlossen. Durch das Rohr w wird Preßluft
eingeblasen, die die bildsame Masse zwingt,
sich der Form x, die aus gegen hohe Temperaturen beständigen Stoffen bestehen muß,
in allen Teilen anzuschmiegen. In Abb. 9A

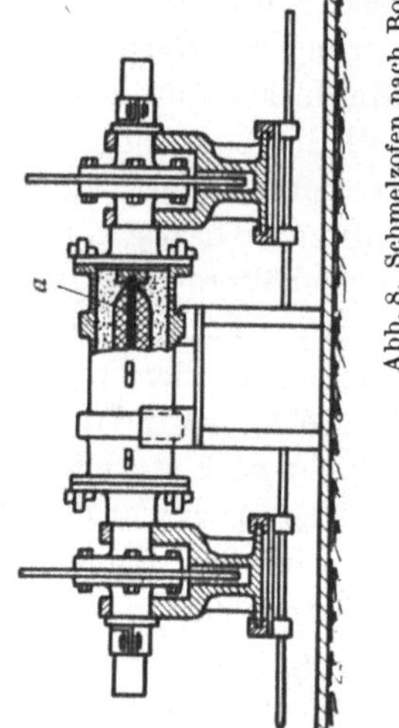

Abb. 8. Schmelzofen nach Bottomley u. Paget. D.R.P. 170234.

ist der Zylinder an einem Ende geschlossen und in Abb. 9B ist die
Masse der Form x entsprechend bereits aufgeblasen. Auf diese Weise
stellt man Schalen, Kolben, Muffenrohre und Kästen her.

Eine Variation dieses Verfahrens ist das D. R. P. 445763 von Ludwig Pfannenschmidt, der flächenförmige Gegenstände dadurch herstellt, daß statt des bisher allein verwendeten stabförmigen elektrischen Heizwiderstandes analog dem E. Thomsonschen Patente A. P. 778 286 vom Jahre 1904 mehrere elektrische Heizwiderstände gleichzeitig verwendet werden. Sie bilden dann eine Reihe von röhrenförmigen, zusammengeschmolzenen Schmelzlingen, die durch Druck zu einem massiven, flächenhaften Körper zusammengepreßt werden können. (Abb. 9a.)

W. Vogel erschmilzt die Quarzmasse (D. R. P. 209 241) in einem elektrischen Ofen „durch unmittelbare Widerstandserhitzung in Gefäßen aus Leitern zweiter Klasse, mit welchen ein Leiter erster Klasse als Vorwärmer in Verbindung gebracht ist, dadurch gekennzeichnet, daß die der Quarzschmelze zugewendeten Oberflächenteile des Ofens aus einer Lanthanoxyd-Zirkonoxyd-Thoroxyd-Mischung bestehen".

Eine Verbesserung dieses Verfahrens bringt das D. R. P. 246179 des O. Vogel, der zwecks

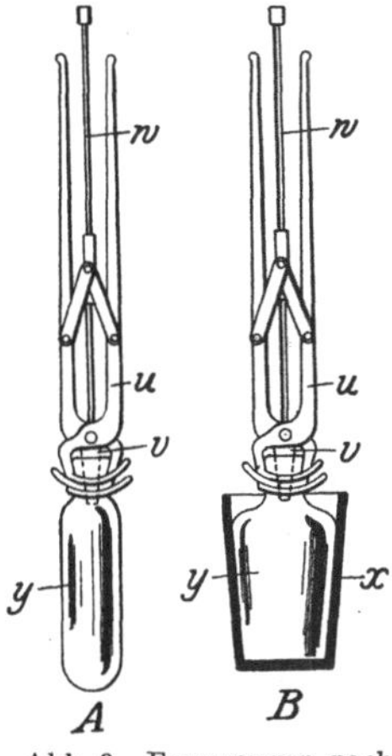

Abb. 9. Formzangen nach Bottomley und Paget. D.R.P. 174 509.

Vermehrung des Heizwertes und des Wirkungskreises des Ofens, zu der die innere Auskleidung des Schmelzschachtes und des Sammelgefäßes bildenden Mischung noch Scandiumoxyd, Samariumoxyd, Yttriumoxyd und Ytterbiumoxyd zusetzt.

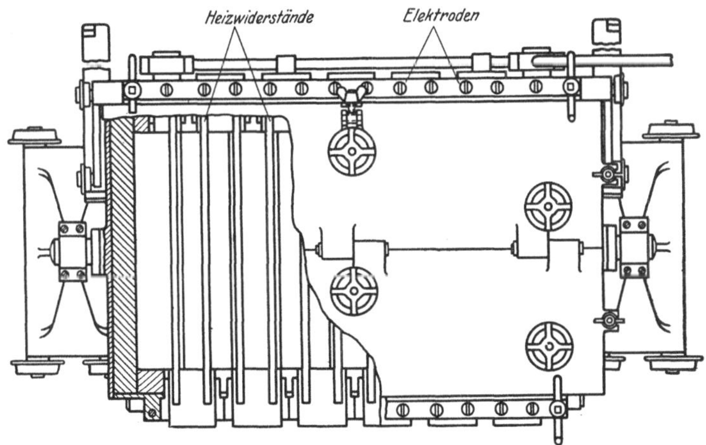

Abb. 9a. Erschmelzen flächenhafter Gegenstände. D.R.P. 445763.

Lange Rohre werden ohne Anwendung von Formen unter stetigem Aufblasen frei in der Luft gezogen. Der Art des Schmelzvorganges entsprechend ist das Rohr an seiner Innenwandung vollkommen glatt und glasig, an der Außenseite aber wegen des Temperaturabfalles rauh und weist zahllose, ganz kleine Luftblasen auf. Dadurch erhält man ein undurchsichtiges und nur noch schwach durchscheinendes Erzeugnis, das als Quarzgut unter dem Namen „Vitreosil" in den Handel kommt.

Der bei diesem Verfahren verwandte Quarz muß einen Kieselsäuregehalt von mindestens 99,7% besitzen und darf keine störenden und schädlichen Verunreinigungen enthalten. Ferner dürfen die Heizwiderstände keine Aschenbestandteile an die zu schmelzende Masse abgeben.

Für die Vorgänge während des Schmelzens gibt E. Thomson folgende Erklärung (Abb. 10):

Bei der Erhitzung des mit Sand umgebenen Widerstandes bilden sich Gase, die den geschmolzenen Quarz von der heißen Kernform abdrängen. Während er eine derartige Gasschicht durch Abführungslöcher unschädlich zu machen suchte, begünstigten und verwendeten sie Bottomley und Paget zielbewußt, da sich dann die geschmolzene Masse leichter vom Heizwiderstand entfernen läßt. In Abb. 10a umgibt die Masse den Heizkern. In Abb. 10b ist zwischen dem Heizkern und der teigigen Masse eine normale Gasschicht gelagert, und in Abb. 10c ist ein teilweiser Verflüssigungszustand und eine ungleichmäßige wellige Innenfläche des Schmelzproduktes

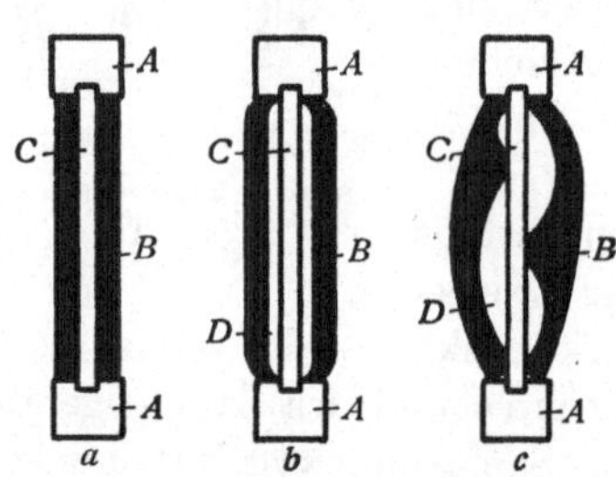

Abb. 10. Schmelzvorgang am elektrischen Heizwiderstand nach E. Thomson.

A Elektrode, B Geschmolzene Quarzmasse, C Heizstab, D Gasschicht.

wiedergegeben, die durch Überhitzung entstanden ist.

P. Askenasy erklärt den Vorgang des Schmelzens und Aufblähens folgendermaßen:

Durch die Erhitzung des Kohlekerns auf die außerordentlich hohen Temperaturen kommt der ihm benachbarte Quarz zum Schmelzen, und die anliegenden Quarzkörner sintern zu einem porösen Rohr zusammen. Durch die zwischen der Schmelze und dem Kern auftretende Reaktion wird Kohlenoxyd entwickelt, das durch die Öffnungen des porösen Rohres noch entweichen kann. Ebenfalls gelangt die verdampfte und sublimierte Kieselsäure durch die Poren bis in die weiter nach außen gelegenen Teile der Quarzglasmasse. Sie verengen dadurch allmählich die inneren und äußeren kapillaren Zwischenräume und führen eine beträchtliche Wärmemenge mit sich fort, die sie auf die äußere Schicht der Hülle übertragen. Sind die Kapillargänge verstopft, dann hört die Destillation der Kieselsäure von innen nach außen auf, auch das Kohlenoxyd kann nicht mehr entweichen und bläht die Quarzglasmasse vom Heizkern ab, und die Wärmeübertragung geschieht vom Kern aus jetzt noch durch Strahlung.

Auf die im ersten Jahrzehnt dieses Jahrhunderts entwickelten Schmelzverfahren von Quarzsand im elektrischen Widerstandsofen folgte eine rasche industrielle Auswertung. Rohre und Geräte aus Quarzgut fanden bald, vor allen Dingen in der chemischen Industrie, immer steigenden Absatz; die Fabrikationsverfahren paßten sich dem steigenden Absatz an. Als gegen Ende des zweiten Jahrzehnts der Hochfrequenz-Induktionsofen in der Metallindustrie Eingang fand, wurde dies Verfahren, welches dem Widerstandsofen gegenüber eine Reihe von Vorteilen bot, auch von der quarzverarbeitenden Industrie aufgenommen. Das französische Patent Nr. 585213 (Abb. 11) der S. A. Quartz et Silice ist als grundlegend für die Verwendung des Hochfrequenz-Induktionsofens für Schmelzen von Quarzgut zu bezeichnen. Quarzsand wird, wenn es sich um die Erzeugung von Hohlkörpern handelt, um einen in den Sand eingebetteten Kohle- oder Graphitkern geschmolzen, der der Innenform des gewünschten Hohlkörpers entspricht und in bekannter Weise durch das Wirbelstromfeld einer Hochfrequenzspule beheizt wird. Ebenso kann dies Verfahren zur Erhitzung eines Rohrtiegels aus Kohle oder Graphit benutzt

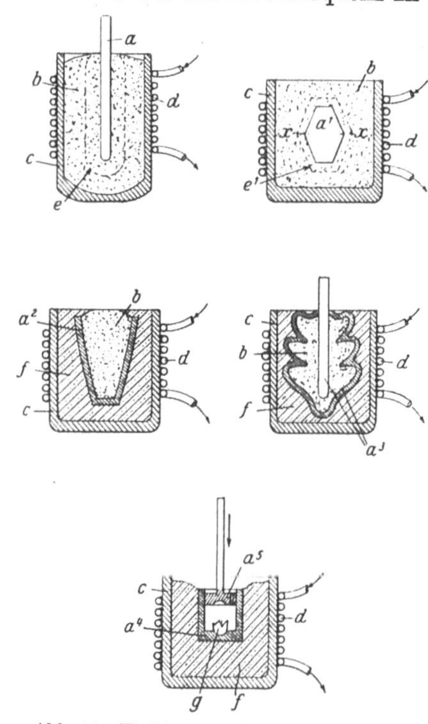

Abb. 11. Hochfrequenz-Induktionsofen der S. A. Quartz & Silice, Paris. F.P. 585213.

werden, der mit dem zu schmelzenden Quarzsand gefüllt wird.

Das Patent 585214 der S. A. Quartz et Silice (Abb. 12) zeigt die Anwendung des Hochfrequenz-Induktionsofens für das Schmelzen von Rohren. Hierbei wird durch Wärmeabgabe eines durch Induktion beheizten Kohlerohres der im Innern befindliche Quarzsand bis zum Erreichen des plastischen Zustandes geschmolzen und anschließend durch eine im Boden des Rohres angeordnete Düse unter Anwendung von Preßluft oder eines anderen geeigneten Druckmittels herausgepreßt.

Das Hochfrequenz-Schmelzverfahren wurde von der Anmelderin der beiden vorstehenden Patente in den letzten Jahren weiter ausgebaut (vgl. französisches Patent 626432, Abb. 13). Fig. 1 und 2 zeigen das Verdicken eines Rohrendes durch Widerstands- oder Hochfrequenzschmelzung, Fig. 3 das Schließen eines Rohres, Fig. 4 das Zusammenschmelzen zweier Rohre, Fig. 5 das Verstärken eines Rohres, Fig. 6 das kontinuierliche Ziehen von Rohren großen Durchmessers.

Vor allen Dingen wurde es durch die Anwendung des Hochfrequenz-Induktionsofens möglich, Rohre mit innen und außen glatter, durchgeschmolzener Oberfläche in größeren Längen zu ziehen, wobei nach französischem Patent Nr. 629453 auch die anfänglich angewandte Preßluft in Verbindung mit Handarbeit durch maschinelle Vorrichtungen ersetzt wird, so daß von einer automatischen Rohrziehmaschine gesprochen werden kann.

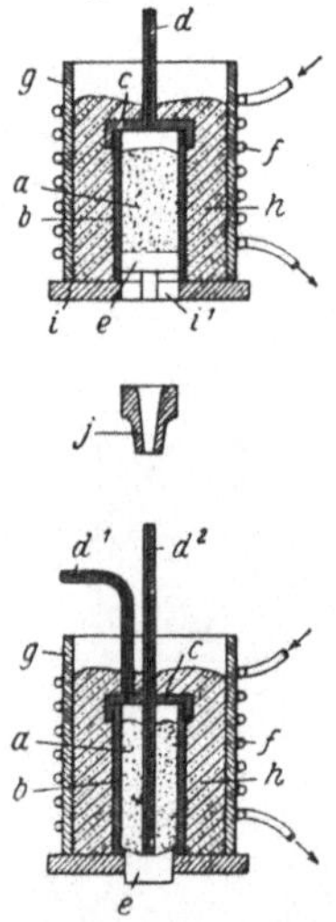

Auch die Anwender des klassischen Widerstand-Schmelzverfahrens sind in der Zwischenzeit zu einem Verfahren gelangt, mit welchem Rohre und beliebige Profile gezogen werden können. Dieser Rohrziehofen ähnelt in seinem Aufbau dem Hochfrequenz-Induktions-Rohrziehofen, unterscheidet sich von diesem jedoch vor allem dadurch, daß das Rohr als Widerstand direkt beheizt wird. In diesem Widerstands-Rohrziehofen werden normale starkwandige, im bekannten Widerstandsofen um einen Kohle- oder Graphitstab erschmolzene Quarzrohre bis zur Erweichungstemperatur erhitzt und gleichzeitig ausgezogen.

Das Bestreben aller Hersteller von geschmolzenem Quarz geht heute dahin, durch geeignete Wärmebehandlung die Plastizität des geschmolzenen Materials so weit zu erhöhen, daß die bekannten Glasbearbeitungs-

Abb. 12.
Hochfrequenz-Induktionsofen der S. A. Quartz & Silice, Paris. F. P. 585214.

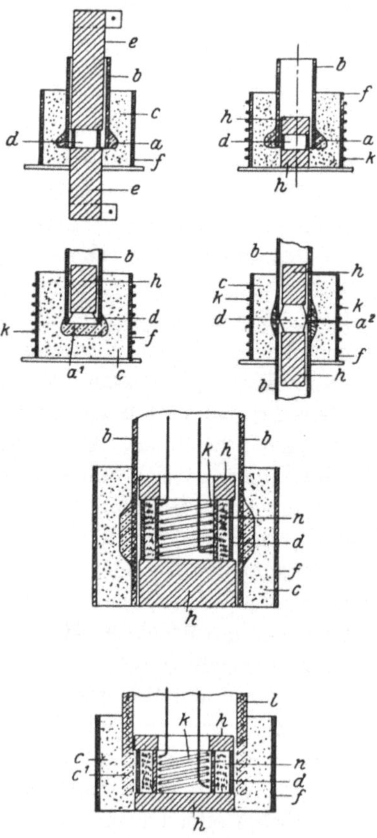
Abb. 13. Hochfrequenz-Induktionsofen der S. A. Quartz & Silice, Paris. F. P. 626432.

verfahren mit den Abwandlungen, die durch die weit höheren Bearbeitungstemperaturen des geschmolzenen Quarzes nötig sind, auf dieses spröde Material angewandt werden können.

Neben der weiter oben geschilderten Bearbeitung des erschmolzenen Materials durch Aufblasen mit Preßluft in Formen und dem Ziehen von Rohren wird geschmolzener Quarz neuerdings gepreßt, gewalzt und gestanzt. Daß daneben die mechanische Nachbearbeitung durch Drehen und Schleifen immer weiter vervollkommnet wird, erklärt sich aus den Anforderungen der Verbraucher an hohe Maßgenauigkeit. Als Beispiel, wie weit heute die Bearbeitung von geschmolzenem Quarz mechanisiert sei, ist das Schema einer voll-automatischen Maschine zur Herstellung von Lampenzylindern aus geschmolzenem Quarz angeführt (Abb. 14 F. P. 620 976). In dieser Maschine wird ein Quarzrohr abschnittweise bis zum Erreichen der Plastizität geheizt, anschließend abschnittweise in eine Form eingeführt, zu einer Lampenglocke aufgeblasen und abgeschnitten. Der Vorgang wiederholt sich automatisch, bis das ganze eingesetzte Rohr zu Glocken verarbeitet ist.

Die vorstehend geschilderten modernen Verfahren der Weiterbearbeitung können in gleicher Weise auf Quarzglas und Quarzgut angewandt werden, wobei Quarzgut aus Quarzsand, Quarzglas im allgemeinen aus hexagonal kristallisiertem Quarz (Bergkristall) erschmolzen wird.

War das Problem der Quarzschmelzung so weit gelöst, daß man ein gutes Schmelzverfahren erzielt hatte, so bereitete noch die Läuterung der Schmelze Schwierigkeiten, d. h. die Entfernung der Gasblasen aus dem Schmelzfluß, die sich infolge der Zähflüssigkeit der Kieselsäure in geschmolzenem Zustande unmöglich gestaltete. Die Beseitigung dieses Übelstandes durch Erhöhung der Temperatur, um das Ganze dünnflüssiger zu gestalten, war wohl bei gewöhnlichen Gläsern anzuwenden, ließ sich jedoch nicht ohne weiteres auf Kieselsäure übertragen, da diese bei einer dazu erforderlichen beträchtlichen Temperatursteigerung bereits stark verdampft, weil Schmelz- und Verdampfungstemperatur dicht beieinander liegen.

Am interessantesten sind die Vorschläge von H. Helberger, der nach seinem D. R. P. 310 134 die Läuterung durch ein Vakuumkompressionsverfahren zu erreichen versucht, indem er das Schmelzen im Vakuum und unter Druck ausführt.

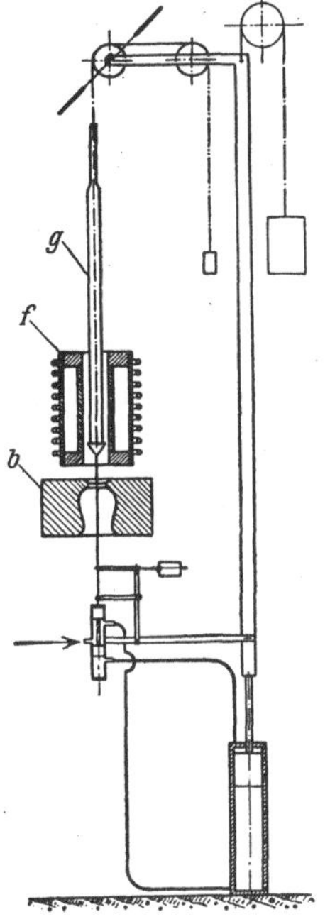

Abb. 14. Schema einer Gasglocken-Blasemaschine

In einem aus Siliziumkarbid bestehenden oder silizierten Einsatztiegel wird zerkleinerter Quarz im Vakuum zum Schmelzen gebracht. Die Pumpe arbeitet während des ganzen Vorganges, um die sich bildenden Gase abzusaugen. Dadurch findet ein Zerfließen der einzelnen Quarzteilchen ohne neue Lufteinschlüsse statt. Ist die Masse geschmolzen, so läßt man ohne Unterbrechung der Heizung gepreßtes Gas, z. B. CO_2, in denselben Raum einströmen bis ein Druck von ca. 20 Atmosphären erreicht ist. Durch diesen Überdruck sollen die Gasbläschen, die in der Masse noch enthalten sind, während des Schmelzens in ihrer Ausdehnung auf einen minimalen Raum, den sie bei gewöhnlicher Temperatur einnehmen würden, beschränkt werden, so daß in ihm beim Erkalten der Masse kein Unterdruck entstehen kann, der starke Spannungen in dem umgebenden Quarzglase und ein ungleiches Lichtbrechungsvermögen zur Folge haben würde. Man muß jedoch darauf achten, daß auch der Überdruck nicht zu stark ist. Helberger gibt den Stromverbrauch nach 35 zu je 500 g ausgeführten Schmelzungen folgendermaßen an: er betrug 884 kWh, also bei einer Schmelze 25 kWh und für 1 kg Quarzgut 50 kWh.

Ein weiterer Vorschlag stammt von der British Thomson Houston Company, Ltd., in London, die gemäß dem englischen Patent 252747 (1926) glasigen oder geschmolzenen Quarz als homogene, klare Masse ohne Luftblasen und Verunreinigungen herstellt. Die glasige Masse, die gewöhnlich Luftblasen enthält, die sich wegen der Zähigkeit der Schmelze nur schwer entfernen lassen, würde sich bei zu starker Erhitzung verflüchtigen. Die Läuterung wird aus diesem Grunde durch Zentrifugieren bewirkt (Abb. 15).

Das aus Bruchstücken von Quarz oder Bergkristall bestehende Rohmaterial wird im Tiegel *a*, der mit wärmeisolierendem Material umgeben ist, durch den Induktionsheizer *b* und den aus Wolfram oder Molybdän bestehenden Heizdraht *c* auf eine Temperatur von 1650⁰ bis 1700⁰ C gebracht. Die Primärwindung *d* ist aus Kupferdrahtwindungen zusammengesetzt. Ist die Schmelzung eingetreten, dann setzt man den Apparat in Rotation (ca. 1500 Umdrehungen in der Minute). Die Masse nimmt zylindrische Form an, und die Luftblasen *g* setzen sich auf ihrem Inneren fest an. Würde man jetzt abkühlen, so würde ein dickwandiger Hohlzylinder entstehen, wobei die Verunreinigungen sich abgesondert hätten. Es ist jedoch besser, nach der Rotation, die durch eine Riemenscheibe *e* übertragen wird, die Erhitzung noch fortzusetzen, damit der Zylinder zu einem massiven Barren zusammenschmilzt und der erstarrte Anteil sich nach oben bewegt und dort eine deutliche Schicht g_1 bildet. Der untere Anteil ist geläuterter Quarz. Das obere, die Verunreinigungen enthaltende durchscheinende Stück wird herausgeschnitten. Das gereinigte Material kann entweder zerschnitten oder nochmals geschmolzen und dann verformt werden.

Soll eine Oxydation der Schmelze oder der heißeren Teile der Apparatur vermieden werden, dann führt man ihr durch ein Rohr und durch die Welle hindurch Wasserstoff oder ein anderes geeignetes, schützendes Gas zu.

Eine der Hauptschwierigkeiten des Schmelzens von Bergkristall zur Erzielung von wasserklarer, geschmolzener Kieselsäure liegt in den physikalischen Eigenschaften des hexagonal kristallisierten Ausgangsmaterials begründet. Kristallisierter Quarz besitzt nicht nur an sich einen

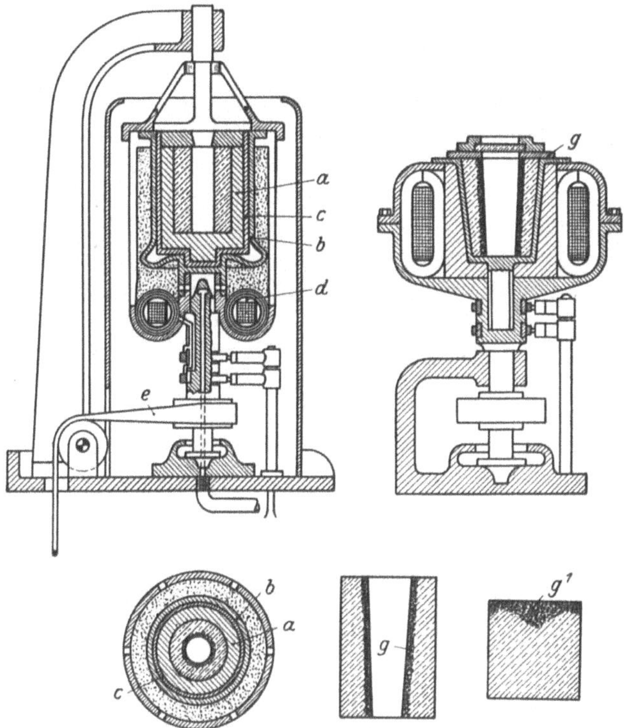

Abb. 15. Läuterung von Quarz nach British Thomson-Houston-Co. E. P. 252747 (1926).

sehr großen Ausdehnungskoeffizienten, sondern diese Eigenschaft zeigt auch wesentliche Unterschiede parallel und senkrecht zur Achse, nämlich $\| = 8 \cdot 10^{-6} \perp = 14 \cdot 10^{-6}$. Aus diesem Grunde springt Bergkristall bei jeder Erhitzung außerordentlich leicht. Dadurch bleiben nicht nur die Luftblasen, die zwischen gröblich zerkleinertem Ausgangsmaterial vorhanden sind, auch im Schmelzpunkt, sondern auch alle während des Erhitzens des kristallisierten Quarzes entstehenden Sprünge markieren sich in der Endschmelze als Luftblasen. Um diese Übelstände zu vermeiden, wird nach D. R. P. 175385 der Firma W. C. Heraeus, Hanau, die Quarzmasse in einem Tiegel oder ähnlichem Gefäße sehr langsam auf über 600° C erhitzt, darauf mit einem vorgewärmten Gerät unter Vermeidung jeglicher Abkühlung (damit das Springen ausbleibt), stückweise herausgenommen und sogleich der zur Verglasung nötigen Temperatur ausgesetzt. Diese Verglasung kann entweder in der direkten Flamme des Knallgasgebläses stattfinden, oder in einem im Knallgas- oder elektrischen Ofen erhitzten Gefäße aus Kohle, Iridium oder dgl. vorgenommen werden. Bei letzterem kann auf die schon verglaste Masse immer wieder ein vorerhitztes Stück geworfen und mit ihr zusammen verschmolzen werden.

Eine andere Lösung des Problems schlägt H. Helberger vor, der gemäß D. R. P. 288417 angibt, den Quarz während der Schmelzung lediglich mit pulverförmigem Siliziumkarbid oder einem anderen mit Kieselsäure bei der Schmelztemperatur sich nicht umsetzenden und nicht in sich zusammenschmelzenden Pulver in Berührung zu bringen. Er ordnet das Pulver auf einer feuerfesten Unterlage muldenförmig an und bringt den Quarz in dieser Vertiefung auf elektrischem Wege zum Schmelzen und verhütet dadurch eine Verunreinigung des Erzeugnisses.

Alle diese Verfahren dienten zwar zur Herstellung von durchsichtigem Quarzglas (geschmolzener Kieselsäure), haben aber zu einer industriellen, mechanisierten Fabrikation nicht geführt. Dies blieb dem D. R. P. 241260, dem Verfahren zur Herstellung von Quarzglasgegenständen der Firma „The Silica Syndicate Ltd., London" vorbehalten, das diese Industrie vollkommen revolutionierte und die ausschlaggebenden Fortschritte brachte. Die Ansprüche dieses Pionier-Patentes lauten:

1. Verfahren zur Herstellung von Quarzglasgegenständen, dadurch gekennzeichnet, daß Quarzpulver auf einen Quarzglaskern von einer für den herzustellenden Quarzglaskörper zweckmäßigen Form, und zwar in geeigneter Verteilung über seine ganze Oberfläche oder Teile davon aufgestreut und gleichzeitig durch Erhitzung des Kernes und des Pulvers an den Kern angeschmolzen wird.

2. Verfahren zur Herstellung von Quarzglasgegenständen nach Anspruch 1, dadurch gekennzeichnet, daß der Quarzglaskern zwecks Verteilung des Quarzpulvers unter oder an einer feststehenden Zuführungsstelle für das Quarzpulver gedreht oder hin und her bewegt oder gedreht und hin und her bewegt wird.

Die technischen Fortschritte dieses Verfahrens liegen vor allem in dem Übergang von reiner Handarbeit zu mechanischer, kontinuierlicher Großerzeugung und damit verbundener Preisreduktion auf etwa ein Drittel. Während zuvor nur Gegenstände von etwa 300 g Gesamtgewicht herstellbar waren, lassen sich nach dem D. R. P. 241260 wasserklare Bergkristallschmelzlinge von beträchtlich höherem Gewicht fabrizieren. Das Verfahren ist bis zum heutigen Tage noch nicht überholt worden; keine andere Arbeitsmethode hat es auch nur annähernd erreicht. (Abb. 16.) Das D. R. P. 241260 beherrscht für durchsichtigen geschmolzenen Quarz den Markt.

Nach W. Schuen beträgt bei Verwendung eines Kohlerohres von

1 m Länge, 35 mm äußerem und 25 mm innerem Durchmesser die Ofenspannung ca. 40 V bei 800 bis 1000 A. In ungefähr 20 Minuten ist ein Block von 18 kg aus 23 kg Sandfüllung mit einem Stromaufwand von rund 6500 bis 7000 WE geschmolzen. Edw. R. Berry gibt als Energiebetrag der Schmelzung pro Pfund Quarzglas 3 bis 8 kW Strom an.

In den letzten Jahren scheint es gelungen zu sein, den beiden bekannten und seit Jahren industriell für die Herstellung von Gegenständen aus Quarzgut und Quarzglas benutzten Rohstoffen Quarzsand und Bergkristall als neuen Rohstoff eine Sonderform der bekannten hochkieselsäurehaltigen Quarzite hinzuzufügen, die die bemerkenswerte

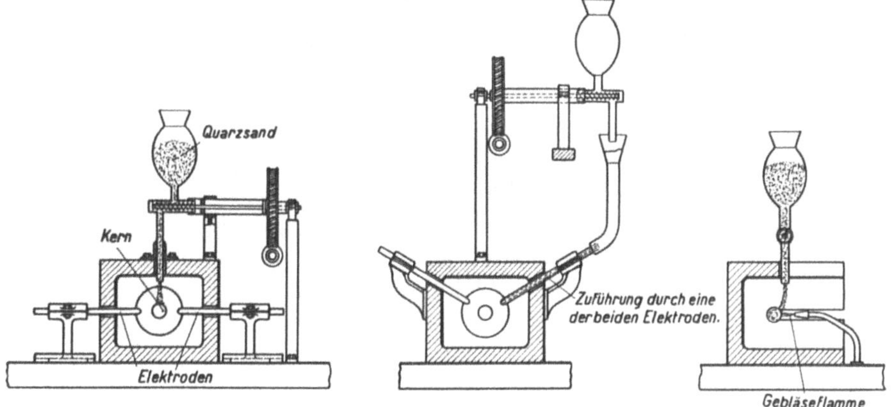

Abb. 16. Lichtbogenofen vom Silica Syndicate Ltd. London. D. R. P. 241260.

Eigenschaft hat, beim Schmelzen wasserklar zu werden. Schon im Jahre 1921 erhielten Barnard und George ein französisches Patent Nr. 556203, welches die Herstellung von geschmolzenem Kieselsäureglas aus hochkieselsäurehaltigen, von Verunreinigungen und mikrokristallinischen zementfreiem Gestein unter Schutz stellt. Die Inhaber dieses Patentes waren durch Zufall auf ein Quarzitvorkommen gestoßen, welches sich durch eine außerordentliche Reinheit und hohen Kieselsäuregehalt auszeichnete und in dieser Hinsicht die besten bekannten Bergkristalle noch übertraf. Beim Schmelzen im Widerstandsofen werden Blöcke dieses Quarzites wasserklar und lassen sich dann in gleicher Weise wie aus Bergkristall erschmolzenes Quarzglas weiterverarbeiten. Welche Auswirkung dieses neue Verfahren zur Herstellung von Quarzglasgegenständen haben wird, läßt sich zur Zeit noch nicht absehen.

Die physikalischen und chemischen Eigenschaften des geschmolzenen Quarzes.

Die Eigenschaften des geschmolzenen Quarzes, die ihn dem Glas und anderen Werkstoffen so überaus überlegen machen, sind mit wenigen

Hinweisen charakterisiert: seine besondere chemische Widerstandsfähigkeit, sein günstiges thermisches Verhalten, seine unübertroffenen elektrischen, optischen und mechanischen Eigenschaften.

Geschmolzener Quarz wird von kochendem Wasser so gut wie gar nicht angegriffen. Diese Eigenschaft macht ihn zu einem bsonders wertvollen Werkstoff für die Herstellung von Elektrodampfkesselisolatoren. Hierbei muß aber unter allen Umständen berücksichtigt werden, ob das dem Kessel zuströmende Wasser wirklich neutral ist oder von einer vorangegangenen Reinigung her basisch reagiert. Ist dies der Fall, so eignet sich Quarz nicht zu diesem Zweck, da er von alkalischen Wässern bei den in Betracht kommenden Temperaturen (200⁰ C und darüber) in kurzer Zeit zerstört wird. (Für diese Fälle gibt es zur Zeit noch keinen absolut widerstandsfähigen Werkstoff; relativ am besten ist hier ein Spezialsteinzeug „D. T. S.-Sillimanit").

Gegen saure und neutrale Stoffe ist der Quarz (mit Ausnahme von Flußsäure und konzentrierter Phosphorsäure über 300⁰ C) völlig beständig. Von Basen und vielen Metalloxyden wird er jedoch, da er selbst von saurer Natur ist, insbesondere bei hohen Temperaturen unter Bildung von Silikaten angegriffen. Man muß daher in allen solchen Gefäßen das Glühen und Schmelzen von Substanzen, die in hohen Temperaturen basischen Charakter annehmen, vermeiden. Ein wirksames Vorbeugungsmittel ist das Versetzen des zu veraschenden Produktes mit einigen Tropfen konzentrierter Schwefelsäure vor der Erwärmung.

Tabelle I. Chemisches Verhalten des erschmolzenen Quarzes. Widerstandsfähigkeit gegen Flußsäureangriff (relative Vergleichswerte).

Stoff	Korrosions-einheiten
Gew. Glas	1000
Quarzglas	100
Kristallisierter Quarz, parallel zur Achse	11
Hexagonal, senkrecht zur Achse	1

Tabelle II. Widerstandsfähigkeit von Quarzglas gegen den Angriff basischer Agenzien.

Einwirkungstemperatur: 18⁰ C. Dem Reagens ausgesetzte Quarzfläche: 90 cm².

Reagens	Konzentration	Einwirkungsdauer in Std.	Gewichtsverlust des Quarzglases in mg
$NH_4(OH)$	10%	48	0,8
NaOH	10%	48	0,4
KOH	30%	48	1,2
Na_2CO_3	1 n	336	0,4
$Ba(OH)_2$	gesättigt	336	0,0
Na_2HPO_4	„	336	0,0

Einwirkungstemperatur: 100⁰ C.

NaOH	2 n	3	33,0
KOH	2 n	3	31,0
Na_2CO_3	2 n	3	10,0

Das thermische Verhalten des Quarzglases und Quarzgutes (Vitreosil) ist besonders charakteristisch durch den hohen Schmelzpunkt von etwa 1725⁰ C und den geringsten Ausdehnungskoeffizienten aller bekannten Stoffe von 0,48 × 10⁻⁶ zwischen 20 und 1000⁰.

Aus Abb. 17 ist ersichtlich, daß die Ausdehnungskoeffizienten der besten Gläser wie „Pyrex" und „Durex" und des Berliner Porzellans fast sechsmal so groß wie diejenigen des Vitreosils sind.

Der geringe Ausdehnungskoeffizient des geschmolzenen Quarzes läßt seine Verwendung bei Prozessen zu, die mit schroffen Temperaturveränderungen verknüpft sind. Abb. 18 zeigt, daß Vitreosil selbst bei gleichzeitiger starker Erhitzung und Abkühlung keine Sprünge und Risse erhält.

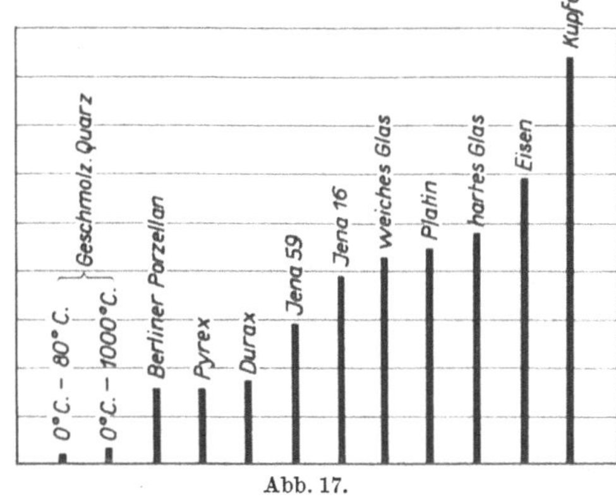

Abb. 17.

Trotzdem mahnt der geringe Ausdehnungskoeffizient des Quarzes zur Vorsicht, in Fällen, wo er mit anderen Stoffen, die eine größere

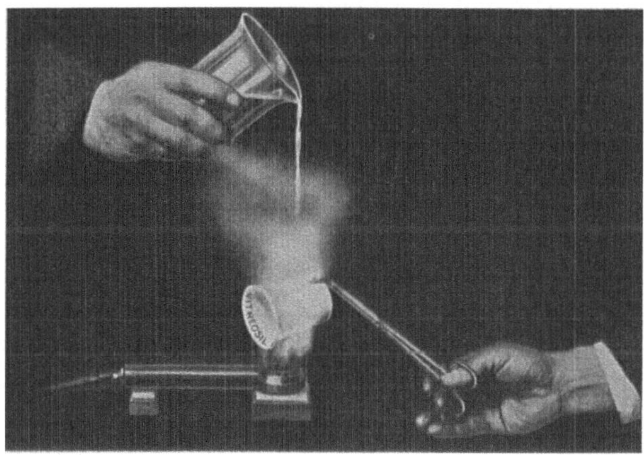
Abb. 18. Gleichzeitiges Glühen und Abschrecken eines Vitreosilbechers.

Wärmeausdehnung haben, zusammen verbunden oder verschmolzen werden soll. Treten infolge von Erhitzung oder Abkühlung Temperaturänderungen auf, so entstehen durch die Ausdehnung des einen Teiles Spannungen, die ein Brechen oder Reißen des Quarzanteiles zur Folge haben. Man muß daher an der Berührungsfläche zwischen dem Quarz und dem anderen Material eine elastische Zwischenlage einfügen, die gleichsam als Puffer wirkt.

Bei einer länger andauernden Erwärmung des Quarzglases auf hohe Temperaturen kann eine unangenehme Eigenschaft, nämlich die sogenannte „Entglasung" in Erscheinung treten, die darauf beruht, daß der Quarz aus dem amorphen Zustand in den kristallinen übergeht, was mit einer Volumenabnahme von 3 bis 5% verbunden ist, und eine Verringerung der mechanischen Festigkeit mit sich bringt.

Die Umwandlung der Kieselsäure in ihre einzelnen Modifikationen wird durch folgendes Schema wiedergegeben:

$$\begin{array}{ccccccc}
& 575^0 & & 870^0 & & 1470^0 & & 1710 \pm 10^0 \\
\beta\text{-Quarz} & \rightleftarrows & \alpha\text{-Quarz} & \rightleftarrows & \alpha\text{-Tridymit} & \rightleftarrows & \alpha\text{-Cristobalit} & \rightleftarrows & \text{Schmelze} \\
& & & 162^0 & & 180\text{—}270^{\,\prime} & & \\
& & & \updownarrow & & \updownarrow & & \\
& & & \beta\text{-Tridymit} & & \beta\text{-Cristobalit} & & \\
& & & 117^0 & & & & \\
& & & \updownarrow & & & & \\
& & & \gamma\text{-Tridymit} & & & &
\end{array}$$

Die Entglasung beginnt im allgemeinen bei 1120 bis 1140⁰. Bei lang andauernder Erhitzung unterhalb dieser Temperatur verwandelt sich der Quarz in Cristobalit; bei Erhitzung auf 800⁰ und bei Gegenwart von Entglasungsbeschleunigern, wie Kalium- und Lithiumchlorid, nach längerer Zeit in Tridymit. Die Entglasung beschränkt die Lebensdauer von Geräten aus Quarzglas, die bei hoher Temperatur benutzt werden. Jedoch haben Rieke und Endell nachgewiesen, daß Quarzglas, so lange es einer hohen Temperatur ausgesetzt ist, keine Volumenänderung erleidet. Die Volumenänderung, die der Bildung von Cristobalit entspricht, tritt erst in dem Augenblick auf, wo die Temperatur auf 230⁰ hinabsinkt. Ein Stück, welches dauernder Erwärmung ausgesetzt ist, hat auch unbeschränkte Lebensdauer und wird erst in dem Augenblick unbrauchbar, wo es abgekühlt wird. In den Tabellen III und IV sind

Tabelle III. Spezifische Wärme von Quarzglas.		Tabelle IV. Mittlere spezifische Wärme von Quarzglas.	
Meßtemperatur in ⁰ C	Spez. Wärme gcal	Meßtemperaturintervall in ⁰ C	Mittlere spez. Wärme gcal.
100	0,204	0—100	0,1845
500	0,266	0—500	0,2302
1000	0,290	0—900	0,2512

die spezifischen Wärmen von Quarzglas bei verschiedenen Temperaturen angegeben.

Infolge seiner günstigen elektrischen Eigenschaften ist der geschmolzene Quarz sehr wertvoll für die Verwendung in der Elektrotechnik.

In Abb. 19 sind für verschiedene Isolierstoffe diejenigen Temperaturen zusammengestellt, bei denen die Widerstände 1 mg-Ohm per cm³ gleich sind. Das Quarzglas übertrifft hierbei bestes Porzellan.

Von dem spezifischen Widerstand hängt die spezifische Leitfähigkeit ab, die seinen reziproken Wert $\left(= \dfrac{1}{\text{sp. W.}}\right)$ darstellt. Steigt die Leitfähigkeit, so werden die Bedingungen für eine elektrische Entladung günstiger, d. h. die Durchschlagsfestigkeit nimmt ab. Da nun die Leitfähigkeit mit erhöhter Temperatur zunimmt, wurden Vergleiche der Iso-

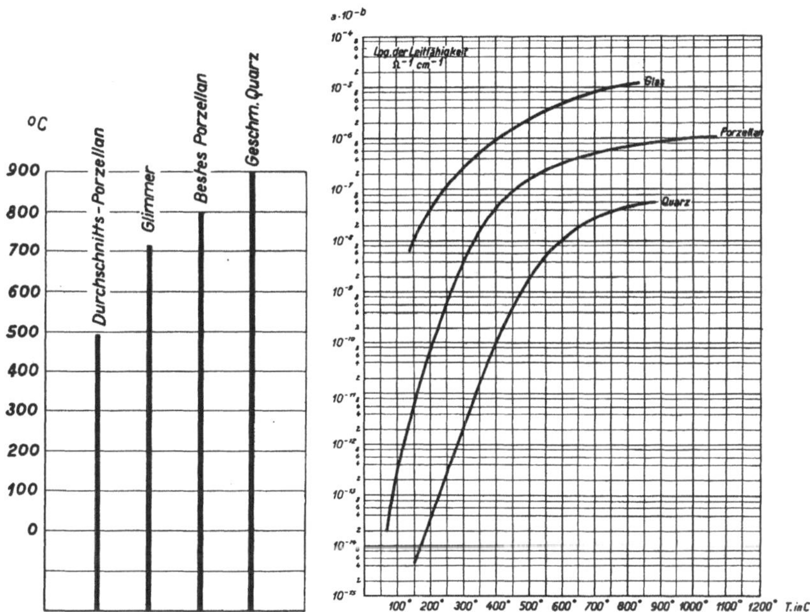

<table>
<tr><td>Abb. 19. Verschiedene Isolierstoffe bei gleichem Widerstand 1 mg-Ohm per cm³.</td><td>Abb. 20. Leitfähigkeit isolierender Materialien bei verschiedenen Temperaturen.</td></tr>
</table>

liermassen Glas, Porzellan und Quarz angestellt. Die Leitfähigkeit des Quarzes nimmt bei höherer Temperatur bedeutend weniger (Abb. 20) zu als die von Glas und Porzellan. Daher läßt sich Quarzglas auch dort noch als Isolator verwenden, wo die anderen Werkstoffe nicht mehr geeignet sind, ganz besonders als Elektrostaubreinigungsisolator.

Die Oberflächenleitfähigkeit eines Isolators ist u. a. stark abhängig von der Außenfeuchtigkeit, die auf ihm eine leitende Flüssigkeitsschicht bilden kann und damit die Stärke des Ableitungsstromes bedingt. Geschmolzener Quarz ist unhygroskopisch und hat nur wenig Neigung zur Kondensation von Feuchtigkeit, so daß die Oberflächenverluste nur gering sind. Deswegen eignet er sich vorzüglich zur Herstellung von Isolatoren. Die Tabellen V und VI geben den elektrischen Widerstand von

Quarzglas in Abhängigkeit von der Temperatur, seine Oberflächenleitfähigkeit und seine Dielektrizitätskonstante wieder.

Tabelle V. Spezifischer elektrischer Widerstand von Quarzglas in Abhängigkeit von der Temperatur.

Temperatur in ^{0}C	Spez. Widerstand in $\Omega\cdot$cm	Temperatur in ^{0}C	Spez. Widerstand in $\Omega\cdot$cm
15	4×10^{18}	700	30×10^6
25	1×10^{19}	800	20×10^6
150	2×10^{14}	1800	2134
230	2×10^{13}	1950	189
250	25×10^{11}		

Tabelle VI. Oberflächenleitfähigkeit. $T = 25^0$ C; 500 V Gleichstrom; 1 cm Elektrodenabstand.

Stoff	Anzahl der Messungen	Feuchtigkeitsgehalt der Luft in %	Oberflächenleitfähigkeit in A/cm
Durchscheinend erschmolzenes Quarzglas . . .	6	50	$2{,}1 \times 10^{-11}$—$6{,}7 \times 10^{-12}$
Porzellan	3	50	$5 \ \times 10^{-11}$—$7 \ \times 10^{-12}$
Durchscheinend erschmolzenes Quarzglas . . .	6	90	$1{,}1 \times 10^{-7}$ —$1{,}9 \times 10^{-9}$
Porzellan	3	90	$1 \ \times 10^{-6}$ —$2 \ \times 10^{-6}$

Tabelle VII. Dielektrizitätskonstante von Quarzglas.

D.—K.	Frequenz	Veröffentlichung von
3,7	—	Bur. Stand.
3,5—3,6	—	Singer: Die Keramik im Dienste von Industrie und Volkswirtschaft 1923, S. 477
4,4	100000	Gen. Eng. Lab., General Electric Co.

Die folgende Tabelle VIII gibt Vergleichszahlen der isolierenden Eigenschaften von geschmolzenem Quarz und verschiedenen Glassorten bei wechselnden Temperaturen wieder.

Tabelle VIII.
Vergleichszahlen der isolierenden Eigenschaften von erschmolzenem Quarz und verschiedenen Glassorten bei wechselnden Temperaturen.

Erschmolzener Quarz		Glas (Kalk-Soda)		Glas (Jena Verbrennungs-Röhren)	
Temp. C	Widerstand Megohm Cm	Temp. C	Widerstand Megohm Cm	Temp. C	Widerstand Megohm Cm
15	über 200000000	18	500000	16	über 200000000
150	„ 200000000	145	100	115	„ 36000000
230	„ 20000000	—	—	150	„ 18000000
250	„ 2500000	—	—	750	„ 0,1—0,4
350	„ 30000	—	—	—	—
450	„ 800	—	—	—	—
800	etwa 20	—	—	—	—

Bei Messungen der dielektrischen Verluste durch Hysterese in einem Hochfrequenzfeld konnten die gebräuchlichen Isoliermaterialien wie folgt klassifiziert werden: Quarzglas 1, Quarzgut 2,5, Porzellan 25, Glas 11 bis 25, Ebonit 18 bis 25 und Bakelit 100. Diese Ziffern bedeuten den Widerstand eines Würfels, der zwischen die beiden plattenförmigen Pole eines Kondensators geschaltet ist.

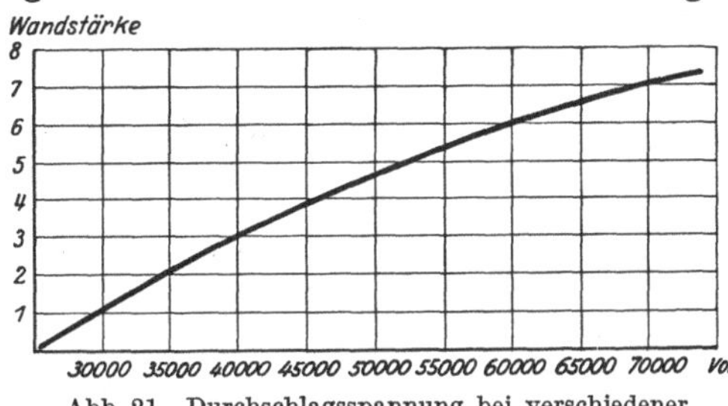

Abb. 21. Durchschlagsspannung bei verschiedener Wandstärke.

Die Durchschlagsspannung beträgt bis 2 mm Wandstärke 35000 V bei 50 Per.; bei größerer Wandstärke wächst die Spannung und beträgt beispielsweise bei 7 mm 70000 V bei gleicher Periodenzahl (Abb. 21).

Von besonderer Bedeutung ist die Durchlässigkeit des Quarzglases für ultraviolette Strahlen. In Abb. 22 wird dieses Verhalten mit anderen Materialien in Vergleich gestellt.

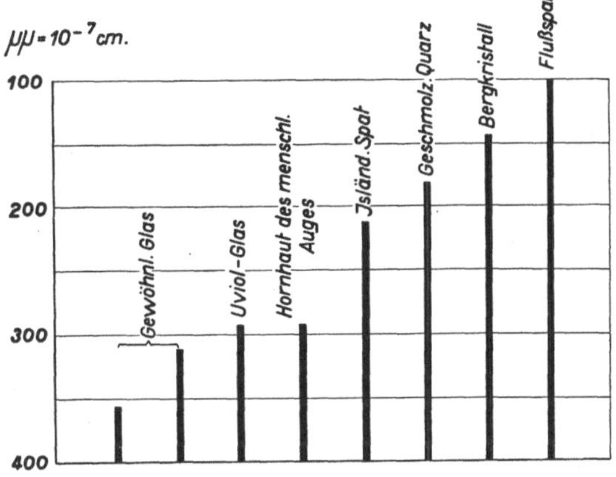

Abb. 22. Durchlässigkeit für ultraviolette Strahlen.

Infolge unvergleichlich geringer Absorptionsverluste (Tabelle IX) wird das Quarzglas besonders zu Strahlungsvorrichtungen benutzt.

Tabelle IX. Optisches Verhalten des erschmolzenen Quarzes. Absorption der ultravioletten Strahlen im Quarzglas.

Länge der Quarzglasprobe in cm	Expositionsdauer der photogr. Platte in sec	Kleinste noch identifizierte Linie in Å
0	35	2299
2,54	35	2299
7,30	35	2464
10,02	35	2464
20,03	35	2536
27,58	35	2637

Tabelle X gibt noch einige besonders optische Konstanten wieder.

Tabelle X. Brechung und Dispersion von Quarzglas.

Linie	Wellenlänge in Å	Brechungsindex n	Reziproke, relative Dispersion $\dfrac{n_D - 1}{n_F - n_C}$
D (Na). . .	5896,155	1,4585	
C (H) . . .	6563,045	1,45640	67,6
F (H) . . .	4861,527	1,46318	

Der Brechungsexponent des Quarzglases ist kleiner als der des Bergkristalls.

Von großer Bedeutung sind ebenfalls die mechanischen Eigenschaften des geschmolzenen Quarzes (Tabelle XI). Er besitzt eine große Elastizität und Druckfestigkeit und ist gewöhnlichem Glas gegenüber etwas weniger empfindlich gegen Schlag, Stoß und Fall.

Durch ihre wertvollen Eigenschaften sind Quarzglas und Quarzgut für viele Anwendungsgebiete unentbehrlich geworden. Die große Indifferenz des geschmolzenen Quarzes sauren Reagenzien gegenüber und die relative Unlöslichkeit und Korrosionsbeständigkeit lassen seine Verwendung für Apparate zur Herstellung und Verarbeitung von starken Säuren und Reagenzien, wie Schwefelsäure, Salpetersäure, Salzsäure, Phosphorsäure und Wasserstoffsuperoxyd zu.

Neben seiner Verwendung im Laboratorium in Form von Schälchen, Tiegeln, Kolben, Bechergläsern, Platten, Muffeln usw. kommt vor allem diejenige im chemischen Großbetriebe in Betracht.

In der Schwefelsäurefabrik wird er statt Blei und dem teuren Platin benutzt. Abb. 23 gibt eine Anlage zur Konzentration von Schwefelsäure in Pfannen und Schalen aus Vitreosil wieder. Sie besteht aus zwei oder mehr nebeneinander liegenden Schalenreihen. Die Schalen sind terrassenartig aufgestellt und ruhen auf offenen Ringunterlagen aus säurefester Schamotte, welche zugleich die Decke des Feuerkanals bilden. Zwischen Schale und Ring ist eine Asbestschnur eingelegt, die zum Abschlusse des Feuerkanals von dem Eindampfraum dient.

Die Anlage besitzt eine Vorkonzentration, um die Heizgase vollkommen auszunutzen. Ursprünglich wurden hierbei Bleipfannen benutzt, die durch Gußplatten vor der direkten Berührung mit den Heizgasen geschützt waren. Da jedoch der Verschleiß durch die Angriffe der heißen Säure sehr groß blieb, wurden die Bleipfannen durch Vitreosilpfannen ersetzt, die ebenfalls auf Schamotterahmen ruhen und direkt den Heizgasen ausgesetzt sind und dadurch eine bessere Ausnutzung ermöglichen. Die Säure wird also ausschließlich in Vitreosilgeräten kon-

Tabelle XI.

	Quarzglas	Glas	Porzellan	Steinzeug
Spez. Gewicht . . . . s.	2,21	2,2—3,8	2,424	2,454
Druckfestigkeit . . . . kg/cm^2	19800	6000—12600	ca. 5000	8210
Zugfestigkeit . . . . kg/cm^2	über 700	über 350	160—360	528
Biegefestigkeit . . . . kg/cm^2	700	—	855	953
Elastizitätsmodul . . . . kg/mm^2	7200	4700—8000	ca. 8000	4175
Torsionsfestigkeit . . . . kg/cm^2	300	ca. 900	ca. 500	323
Härte nach Mohs	4,9	5—7	7—8	—
Schmelzpunkt . . . . ^{0}C	1720	1000—1500	1650—1700	—
Erweichungstemperatur unter Belastung. . . . . . . ^{0}C	1500	—	—	—
Linearer Ausdehnungskoeffizient Zw. 0—1000^0 C	$0,55 \cdot 10^{-6}$	$3,66{-}11,2 \cdot 10^{-6}$	$3{-}4 \cdot 10^{-6}$	$0,15{-}3,5 \cdot 10^{-6}$
Wärmekapazität	0,18	0,018—0,232	0,2	0,199
Spez. Wärme zwischen 17 und 100^0 C				
Thermischer Widerstandskoeffizient	145,7	1,2 —9,8	6,24	3,9
Wärmeleitfähigkeit $(kcal \cdot m^{-1} \cdot h^{-1} \cdot {}^0C^{-1})$	0,72	0,39—1,0	0,9	3,95
Temperaturleitfähigkeit	3,161	—	1,4—1,5	—
$= \dfrac{\text{Wärmeleitfähigkeit}}{\text{Dichte} \cdot \text{spez. Wärme}}$				
Oberflächenleitfähigkeit [1] . . . . Amp/cm	$2,1 \cdot 10^{-11}$	—	—	—
Dielektrizitätskonstante	3,5—3,6	4,0—16,97	5—6	5,17
Dielektrischer Verlust	$0,57{-}0,94 \cdot 10^{-6}$	—	—	—
Dielektrischer Leistungsfaktor 1000 Per.	$1,5 \cdot 10^{-4}$	—	—	—
Isolationswiderstand	400	—	—	—
in Megohm/ccm (= 1000000 Ohm)/ccm				
Durchschlagsfestigkeit	25000 V pro mm	—	100 kV/cm	5—10% geringer als bei Porzellan

In absoluten Zahlen nach F. Auerbach: Ann. Physik Bd. 3, S. 116. 1900. F. Schulze: ebenda Bd. 14, S. 384. 1904.

Ergänzend sei bemerkt, daß das spezifische Gewicht des erschmolzenen Quarzes zwischen 2,0 und 2,21 schwankt, je nach der Menge der eingeschlossenen Luftblasen. Die Härte beträgt 223 kg pro mm².

[1] $T = 25^0$ C; 500 V Gleichstrom; 1 cm Elektrodenabstand; 50% Luftfeuchtigkeit.

zentriert. Die aus der Konzentration ablaufende fertige heiße Säure wird
dann in einer ganz aus Vitreosil bestehenden Kühlanlage gekühlt.

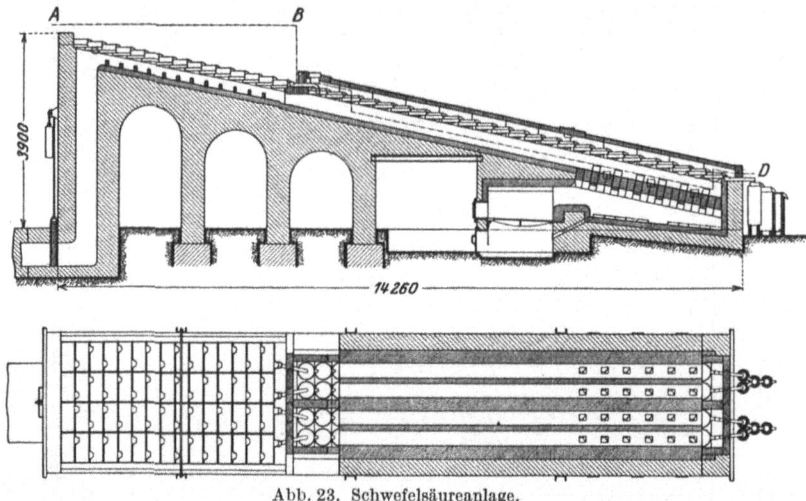

Abb. 23. Schwefelsäureanlage.

Die beim Konzentrieren entstehenden Säuredämpfe werden durch
eine Rohrleitung nach einem Turm geführt, der an einen Kamin angeschlossen ist, um den in der Anlage notwendigen schwachen Zug zu
erzeugen. Durch den Abschluß des Verdampfraumes vor dem Heiz-
kanal entsteht nur eine geringe Menge Destillat,
im Durchschnitt 2 bis 3 % der konzentrierten Säure
als Monohydrat berechnet. Zur Feuerung kann jede
geringwertige Kohlensorte genommen werden. Die
Heizgase kommen an keiner Stelle der Anlage mit
Säure oder deren Dämpfen in Berührung. Eine
Verunreinigung der Säure ist also ausgeschlossen.

Eine Anlage, bestehend aus zwei Reihen von
je 25 Schalen in Verbindung mit 30 Pfannen als
Vorkonzentration, leistet bei Einlauf der kalten
Säure mit 50 bis 51° Bé ungefähr 10 000 kg Säure
von 66° Bé in 24 Stunden.

Die die Konzentrationsanlage verlassende heiße
Schwefelsäure wird dann in mit Überlauf und ein-
gesetztem Rohr versehenen Töpfen (Abb. 24) gekühlt. Der vollständige Apparat wird dann in ein
Kühlgefäß aus Eisen oder Blei gesetzt. Die heiße

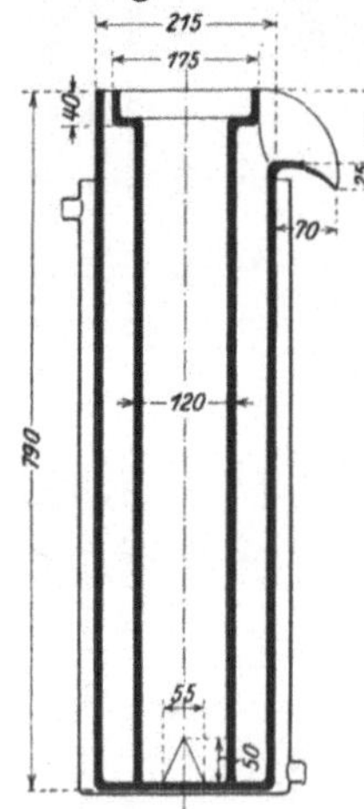

Abb. 24. Schwefelsäure-
kühltopf.

Säure tritt in das Innenrohr ein, verläßt dieses durch unten angeordnete
Schlitze und steigt dann zwischen Innenrohr und der Wand des äußeren
Topfes empor, wo die Kühlung durch Wasser von außen erfolgt.

Auch bei der Salpetersäureherstellung sowie der Denitrierung von Restsäuren hat das Quarzgut eine wichtige Stellung erworben (Abb. 25 und 26), da es die Benutzung überhitzten Dampfes von ca. 200⁰ C erlaubt. Aus der Retorte gelangen die Dämpfe durch S-förmig gebogene Rohre und den Quarzglaskühler in den mit Quarzabfällen gefüllten Wasch- oder Adsorptionsturm.

Abb. 27 stellt eine Anlage zur Erzeugung reiner Salzsäure dar. Die im Verbrennungsraum entwickelten Gase gelangen durch den Gaskühler in die Adsorptionsanlage, die nur einen Raum von 5 m Länge und

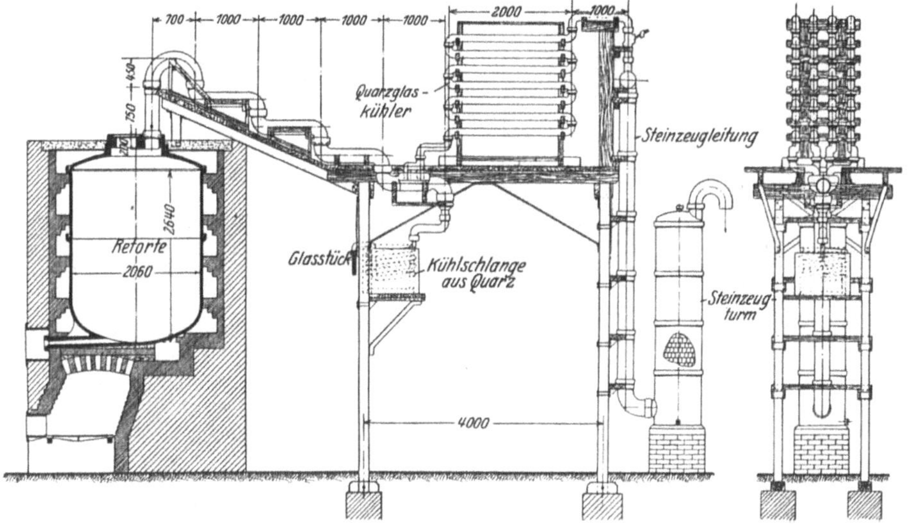

Abb. 25. Salpetersäureanlage.

1,2 m Breite einnimmt und in 24 Stunden ca. 1500 bis 2000 kg Salzsäure von 20 bis 21⁰ Bé leistet. An der Unterseite der Gefäße befindet sich die Kühlung. Die Säure fließt an der Innenfläche der Oberseite der Gefäße entlang, verursacht beim Heruntertropfen eine Bewegung in der Adsorptionsflüssigkeit und vergrößert dadurch die den Gasen ausgesetzte Oberfläche.

Ebenso sind Apparate aus geschmolzenem Quarz wichtig für Reaktionen bei hohen Temperaturen, wie Chlorierung und Karbonisierung mit Phosgen, Chlorierung des Methans, Vorerhitzung der Ammoniakluftgemische in Ammoniakoxydationsprozessen und für Gasreinigungsprozesse. Da er selbst frei von Verunreinigungen ist, ist er da, wo es auf die Herstellung besonders reiner Reagenzien ankommt, außerordentlich wichtig, für die Verwendung auf metallurgischem Gebiete, nämlich zum Schmelzen reiner Metalle und Legierungen und zur Reduktion von Metallen im Wasserstoff.

Sein bereits besprochener außerordentlich geringer Ausdehnungskoeffizient bedingt die große Unempfindlichkeit gegenüber schroffem

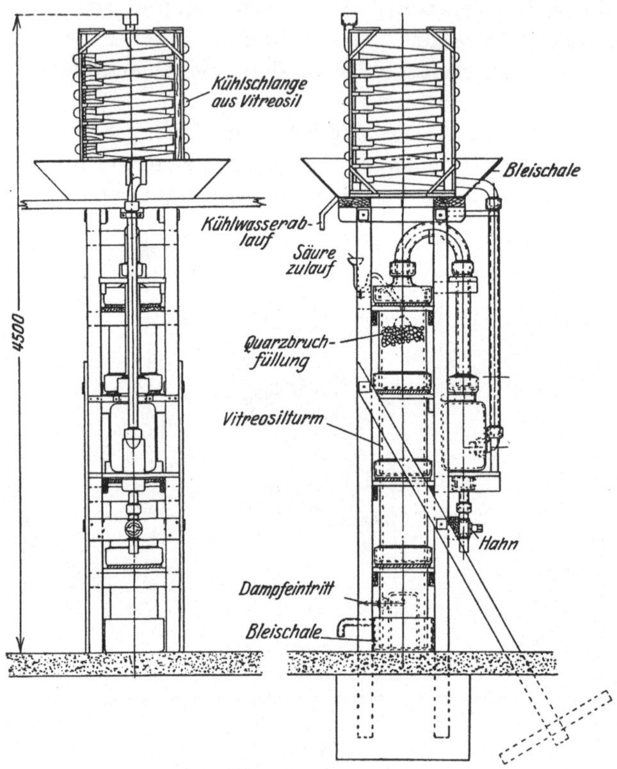

Abb. 26. Denitrieranlage.

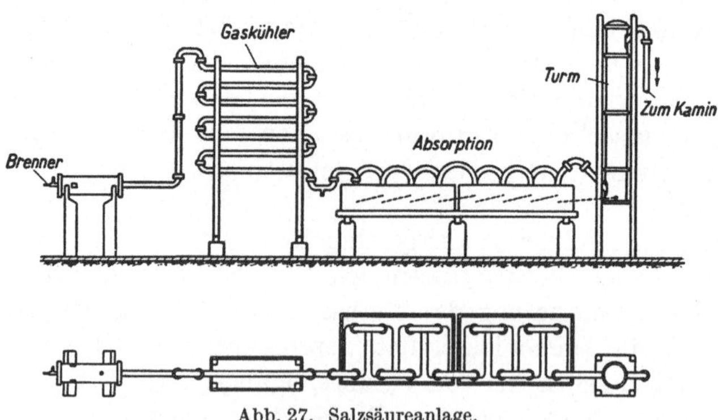

Abb. 27. Salzsäureanlage.

Temperaturwechsel. Daher verwendet man ihn überall dort, wo es auf
eine minimale Wärmeausdehnung ankommt. Bis zur Weißglut erhitztes

und plötzlich in Eiswasser getauchtes Quarzglas zerspringt nicht. Quarzglasthermometer werden deshalb solchen aus gewöhnlichem Glas vorgezogen, da sie einen großen Meßbereich umfassen. Erwähnt sei an dieser Stelle das E. Haagnsche Widerstandsthermometer. Andere typische Meßinstrumente aus Quarzglas sind die Pyrometer, die eine Messung bei hohen Temperaturen bis 1600⁰ C zulassen. Von besonderer Bedeutung ist ebenfalls seine Brauchbarkeit für den Bau hochempfindlicher wissenschaftlicher Instrumente wie Spiralmanometer, die frei von thermischen Nachwirkungen sein müssen, ebenso Kompensationspendel für Präzisionsuhren, die gleichzeitig durch Unempfindlichkeit gegenüber magnetischen Störungen ausgezeichnet sein müssen, Mikrowagen, Torsionsfäden, Federn usw.

Auf elektrischem Gebiete findet geschmolzener Quarz Verwendung wegen seines hohen elektrischen Widerstandes und seines geringen dielektrischen Verlustes. Er besitzt den Vorteil, daß sich auf seiner Oberfläche keine Feuchtigkeit kondensiert und die Oberflächenbeschädigung viel geringer ist als bei Glas. Seine Isolierfähigkeit und Temperaturwechselbeständigkeit machen ihn zu einem hervorragenden Baustoff für Isolatoren für Hochspannungsanlagen, insbesondere Entstaubungsanlagen, Schutzmuffen für Einführungen, Isolation für Quecksilberdampfgleichrichter, Stützisolatoren, Durchführungen u. dgl. Außerdem benutzt man ihn für durchsichtige und durchscheinende Vorrichtungen wie Bogenlampen, Wärmestrahlungsheizkörper und Rohre für elektrische Öfen, als Zündkerzenisoliermaterial, zur Herstellung von Widerstandselementen, von Kondensatoren mit geringen dielektrischen Verlusten, von elektrischen Destillierblasen und Tauchsiedern und von hochevakuierten Apparaten.

Seiner guten optischen Eigenschaften wegen findet geschmolzener Quarz auch Anwendung für optische Apparate. Infolge seiner vorzüglichen Lichtdurchlässigkeit für ultraviolette und infrarote Strahlen, seiner Härte, seiner nicht auftretenden Deformation bei hohen Temperaturen, wegen seiner chemischen Stabilität, seiner Transparenz benutzt man ihn für mikroskopische Beleuchtungskörper, zur Herstellung von Quecksilber- und anderen Metalldampflampen, für Ultraviolett-Sterilisationsapparate, astronomische Spiegel, Prismen und Linsen.

Die starke Durchlässigkeit für ultraviolette Strahlen führte zur Herstellung der Quecksilberdampflampen aus geschmolzenem Quarz. Während bei den Bogenlampen der Lichtbogen zwischen zwei Kohlestiften gebildet wird, entsteht er in der sogenannten Quarzlampe, da das Gefäß (Abb. 28) g zwei Polgefäße p hat, in denen sich Quecksilber befindet, dadurch, daß beim Kippen der Lampe durch Berührung der beiden Quecksilberkuppen ein Funken entsteht, der durch seine Hitze Quecksilber zum Verdampfen bringt.

Wird die Lampe wieder in ihre ursprüngliche Lage gebracht, so entsteht durch den das Leuchtrohr erfüllenden Metalldampf ein Lichtbogen, der sehr reich an ultravioletten Strahlen ist. Da nun das aus Quarzglas bestehende Gehäuse die ultravioletten Strahlen nur minimal adsorbiert und zum größten Teil durchgehen läßt, erhält man eine Beleuchtungs-

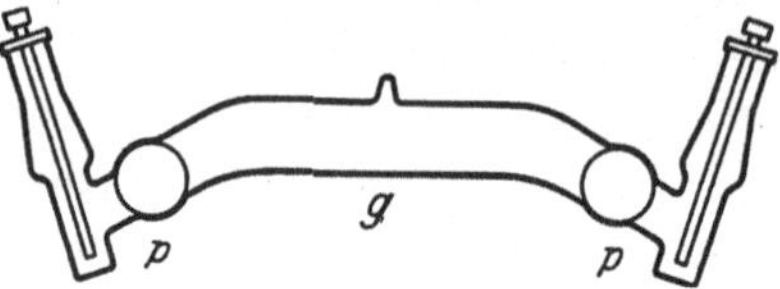

Abb. 28. Heraeus-Quecksilberdampflampe.

vorrichtung, die fast ausschließlich ultraviolettes Licht aussendet. Die beschriebenen Quarzlampen sind (vgl. Abb. 28) evakuiert. Es hat sich nun gezeigt, daß eine Quecksilberdampflampe, die nicht evakuiert ist (Abb. 29), also unter Atmosphärendruck arbeitet (Typ A. Jaenicke), gewisse Vorteile aufweist: kurze Einbrennzeit und lange Lebensdauer, einfache Bedienung, hohe Ausbeute an chemisch wirksamen Strahlen und hohe Überlastbarkeit. Das Gefäß kann ohne Füllung versandt werden und läßt sich bei durch langen Gebrauch eingetretener Trübung der Wandungen viel leichter und einfacher regenerieren. Durch den elektrischen Strom wird eine Spirale S ins Glühen gebracht, die das in dem von ihr umgebenen Rohr befindliche Quecksilber infolge von Erwärmung so ausdehnt, daß es in die beiden Schenkel a und b zurückgedrängt wird. In dem Augenblick, wo der Quecksilberfaden sich trennt, entsteht zwischen den beiden Kuppen der Lichtbogen. Diese Art Lampe hat den Vorteil, daß man sie

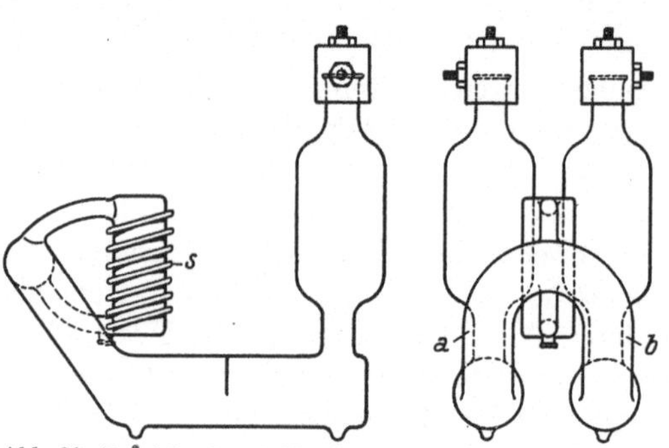

Abb. 29. Jaenicke-Quecksilberdampflampe. D. R. P. 384027.

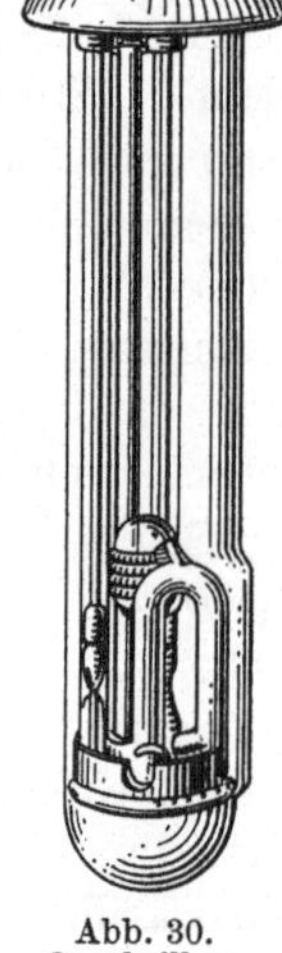

Abb. 30. Quecksilberdampflampe zum Eintauchen in Flüssigkeiten (A. Jaenicke).

ohne Füllung zur Versendung bringen kann. Abb. 30 zeigt eine Jaenicke-Quecksilberdampflampe aus Quarz für Eintauchzwecke in Flüssigkeiten zur Durchführung chemischer Reaktionen (D. R. P. 384027).

Die Anwendung dieser Quecksilberdampflampe ist eine sehr mannigfache und ausgedehnte. Sie dient als Hilfsmittel für chemische Untersuchungen und zur Erkennung gefälschter Nahrungsmittel, zur Unterscheidung künstlicher und natürlicher Perlen und Edelsteine, zur Prüfung von optischen Gläsern, von Farben auf Lichtechtheit, von Gerbstoffen, Leimen, Faserstoffen hinsichtlich der Art ihrer Herkunft (Seide, Baumwolle, Wolle, Kunstseide, Holzstoff), zur Untersuchung von Ölen, Lacken, Fetten, Harzen und Zucker. Sie ist ein unentbehrliches Hilfsmittel in der Kriminalistik zur Untersuchung von Spuren, Flecken, Fälschungen von Banknoten (s. Abb. 31), Urkunden, Briefmarken, Schriften und Nach-

Abb. 31. Wechselfälschung.

ahmungen. Es hat sich gezeigt, daß bei vielen Substanzen, die von erregendem ultraviolettem Licht getroffen werden, eine Erscheinung auftritt, die man als Fluoreszenz bezeichnet, der zufolge bestimmte Materialien charakteristische Leuchterscheinungen aufweisen.

Sehr gute Dienste leistet die Quarz- bzw. Quecksilberdampflampe auf medizinischem Gebiete für die Behandlung von Rachitis, Tuberkulose, Furunkulose, bösen Entzündungserscheinungen und zur Abtötung von Bakterien in Lösungen wie Milch, Wasser usw. Sie ist überhaupt ein Apparat, der in Medizin, Technik und Industrie unentbehrlich geworden ist.

Die Sprödigkeit des geschmolzenen Quarzes veranschaulicht die Schwierigkeiten, die der Entwicklung dieser Industrie entgegenstanden. Die berichteten Resultate zeigen, daß diese Technik bereits wesentliche Erfolge erzielt hat und absolut konse-

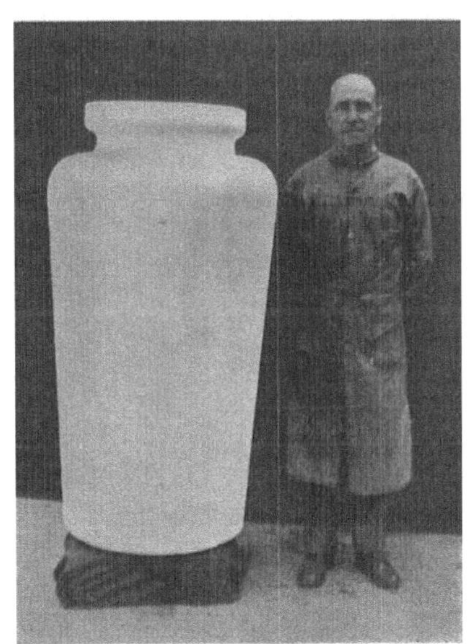

Abb. 32. Quarzkessel.

quent auf dem Wege ist, auch bisher noch nicht erreichte Ziele zu verfolgen und sich ihnen in unermüdlicher Arbeit zu nähern.

VII. Elektrothermie der Gase.

Von

Harry Pauling (Berlin).

Mit 15 Abbildungen.

A. Allgemeines.

Wenn man von der Elektrothermie der Gase spricht, so hat es den Anschein, als ob hiermit ein ganz bestimmter Begriff gut und vollständig definiert sei. Indessen ergibt sich bei näherer Betrachtung, daß zur Festlegung dessen, was unter den Begriff „Elektrothermie der Gase" fällt, einige Einschränkungen nötig sind, denn bei der Einwirkung von Elektrizität in irgendwelcher Form auf Gase ist eine primäre Wärmewirkung überhaupt nicht auszuschalten, und da man den Begriff der Thermie zunächst nicht an bestimmte Temperaturgrenzen binden soll, so würden also sämtliche Reaktionen, die durch elektrische Einflüsse in Gasen entstehen, unter den Begriff der Elektrothermie fallen; denn selbst bei den sogenannten dunklen Entladungen, z. B. im Siemens-Rohr, treten so erhebliche Wärmewirkungen auf, daß die betreffenden Reaktionen praktisch nicht mehr eintreten, wenn man nicht für die Beseitigung der entstandenen Wärme sorgt.

In dem vorliegenden Vortrag sollen nun nur solche Reaktionen behandelt werden, bei denen die auftretende Wärmeentwicklung und hierdurch bedingte Temperatur nicht nur nicht schädlich ist, sondern die beabsichtigten Reaktionen unterstützt und fördert, so daß von vornherein alle Reaktionen im Siemens-Rohr, sowie alle ähnlichen Reaktionen, bei denen eine Kühlung während des elektrischen Einflusses nötig ist, außer Betracht bleiben.

Unter Berücksichtigung dieser Beschränkung muß nun von vornherein festgestellt werden, daß die Zahl der hierfür in Betracht kommenden Reaktionen nicht sehr groß ist und noch kleiner wird, wenn man die wirkliche industrielle Anwendung der betreffenden Methoden in Betracht zieht. Obgleich nur sehr wenige praktisch angewandte Methoden hierfür in Frage kämen, so sollen doch auch die industriell heute noch nicht bedeutsamen Reaktionen kurz erörtert werden, weil bei dem raschen Tempo der Entwicklung es nicht ausgeschlossen erscheint, daß eine Reaktion, die heute scheinbar noch gar kein technisches Interesse bietet, morgen schon die Grundlage einer großen industriellen Ausnutzung geben kann.

Betrachtet man, nachdem die Wirkungen der dunklen Entladungen bereits ausgeschaltet sind, die anderen Wirkungen des elektrischen Stromes, so bleibt eigentlich nur noch eine einzige Entladungsform übrig, weil ja die elektrische Widerstandsheizung, die noch in Betracht kommen könnte, schon deshalb ausscheidet, weil es sich bei ihr nicht mehr um eine reine elektrische Wirkung handelt, da ja die Erhitzung eines Reaktionsraumes mittels Wandung auch ohne elektrischen Strom möglich ist. In der Tat beschränken sich auch die Methóden zur elektrischen Gasbehandlung unter Benutzung höherer Temperaturen bzw. von Temperatursteigerungen auf elektrische Entladungen mittels mehr oder weniger hoher Spannung, und es hat sich erwiesen, daß bei solchen Entladungen, wo also das zu behandelnde Gas oder Gasgemisch gleichzeitig die Bahn für die elektrischen Entladungen bildet, die Wärmewirkung des elektrischen Stromes überwiegt, sobald eine gewisse Größe der elektrischen Einzelentladung erreicht wird. Die bezüglichen Reaktionen ordnen sich dann den thermodynamischen Gesetzen unter, und die elektrische Entladung wird nur dazu benötigt, die erforderliche hohe Temperatur zu erzeugen, die ohne Anwendung elektrischen Stromes entweder nicht, oder nur durch chemische Nebenreaktionen erreichbar ist. Derartige Nebenreaktionen sind aber in allen diesen Fällen nicht nur unerwünscht, sondern für den angestrebten Zweck direkt schädlich, so daß der elektrische Strom als die einzig brauchbare Energieform trotz seines höheren Preises gegenüber anderen Energieformen ausschließlich in Frage kommt.

Außer den Reaktionen, die in der eigentlichen Gasstrecke auftreten, gibt es nun auch solche, die dadurch entstehen oder begünstigt werden, daß das Material der Elektroden an der Reaktion teilnimmt. Hierauf wird später noch zurückzukommen sein.

B. Reaktion in der Gasstrecke ohne Beteiligung des Elektrodenmaterials.

Da elektrische Entladungen in längeren Gasstrecken immer ziemlich hohe Spannungen bedingen, so ergibt sich von vornherein für den Bau elektrischer Hochspannungs-Entladungs-Öfen die Aufgabe, eine Entladungsform und dann eine Ofenform zu schaffen, die die Benutzung möglichst hoher Spannungen bis zu 10000 V ermöglicht und trotzdem Nebenschlüsse durch die Ofenwand usw. ausschließt. Es kann schon hier festgestellt werden, daß die Durchbildung der verschiedenen hierher gehörigen Ofentypen nicht so sehr darauf gerichtet war, einen Ofen zu bauen, der den Erfordernissen der betreffenden

Reaktionen möglichst weitgehend entsprechen könnte; sondern die Entwicklung der verschiedenen Ofentypen stellte sich vielmehr zunächst als rein elektrotechnische Aufgabe dar, d. h. es wurde zunächst ein Weg gesucht, rein elektrotechnisch die Aufgabe zu lösen, möglichst große elektrische Entladungen in Gasen zu erzeugen ohne Gefährdung der Ofenkonstruktion selbst, des Bedienungspersonals und der elektrischen Stromerzeugungs- und Verteilungsanlagen.

Heute erscheint diese Aufgabe ziemlich einfach. Als jedoch eines der ersten Probleme der Elektrothermie der Gase vor ca. 30 Jahren auftrat, existierten noch nicht einmal kleine laboratoriumsmäßige, geschweige denn große industrielle Einrichtungen, und wir werden später sehen, daß es außergewöhnlich umfangreicher Studien und Arbeiten bedurfte, um brauchbare Entladungsformen und die zugehörigen Öfen zu finden.

Da für alle hierher gehörigen Reaktionen das gleiche gilt, so erscheint es am zweckmäßigsten, für eine, und zwar die am meisten industriell angewandte Reaktion, die Entwicklung und die einzelnen Ofenkonstruktionen zu schildern, weil es dann nicht schwierig ist, die hierbei erörterten Gesetzmäßigkeiten und die geschilderten Konstruktionen auch auf die übrigen hier in Betracht kommenden Reaktionen anzuwenden. Demzufolge soll hier zunächst die Entwicklung der elektrischen Luftverbrennung, d. h. die Erzeugung von nitrosen Gasen aus atmosphärischer Luft mit Hilfe elektrischer Hochspannungsentladungen behandelt werden. Dem Zweck dieser Abhandlung entsprechend wird die chemische Theorie nur kurz behandelt werden[1], dafür aber wird die Beschreibung der einzelnen technischen Öfen, Schaltverfahren usw. entsprechend ausführlicher gehalten sein.

C. Die Stickoxydbildung in atmosphärischer Luft.

Die Reaktion beruht auf der Tatsache, daß sich Stickstoff und Sauerstoff bei sehr hohen Temperaturen teilweise zu Stickoxyd vereinigen nach der Gleichung

$$N_2 + O_2 = 2\,NO - 43{,}2\ WE.$$

Diese Reaktion ist schon seit mehr als 100 Jahren durch die Arbeiten der englischen Chemiker Cavendish und Priestley bekannt. Die beiden Forscher benutzten die elektrischen Entladungen einer Influenzmaschine, die sie auf ein abgeschlossenes Luftquantum einwirken ließen, wobei Stickoxyd bzw. als letztes Umsetzungsprodukt dieses Gases Salpetersäure in der Sperrflüssigkeit nachgewiesen werden konnte. Lord Rayleigh stellte dann fest, daß die Umsetzung der beiden Gase zu Stickoxyd unter sonst gleichen Bedingungen um so reichlicher aus-

---

[1] Vgl. vom gleichen Autor: Die elektr. Luftverbrennung, Leipzig 1929.

fiel, je höher der Sauerstoffgehalt der Gasmischung war. Durch die Arbeiten von anderen sehr bedeutenden Forschern wurden auch Reaktionsbedingungen bekannt, unter denen sich die beiden Gase vereinigten, ohne daß elektrische Entladungen dabei beteiligt waren. Z. B. wies Bunsen sehr beträchtliche Umsetzungen solcher Art nach, indem er einer bestimmten Luftmenge wechselnde Mengen von Wasserstoff-Sauerstoff-Knallgas beimischte und diese Gemische zur Explosion brachte. Er erhielt hierbei bis zu 2 Vol.-% Stickoxyd in dem nach der Abscheidung des Wassers übrigbleibenden Gasgemisch, was nach den bisher herrschenden Anschauungen auf eine sehr hohe Temperatur schließen läßt. Aus dem Auftreten derartiger Reaktionen zog man in der Tat früher auch den Schluß, daß die Art der Wirkung der elektrischen Entladungen auf die Gasmischung rein thermischer Natur sei, und erst später wurden Arbeiten bekannt (Haber, Haber und König), in denen nachgewiesen wurde, daß zum mindesten bei bestimmten Entladungsformen solche Umsetzungsgrade erzielt wurden, wie sie durch rein thermische Wirkungen nicht erklärt werden können. Indessen sind all diese Entladungsformen entweder zu winzig, oder an solche Bedingungen geknüpft, daß sie technisch nicht verwertbar sind, und so bleibt die Feststellung als richtig bestehen, daß bei den großen für die Technik in Betracht kommenden Entladungsformen tatsächlich die thermische Wirkung der elektrischen Entladungen reaktionsbestimmend ist.

Die Stickoxydbildung aus den Elementargasen ist eine endothermische Reaktion, d. h. sie verläuft unter Wärmeverbrauch nach der Formel

$$N_2 + O_2 = 2\,NO - 43,2\ \text{cal}.$$

Er ist also ziemlich beträchtlich; indessen würde, wenn dies der einzige Wärmeverbrauch wäre, die Reaktion von einer ungleich größeren wirtschaftlichen Bedeutung sein als es in Wirklichkeit der Fall ist; denn die Reaktion ist nicht nur endothermisch, sondern sie ist auch eine sogenannte unvollständig verlaufende Reaktion, d. h. sie macht bei einem bestimmten Umsetzungsgrad halt, und zwar hängt dieser Umsetzungsgrad in einer bestimmten Gesetzmäßigkeit von der jeweiligen Reaktionstemperatur ab, derart, daß der Umsetzungsgrad um so höher ist, je höher die Temperatur liegt.

Die folgende Tabelle zeigt den Umsetzungsgrad in Abhängigkeit von der absoluten Temperatur, den Volumprozenten Stickoxyd, und zwar nach den Bestimmungen von Haber und von Nernst.

Aus der Tabelle ersieht man, daß der Anstieg des Umsetzungsgrades steiler ist als der der Temperatur, und zwar derart, daß trotz Anwachsens der spezifischen Wärme der beteiligten Gase mit der Temperatur die höhere Temperatur doch die höhere Ausbeute ergibt, wobei unter Aus-

Stickoxydgleichgewichte in Luft.

NO	$k =$ Temperaturen in Grad abs.			
%	$\dfrac{(NO)^2}{(N_2)\,(O_2)}$	T Haber	T Nernst	Differenz Grad
0,1	$2{,}47 \cdot 10^{-3}$	1504	1500	4
0,5	$1{,}24 \cdot 10^{-2}$	1936	1928	8
1,0	$2{,}50 \cdot 10^{-2}$	2211	2202	9
1,5	$3{,}78 \cdot 10^{-2}$	2414	2403	11
2,0	$5{,}08 \cdot 10^{-2}$	2583	2571	12
3,0	$7{,}73 \cdot 10^{-2}$	2869	2854	15
4,0	$1{,}05 \cdot 10^{-1}$	3120	3103	17
5,0	$1{,}33 \cdot 10^{-1}$	3347	3327	20
6,0	$1{,}62 \cdot 10^{-1}$	3563	3541	22
7,0	$1{,}93 \cdot 10^{-1}$	3780	3755	25
8,0	$2{,}24 \cdot 10^{-1}$	3985	3958	27
9,0	$2{,}57 \cdot 10^{-1}$	4197	4166	31
10,0	$2{,}92 \cdot 10^{-1}$	4414	4381	33
12,0	$3{,}63 \cdot 10^{-1}$	4841	4861	40
14,0	$4{,}42 \cdot 10^{-1}$	5305	5258	47
16,0	$5{,}28 \cdot 10^{-1}$	5808	5752	56
18,0	$6{,}23 \cdot 10^{-1}$	6370	6304	66
20,0	$7{,}29 \cdot 10^{-1}$	7015	6935	80
25,0	1,058	9229	9094	135

beute immer die erzeugte Stickoxyd- bzw. Salpetersäuremenge, bezogen auf 1 kWh, als Energieeinheit verstanden ist.

Es sei gleich noch an dieser Stelle hinzugefügt, daß Stickoxyd als solches nicht das angestrebte Erzeugnis ist; es ist vielmehr nur ein Zwischenprodukt, aus welchem aber unschwer das eigentlich angestrebte Endprodukt, die Salpetersäure, erzeugt werden kann nach der Bruttogleichung

$$4\,NO + 2\,H_2O + 3\,O_2 = 4\,HNO_3 + 143{,}6\ WE.$$

In Wirklichkeit verläuft diese Umsetzung allerdings wesentlich komplizierter. Indessen ist für den vorliegenden Zweck diese Andeutung hinreichend, wenn noch hinzugefügt wird, daß vielfach auch noch nicht einmal die Salpetersäure als Endprodukt angestrebt wird, sondern daß vielmehr deren Salze, die Nitrate, und zwar überwiegend das Kalziumnitrat und das Ammonnitrat, für Düngezwecke erzeugt werden sollen. Kehren wir zur Betrachtung der grundlegenden Reaktion zurück, so muß weiterhin festgestellt werden, daß die Reaktion nicht nur endothermisch und unvollständig verläuft, sondern auch umkehrbar ist, was sich ja logisch schon daraus ergibt, daß jeder Temperatur ein bestimmter Umsetzungsgrad, den man mit chemischem Gleichgewicht bezeichnet, zugehört. Dieses chemische Gleichgewicht hängt nicht nur von der Temperatur, sondern gleichzeitig auch von der Zusammensetzung des Gasgemisches ab und ist ceteris paribus am größten, wenn beide Gase, d. h. also Stickstoff und Sauerstoff, je zur Hälfte in der Gasmischung enthalten sind.

Es könnte nun den Anschein haben, als ob die Reaktion praktisch nicht ausnutzbar sei, weil ja einer tiefen Temperatur auch ein niedriges oder sogar verschwindendes Gleichgewicht entspricht und weil man ja die Gase kalt verarbeiten muß, um zu einer flüssigen Salpetersäure zu gelangen. Aus diesem Zwiespalt rettet uns jedoch die Erscheinung, daß sich zwar für jede Temperatur ein anderes Gleichgewicht einstellt, daß aber die Geschwindigkeit, mit welcher sich dieses Gleichgewicht verändert, wenn man die Temperatur ändert, nicht für alle Temperaturen gleich ist, und zwar entspricht einer hohen Temperatur eine sehr hohe Geschwindigkeit, während diese immer geringer wird, je mehr die Temperatur sinkt. Für Temperaturen unter einigen 100^0 C sinkt die Geschwindigkeit der Gleichgewichtsverschiebung sogar so weit, daß in meßbaren Zeiträumen keine Veränderung des Gleichgewichtes mehr feststellbar ist. Die praktische Maßnahme zur Benutzung dieser Erscheinung, der sogenannten Reaktionsgeschwindigkeit, kommt also darauf hinaus, das Reaktionsgemisch zunächst auf möglichst hohe Temperatur zu erhitzen und dann so rasch wie möglich auf solche Temperaturen abzukühlen, bei denen die Geschwindigkeit der Gleichgewichtsverschiebungen praktisch Null geworden ist, was der Chemiker so ausdrückt, daß das Gleichgewicht „eingefroren" ist.

Aus den bisherigen Ausführungen geht also hervor, daß die elektrische Entladung, um industriell verwendbar zu sein, zunächst möglichst große Energiemengen zu verarbeiten hat, daß zweitens in der Entladungsbahn eine möglichst hohe Temperatur erreicht wird, und daß drittens eine möglichst rasche Abkühlung der die Entladung verlassenden Gase herbeigeführt wird. Diese Eigenschaften besitzt nun der elektrische Flammbogen von vornherein in hohem Maße, wobei der „Flammbogen" als eine Entladung definiert ist, die in weitaus überwiegendem Maße ohne Beteiligung des Elektrodenmaterials vor sich geht, während wir unter Lichtbogen eine Entladung mit kurzer Gasstrecke unter Beteiligung des Elektrodenmaterials am Elektrizitätstransport verstehen wollen. Der Flammbogen ist also eine Entladung mit möglichst langer Gasstrecke. Die Bedingung, daß das Elektrodenmaterial sich nicht am Elektrizitätstransport beteiligen soll, ist natürlich nicht absolut zu verstehen, da man diese Beteiligung des Elektrodenmaterials nicht ganz ausschließen kann. Es leuchtet aber ein, daß man die Bedingung um so weitgehender erfüllen kann, je höher man bei einer bestimmten Stromstärke die Spannung wählt. Außerdem aber hat es sich als sehr nützlich erwiesen, die Elektroden entsprechend zu kühlen, um nicht nur die meist schädliche Einwirkung des Elektrodenmaterials zurückzudämmen, sondern auch um deren Verschleiß möglichst herabzumindern.

Die elektrotechnische Schwierigkeit zur Erzeugung großer Entladungen besteht nun darin, daß der Widerstand einer Gasstrecke um so mehr sinkt, je höher ihre Temperatur steigt, was der Elektrotechniker allgemein als „Kurzschluß" bezeichnet, d. h. bei einer gegebenen Spannung steigt die Stromstärke auf unzulässig hohe Beträge an, und es ist infolgedessen notwendig, durch entsprechende elektrische Mittel diese Stromstärke auf das für die betreffende Apparatur zulässige Maß zu beschränken, was man an sich leicht dadurch erreichen könnte, daß man einen entsprechend gewählten Ohmschen Widerstand in die Strombahn einschaltet. Ein solcher „Beruhigungswiderstand" ist indessen sehr unökonomisch, da er den größten Teil der elektrischen Energie verzehren würde, und man hat infolgedessen zu dem Hilfsmittel gegriffen, das man schon bei den Bogenlampen früher angewandt hatte, man ersetzt nämlich den Ohmschen Widerstand durch einen induktiven Widerstand, eine sogenannte Drosselspule. Eine solche Drosselspule beseitigt zwar den Überstand, daß man nicht die volle Spannung in der Gasstrecke verwerten kann, auch nicht; aber sie liefert die erforderliche Beruhigung ohne nennenswerten Energieverbrauch, da der Wirkungsgrad der Drosselspule ungefähr so hoch liegt wie der von guten Transformatoren. Durch entsprechende Ausbildung der Drosselspulen bis zu früher ungeahnt großen Dimensionen ist es nun gelungen, elektrische Entladungen zu erzeugen, die bis zu mehreren 1000 kW elektrische Energie ausnutzen. Aber auch dieses war nur dadurch möglich, daß auch weiterhin die Entladung durch entsprechende Einflüsse zu möglichst großer Länge auseinandergezogen wurde, und die Entwicklung hat hierbei zu 3 Hauptformen der elektrischen Entladung geführt, die man am zweckmäßigsten nach der Art der Beeinflussung der Form und Länge der Flamme charakterisiert.

Bevor wir hierauf näher eingehen, muß noch ein Einfluß erörtert werden, und zwar ist dies der des absoluten Druckes, unter dem die Einwirkung der elektrischen Entladungen auf das Gasgemisch erfolgt. Hierzu ist zu bemerken, daß der Druck keinen Einfluß auf die Höhe des Umsetzungsgrades hat, weil die Reaktion ohne Änderungen des Volumens verläuft, denn es entstehen aus 2 Litern Gemisch von Sauerstoff und Stickstoff 2 Liter Stickoxyd. Der Druck kann also nicht unmittelbar ausbeuteerhöhend wirken. Dagegen wirkt er außerordentlich stark auf die Geschwindigkeit der Umsetzung ein, und zwar steigt die Reaktionsgeschwindigkeit annähernd quadratisch mit dem absoluten Druck, so daß man eine gewisse Nützlichkeit des Druckes erwarten könnte. Es ist aber hierbei zu berücksichtigen, daß die Druckerhöhung nur so lange nützlich sein kann, als die Reaktionsgeschwindigkeit nicht genügt, um das der betreffenden Temperatur entsprechende Gleichgewicht zu erreichen. Dies trifft aber nur für verhältnismäßig niedrige Temperaturen zu, wo ohnehin die Ausbeute unbefriedigend ist. Dagegen hat es sich für höhere Temperaturen, die am wirtschaftlichsten sind, erwiesen, daß die Reaktionsgeschwindigkeit bereits so groß ist, daß die Abkühlung und damit die Rettung des Gleichgewichtes schwierig wird. Infolgedessen hat sich bis heute auch die Anwendung erhöhten Druckes industriell nicht einbürgern können.

Wie oben gesagt wurde, hat die Entwicklung zu drei Hauptformen der elektrischen Entladung geführt, die ihrem Wesen nach durch Form und Länge der Flamme gekennzeichnet sind. Man unterscheidet Flammen, die 1. ihren Ort entweder unter dem Einflusse der Strömungsgeschwindigkeit des Reaktionsgemisches oder 2. unter der Einwirkung eines elektrischen und magnetischen Feldes ändern; es gibt ferner 3. Anordnungen, die so getroffen sind, daß die Flamme stabil bleibt. Zur weiteren Erhöhung der Übersichtlichkeit bei Aufzählung der Verfahren kann eine abermalige Unterteilung der Ofenbauarten mit variabler Flamme in dem Sinne erfolgen, daß man Entladungen unterscheidet, die a) ihren Ort, nicht aber ihre Länge und b) solche, die Ort und Länge ändern. Es sei jedoch betont, daß dieses Einteilungsprinzip im ganzen nur ein Schema sein kann. Allein aus dem Grunde, weil die scharfe Abgrenzung zwischen den auslösenden Ursachen jener Lageänderungen der Flammen sich nicht streng aufrechterhalten läßt. Gerade in den ältesten vorbildlichen Konstruktionen späterer technischer Ausbildung wurde die Lageänderung der Entladungsformen ebensowohl durch die Strömungsgeschwindigkeit des Reaktionsgemisches als auch durch Bewegung der Elektroden herbeigeführt, so daß man unter Mitberücksichtigung jener Typen zusammenfassend sagen könnte: „Es gibt Öfen, in denen die Flamme ihre Lage (Ort und oder Länge) ändert und solche, in denen sie stabil bleibt. Die Lageänderung wird durch mechanische Hilfsmittel erreicht." Für die vorliegende Aufgabe, nur die Hauptvertreter der einzelnen Ausführungsformen zu beschreiben, bietet jedoch die oben getroffene Gliederung das übersichtlichere Einteilungsprinzip.

a) Öfen mit veränderlichen Flammen.

1. Flammenortsveränderung durch die Strömungsenergie des bewegten Reaktionsgemisches. System Pauling[1]. An 2 Elektroden E_1 und E_2 (Abb. 1), die nach Art des Hörnerblitzableiters gebogen

---

[1] Ausgebaut von Harry Pauling in Gemeinschaft mit seinem Bruder Guido, Direktor der Luftverwertungsgesellschaft, Innsbruck, ab 1901 bis zur endgültigen Form der 1500 kW-Ofentype aus dem Jahre 1912.

sind, wird ein Wechselstrom gelegt, dessen Entladung bei entsprechend hoher Spannung am Ort der geringsten Elektrodenentfernung zwischen den Spitzen S_1 und S_2 unter Bildung der Flammenerscheinung erfolgt. Ein von unten in diese Entladungsstrecke eingeblasener Strom des zu behandelnden Gasgemisches, im vorliegenden Falle Luft, treibt die Flamme nach oben und breitet sie in der Elektrodenebene aus, und zwar zu einer Fläche, deren Dimensionen von der Größe der Entladungsenergie abhängen. Diese kann durch Vergrößerung der Spannung des Wechselstromes erhöht werden, jedoch nur so weit, bis die zwischen den Elektroden ausgebreitete Flammenbrücke unter dem mechanischen Einflusse der strömenden Luft zerreißt. Dadurch wird die Flamme zum Verlöschen gebracht; die Stromstärke sinkt momentan auf Null

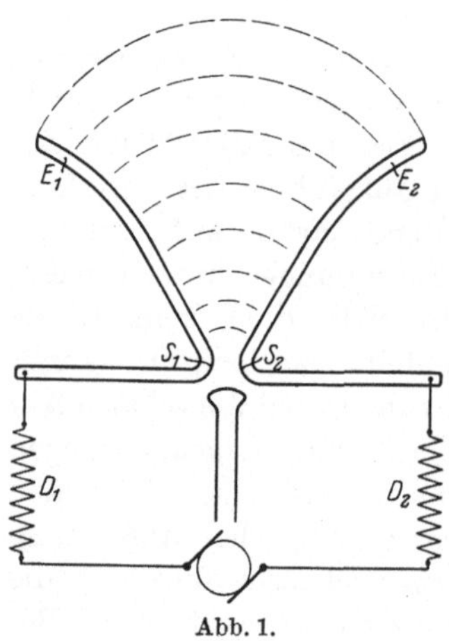

Abb. 1.

gleichermaßen steigt die Spannung und es bildet sich nun eine neue Entladung, die wieder in die Fläche ausgebreitet wird usw. Das Auge erfaßt die rasche Folge der Flammenbogen als blendende Lichtscheibe, das Ohr die Summe der Entladungen als eine Kette knatternder Explosionen.

Der Effekt ist demnach ebensowohl durch die rasche Bildung als auch durch das nicht minder rasche und vollständige Erlöschen der Flamme gegeben. Beide Anforderungen erfüllt der Wechselstrom besser als der an sich ebenso brauchbare Gleichstrom, dem jener jedoch auch in anderer Hinsicht überlegen ist. Wechselstrom mit der hier notwendigen Spannung läßt sich bequem und billig erzeugen und mit Hilfe der Drosselspulen D_1 und D_2 (Abb. 1), s. a. S. 168, gut begrenzen, vor allem aber liegt in seinem natürlichen Richtungswechsel, der auf jeden Fall zwischen 2 Phasen zur Spannung Null führt, die sicherste Gewähr für das exakte Verlöschen der Flamme. Durch zeitlich gleichartige Abstimmung der Phasen- und Entladungslänge ergeben sich beim Arbeiten mit Wechselstrom die weiteren Vorteile der günstigen Lastverteilung im Stromzuführungsnetz und der Möglichkeit, mit den einfachsten elektrischen Vorrichtungen auszukommen.

Dies äußerte sich besonders deutlich, als in der Folge galt, die Hauptschwierigkeiten dieser ersten Bauart des Ofens zu überwinden. Eigentlich kann man nur von einem bedeutenden Hemmnis sprechen, das der rationellen Auswertung dieser Ofentype im Wege stand, nämlich von der Unstimmigkeit, die dadurch gegeben ist, daß einerseits die Elektrodenentfernung zur sicheren Bildung der Flamme ein gewisses geringes Maß nicht überschreiten darf (4 bis 5 mm bei 5000 bis 6000 V Spannung), und daß es andererseits nicht möglich war, in diesem überaus engen Raum die für den technischen und wirtschaftlichen Effekt nötige, sehr bedeutende Luftmenge zur Reaktion zu bringen. Denn der gegebene Fall liegt doch so: Zwei Energien treten miteinander in Wechselbeziehung. Die eine ist die elektrische, die den Flammenbogen erzeugt. Die Größe dieser Energie läßt sich, wenn die Spannung eine gewisse nicht überschreitbare Grenze erreicht hat, nur noch durch Steigerung der Stromstärke erhöhen. Hohe Stromstärke erfordert dicke Elektroden und deren Einbau führt notwendigerweise zu einer weiteren Verengung ihrer nur wenig Millimeter betragenden Entfernung. In diesem Spalt soll nun die zweite mechanische Energie der strömenden Luft in der Weise zur Auswirkung gelangen, daß sie den energiereichen Flammbogen zu der für die chemische Reaktion nötigen, möglichst großen Fläche ausbreitet. Es ist offenbar, daß es nur einen Weg gibt, um dieser Schwierigkeit Herr zu werden, nämlich jenen der Vergrößerung der Elektrodenentfernung. Denn Hilfluft, etwa durch seitlich der Elektroden angebrachte, zu ihrer Ebene geneigte Düsen der Flamme zugeleitet, beeinflußt deren Entwicklung zur Fläche ungünstig, und der Wirkungsgrad erfährt eine Minderung ebenso, wie wenn die Menge der elektrischen Energie herabgesetzt würde, um die Ausbreitung der Flamme mit geringerer mechanischer Energie zu ermöglichen. Jenen einzig gangbaren Weg der Vergrößerung der Elektrodenentfernung beschritten nun die Brüder Pauling erstmalig 1905[1] und vollkommener, in der dann beibehaltenen Verbesserung aus dem Jahre 1907[2], durch Anbringung metallisch leitender Brücken zwischen den dadurch voneinander entfernbaren Elektroden.

Im ersten Patent ist es eine drehbar angeordnete Scheibe, die mit leitenden Stiften zwischen die Elektroden greift, wobei die Anordnung so getroffen ist, daß die auf dem Umfang der gleichförmig drehbaren Scheibe gleichmäßig verteilten Stifte in regelmäßiger Folge zwischen die Elektroden gelangen und die Zündung bewirken. Im zweiten Patent wird derselbe Erfolg wesentlich einfacher durch Schneiden bb oder Nadeln b (Abb. 2) erreicht, die im Elektrodenkörper a über isolierende Zwischenstücke c mittels der Einstellvorrichtung d verschiebbar so dimensioniert und angeordnet sind, daß sie ohne den aus Düse e zugeführten Luftstrom nennenswert abzulenken oder zu zerteilen, doch die leichte Bildung der Flamme und deren Fortleitung auf die Elektroden vermitteln. Mit Hilfe dieser Anordnung wurden mit einem Schlage alle Schwierigkeiten beseitigt, die der rationellen Arbeit

---

[1] D.R.P. v. 15. 8. 1905. [2] D.R.P. 198241.

im Pauling-Ofen bis dahin im Wege standen: durch willkürlich der verfügbaren Energiemenge angepaßte Einstellung der in einem Schlitz oder Kanal der Elektroden geführten Schneiden bzw. Nadeln ist mit einfachsten Mitteln (s. o.) außerordentlich exakte Regulierung des

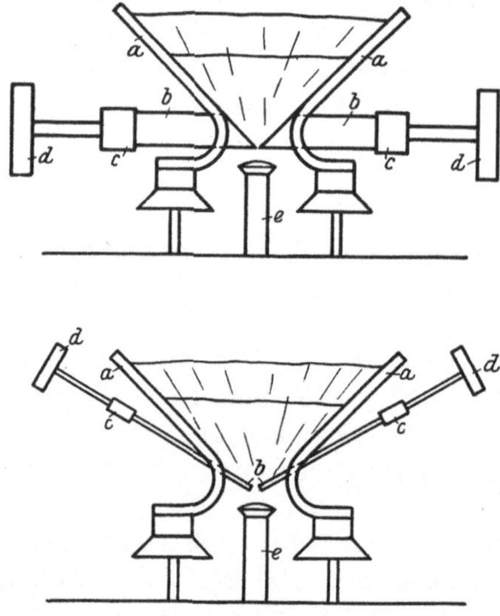

Ofens möglich, die eigentlichen Elektroden können fest eingebaut und den Anforderungen an Stabilität entsprechend genau dimensioniert sein, man vermag beliebig große Luftmengen einzublasen — kurz, durch Einführung jener einfachen Hilfsvorrichtung war der erste wichtigste Schritt getan, um den praktischen Bau des Pauling-Ofens und seine wirtschaftliche Ausnutzung praktisch zu ermöglichen.

Es blieben jedoch zur wirklichen Inbetriebsetzung einer Anlage noch zwei nicht minder wichtige Aufgaben zu lösen, die eine, die ein Konstruktionsdetail, nämlich die Bauart der eigentlichen Elektrodenkörper betraf, die andere, die sich auf den Anschluß der Öfen an eine bestehende Kraftquelle bezog.

Abb. 2.

Es war schon früher erkannt worden, daß man dem starken Verschleiß der die Flammenbogenfläche tragenden Elektroden durch deren Kühlung mit fließendem Wasser zum Teil begegnen kann; doch genügt dieser Schutz bei weitem nicht, um den ungestörten Betrieb des Ofens und die in wirtschaftlicher Grenze bleibende Abmessung der Elektroden zu gewährleisten. Die von Pauling in dieser Hinsicht eingeführten Verbesserungen beruhen einerseits auf der Erkenntnis, daß chemisch reine, insbesondere von Sauerstoffverbindungen freie Metalle, Eisen, Stahl, Kupfer thermischem Angriff wesentlich besser standhalten als deren Legierungen, wenn dieselben auch Reinmetall mit nur Spuren anderer Stoffe darstellen. Andere Abänderungen betreffen die Verbesserung der Kühlung bzw. sind eine Folge der Überlegung, daß die Flamme doch nur gewisse, und zwar jene Stellen der Elektroden gefährdet, an denen sie entlang gleitet, also lediglich deren mittleren Teil. Es genügt daher dieses Mittelstück a in Abb. 3 etwa durch Verschraubung mit den beiden stabil bleibenden Elektrodenteilen b und c leicht auswechselbar anzuordnen oder — und das ist das Wesen der

Erfindung[1] — dieses Mittelstück um seine Achse $i—k$ drehbar einzu-
bauen. Gibt man ihm ein quadratisches Profil (D), so läßt sich nach
Abnutzung je einer Fläche durch Drehung des Stückes um 90⁰ eine
neue in Dienst stellen, gestaltet man das Mittelstück als Zylinder mit

zylindrischer Kühlwasserboh-
rung, so können noch mehr
Mantellinien als Arbeitsflächen
dienen, und die Lebensdauer
der Elektroden wird dementsprechend um das vier- bzw.
mehrfache verlängert.

Eine weitere Vervollkomm-
nung der Elektrodenbauart
ist durch Ausdehnung der
Kühleinrichtung für die Elek-

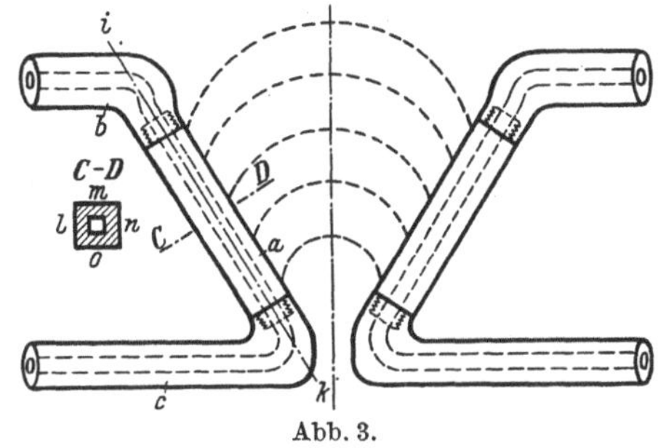

Abb. 3.

trodenkörper auch auf die zwangsläufig führbaren Zündschneiden gegeben[2]. Wie die Abb. 4 zeigt, wird die Zündelektrode a in einem Rohre b
geführt, das zentral im Kühlwasserrohr c für die Elektrodenkörper
liegt. Das Wasser umspült zuerst von außen das Zündungselektroden-
Zuführungsrohr und tritt dann unmittelbar in die Hauptelektrode ein
oder auch umgekehrt. Da nun die Zündungselektrode a messerartig
geformt ist, so füllt sie das Führungsrohr nicht aus, und es ist des-

halb nötig, am Ende der
Zündungselektrode einen Abschluß einzusetzen. Das Ab-
schlußstück e wird am besten als ein mit Gewinde
versehener Zylinder ausgeführt, der zur genauen Führung der Zündungselektrode
einen Schlitz besitzt. Durch
Verdrehen des Stückes e um
seine Achse kann die Zün-
dungselektrode genau senkrecht gestellt werden, wie es

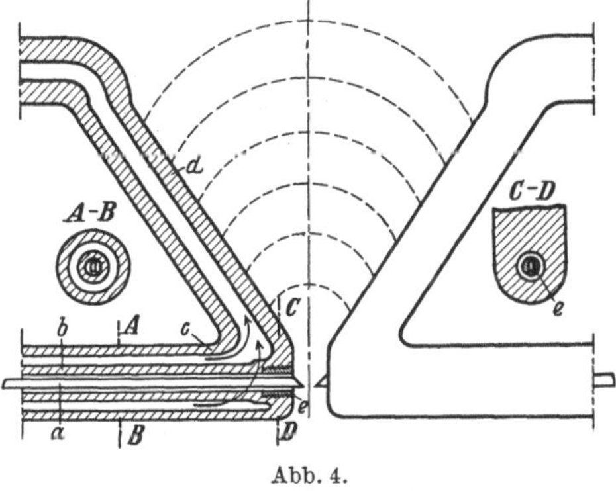

Abb. 4.

der geregelte Betrieb erfordert. Ist der Schlitz des Stückes e ausge-
brannt oder verschlackt, so kann leicht ein neues Führungsstück eingesetzt werden.

Die überaus einfache Bauart der zur Erzeugung des künstlich aus-
gebreiteten Flammbogens dienenden Elektroden ermöglicht die nicht
minder einfache Konstruktion des Ofenkörpers. Er besteht, wie die

---

[1] D.R.P. 258385.   [2] D.R.P. 269239.

Abb. 5 zeigt, aus einem hochfeuerfest ausgemauerten, der Flammenform entsprechend längeren als breiteren rechteckigen Schacht, dessen
Dimensionen im günstigen Gegensatz zu anderen Bauarten so gewählt
werden können, daß die Innenwände genügend weit von der Flamme
entfernt, in zulässiger Weise nicht heißer werden, als 1300 bis 1400⁰,
wenn mit soviel Luft gefahren wird, daß über den Reaktionsbedarf
hinaus Kühlluft verfügbar bleibt. Sie wird durch die in Abb. 2
in der Mitte sichtbare Düse über eine Meßvorrichtung zugeführt,
gelangt mit einem Teil ihrer Bestandteile in der Entladungsfläche zur

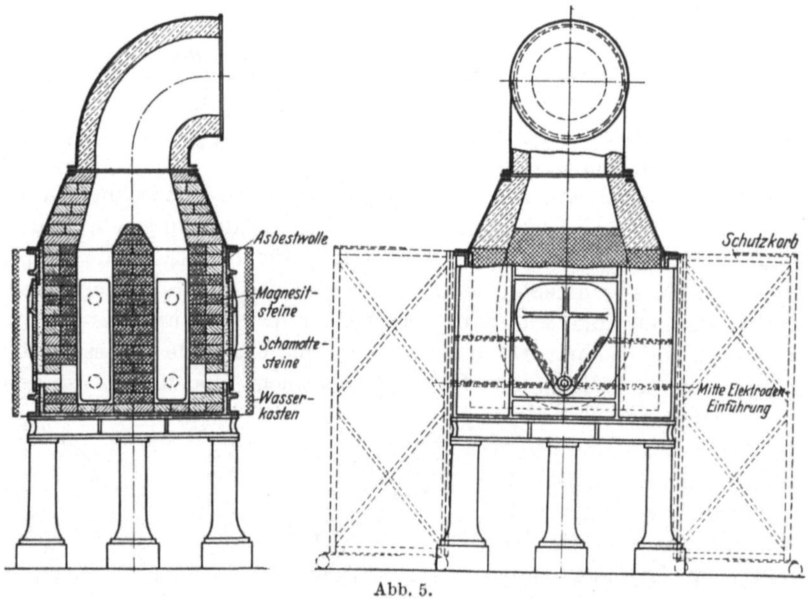

Abb. 5.

Reaktion und reißt mit ihrem unzerlegten Anteil das Reaktionsgemisch
nach oben in die feuerfest ausgekleidete schmiedeeiserne Gassammelleitung, die mit den Gasen aus einer Reihe von Öfen gefüllt zu den
Dampfkesseln leitet. Dort wird die Wärme nutzbar gemacht, das Gasgemisch geht zur weiteren chemischen Verarbeitung.

Es bleibt nun noch übrig, auf jene oben bereits erwähnte Anordnung näher einzugehen, die es ermöglicht, den Ofen z. B. an das Netz
einer städtischen Zentrale anzuschließen, also zu betrachten, wie die
Entladungen einzelner und einer Summe von Öfen beschaffen sein
müssen, um den für einen solchen Anschluß günstigsten Leistungsfaktor
zu erzielen. Da hier aus Raummangel auf die Einzelheiten der grundlegenden Neuerungen nicht eingegangen werden kann, die zur Erhöhung
jenes Leistungsfaktors und zu seiner Anpassung an die Bedürfnisse
einer Zentrale führen, sei hier nur das Prinzip der Arbeitsweise wieder-

gegeben, wie sie in der Monographie des Verfassers[1] auf Grund der Patente[2] ausführlicher beschrieben ist.

Im Verlaufe der Entladung des Wechselstroms zwischen den Zünd-schneiden der Elektroden treten zwei ihrer Größe nach völlig ver-schiedene Spannungen auf, erstens jene, die den Zündungsvorgang bewirkt, also die Entladung einleitet, und zweitens die Arbeitsspannung, die von der Flamme zwischen Zünden und Erlöschen aufgenommen wird. Die Zündungs- ist der Arbeitsspannung so vielfach überlegen, daß der Überschuß im Sinne des S. 168 Gesagten ebenso wie zur Ver-meidung des sogenannten Kurzschlusses, d. i. das Überwiegen der Stromstärke bei einer gegebenen Spannung, mit Hilfe Ohmscher oder induktiver Widerstände, d. s. Drosselspulen, vernichtet werden muß. Widerstände vernichten den größten Teil der aufgewendeten Energie, Drosselspulen bedingen zwar keinen nennenswerten Energieverbrauch, verhindern jedoch die wirtschaftlich annehmbare Ausnutzung der maschinellen Anlage. In allen bis dahin üblichen Anlagen, in denen ein Hochspannungsstromkreis in eine Anzahl von Hochspannungs-flammen unterteilt war, mußten solche, den Leistungsfaktor gleicher-maßen herabsetzende Widerstände bzw. Drosselspulen eingebaut wer-den, um den sonst eintretenden Kurzschluß zu verhüten. Er erfolgt im Moment der Zündung aus dem oben genannten Grunde des Über-wiegens der Zündungs- über die Arbeitsspannung, oder anders aus-gedrückt, des sehr starken Herabsinkens des Widerstandes der Flamme im Augenblick der Zündung unter den Betrag, der jener Mindest-spannung entspricht, die zur Herbeiführung der Zündung nötig ist. Durch ein besonderes System der Hintereinanderschaltung der Hoch-spannungsflammen vieler Öfen in ein und denselben Hochspannungs-kreis, und zwar in der Weise, daß alle Flammenstrecken bis auf eine mittels im Nebenschluß liegender Widerstände überbrückt werden, läßt sich nun, der einen Erfindung gemäß, unter wesentlicher Erhöhung des Leistungsfaktors die Größe jener Ohmschen oder induktiven Vor-schaltwiderstände außerordentlich vermindern und jede beliebige Ma-schinenspannung voll ausnutzen. Jene, lediglich der Zündung dienende Nebenschlußwiderstände bedür-fen nur 0,5% der Gesamtflammen-energie und bewirken doch die Zündung der hintereinanderge-schalteten Flammen etwa nach

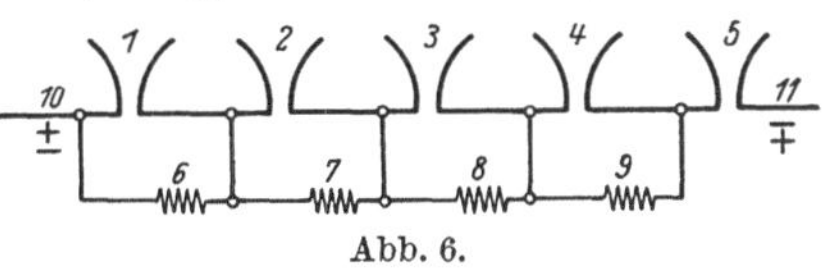

Abb. 6.

dem in der Abb. 6 wiedergegebenen Schema so sicher und gleichmäßig, daß der Leistungsfaktor der Anlage in dieser Schaltung denjenigen von Induktionsmotoren noch übersteigt.

---

[1] Elektrische Luftverbrennung, Halle 1928.
[2] D.R.P. 193366. D.R.P. 213710.

Eine weitere, erhebliche Verbesserung erfuhr der Gedanke dieser ersten durch die zweite Erfindung, die ebenfalls dahin geht, bei der Hintereinanderschaltung von Flammenbogen für Gasreaktionen die Anwendung jener großen und teuren Widerstände zu vermeiden, die sonst nötig sind, um die hohe Überschußspannung zwischen Zündungs- und Arbeitsspannung zu vernichten. Pauling erreicht dies durch den Einbau eines entsprechend hohe Spannung führenden Hilfsstromkreises von geringer Wattleistung, der lediglich den Zweck hat, die Zündung herbeizuführen nach dem Schema wie es in Abb. 7 u. 8 wiedergegeben ist. Der Hilfsstromkreis 6, 7 kann entweder von einer gegenüber der Energiequelle des Arbeitsstromkreises unabhängigen Elektrizitätsquelle gespeist oder direkt vom Arbeitsstromkreis 1, 2, 3, 4 abgeleitet werden, wobei stets, im letzteren Falle durch Anbringung eines Umformers, Sorge getragen werden muß, daß die Spannung des

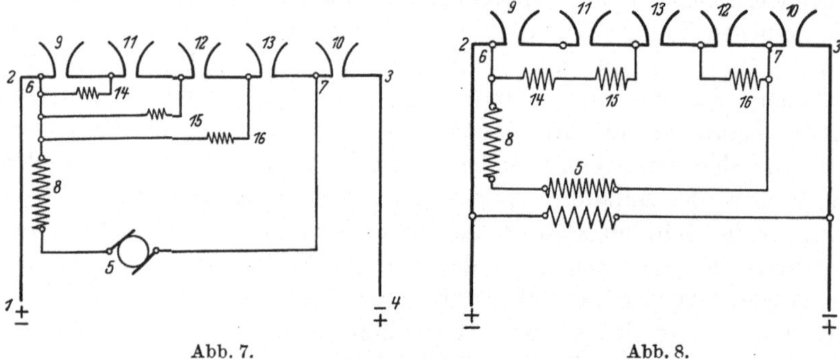

Abb. 7.Abb. 8.

Hilfskreises jene des Arbeitsstromkreises um ein Vielfaches, jedenfalls soweit übertrifft, daß sie sichere Zündung bewirkt; sowie der Hauptstrom einsetzt, sinkt die Zündspannung auf einen geringen Betrag herab, sie erstickt in dem hohen Widerstand des Hilfsstromkreises, dem sie entstammt. Durch diese, in den beiden Patenten wie gesagt näher beschriebenen Maßnahmen werden nicht nur alle bis dahin im Betriebe von Hochspannungsöfen auch anderer Art vorhandenen Schwierigkeiten beseitigt, sondern man erzielt auch eine Erhöhung des Leistungsfaktors von 0,5 auf 0,7 bis 0,8 und ermöglicht den Anschluß der Öfen an ein gewöhnliches Starkstromnetz. Von besonderem Werte ist überdies die Tatsache, daß zum Betrieb von Öfen mit solcher Hintereinanderschaltung von Flammenbögen unter Mitwirkung eines hohe Spannung führenden Hilfsstromkreises sogar Überschußenergie verwertbar ist. Sie entsteht in jedem größeren z. B. in einem städtischen Stromverteilungsnetz durch den wechselnden Energieverbrauch zu gewissen Tages- und Nachtstunden im Sommer und Winter für Licht- und Kraftkonsum. Der Pauling-Ofen vermag jede derartige Spitzenenergie,

auch z. B. den Energieinhalt von bei schwachem Konsum ungenützt
abfließenden Betriebswasser von Wasserkraftzentralen ohne Staumög-
lichkeit, anstandslos aufzunehmen: im Augenblick der Lieferung
größerer Energiemengen vermag der Arbeiter in einem oder mehreren
Öfen durch Näherung der Zündschneiden den Strom ohne Stoß ein-
zuschalten und erhält sofort eine Flamme mit normaler Stromstärke.
Kurzschluß ist ausgeschlossen, da die Hauptelektroden ihre Entfernung
behalten und die Zündspannung unmittelbar beim Entstehen der
Flamme auf einen geringen Betrag herabsinkt. In dieser Hinsicht sind
die Paulingöfen sogar den Elektromotoren überlegen, da der zu deren
Inbetriebsetzung nötige Anlaßwiderstand eines Stromes von der mehrfachen normalen der Stärke bedarf.

1. Andere Systeme. Es ist nun noch eine
Reihe anderer Vorschläge bekannt geworden, die sämtlich dadurch gekennzeichnet
sind, daß in den zugehörigen Öfen die
mechanische Energie des Reaktionsgemisches dazu benutzt wird, die elektrische Entladung zwecks Vergrößerung ihrer
Leistung möglichst stark zu vergrößern und
gleichzeitig durch entsprechende Bemessung
der Geschwindigkeit des Gasgemisches dessen Berührungsdauer mit der Entladungs-
zone auf ein Mindestmaß zu verringern,
um den bei unnötiger Verlängerung der
Erhitzungsdauer auftretenden Energiever-
lust zu vermeiden. Von der technischen

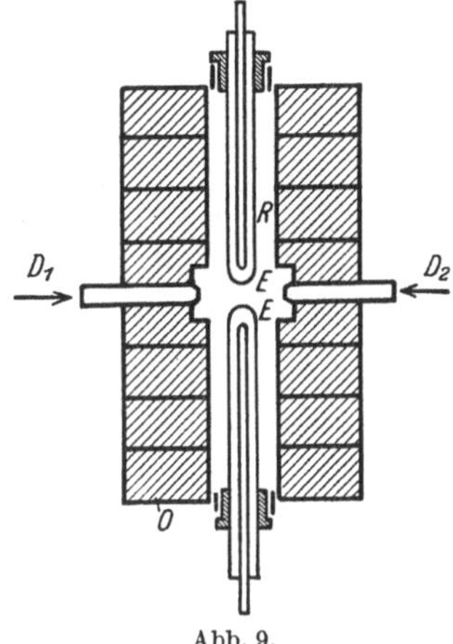

Abb. 9.

Verwertung dieser Öfen ist jedoch nichts bekannt geworden. Dies
gilt z. B. von einer Einrichtung[1], in der die einzelnen ebenfalls
hörnerartig gebogenen Elektrodenpaare eines gleichermaßen durch
Hintereinanderschaltung gebildeten Ofensystems in je einen Schornstein eingebaut sind, dessen im Auftrieb der heißen Gase entstehender
Zug natürlich bei weitem nicht genügt, um bei den großen, zur Ausbreitung der Entladung erforderlichen Luftgeschwindigkeiten befriedigende Ausbeuten zu erzielen. Nach einem anderen wesentlich be-
achtenswerteren Vorschlag[2] wird die zwischen zwei in einer Geraden
liegenden Elektroden E (Abb. 9) gebildete Entladungsflamme mittels
zweier aus den Düsen D^1 und D^2 gegeneinander geschleuderten Luftströme auseinander geblasen, so daß zwei breite flache Flammengarben
entstehen, die sich entlang den Elektroden in einer senkrecht zur
Düsenachse stehenden Ebene, den feuerfest ausgekleideten Raum R

---

[1] Soc. anom. d'études electrochim., Genf, D.R.P. 187585.
[2] Dr. Demetrio Helbig: Rom, D.R.P. 225239.

des Ofens ausfüllend, zu einer Scheibe entwickeln, in der die Reaktion
vor sich geht. Dieser Ofen arbeitet mit einphasigem Wechselstrom
ungünstig, weil der hohe Temperaturanstieg innerhalb der Luftmasse
beim Erreichen der zur Zündung nötigen Spannung weitgehenden
Wechsel ihres elektrischen Widerstandes und damit auch der Stromstärke bedingt, wodurch die starken, den Leistungsfaktor herabsetzen-
den Verschiebungen zwischen Strom- und Spannungskurve (s. o.) auftreten. Arbeitet man hingegen in einem derartigen Ofen mit Dreiphasenstrom zwischen drei Elektroden, so kann die Spannung nicht wie beim
Einphasenstrom nach erfolgter Zündung auf Null herabsinken, sondern
die Flamme wandert fortwährend im Kreise von einem Spitzenpaar
zum nächsten und verlöscht nie, weil sie zwischen einem Paar bereits

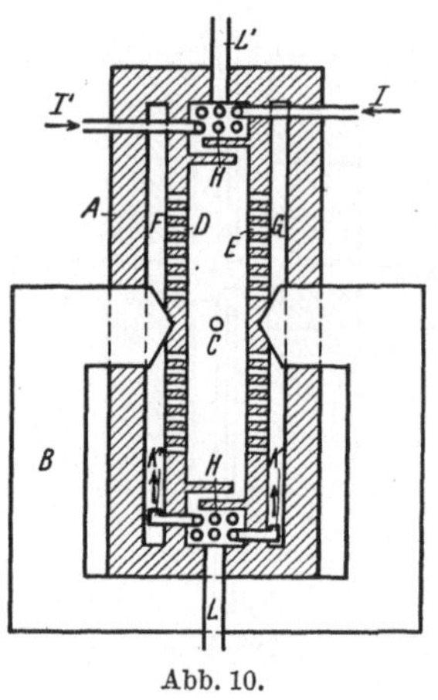

Abb. 10.

tätig ist, während die Entladung im vorhergehenden Paar noch vor sich geht. Deshalb
kann auch jene bedeutende Spannungsdif-
ferenz (siehe oben S. 175) nicht auftreten,
und der Wirkungsgrad des Ofens steigt beträchtlich.

Auch diese Type ist, wie gesagt, ebensowenig zur Ausführung gelangt wie andere
Vorschläge[1]; eine Zusammenstellung der Verfahren findet sich in Bräuer-d'Ans, Fortschritte, Berlin.

2. Öfen mit Flammenortsveränderung unter dem Einfluß eines elektrischen oder magnetischen Feldes. System Birkeland.
Jene möglichst weitgehende Ausbreitung
einer elektrischen Hochspannungsflamme bis
zur Kreisfläche, wie sie nach den Ausführungen des vorstehenden
Abschnittes Helbig mittels der mechanischen Energie zweier gegeneinander und in den Flammenbogen geblasenen Luftströme erreicht,
läßt sich nun, wie schon seit Beginn der sechziger Jahre des vorigen
Jahrhunderts bekannt ist[2], auch durch Einwirken eines starken magnetischen Feldes auf den wie üblich erzeugten Entladungsbogen erzielen.
Dies geschieht in dem ersten technisch in größtem Maßstabe ausgeführten Ofen von Birkeland nach den beiden zugehörigen grundlegenden Verfahren[3] in der folgenden Weise (Abb. 10): In einem evtl.
blechummantelten Schamotteofen von etwa 1,2 m Höhe, der gleichen
Breite und 0,5 m Tiefe des Innenraumes wird der zwischen den horizontal liegenden z. B. wassergekühlten, kupfernen isoliert eingebauten

---

[1] z. B. D.R.P. 297773 oder 200006.

[2] Plücker, Pogg: Ann. 113, 268; ferner D.R.P. 93592, A.E. Bonna.

[3] D.R.P. 179882 u. 170585 von 1903 bzw. 1904.

Elektroden c gebildete Flammenbogen der Wirkung von magnetischen
Kraftlinien ausgesetzt, die, zwischen den beschuhten Polen eines mit
etwa 0,5 kW betriebenen Elektromagneten B gebildet, senkrecht zu
den großen Seitenflächen des Ofens verlaufen. Im Betriebe, und zwar
mit Wechselstrom von 2000 bis 8000 V und 30 bis 10 A (Gleichstrom
ist schwieriger isolierbar und erzeugt unstabile Flammen) bildet sich
nun in dem entstandenen Kraftfeld aus der Entladung eine 0,7 bis 1 m
im Durchmesser umfassende „elektrische Sonne", eine strahlende Fläche
des Lichtbogens, die so stabil ist, daß ein ihr entlang oder durch sie
geblasener Luftstrom von etwa 1 bis 3 cbm pro Minute das ruhige
Brennen der Scheibe in keiner Weise stört und Gase mit angeblich
2 bis 4% Stickoxyden gebildet werden, die durch L und L' ab- zu den
üblichen Oxydations- und Absorptionsanlagen geleitet werden. Ursprünglich wurde die Luft in der Längsrichtung des Ofens eingeführt,
erst in dem zweiten der zitierten Patente ist die Anordnung getroffen,
derzufolge das Gasgemisch I, I' eintretend in glühend werdenden
Röhren H vorgewärmt nach zwei Kammern F und G strömt, von wo
aus es durch die mit Öffnungen versehenen Wände D und E gezwungen
wird, die Anode senkrecht zu deren Fläche zu passieren und schließlich
mit Reaktionsprodukt beladen, wie gesagt bei L und L' abgeleitet zu
werden. Die Pole des Elektromagneten sind bei dieser Anordnung,
natürlich nur wenn er arbeitet, gegen das Abschmelzen in jeder Weise
gesichert; immerhin ist durch weitere Zuleitung einer geringen Menge
kälterer Luft direkt in den mittleren Ofenteil Vorsorge getroffen, daß
die Temperatur der heißen Wände und Apparateteile 800 bis 900°,
d. i. auch der Hilfsgrad der abziehenden Gase, nicht überschreitet.
Die Bauart des Birkeland-Ofens muß in weit höherem Maße als jene
des Pauling-Ofens der Flammenform angepaßt sein, insbesondere muß
er so schmal wie möglich konstruiert werden und erfordert daher ein
wesentlich komplizierteres Mauerwerk, namentlich was die Anordnung
der Löcher in den Zwischenwänden D und E betrifft, da der Wirkungsgrad der Anlage in hohem Maße von der möglichst gleichmäßigen Luft-
zufuhr von beiden Kammerseiten abhängig ist.

System Moscicki. Während dieser Birkelandofen seinerzeit in
dem größten damaligen Luftverbrennungsanlagen der Erde zu Notodden
in Norwegen die Type bildete, arbeitete man in der Schweiz nach den
Patenten von Moscicki[1]. Die Verfahren gehen von der Erwägung aus,
daß in den sonst betriebenen Öfen zur Ausführung von Gasreaktionen
im Bereich einer Hochspannungsflamme die geringe Ausbeute von
z. B. etwa 2% Stickoxyd bei der Luftverbrennung lediglich eine Folge
der Notwendigkeit ist, der Flamme gewaltige Gasgemischmengen zu-
führen zu müssen, um nur deren geringsten Teil chemisch umzusetzen

---

[1] D.R.P. 265834 vgl. Pauling, Elektr. Luftverbrennung, Halle 1929, S. 104.

und die Reaktionsprodukte mit ihrem weitaus größten Teil der gefährlich-heißen Zersetzungszone des Flammenbogens zu entreißen. Dieser Mißstand soll nun beim Arbeiten mit einem Ofen vermieden werden, dessen Bauart, wie sie in Abb. 11 schematisch wiedergegeben ist, es ermöglicht, befriedigende Ausbeuten dadurch zu erzielen, daß man nicht wie sonst unverbrauchtes Gasgemisch, sondern wärmeableitendes Metall zur Abkühlung der Reaktionsprodukte benutzt.

Die durch einen Zylinderhohlmantel wassergekühlte Elektrode b ist ein von zahlreichen vertikalen Kanälen durchsetzter Metallkörper, an den sich oben und unten je ein zylindrischer Hohlmantel anschließt;

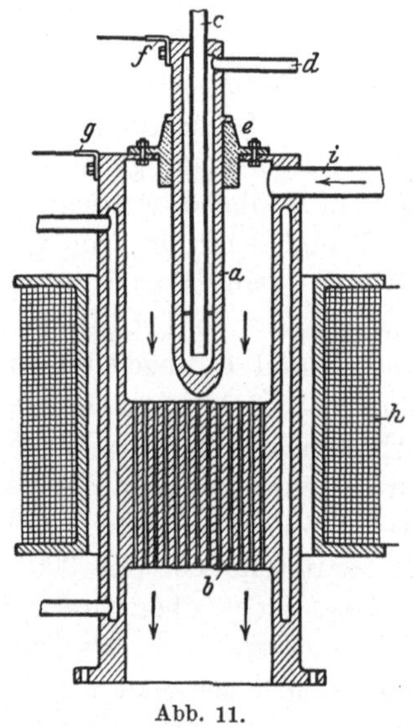

Abb. 11.

er ist von einer Spule umgeben, deren Kraftlinien parallel mit den gebohrten Kanälen verlaufen. Die stabförmige, und zwar ebenfalls mittels Zu- und Ableitung c, d, wassergekühlte Hohlelektrode a ist unten abgerundet und mit Muffe e isoliert von Elektrode b in der zur Flammenbogenbildung zwischen beiden entsprechenden Entfernung eingebaut. Im Betriebe, bei Stromzuführung durch f und g und Gaszufuhr von i gerät nun die im Wechselstrom gebildete Entladung unter dem Einfluß des induzierten Spulenkraftfeldes in Rotation; sie wird zu einer Fläche ausgebreitet, die sich der oberen Fläche des Elektrodenkörpers b anschmiegt, demnach senkrecht zu Elektrode a und zu den mit ihr parallel verlaufenden Kraftlinien steht und somit einen filterartigen Schleier bildet, den die Gasteilchen durchdringen müssen. Auf diesem außerordentlich kurzen Wege erfolgt die elektrochemische Zerlegung des Gasgemisches und sofort anschließend die Abkühlung der Reaktionsprodukte an der großen Oberfläche der Kanalbohrungen des Metallkörpers bis auf 700° herab, d. h. bis zu einer Temperatur, bei der praktisch keine Zersetzung der gebildeten Stickoxyde mehr erfolgen kann. Diese intensive Abkühlung kennzeichnet den Erfindungsgedanken; sie ermöglicht die Herabminderung der zum Transport und zur Kühlung des Reaktionsgemisches sonst nötigen bedeutenden Luftmenge auf 0,5 cm³ pro kWh Flammenenergie. Denn offenbar wird eine um so geringere Gaszufuhr nötig sein, als mit der Steigerung der elektrischen Energie die Menge des durch den rotierenden Entladungsschleier gedrängten Gases in der Zeiteinheit ebenfalls wächst und dementsprechend um so weniger Kühlluft braucht, als sie in dem gleichen Maße schneller der Abkühlung an den wärmeableitenden Metallkanälen zugeführt wird.

Spätere Verbesserungen dieses grundlegenden Verfahrens bezogen sich, wie in der zugehörigen Schrift[1] nachzulesen wäre, auf den Ersatz des Spul. Spuleninduktionsstromes durch ein zwischen den Polen eines Elektromagneten erzeugtes Magnetfeld, insbesondere auch auf eine besondere Form und Führung der Stahlelektrode zu dem Zweck, durch ihre Längsverschiebung die Zündentfernung verändern und sichere Zündung in der Weise bewirken zu können, daß beide Elektroden an der zwischen ihnen gebildeten kreisschlitzartigen Gaseintrittsstelle nahe genug stehen, um dort die sofortige Flammenbildung bei jedem Phasenwechsel des Arbeitsstromes zu ermöglichen, daß aber diese Entfernung dann sehr schnell zunimmt, damit im raschen Gasstrom die Ausbreitung der Flamme unter dem Einfluß des Magnetfeldes nur einen kleinen Bruchteil eines Wechsels des elektrischen Stromes beansprucht.

Es gibt noch andere Vorschläge, die in gleicher Weise ein Magnetfeld als Ausbreitungs- und Bewegungsmittel für die Flamme benutzen, darunter auch ein Verfahren[2], das sich außer dieser magnetischen auch mechanischer Energie bedient, um die Bewegungsgeschwindigkeit des Reaktionsgemisches zu steigern, und dessen noch weitgehendere Abschreckung zu ermöglichen. Nach dieser kombinierten Methode bläst man den Lichtbogen zwischen Elektrodenenden, deren Verbindungslinie parallel zur Achse eines Magnetfeldes liegt, mechanisch, also z. B. wie im Pauling-Ofen mittels des Luftstromes, durch eine Düse über eine scharf gebogene Bahn, und fördert so die unter der magnetischen Beeinflussung vor sich gehende Bildung möglichst langer nicht rotierender Lichtbogen auf sehr kleiner Reaktionsfläche. All diese Verfahren haben keine technische Auswertung erfahren, was auch verständlich ist, wenn man sich vergegenwärtigt, daß mit der Kombination mehrerer Abschreckungsmittel die Bauart der Öfen komplizierter wird und damit die Betriebssicherheit abnimmt. Dazu kommt die von den Erfindern meist ebensowenig berücksichtigte Tatsache, daß ein Zuviel der Abschreckungsmaßnahmen nicht nur die Temperatur der Produkte, sondern auch jene der Flamme herabsetzt; mit ihrer Abkühlung vernichtet man aber einen Teil der Energie, die vorher aufgewendet werden mußte, um die zur Ausführung von Gasreaktionen erforderlichen hohen Hitzegrade der Hochspannungsflamme zu erringen.

3. Öfen mit ruhender Flamme. System Schönherr. Wenn ein zur Ausführung von Gasreaktionen bestimmter Flammbogen, dieses leicht bewegliche und ablenkbare, etwa einem Kautschukschlauch gleichende Kurzschlußgebilde, Länge und Lage nicht verändern soll, darf man das umzusetzende Gasgemisch natürlich nicht in ihn hinein

---

[1] D.R.P. 265834. [2] D.R.P. 284341.

oder quer zu seiner Länge durch ihn hindurch, sondern man muß es entlang dem Flammenbogen leiten; und um dann genügende elektrothermische Beeinflussung des Gemisches zu erreichen, ist es weiter nötig, eine möglichst langgestreckte, bandartige Entladung herbeizuführen, an der im engsten Raume vorbei, besser noch sie als Mantel von Wirbeln umhüllend, das Gas gleiten muß.

Diese Voraussetzungen erfüllten Schönherr und Heßberger in ihrem „Verfahren zur Erzeugung beständiger, langer Lichtbogen und deren Verwendung zu Gasreaktionen" aus dem Jahre 1905[1].

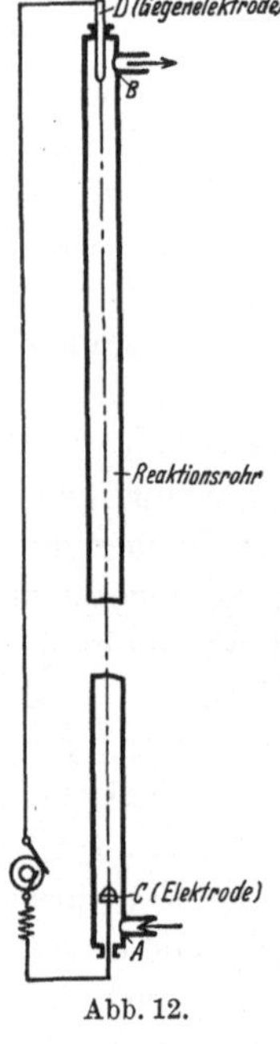

Abb. 12.

In einem bei der technischen Ausführung 7 bis 8 m langen Eisenrohr (Abb. 12), das dann auch als die eine der beiden Elektroden dient, ist die andere Elektrode C nahe bei der Gaszuführöffnung A koaxial eingebaut. Die Gegenelektrode D, am oberen Ende des Rohres nahe beim Austritt B des Reaktionsgemisches wird praktisch nicht benutzt. Bei Stromschluß entsteht zwischen dem Rohr und C zuerst ein kurzer örtlicher Lichtbogen, der sich jedoch im Moment der Zufuhr des zweckmäßig in wirbelnder Bewegung befindlichen Gases, von diesem Wirbelmantel vor Entladung gegen die Innenwandung des Rohres geschützt, in die Länge zieht, so daß eine ruhig, fast geräuschlos brennende Flamme das ganze Rohr ausfüllt. An ihr erfolgt die chemische Umsetzung des Gasgemisches, und zwar angeblich wegen des langen, durch seinen spiraligen Gang noch verlängerten Weges, viel ausgiebiger als in den Anordnungen mit veränderlicher Flamme, so daß die Energie des Arbeitsstromes besser ausgenützt und der Leistungsfaktor der maschinellen Anlage wesentlich erhöht wird, zumal das stabile Flammenband im Stromkreis nur wenig Widerstand erfordert, ferner mit wenigen 1000 V hunderte kW Energie in einem einzigen Bogen zur Wirkung gebracht werden können, und schließlich die Apparatur, ähnlich wie der Pauling-Ofen, einfach und billig ohne Elektromagnete oder ähnliche häufig nicht genügend zuverlässige Hilfsmittel arbeitet. Ein Teil dieser in der Patentschrift aufgezählten Vorzüge des Schönherr-Heßberger-Ofens wird jedoch durch die Notwendigkeit aufgehoben, Maßnahmen treffen zu müssen, die das Abreißen der Flamme im raschen Strom des Gases, das Durchbrennen des besonders im oberen Teil sehr heiß werdenden Rohres, und den allzu raschen Verschleiß der Elektrode C verhindern sollen. Es kann hier nur kurz ausgedrückt werden, wie die I. G. (da-

---

[1] D.R.P. 201279, 238368.

mals B.A.S.F. Ludwigshafen) es versuchte, dieser Schwierigkeiten durch Wasserkühlung des Rohres mit besonderer Wasserführung und Gasgemischvorwärmung (Abb. 13), ferner durch Umgestaltung der Elektrode C zu einem Dreimantelrohr mit wanderndem Lichtbogen an seiner Innenfläche usw. Herr zu werden. Jedenfalls wurde durch diese Verbesserung die ursprünglich an sich so einfache Bauart des Apparates wesentlich kompliziert, nicht zuletzt durch den Einbau der Röhrenelektrode, deren Tätigkeit die Stabilität der Flamme an ihrem Entstehungsort aufhebt und sie in dieser wichtigsten Zone zu einem ortsveränderlichen Gebilde aus der Reihe der oben geschilderten Systeme umgestaltet. Ausführlicher sind Vor- und Nachteile des Schönherr-Ofens in meinem Buche[1] einander gegenübergestellt. Dort ist auch zum Ausdruck gebracht, daß die Type hinsichtlich der Ausbeuten bzw. des Leistungsfaktors der Anlage jenen der Systeme mit instabilen Flammen in keiner Weise überlegen ist.

System Siebert. Dies gilt auch von einem hierher gehörenden, ebenfalls industriell verwendeten System der Elektrochem. Werke G.m.b.H., in Berlin,

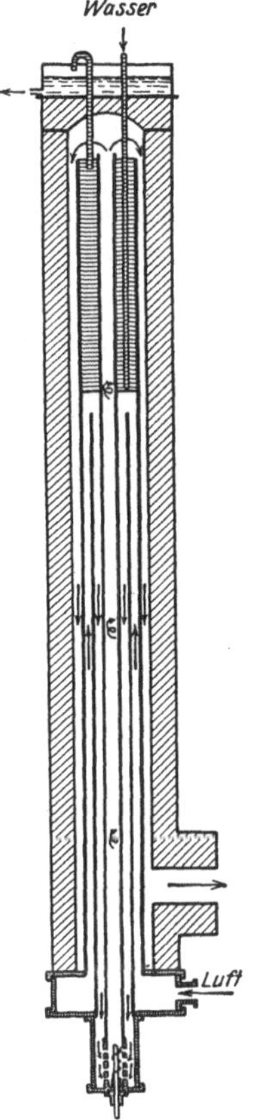

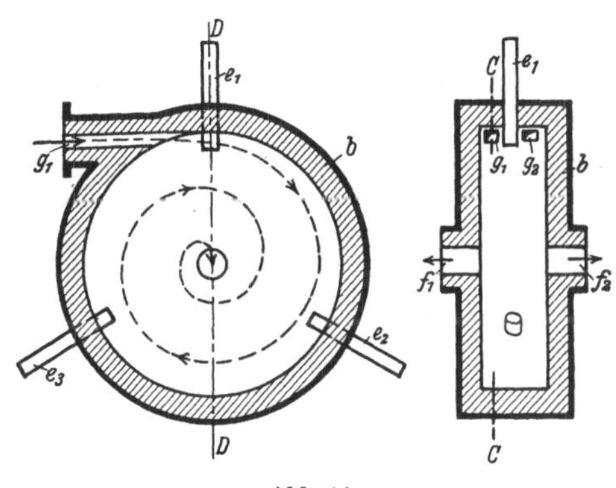

Abb. 13.   Abb. 14.

und Rothe in Dessau, dessen Durchbildung im wesentlichen Siebert zu danken ist. Ohne auf die ursprüngliche Bauart des Apparates einzugehen[2], die bald verlassen wurde, sei an Hand der Abb. 14 die Wirkungsweise des Ofens in seiner späteren Gestalt[3] kurz skizziert.

In einem schachtelförmigen eisernen Ofengehäuse b von z. B. kreisrundem Querschnitt sind in dessen Mittelebene für Verwendung von

---

[1] Elektrische Luftverbrennung. Halle 1928.
[2] D.R.P. 206948.   [3] D.R.P. 266117.

Dreiphasenstrom in gleichem Abstande 3 Elektroden e_1, e_2, e_3 isoliert eingebaut. Zu beiden Seiten der Elektrodenebene sind tangential zur zylindrischen Ofenwand die Gaseinblasestutzen g und g', in der Mittellinie des Gehäuses die beiden Austrittsöffnungen f^1 und f^2 angeordnet. Beim Einblasen des Gasgemisches in den brennenden Ofen bewegt sich nun der Strom spiralig also auf langem Wege von g gegen f hin, breitet die zwischen den Elektroden erzeugten Flammen zu einer ruhenden Scheibe aus und gleitet gleichzeitig an der gebildeten Fläche entlang, so daß die Gasbestandteile zur teilweisen chemischen Umsetzung gelangen; in der Flammenzone der Elektrodenebene findet keine oder nur sehr geringe Gaserneuerung statt. Der auch mit Gleichstrom oder, unter wesentlicher Verbesserung des Leistungsfaktors, mit mehr-, z. B. sechsphasigem Wechselstrom und dann mit 6 Elektroden betreibbare liegend oder stehend gebaute Ofen gibt, da er ähnlich wie der Pauling-Ofen mit hohen Hitzegraden arbeitet, bedeutende Volumenkonzentration der gebildeten Stickoxyde und, wenn im Kreislauf mit sauerstoffreicher Luft gefahren wird, Ausbeuten von bis zu 90 g HNO_3 pro kWh. Die durch die starke Wirbelbewegung des Gasstromes nur zum Teil heruntergesetzte, in der Ofenmitte aber besonders hohe Temperatur des Reaktionsgemisches bedingt allerdings die Notwendigkeit des Einbaues der gekühlten sogenannten Gassammlungs-Kapillare, eines wasserummantelten, im Vergleich zum Umfang der Ofenkapsel relativ engen und darum so bezeichneten Rohres, obwohl es natürlich die zur Aufnahme des Reaktionsgemisches erforderliche und dementsprechend immerhin genügende Weite besitzen muß. Der Siebert-Ofen übertrifft den Schönherr-Apparat zwar nicht hinsichtlich des Leistungsfaktors, wohl aber hat er diesem gegenüber den Vorzug, daß er in sehr bedeutenden Dimensionen demnach für weitaus größere Leistungen gebaut werden kann. Dem Pauling-Ofen ist die Siebert-Anlage insofern unterlegen, als man sie mit eigener Zentrale betreiben muß, da das Anlassen der großen Öfen durch Näherung der gegen die Mitte geschobenen Elektroden bis zur erfolgten Zündung und ihre folgende Zurücknahme an die Peripherie des Ofens Stromstöße verursacht, die seinen Anschluß an ein Verteilungsnetz unmöglich machen.

Die weiteren Konstruktionen von Hochspannungsreaktionsöfen mit ruhender Flamme können recht summarisch behandelt werden, zumal bei ihrer Anwendung evtl. technische Fortschritte durch wesentliche Komplikation der Apparate erkauft werden müssen und der dem Bau zugrunde liegende Gedanke in keinem Falle die Originalität der Schönherr-Heßberger-Idee erreicht.

Zu nennen wäre der Ofen von F. Wielgolaski[1] mit sehr flachem

---

[1] D.R.P. 258052.

zylindrischem Gehäuse, in dessen Innern nach den ersten Angaben eine spiralige Gegenelektrode die Bildung des Lichtbogens zu einer der peripher angeordneten 8 Elektroden vermittelt; die Entladung wandert dann, unter dem Einfluß der wie im Siebert-Ofen tangential eingeblasenen Luft, von diesem einen Ansatzpunkt zu den anderen und von da zur Ofenmitte. Die Tatsache, daß sich das Überspringen der Entladung innerhalb der engen Gegenpolspirale von einer Windung auf die benachbarte nicht vermeiden läßt, brachte bald eine Abänderung[1], die in enger Anlehnung an einen zeitlich früheren Erfindungsgedanken Paulings[2], unter Verzicht auf jene Gegenelektrode den Lichtbogen zwischen Hörnerelektroden miteinander zugewendeten Elektroden entstehen läßt, ihn durch einen die Hörner entlang strömenden abgezweigten oder besonderen Gasstrom ausbreitet und die stehende Flammenfläche dann mittels des durch die hohlen Elektroden zutretenden, der Reaktion zuzuführenden Gasgemisches erzeugt. — Eine weitere hierher gehörende Konstruktion der chemischen Fabrik Griesheim Elektron, Frankfurt a. M.[3], bei der das Gasgemisch dem Flammbogen dauerd in konstanter Menge über seine ganze Länge von oben durch eine Reihe im Winkel geneigter jalousieartig angeordneter Schlitze zugeführt wird, kann um so eher übergangen werden, als von der industriellen Verwertung des Gedankens nichts bekannt geworden ist.

Damit wären die wichtigsten Typen jener 3 Verfahrenreihen zur Ausführung elektrothermischer Gasreaktionen insbesondere zur Luftverbrennung aufgezählt. Welcher Ofentype nun unter sonst gleichen Bedingungen bei größtem Leistungsfaktor der Anlage die beste Ausbeute an nitrosen Gasen von bestimmter Konzentration bzw. an höchstkonzentrierter HNO_3 liefert, kann in der hier gebotenen Kürze nicht ohne weiteres beantwortet werden, da bei Aufstellung eines solchen Vergleiches zu viele Einzelfaktoren mitbestimmend sind. Allgemein gilt, daß alle Öfen eine durchschnittliche Ausbeute von nur etwa 80 g HNO_3 pro kWh gegen 250 g der Theorie, und zwar mit 1,8 bis 2,5 Vol.-% Konzentration der nitrosen Gase, bezogen auf das Volumen der durchgehenden Luft, ergeben, und daher noch stark verbesserungsbedürftig sind. Die Beantwortung der Frage, inwieweit jene Verfahren und Vorrichtungen auch verbesserungsfähig sind, sei es durch Anwendung verminderten Druckes im Ofenraum, Erzeugung relativ kalter Flammen, Vorwärmung des Gasgemisches oder vor allem durch Wahl einer anderen Entladungsform, würde aber auch den Rahmen der Aufgabe überschreiten, die in der vorliegenden Abhandlung ledig-

---

[1] D.R.P. 270758.   [2] D.R.P. 216090.
[3] D.R.P. 228422, 234591, 235429.

lich die bisher ausgeführten und ausführbaren Verfahren und Vorrichtungen für Ausführung von elektrothermischen Gasreaktionen umfaßt. Wer sich für diese Entwicklungsmöglichkeiten der Luftverbrennungsverfahren interessiert, sei auf den fünften Abschnitt meines oben zitierten Buches verwiesen.

Dagegen erscheint es geboten, kurz noch auf eine andere Flammenbogensynthese einzugehen, nämlich auf den Aufbau der Blausäure aus Kohlenwasserstoffen und Stickstoff, da diese völlig andersartige Reaktion vielleicht den Anfang einer sehr bedeutenden Entwicklung bildet.

Denn man muß sich vergegenwärtigen, daß das Radikal-„Cyan" scharf an der Grenze der anorganischen und der organischen Chemie steht, einerseits die Reihe der Verbindungen von Art der technisch z. B. für die Goldgewinnung so überaus wichtigen Cyanalkalien liefert, andererseits durch bloße, einfach ausführbare Hydrolyse nach dem Schema: $-CN + 2H_2O = -COOH + NH_3$ in Ammoniak und die Karboxylgruppe, das Radikal der organischen Säuren übergeht. Dazu kommt die ungemein starke Reaktionsfähigkeit der Blausäure, die sich in den zahlreichen Umestzungsmöglichkeiten mit chemischen Körpern aller Art, allerdings auch in ihrer enormen Giftigkeit äußert, welch letztere wohl allein die Ursache davon ist, daß der Cyanwasserstoff bis heute noch nicht technisches Chemikal von der Bedeutung ist, die ihm gebührt. Es läßt sich jedoch voraussagen, daß die Blausäure dereinst in der chemischen Technik zumindest die gleiche wichtige Rolle spielen wird, wie das ihr nahe verwandte, ebenfalls überaus giftige Kohlenoxydgas, das heute dennoch als Wassergasbestandteil und Synthesenrohstoff in gewaltigen Mengen hergestellt wird und kaum mehr entbehrt werden kann. Denn wie wir in den Elementen C, N, O, H die Bausteine der organischen Welt erkennen, so bilden deren einfachste Kombinationen: Wasser, Kohlenoxyd, Formaldehyd, Ameisensäure, weiter Kohlenwasserstoffe von Art des Methans, Äthylens, Acetylens und schließlich Ammoniak, Cyanwasserstoff und Harnstoff in der Fülle ihrer Umsetzungsmöglichkeiten das Grundmaterial, auf dem die organische Synthese weiter aufbaut.

Die Versuchsarbeiten zur Herstellung von Blausäure aus den Elementen, unter der Einwirkung elektrischer Energie, stammen aus dem Jahre 1859; aber erst 20 Jahre später führte Wallis im Lichtbogen zwischen Kohleelektroden quantitative Arbeiten aus, die zur Grundlage der ersten von Griesheim-Elektron in Gemeinschaft mit Dieffenbach und Moldenhauer beanspruchten Patente wurden[1]. Sie benutzten einen schachtförmigen Lichtbogenofen, durch dessen anodische,

---

[1] D.R.P. 228539, 229057, 255073, 260599.

dem Abbrande folgend nachgeschobene, Brikettkohlenschüttung das Gemisch von 65 bis 75% N_2 mit 35 bis 25% H_2 von unten eingeleitet und aufsteigend umgesetzt, den Ofen durch eine in seinem Deckel eingebaute Kohleröhrenkathode verließ. Diese Erfinder hatten bereits in einem der zitierten Zusatzpatente, wie zeitlich später das Konsortium für elektrochemische Industrie G. m. b. H. zu Nürnberg, diese jedoch unter Zusatz katalytisch wirksamer Metalle(-verbindungen)[1], Kohle in fester Form mittels des H-N-Gasstromes in den Flammbogen eingeführt, doch wurden wirkliche Fortschritte erst erzielt, als man daran ging, die sichere Dosierung von C und H durch Anwendung von Kohlenwasserstoffen zu bewirken, also echte Gasreaktionen im Flammbogen auszuführen.

Diese Verfahren ruhen sämtlich auf den vorbildlichen Versuchen, die erstmalig Berthelot, später Hoyermann u. a., und zwar mit Azetylen- und Stickstoffgas ausführten, während Gruszkiewicz und später Geitz, Muthmann u. Mitarb., Lipinski u. a. den Kohlenstoff in Form von CO (zusammen mit H und N als Halbwassergas) Äthylen, Leuchtgas, Benzol, Ligroin, Methan, Petroleum, Ölgas usw. zuzuführen versuchten. Aus den Ergebnissen dieser Versuche geht hervor, daß unter den Kohlenstoffsubstanzen außer dem Azetylen in erster Linie das Methan hinsichtlich der Ausbeuten an HCN sich im Lichtbogen am günstigsten mit dem Stickstoff umsetzt, namentlich wenn man, wie es in einem Patent der Soc. d Elektrochemie[2] vorgeschlagen ist, das Bildungsgemisch, bestehend aus 60% N, 32% H und 6% CH_4 (+ CO u. a.) nach jedesmaligem Passieren des Ofens auffrischt und so stetigen Betrieb erzielt, oder wenn man wie Briner und Bärfuß erstmalig vorschlugen, unter vermindertem Druck arbeitet. Die beiden Forscher erhielten im kurzen stetig brennenden 505 V-Lichtbogen zwischen Platinelektroden unter 100 mm Hg-Druck mit der Strömungsgeschwindigkeit des Gasgemisches aus 1 CH_4 bis 5 N_2 von etwa 10 l in der Stunde, pro kWh eine Ausbeute von 7,39 g HCN neben nur 0,48 g NH_3, glaubten aber dennoch, den elektrothermischen gegenüber den chemischen Verfahren zur Blausäuregewinnung keine günstige Prognose stellen zu können.

Etwa gleichzeitig arbeiteten A. König und W. Hubbuch in der gleichen Richtung und kamen auf Grund systematisch ausgeführter Versuche zu so bemerkenswerten Ergebnissen, daß ein näheres Eingehen auf diese Forschungen gerechtfertigt erscheint. Die Experimente wurden nur zum geringen Teil unter Minderdruck im wassergekühlten Lichtbogen (s. u.), vorwiegend jedoch unter Atmosphärendruck in einer im Magnetfeld rotierenden Entladung mit Gemischen von Stickstoff

---

[1] D.R.P. 263 692, 268 277.　　　[2] F. P. 458 546.

mit Methan oder Äthylen, vor allem aber mit Azetylen, ausgeführt, sehr mit Recht, da dieses Gas von dem in beliebigen Mengen groß-technisch herstellbaren Kalziumkarbid aus billiger und einheitlicher zu haben ist als Methan und Äthylen aus anderen Quellen, und weil sich die schädlichen Rußabscheidungen als Folge thermischen Zerfalles im Lichtbogen beim Azetylen durch Anwendung überschüssigen Stick-stoffes leichter als bei jenen vermeiden läßt.

Diese letztgenannte, hier allein interessierende Versuchsreihe wurde von König und Hubbuch in einem in Abb. 15 wiedergegebenen Ofen ausgeführt, in dem die Grund-lagen des Pauling-, Schönherr- und Moscicki- (oder Siebert-)Ofens gleichermaßen vereinigt sind, d. h. es wird unter der mechanischen Wirkung des tangential aus der Vor- in die Innenkammer einer „Zyklonbüchse" eingeblasenen Gasstromes, der zwischen Wand und birnenförmiger vertikaler Stahlelektrode erzeugte Lichtbogen zum stehenden Gebilde empor-gewirbelt, der unter dem Einflusse des axialen Magnetfeldes einer Stromspule in Rotation gerät. Durch entsprechende Schaltung des Spulenstromes vermag man Wirbelrichtung des Gases und Rotation der Entladung gegen-einander zu richten und so die denkbar beste und gleichmäßigste Behandlung des Gasgemisches zu gewährleisten.

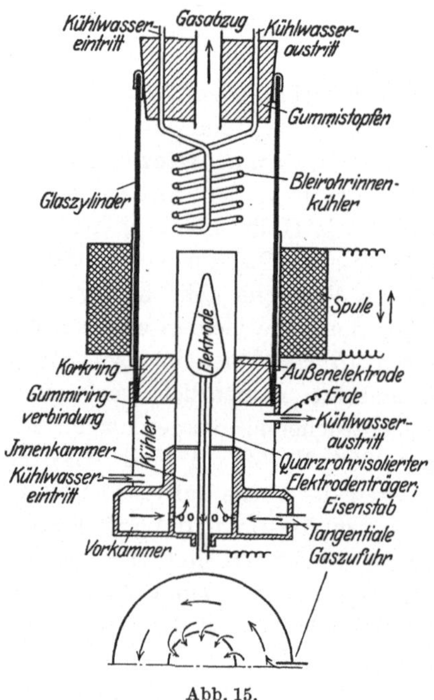

Abb. 15.

Die Ergebnisse lassen deutliche Beziehungen zwischen Art des Kohlenwasserstoffes und Gasströmungsgeschwindigkeit erkennen. „Bei relativ langsamer Gasströmung, also heißerem Bogen setzt sich das am wenigsten zum Rußen neigende Methan in nahezu gleichbleibender Stoffausbeute von etwa 40% zu Blausäure um, unabhängig davon, wie groß innerhalb der Grenzen 2 bis 11 Vol.-% der Methangehalt des Stickstoffes ist. Äthylen- und Azetylen-Wasserstoffgemische zeigen deut-lich ausgeprägte Maxima der Stoffausbeute bei beginnender Rußbil-dung, bei Zusatz reinen Azetylens zum Stickstoff liegt sogar das Maxi-mum der Stoffausbeute bereits im Gebiet starker Rußabscheidungen. Bei rascherer Gasströmung hingegen kehren sich die Verhältnisse um:

die Ausbeuten an Blausäure bleiben bei Verwendung von Methan hinter denen zurück, die mit Äthylen und Azetylen erhalten werden. Auch beim Äthylen verschlechtern sich gegenüber dem Azetylen die Ausbeuten wesentlich, so daß im raschströmenden Gas zur Erzielung hoher Blausäureausbeuten Azetylen als der geeignetste Kohlenwasserstoff anzusehen ist. Recht günstige Ergebnisse hinsichtlich Energie- und Stoffausbeute, und zwar ohne Rußbildung, lieferte bei 20 l-Strömung ein Gemisch von 30% Wasserstoff und 70% Stickstoff, dem 7 bis 8% Azetylen zugemischt wurden. Bei sehr rascher Strömung, bis 100 l, näherte sich die Energieausbeute der Blausäurebildung aus Gemischen von Azetylen und Wasserstoff mit Stickstoff in größerem Überschuß einem Grenzwert, der für die benutzte Apparatur bei etwa 10 bis 11 g CN' pro kWh erreicht zu sein scheint"[1].

Eine im Sinne dieser Richtlinien ausgebaute Anlage zur Herstellung von Blausäure arbeitete in Polen mit einem Moscicki-Ofen, der ursprünglich zur Ausführung der Luftverbrennung bestimmt war; doch ist über die Ergebnisse nichts bekannt geworden. Im ganzen genommen scheint es als würde die alte Alkali-Bariumkarbonat-Kohlecyanidierung im Stickstoffraum heute noch der bequemere und billigere Weg zur Gewinnung von Cyanverbindungen sein. Die direkte Cyanwasserstoffsynthese wird erst zu ihrem Rechte kommen, wenn es gelingt, ein wirschaftlich mögliches Verfahren ausfindig zu machen, zu dessen Ausführung das Giftgas, ohne den Umweg über die Cyanalkalien beschreiten zu müssen, direkt aus dem Ofen heraus zur Umsetzung gebracht werden kann.

Die neuere Zeit brachte, von solchen Verfahren abgesehen, die nicht mit der Hochspannungsentladung arbeiten, als bemerkenswerte Neuerung die Erkenntnis, daß man bei dieser Art der Blausäuresynthese aus Kohlenstoff, Wasserstoff und Stickstoff enthaltenden Gasen und Gasdampfgemischen zu wesentlich besseren Ausbeuten gelangt, wenn man im Gegensatz zur Arbeitsweise von Briner und Bärfuß, die, wie oben gesagt wurde, unter Minderdruck arbeiteten, die Reaktion unter erhöhtem Druck ausführt. Die hierher gehörende inhaltarme Patentschrift[2] sagt allerdings kaum mehr aus, als daß ein Gemisch von 5,3% Kohlenoxyd, 18,3% Methan, 33,7% Wasserstoff und 42,7% Stickstoff in der elektrothermischen Synthese, gegen 16 bis 17 g/CN/kWh bei Atmosphärendruck, unter dem erhöhten Druck von 1,6 at 21 g Blausäure liefert.

Die vorstehend beschriebenen Verfahren der Luftverbrennung und des Blausäureaufbaues aus Kohlenwasserstoffen und Stickstoff umfassen das Gebiet der echten Gasreaktionen im Hochspannungslicht-

---

[1] Originalbehandlung in Z. elektrochem. u. angew. Chem. 1922, S. 223.
[2] D.R.P. 360891.

bogen, also die wahre Elektrothermie der Gase. Daneben gibt es jedoch auch nicht oder nicht allein mehr unter dem Einflusse der Wärmewirkung des Stromes verlaufende Elektro-Gasreaktionen als Folge der Ionisierung von Gasen oder des Auftretens von Strahlungserscheinungen in Gasmassen unter der Einwirkung elektrostatisch erzeugter Funken oder der sogenannten Glimmentladung, also Elektrosynthesen von Art der Ozonbildung, bei deren Verlauf thermische Einflüsse keine oder nur eine untergeordnete Rolle spielen, die demnach auch außerhalb des Rahmens einer Abhandlung über die Elektrothermie der Gase stehen. Wenn solche Verfahren hier dennoch erwähnt werden, so geschieht es, weil ebensowohl die ersten Arbeiten auf dem Gebiete der Luftverbrennung als auch des Blausäureaufbaues aus Stickstoff und Wasserstoff in der Entladung zwischen Kohlenelektroden, mittels des Ruhmkorff-Induktionsapparates, also im Bereiche von Funkenstrecken ausgeführt wurden und weil auch später König und Hubbuch (s. o.) Azetylen und Stickstoff im wassergekühlten Hochspannungsglimmbogen zur Wechselwirkung brachten. Die technischen Erfolge dieser Methoden waren von Cavendish und Berthelot an bis zur Jetztzeit gering, wenn man im Begriff des technischen Erfolges auch die Erzielung möglichst hoher Ausbeuten an möglichst konzentriertem Reaktionsprodukt einschließt; denn auch die technische Sauerstoffozonisierung mittels der Siemensröhre führt zu maximal 0,5% Ozon enthaltender Luft, die dann zufällig in dieser geringen Anreicherung das technisch brauchbare Erzeugnis für Trinkwassersterilisierung und Lufterneuerung darstellt[1]. König und Hubbuch erhielten denn auch bei der zuerst gewählten Arbeitsweise (unter Minderdruck s. o.) aus einem Stickstoff-Azetylen-Gemisch mit höchstens 2% des Kohlenwasserstoffes und bei geringer Strömungsgeschwindigkeit des Gasgemenges (3 l/Std.), vermutlich durch lose Anlagerung aktivierter Stickstoffmoleküle oder im Ionenstoß entstandener Stickstoffatome an das Azetylen, zwar nahezu quantitative Stoffausbeute an Cyanwasserstoff, jedoch die technisch völlig unzureichenden Energieausbeuten von nur 0,5 bis 1,25 g CN′/kWh; Erhöhung des Azetylen-Gehaltes im Gas führte zu Rußabscheidung, Steigerung seiner Strömungsgeschwindigkeit brachte nicht die erhoffte proportionale, sondern wesentlich geringere Mehrung der Energieausbeute, so daß die Forscher sich entschlossen, jene Methode aufzugeben, und so wie oben beschrieben im bei Atmosphärendruck verblasenen, vorwiegend elektrothermisch wirksamen Hochspannungslichtbogen zu arbeiten.

---

[1] Über die Energieausbeute bei dem neuen Verfahren des D.R.P. 454699 zur Erzeugung von Hydrazin aus raschströmendem trockenen NH_3 im H_2O-gekühlten Ozonisator unter dem Einfluß von 10000 V Entladung mit 500 Per. ist in der Schrift nichts gesagt.

Die Wärmewirkung ist es demnach, die in der Reihe jener genannten Gasreaktionen zum technischen Erfolg (s. o.) führt. Es ist notwendig, sich in diesem Bereiche wegen der Höhe der zu erreichenden Hitzegrade des elektrischen Flammbogens zu bedienen; fällt diese Notwendigkeit weg, so genügen alle andern auch sonst verwendeten Wärmequellen. So arbeitet man seit jeher bei der Cyanisierung (Kohleazotierung) ebenso mit der Glut brennender Heizstoffe, wie bei Ausführung von vielen anderen Reaktionen zwischen Gasen und Dämpfen. So, wenn nach neuen Verfahren[1] CO und NH_3 zur Gewinnung von Blausäure mit oder ohne Anwendung von Druck über 400 bis 500⁰ heiße neutrale oder schwache alkalische aktive Kohle bzw. über Katalysatoren geführt werden oder wenn man zur CS_2-Gewinnung im Taylor-Ofen oder seinen Verwandten und Nachbildungen Schwefeldampf auf glühende oder im elektrischen Widerstandsstrom auf 800 bis 900⁰ erhitzte Kohle zur Einwirkung benutzt, oder wenn man die hohe (1800 bis 2000⁰) Explosionswärme des entzündeten Azetylen-Stickstoff-Gemisches zur Bildung von Blausäure anwendet[2]. Keine dieser Reaktionen hat mit dem vorliegenden Thema etwas zu tun, die Elektrothermie der Gase im oben gefaßten Sinne des Wortes ist bis heute technisch lediglich auf jene beiden Verfahrenreihen der Luftverbrennung und Blausäurensynthese beschränkt. Wie sich diese Flammbogenverfahren noch bei diesen beiden ausbauen, und wie sie sich ferner auch bei anderen Gasreaktionen, etwa bei der Gewinnung des Wasserstoffsuperoxydes, Chlorwasserstoffgases, gewisser Kohlenwasserstoffgemische usw. auswerten lassen, wird die Zukunft lehren.

---

[1] E. P. 242685 1924; D.R.P. 444502; A. P. 1492194.
[2] Chem. Zentralblatt Bd. 1, S. 1266. 1923.

VIII. Elektrothermische Forschungsarbeiten.

Von

M. Pirani (Berlin).

Mit 30 Abbildungen.

A. Einleitung.

Die technische Forschung hat die Aufgabe, die von den Naturwissenschaften vermittelten Erkenntnisse dem Produktionsprozeß nutzbar zu machen, sei es z. B. durch Entwicklung neuer Herstellungsverfahren für Werkstoffe, sei es durch Verbesserung bestehender Verfahren.

Unter den Vorbedingungen, die zur Ermöglichung einer fruchtbringenden Forschungsarbeit geschaffen werden müssen, ist eine der wichtigsten die Ausbildung von Apparaten, mit denen man experimentieren, d. h. die Versuchsbedingungen nach Wunsch verändern kann. Das Studium der Gleichgewichte fester, flüssiger und gasförmiger Körper bei hohen Temperaturen erfordert z. B. die Schaffung von Öfen, die einen weiten Temperaturbereich beherrschen und die es gestatten, unter verschiedenen chemischen und physikalischen Versuchsbedingungen (Gasatmosphäre, Druck) zu arbeiten.

Eine zweite wichtige Frage, mit welcher die technische Forschung sich zu befassen hat, ist die Ausbildung von Meßmethoden. Im vorliegenden Falle werden sich diese in erster Linie auf die bei elektrischen Prozessen auftretenden Energie- und Temperaturgrößen beziehen. Erst derartige Messungen machen ja die Festlegung und Beschreibung experimenteller Ergebnisse möglich. Sie können weiterhin nutzbringend zur Kontrolle des Fabrikationsganges und zur Erkennung der Verlustquellen verwandt werden.

Einige dem elektrothermischen Aufgabenkreis der neuzeitlichen Technik entnommenen Beispiele mögen das soeben Auseinandergesetzte erläutern.

Zur Herstellung von reinem, mechanisch verarbeitbarem Wolfram wird eine Temperatur von über 3000⁰, die in ziemlich engen Grenzen innegehalten werden muß und eine sauerstoffreie Atmosphäre benötigt. Ferner muß dafür gesorgt werden, daß das Wolfram weder mit anderen Metallen noch mit Kohle in Berührung kommt. Für die Herstellung von Tantal wird eine Temperatur von ca. 3000⁰ sowie ein hohes Vakuum benötigt, wobei, ebenso wie beim Wolfram, eine Berührung mit anderen Metallen oder Kohle zu vermeiden ist. Bei der Herstellung von dichten Zirkonoxydkörpern, die wiederum zur Herstellung elektrischer Öfen verwendet werden, ist eine Brenntemperatur von ca. 2500⁰, Vermeidung von reduzierenden Gasen und Gegenwart von Sauerstoff Bedingung. Die Herstellung von Wolframkarbidkörpern, wie sie für Drehstähle Verwendung finden, erfordert bei einem der Verfahren (Gießverfahren) eine Temperatur von ca. 2800⁰ und eine reduzierende, insbesondere kohlenstoffhaltige Gasatmosphäre.

Wollte man die eben genannten Probleme im Laboratorium studieren, so müßte man zunächst einen Ofen konstruieren, mittels dessen man nach Wunsch Temperaturen bis zu 3500⁰ unter verschiedenen Bedingungen des Druckes und der Gasatmosphäre herstellen kann. Mittels eines solchen Ofens wäre man in der Lage, die einzelnen technischen Prozesse zu erforschen und alle Größen, die im Sonderfall eine Rolle spielen, systematisch zu variieren, um die günstigsten Bedingungen für jeden Einzelfall festzustellen.

Als besondere Anforderung an einen solchen Ofen besteht eine bequeme Handhabung und große Anpassungsfähigkeit an die vorhandenen Energiequellen.

Die Konstruktion eines solchen Universalofens ist bisher noch nicht gelungen. Man war infolgedessen gezwungen, für die einzelnen Verwendungszwecke Spezialöfen zu konstruieren, die im Einzelfall den geforderten Bedingungen genügten.

Die meisten elektrischen Laboratoriumsöfen beruhen auf dem Prinzip der Widerstandserhitzung. Den erreichbaren Temperaturen ist durch die Verdampfung bzw. das Schmelzen des betreffenden Leiters eine Grenze gesetzt. Man muß also, um hohe Temperaturen erzeugen zu können, als Leiter Stoffe mit sehr hohem Schmelzpunkt, wie Wolfram, Molybdän oder Kohle wählen.

Um die Verluste durch Wärmeleitung oder -strahlung möglichst gering zu halten, wird man die beheizte Zone durch Körper mit schlechtem Wärmeleitvermögen umgeben. Diese müssen die hohen Temperaturen aushalten, ohne zu schmelzen, zu verdampfen oder zu sintern und dürfen sich nicht mit dem zur Heizung verwandten Material in der Wärme chemisch verbinden. Auch muß dafür gesorgt werden, daß die gegen Sauerstoff empfindlichen Metalle, wenn sie als Heizmaterial verwendet werden, durch indifferente Gase oder durch Vakuum geschützt werden. Als Schutzgas wird meistens ein Gemisch von Wasserstoff und Stickstoff, Formiergas genannt, benutzt. Besondere Rücksicht bei der Auswahl der bei der Widerstandserhitzung verwandten Materialien muß auf die Formgebung genommen werden, denn es ist weder möglich aus allen angeführten hochschmelzenden Materialien Drähte herzustellen (z. B. bei Kohle nicht), noch ist es möglich, Rohre beliebiger Dimensionen anzufertigen, z. B. aus Tantal oder Wolfram. Dies wiederum führt zu einer Abgrenzung der Anwendungsmöglichkeiten der einzelnen Substanzen, wegen der Notwendigkeit der Anpassung an die elektrischen Stromlieferungseinrichtungen.

B. Elektrische Öfen.

Tabelle 1 gibt die Schmelzpunkte und Eigenschaften einiger Leiter und Isoliermaterialien, die für elektrische Öfen in Betracht kommen.

Tabelle 1.

Metalle usw. (nach Pirani u. Lax in Guertlers Metalltechn. Kalender 1925 und Worthing, Phys. Rev. Bd. 28, 190, 1926).			Oxyde und Isolierstoffe (nach Pirani u. Lax in Guertlers Metalltechn. Kalender 1925).	
Material	Schmelzpunkt ^{0} C	Atmosphäre	Material	Schmelzpunkt ^{0} C
Kohle, Graphit . .	3500	CO, H_2, N_2	Thoriumoxyd	über 3000
Wolfram W. . . .	3390	H_2	Zirkonoxyd	2900
Tantal Ta	3030	Vakuum	Magnesiumoxyd	2800 [3]
Molybdän Mo . .	2620	H_2, CH_3OH	Berylliumoxyd	2450
Iridium Ir	2350	N_2	Zirkonerz	über 2300
Platin Pl.	1771	N_2, Luft	Aluminiumoxyd	2050
Nichrom	1550	Luft bis 1200^0, sonst H_2, CO, N_2	Chromoxyd	2020
			Chromit.	über 2000
Eisen Fe	1510	H_2	Alit von Gebr. Siemens. .	2000
Nickel Ni	1450	H_2, CO, N_2	Aluminiumoxyd, mit Ton gebunden, oder Tonerde-Schamotte	1850 bis 1900

Hochschmelzende Karbide und Nitride (nach Friederich u. Sittig, Z. anorg. Chem. Bd. 143, 320; Bd. 144, 189).			Porzellanmasse E_2 der Staatl. Porz.-Manufaktur Berlin	1850
Material	Schmelzpunkt ^{0} C	Atmosphäre	Marquardsche Masse und ZH 2-Masse d. Staatl. Porzellan-Manufaktur Berlin	1825
Niobkarbid	ca. 3800 [1]		Schamotte	ca. 1800
Tantalkarbid . . .	ca. 3800 [1]		Meißener Porzellan . . .	1750
Titankarbid . . .	ca. 3200		Pythagoras Porzellan . .	1730
Zirkonkarbid . . .	ca. 3200		P 57-Masse von Meißen .	1730
Bornitrid	3000 [2]		Quarz-Glas	ca. 1700
Titannitrid	2930		Verbrennungsglas	ca. 1100
Zirkonnitrid . . .	2930	H_2 oder N_2		
Wolframkarbid . .	2880 [1]			
Vanadinkarbid . .	2830			
Scandiumnitrid . .	2650			
Molybdänkarbid .	2570 [1]			
Siliziumkarbid . .	2540 [1]			

[1] Zersetzen sich vor dem Schmelzen.
[2] Unter Stickstoffdruck.
[3] Verdampft stark vor dem Schmelzen.

Abb. 1 zeigt einen Molybdän-Drahtofen von W. C. Heraeus in Längsschnitt und Seitenansicht, der für Anschluß an normale Spannungen (110 V und 220 V) geeignet ist. Das Innenrohr A und das Schutzrohr B sind aus schwer schmelzbarer gasdichter keramischer Masse hergestellt, die nur eine geringe elektrische Leitfähigkeit besitzt. Auf das Innenrohr A ist Molybdändraht in spiralförmigen Windungen aufgewickelt. Um diese Wicklung bei höherer Temperatur vor Oxydation zu schützen, wird eine Schutzatmosphäre von Methylalkoholdampf (Behälter L) verwandt. Bei dieser Anordnung wird die Unbequemlichkeit des Anschlusses an einen Vorratsbehälter mit reduzierendem Gas (Gasometer, Wasserstoffbombe oder dgl.) vermieden. Das Schutzrohr B ist mit einer dicken Schicht F aus Isoliermaterial umgeben, die durch einen Metallmantel und Asbestscheiben zusammengehalten wird. Für den Betrieb des elektrischen Ofens mit Molybdän als Heizwiderstand ist ein Regulierwiderstand erforderlich. Im Ofenraum ist eine beliebige Gasatmosphäre möglich. Der Ofenraum hat je nach

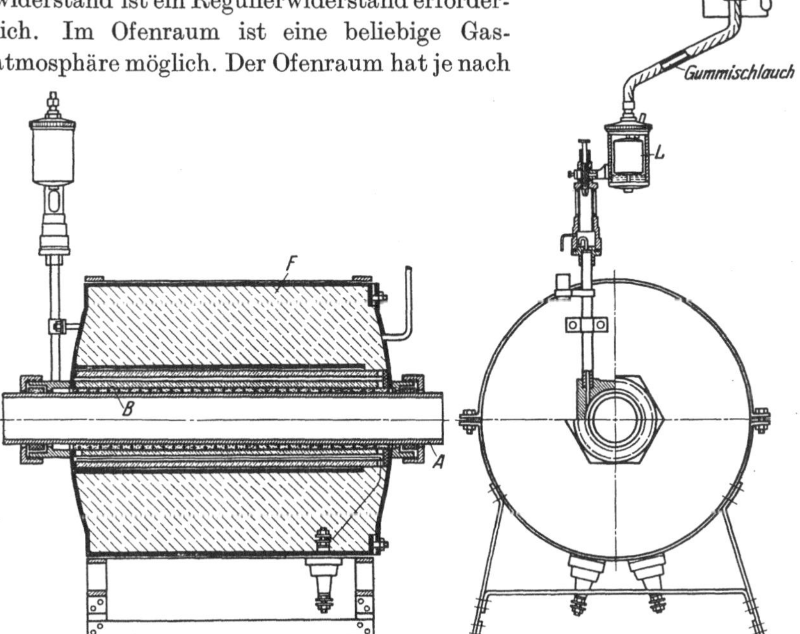

Abb. 1. Molybdändrahtofen von W. C. Heraeus.

der Größe des Ofens eine Länge von 200 bzw. 500 mm und einen Durchmesser von 30 bzw. 50 bzw. 70 mm. Die Höchsttemperatur des Ofens beträgt 1500°, die Betriebstemperatur 1450°, wobei die Temperaturbegrenzung durch das Heizrohr gegeben ist (vgl. Tabelle 1).

Abb. 2 stellt die Gesamtansicht desselben Ofens mit dem Regulierwiderstand dar.

Abb. 3 zeigt einen vom Verfasser 1913 konstruierten Molybdändrahtofen mit leicht auswechselbarer Heizpatrone. Die Patrone besitzt an der einen Seite (in der Abbildung links) einen metallischen Konus, welcher in einen entsprechend geformten Teil des Ofengehäuses dicht angedrückt wird. Hierdurch wird die bei anderen Öfen mit auswechselbarem Heizrohr notwendige Dichtungspackung an der Eintritts- und Austrittsstelle des Heizrohres vermieden. Der Druck wird durch eine Feder auf einen Ring ausgeübt, der auf dem Heizrohr befestigt ist. Der Zwischenraum zwischen Heizrohr und Schutzrohr wird von einem indifferenten Gas durchflossen.

Abb. 2. Molybdändrahtofen mit Regulatorwiderstand.

Bei den eben beschriebenen Öfen liegt zwischen dem Heizdraht und dem zu erhitzenden Körper noch eine Wand aus keramischer Masse, die dem Molybdändraht den nötigen Halt gibt und ihn zugleich vor einer Berührung mit dem Gegenstand, den man erhitzen will, schützt. Diese Rohrwandung ruft aber einen Temperaturabfall zwischen Draht und

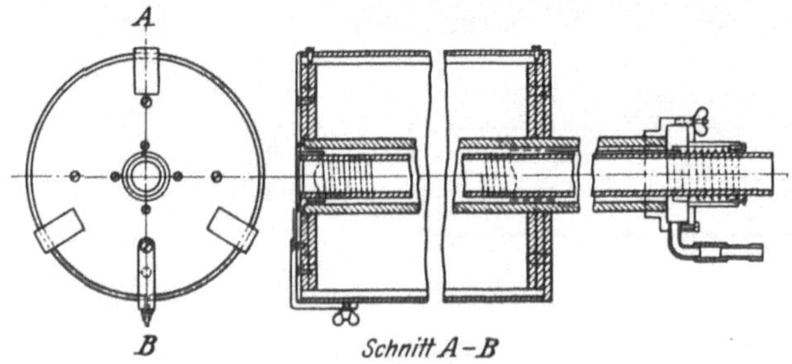

Abb. 3. Ofen mit auswechselbarer Heizpatrone.

Glühgut hervor, der mehrere hundert Grad betragen kann. Der Heizdraht muß also, um die erforderliche Temperatur im Rohrinnern zu erzeugen, eine höhere Temperatur haben, wodurch unter Umständen das Rohr erweicht. Infolgedessen kann die Heizwirkung nicht voll ausgenützt werden (Molybdän-Schmelzpunkt bei 2880⁰: erreichbare Temperatur, wie erwähnt, 1500⁰). Auch entsteht leicht, infolge der bei allen Isolatoren bei genügend hoher Temperatur vorhandenen Leitfähigkeit, zwischen den Windungen des Heizdrahtes Elektrolyse und führt eine Zerstörung des Ofens herbei.

Diesen Nachteil kann man dadurch beseitigen, daß man das Innenrohr wegläßt und den Heizdraht selbst als Wand des Heizraumes verwendet. Dabei muß man, um eine Berührung der einzelnen Windungen der Heizspirale zu vermeiden, für eine gute Lagerung des Drahtes sorgen. Einen Ofen, bei dem das Isoliermaterial den Heizdraht in Form einer Schraubenwindung auf seiner Innenseite trägt, zeigt Abb. 4[1]. Der Draht besteht aus Wolfram, die Füllmasse für Öfen bis 1800⁰ C aus geschmolzenem Aluminiumoxyd (Korafin, Diamantin oder dgl.) für Öfen bis 2200⁰ C aus hoch geglühtem Zirkonoxyd. Derartige Öfen werden mit und ohne Kühlwasser (im letzteren Fall nur bis 1800⁰ C verwendbar) benutzt.

Interessant ist die Art der Herstellung eines solchen Ofens. Der Heizdraht wird auf eine Hilfsschraube aus Metall aufgewickelt, und zwar in eine Nute S, die auf der Spitze des Gewindes eingedreht ist (Abb. 4, rechts). Diese Schraube wird nun in das Metallgehäuse A gelegt

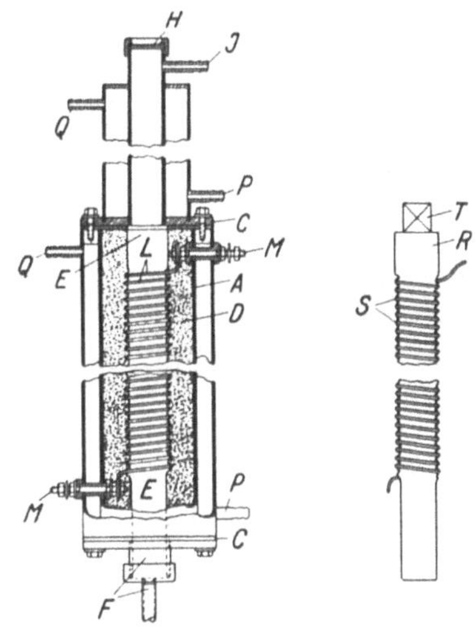

Abb. 4. Ofen mit Innenwicklung.
A Zylindrisches Metallgehäuse, C Dichtung, D Feuerfeste Auskleidung Al_2O_3 oder ZrO_2, E Zylindrische Ofenkammer, F Anschlußstutzen, H Beobachtungsglas, J Gasabfluß, L Heizdrahtwicklung, Wolfram oder Molybdän, M Klemmen f. d. Heizdrahtwicklung, P Zufluß des Kühlwassers, Q Abfluß des Kühlwassers, R Kernkörper, Eisen, S Gewindegang, T Vierkantkopf.

und die Enden der Spirale an den Klemmen $M\,M$ befestigt. Dann wird der Zwischenraum zwischen Schraube und Metallgehäuse mit der angefeuchteten Isoliermasse ausgestampft. Der Ofen wird dann getrocknet, wonach der Hilfskörper herausgeschraubt werden kann. Der Wolframdraht bleibt dann durch seinen eigenen Drall zwischen den stehenbleibenden Rippen liegen. Der Ofen ist nach dem Trocknen gebrauchsfertig. Die Füllmasse darf nur einen geringen Ausdehnungskoeffizienten haben und muß vor dem Gebrauch so hoch gesintert werden, daß sie bei der Betriebstemperatur keine Schwindung mehr aufweist. Das entstandene Rohr wird von Formiergas durchspült, das unter einem leichten Überdruck an dem einen Ende eintritt, so daß ein Eindringen von Luft vermieden wird. Das

---

[1] Fehse, W.: Z. techn. Phys. Bd. 8, S. 119—122. 1927.

Glühgut wird in kleinen Schiffchen in das Rohr hineingeschoben. Die hervorstehenden Rippen des Füllmaterials schützen den Heizdraht vor einer Berührung mit dem Schiffchen.

Als Heizwiderstand kann man natürlich statt des Drahtes auch Rohre nehmen. Einen Ofen, bei dem ein Wolframrohr verwendet ist, zeigt Abb. 5. Das Rohr 5 ist an den Enden in Backen aus Molybdän eingespannt, die die Stromzuführung übernehmen. Die Backen werden durch Kühlwasser gekühlt 4. Um bei Ausdehnung des Rohres infolge der hohen Temperatur Spannungen zu vermeiden, läuft die eine Backe auf

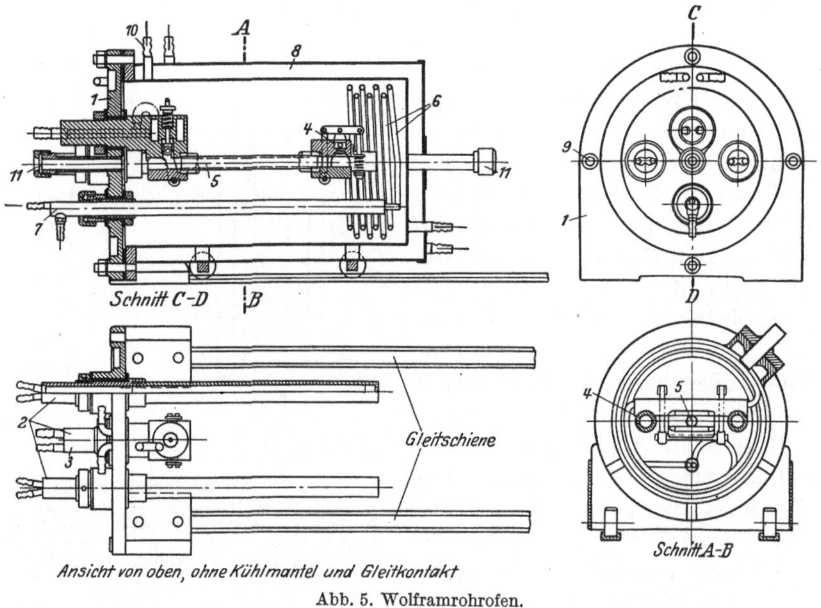

Abb. 5. Wolframrohrofen.

einer Gleitschiene, wobei die Stromzuführung durch flexible Kupferbänder 6 in Spiralform hergestellt ist.

Zur Herabsetzung der Verluste, die bei den hohen Temperaturen hauptsächlich durch Wärmestrahlung erfolgen, wird versucht, diese abzuschirmen, indem man zwei Molybdänbleche konzentrisch um das Wolframrohr anordnet (in der Abbildung nicht sichtbar). Wenn der Ofen längere Zeit zusammengebaut bleiben soll, so kann man mit Vorteil zur weiteren Herabsetzung der Strahlungsverluste das Rohr in Wolframwolle einbetten, die den Strom und die Wärme nur wenig leitet. Hierdurch wird aber die Handlichkeit dieses Ofens, die wesentlich in der leichten Auswechselbarkeit des Rohres besteht, etwas herabgesetzt.

Über die ganze Anordnung wird bei Betrieb des Ofens ein wassergekühlter Schutzmantel 8 gesetzt, der Zuführungen für das Formiergas sowie Schaulöcher zur Beobachtung der Temperatur trägt. Der Ofen verträgt Temperaturen von 3300⁰ abs. für längere Zeit. Bei höheren Temperaturen treten Störungen an den Kontakten auf. Da das Rohr nur einen sehr kleinen Widerstand hat, müssen sehr hohe Stromstärken bei kleinen Spannungen verwendet werden. Zur Erreichung einer Temperatur von 3000⁰ abs. werden z. B. bei einem polierten Wolframrohr von 100 mm Länge 12 mm Innendurchmesser und 1 mm Wandstärke ca. 1100 A bei ca. 7 V benötigt. Das bedingt natürlich sehr gute Kontakte, auf die also bei diesem Ofen besondere Sorgfalt zu legen ist.

Da der Energieverbrauch bei diesem Ofen wesentlich von der Strahlung abhängt, spielt die Oberflächenbeschaffenheit des Wolframrohres eine große Rolle. Die größte Strahlung hat ein rauhes, nicht genügend gesintertes Rohr. In vollständig trockener Gasatmosphäre bildet sich bei etwa 2500⁰ C eine annähernd glatte Oberfläche aus. Die kleinste Ausstrahlung erzielt man durch eine hochglanzpolierte Oberfläche. Da bei diesem Ofen die Temperatur in der Mitte des Rohres sehr viel größer ist als an den Enden, kommt zu den Strahlungsverlusten von der Außenseite noch der Verlust durch Innenstrahlung nach den kälteren Stellen des Rohres. Diese Strahlung kann man herabsetzen, dadurch, daß man das Rohr mit einem Material ausfüllt, welches die Innenstrahlung auffängt, z. B. Wolframwolle. Bei 2500⁰ abs. ist das Verhältnis des Energieverbrauchs für ein rauhes, ungefülltes, zu einem blanken ungefüllten, zu einem blanken gefüllten Rohr von 1,0 cm lichter Weite und 10 cm Länge wie 1,7 : 1,25 : 1.

Für den Fall, daß in oxydierender Atmosphäre gearbeitet werden soll, kann als Heizmaterial Silit[1], ein siliziumkarbidhaltiges, schwer verbrennliches Material, benutzt werden. Man verwendet dieses Material in Form von Röhren, in die zur Erhöhung des Widerstandes ein spiralförmiger Schlitz eingedreht ist, so daß von dem Rohr selbst nur noch eine Spirale übrig bleibt. Die Abmessungen dieser Spirale richten sich nach Größe und Verwendungszweck des Ofens. Durch den Kunstgriff der eingedrehten Spirale ist der Widerstand so erhöht worden, daß derartige Öfen direkt an 110 bzw. 220 V angeschlossen werden können. Es lassen sich mit diesem Ofen Temperaturen bis 1400⁰ ohne Zerstörung des Rohres bei Dauerbetrieb erreichen. Bei kurz dauerndem Betrieb kann die Temperatur bis auf 1500⁰ gesteigert werden, unter allmählicher Zerstörung des Rohres.

Einen anderen Ofen mit teilweise oxydierender Atmosphäre zeigt Abb. 6. Bei diesem wird als Widerstandsmaterial Kohlegries, und zwar zweckmäßig Graphitkörner, benutzt. Als Stromzuführungen dienen zwei wasserdurchflossene Kupferrohre *2* und *9*. Infolge des großen Querschnittes eines solchen Ofens ist der Widerstand und damit die Spannung

---

[1] Gebr. Siemens, Lichtenberg.

nur gering, so daß ein Transformator erforderlich ist. Der Ofen darf nicht höher als 2000⁰ erhitzt werden, da sonst das aus hochgesintertem Zirkonoxyd bestehende Ofenrohr unter vorübergehender Bildung von Zirkonkarbid schnell zerstört werden würde. Eine Schutzatmosphäre ist nicht notwendig, da etwa vorhandene Spuren Sauerstoff zu CO verbrannt werden und neue Zufuhr durch die dichte Verpackung vermieden wird. Ein Ofen von ca. 100 mm Durchmesser des beheizten Rohres benötigt ca. 1500 A und 50 V zur Erreichung einer durchschnittlichen Betriebstemperatur von 2000⁰. Einen kleinen wassergekühlten Laboratoriumsofen dieser Art stellt die Auergesellschaft her (Abb. 6a).

Ein im Laboratorium viel gebrauchter, sogenannter Nernst-Tamman-Ofen (Hersteller Elektroschaltwerk Göttingen) ist in Abb. 7 dargestellt. Hier dient als Heizwiderstand ein Kohletiegel, der zugleich das Glühgut enthält. Die Zuführungen sind durch Wasser gekühlt. Der dazugehörige Transformator sowie die

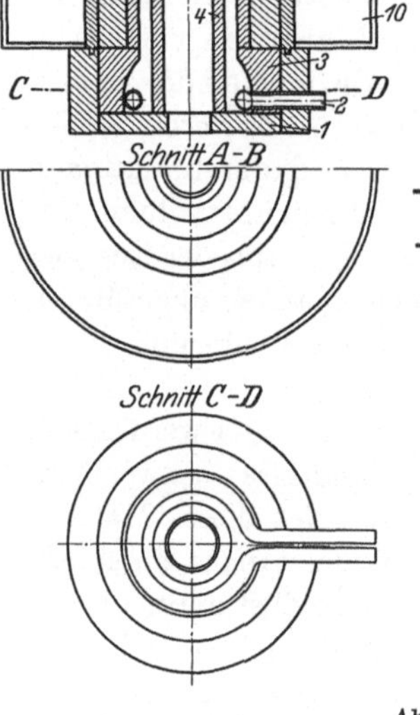

	Gegenstand	Material	Maße
11	Graphitgrieß		
10	Gefäß zur Aufnahme von Isolationsmaterial	Eisen	
9	Stromanschluß (wassergekühlt)	Kupferrohr	35 × 2 cm
8	Ofenmantel	Schamotte	420 × 25 × 750 (aus 3 Teilen)
7	Isolationsmasse	Zirkonsilikat	370 × 50 × 450 (in 3 Teilen)
6	Isolationsmasse	Zirkonoxyd	270 × 30 × 450 (in 3 Teilen)
5	Heizwiderstand	Graphitgrieß	30 mm
4	Heizrohr	Zirkonoxyd	140 × 20 × 700 (in 4 Teilen)
3	Ring	Zirkon	
2	Stromanschluß (wassergekühlt)	Kupferrohr	35 × 2
1	Bodenplatte	Schamotte	

Abb. 6. Graphitkörnerofen.

Regulierwiderstände und Meßinstrumente sind in einem besonderen Schrank untergebracht, der seitlich den eigentlichen Ofen trägt. Infolge der Anwesenheit von CO im Schmelztiegel wirkt der Ofen zugleich reduzierend und kraburierend. Es lassen sich mit ihm Temperaturen von 2000⁰, bei größeren Typen sogar über 3000⁰ erreichen.

Während die bisherigen Öfen auf dem Prinzip der Widerstandserhitzung beruhen, wird bei dem Kathodenstrahlofen die Energie von auf den zu heizenden Körper aufprallenden Elektronen benutzt. Trifft ein Elektronenstrom von der Stärke i A, der die Spannung von V Volt frei durchlaufen hat, auf ein Hindernis, so wird dort die Leistung $i \cdot V$ größtenteils in Wärme umgesetzt. Man hat bei dem Kathodenstrahlofen den Vorteil, im besten Vakuum arbeiten und die zu erhitzende Stelle eng begrenzen zu können. Außerdem braucht hierbei kein zweiter Körper, wie bei dem Widerstandsofen der Heizdraht, auf der gleichen oder einer höheren Temperatur zu sein als der zu erhitzende, so daß praktisch keine Temperaturbegrenzung gegeben ist.

Eine Konstruktion von Wartenberg zeigt in skizzenmäßiger Ausführung Abb. 8. Als Elektronenquelle dient hier eine Oxyd-Glühkathode, ein 1 cm breites, 6 cm langes und 0,04 mm dickes Platinblech, das mit Kalziumoxyd bedeckt ist. Der Streifen wird mit Wechselstrom von 25 A und 2,5 V auf ca. 1300° C erhitzt und vermag dann einen Elektronenstrom von ca. 30 A zu liefern. Die Anode besteht aus einem 4 mm starken Eisenstab, der durch Glasrohre isoliert ist und der auf der Spitze das zu erhitzende Material trägt. Legt man nach dem Auspumpen und Anheizen zwischen Anode und Glühkathode eine Spannung von genügender Höhe, so fliegen die aus der Glühkathode austretenden Elektronen zur Anode und bringen diese durch

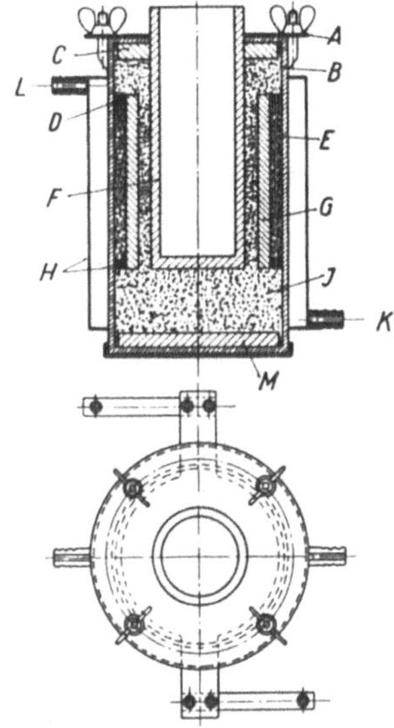

Abb. 6a. Wassergekühlter Kohlekörnerofen der Auergesellschaft.

A Eisenplatte, B Asbestpappe, C Kohlenelektrode, D Asbest, E Isoliermasse, F u. G Zirkonoxydrohre, H Eisenblech, J Kohlengrieß, K Kühlwasser-Eintritt, L Kühlwasser-Austritt, M Kohlenelektrode.

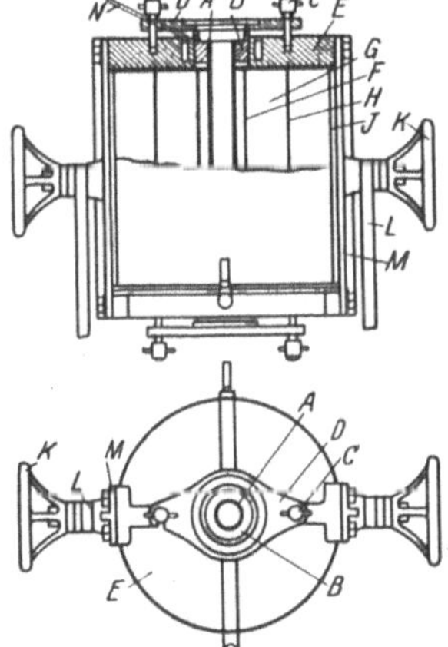

Abb. 7. Nernst-Tammann-Ofen des Elektroschaltwerks.

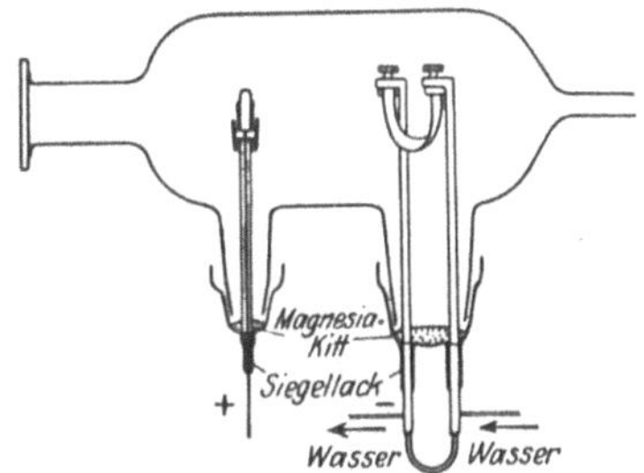

Abb. 8. Vakuumschmelzapparat mit Glühkathode.

Aufprall zum Glühen. Infolge der kleinen freien Oberfläche der Anode kann man dort z. B. Wolfram zum Verdampfen bringen[1].

Eine andere Ausführungsform des Kathodenstrahlofens stammt von

---

[1] Siehe auch amerikanisches Patent 873958 von 1907.

Gerdien (Abb. 9 und 10)[1], wobei die Elektronen nicht von einer Glühkathode erzeugt werden, sondern durch Ionenstoß in einer Glimmentladung. Da sich hierbei die Elektronen mit der größten Energie im Glimmsaum befinden, dessen Lage aber sehr vom Gasdruck abhängt, wird als Kathode eine Kugel gebraucht, in deren Zentrum sich als Anode der zu erhitzende Körper befindet, so daß dieser immer von den Elektronen mit der größten Energie getroffen wird. Zum Betrieb werden hochgespannte Hochfrequenzströme benutzt, die durch eine Wechselstrommaschine von 500 Per./sec M, einem Transformator T und einer Funkenstrecke F erzeugt werden. C und S sind Kapazität und Selbstinduktion des Schwingungskreises. Um eine Metallkathode im Innern der Röhre zu vermeiden, wird eine Außenelektrode benutzt, und zwar besteht diese bei der endgültigen Ausführung aus dem Kühlmantel von angesäuertem Wasser, welches zur Isolation von der anderen Elektrode auf einer den Hals des Gefäßes umgebenden Schicht von schwerem Teeröl aufgeschichtet wird. Die absolute Größe der auf der Röhre liegenden Leistung schwankt zwischen 0,3 und 4 kW, wobei die Stromstärken bis zu 20 mA steigen. Der Wirkungsgrad beträgt ca. 50%. Um ein Beispiel für die Leistungsfähigkeit des Ofens

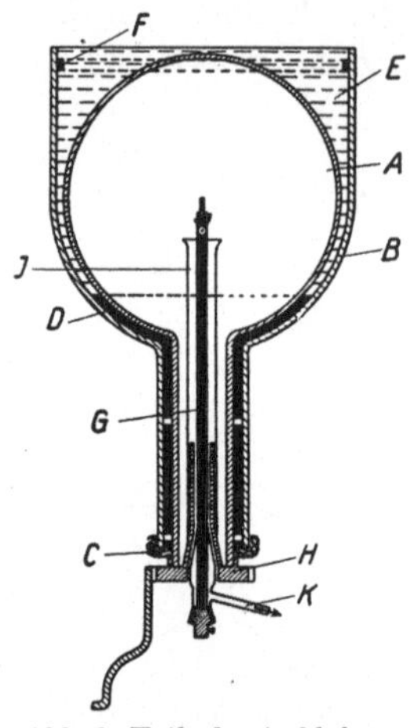

Abb. 9. Kathodenstrahlofen.

A Glaskolben, B Glasgefäß, C Kitt, D Teeröl, E Angesäuertes Wasser, F Zuleitung für den Hochfrequenzstrom, G Zuleitung aus Messingrohr (mit Justiereinrichtung), H Porzellandurchführung, J Quarzrohr, K Anschluß der Vakuumpumpe.

zu nennen, sei angegeben, daß ein Stift aus gepreßtem Wolframpulver von 6×6 mm im Quadrat innerhalb von 5 sec auf etwa 2 cm Länge zum Schmelzen gebracht werden konnte. Der geeignetste Gasdruck liegt bei ungefähr 0,01 mm Hg. Man kann natürlich beliebige Gase, wie H_2 usw., benutzen.

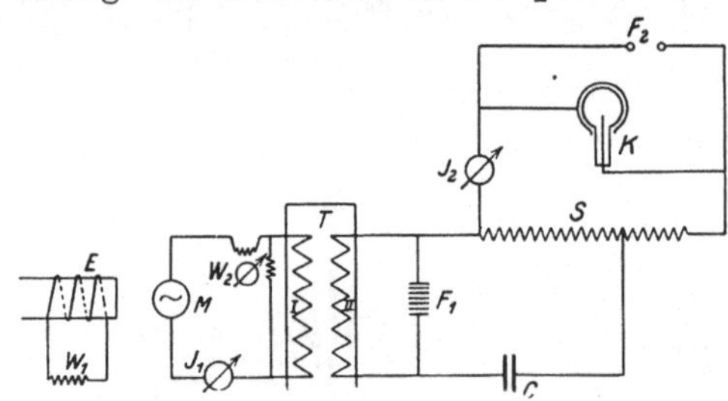

Abb. 10. Schaltbild des Kathodenstrahlofens.

M Wechselstrommaschine, E Erregung, W_1 Widerstand, J_1 Strommesser, W_2 Wattmeter, I Primärwicklung des T Transformator, II Sekundärwicklung, F_1 Funkenstrecke, C Kondensator, S Selbstinduktion, J_2 Strommesser, F_2 Funkenstrecke, K Kathodenstrahlofen.

Ein anderer Weg, um das Temperaturgefälle zwischen dem heizenden und dem zu erhitzenden Material zu vermeiden, ist für leitendes Glühgut bei

---

[1] Gerdien und Riegger: Wiss. Veröffentl. aus d. Siemens-Konzern Bd. 3, S. 226—230. 1923.

dem „Hochfrequenzofen" beschritten worden. Diesem Ofen liegt der Gedanke zugrunde, das zu erwärmende Material selbst als kurzgeschlossene Sekundärspule eines Transformators zu benutzen, die Wärme also in dem Sintergut selbst zu erzeugen. Ein zylinderförmiger Körper kann ja als ein in sich geschlossener Ring mit unendlich kleinem Innendurchmesser aufgefaßt werden. Legt man also um einen solchen Zylinder einige Windungen eines vom Wechselstrom durchflossenen Leiters, so werden in dem Zylinder Ströme induziert, die infolge des Widerstandes dort Wärme erzeugen und ihn bei genügender Stärke zum Schmelzen bringen können. Da nun die Wirkung eines solchen Transformators, solange es sich, wie dies im Laboratorium meist der Fall sein wird, um Körper von kleinen Dimensionen, d. h. wenigen Zentimeter Durchmesser handelt, um so besser ist, je höher die Frequenz des Primär-

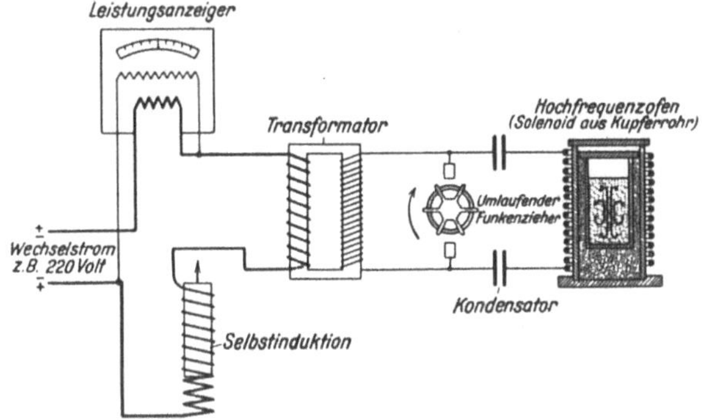

Abb. 11. Schaltbild eines Hochfrequenzofens.

stromes ist, wird man zweckmäßig zur Hochfrequenz übergehen, und zwar steigt der Wirkungsgrad einer solchen Anlage zuerst ziemlich rasch mit der Frequenz, von einem gewissen Wert an jedoch langsamer, da dann die Stromverdrängung infolge des Skineffektes störend in Erscheinung tritt. Abb. 11 zeigt das prinzipielle Schaltbild eines solchen Ofens.

Die Hochfrequenzschwingung kann entweder, wenn es sich um Frequenzen in der Gegend um 10^4 handelt, in einem Schwingungskreis erzeugt werden, welcher auf die Wechselzahl der Hochfrequenz-Dynamomaschine abgestimmt ist, oder mit einem der üblichen Schwingungserzeuger, z. B., wie es in der Abbildung angedeutet ist, durch einen Schwingungskreis, welcher von einer rotierenden Funkenstrecke angeregt wird[1]. (Die Energieverluste in der Funkenstrecke sind sehr von ihrer Konstruktion abhängig). Die Hochfrequenzspule des Schwingungskreises besteht aus wenigen Windungen eines wassergekühlten Kupfer-

---

[1] Siehe auch M. H. Craemer: Z. V. d. I. Bd. 73, S. 170. 1929.

rohres und dient zugleich als Primärseite eines Hochfrequenztransformators, dessen Sekundärseite allein durch den Tiegelinhalt gebildet wird. Mit einem derartigen Ofen kann man theoretisch beliebig hohe Temperaturen erreichen. Beim Schmelzen von Metallen wird die Temperatur durch das Tiegelmaterial begrenzt. Um einen guten Wirkungsgrad eines solchen Ofens zu erreichen, muß man Frequenz, Windungszahl und Widerstand der Primärspule, sowie den Kopplungsgrad geeignet wählen, sowie auf Form und Widerstand des Tiegelinhalts Rücksicht nehmen. Da nun der Wirkungsgrad mit der Frequenz von einem von den genannten Faktoren abhängenden kritischen Wert an nur sehr langsam wächst, da außerdem der Skineffekt in der Primärspule bei sehr hohen Frequenzen immer störender wird, wird man sich möglichst mit Frequenzen von 10^4 bis 10^5 Hertz begnügen. Daß die Form des Tiegelinhalts eine Rolle spielt, ist klar, da der Inhalt selbst die Sekundärseite des Transformators bildet. Der Widerstand des Glühgutes ist insofern wichtig, als bei zu geringem Widerstand die erzeugte Wärmemenge nur klein ist, während bei zu hohem Widerstand die induzierten Ströme und damit auch die Energie zu klein wird. Man muß in diesem Fall die Frequenz geeignet wählen, um den besten Wirkungsgrad zu erreichen. Ändert der Tiegelinhalt seinen Widerstand mit der Temperatur sehr stark, so muß man evtl. die Frequenz im Betrieb neu einstellen. Dabei ist es natürlich prinzipiell gleichgültig, ob die Hochfrequenz durch einen Lichtbogen-, Röhren- oder Funkenstreckengenerator erzeugt wird oder ob man eine Hochfrequenzdynamo benutzt. Eine für den Praktiker brauchbare theoretische Bearbeitung des Problems, auf Grund welcher man schnell die günstigsten Bedingungen auffinden kann, steht nach Ansicht des Verfassers noch aus, wenn auch z. B. die Arbeiten von Fischer und Strutt und Walter wesentliche Beiträge zur Klärung des Problems geliefert haben[1].

Abb. 12 zeigt einen Laboratoriumsofen der Firma Lorenz von 4 kW Hochfrequenzleistung, bei einer Frequenz von 8000 Hertz, bei dem eine Hochfrequenzmaschine verwendet wird. Sämtliche Teile des Hochfrequenzkreises, wie Kondensatoren und Drosselspulen, sind in einem fahrbaren Tisch untergebracht, der auf seiner Oberseite den eigentlichen Ofen trägt. Solche Öfen lassen sich natürlich auch für beliebige Gase, für Vakuum und hohe Drucke herstellen. Ist das Glühgut ein Nichtleiter, so muß man einen leitenden Tiegel zu Hilfe nehmen. Ein besonderer Vorteil dieser Öfen ist der, daß man die Temperatursteigerung, falls ge-

---

[1] Wever, F. u. W. Fischer: Mitt. a. d. Kaiser-Wilhelm-Institut für Eisenforschung zu Düsseldorf. Bd. 8, S. 149—170. 1926. Strutt, M.: Arch. Elektrot. Bd. 19, S. 424—436. 1928. Walter, F.: Wiss. Veröffentl. aus d. Siemens-Konzern Bd. 8, S. 115. 1929. Ollendorf, F.: Die Grundlagen der Hochfrequenztechnik. Berlin: Julius Springer 1926.

nügend Energie zur Verfügung steht, infolge der kleinen Wärmekapazität beliebig rasch vornehmen kann. Beim Schmelzen von Legierungen ist noch der Umstand günstig, daß durch die elektrodynamische Wirkung des Wechselstromes eine kräftige Durchmischung des Tiegelinhalts stattfindet.

Ein Ofen, bei dem Widerstands- und Mittelfrequenzheizung gemeinsam verwendet wird, ist in Abb. 13 dargestellt, und zwar in Form eines Hochvakuumofens[1]. Ein Schmelztiegel aus geschmolzenem Magnesiumoxyd trägt außen eine Nute von ungefähr der halben Dicke des Heiz-

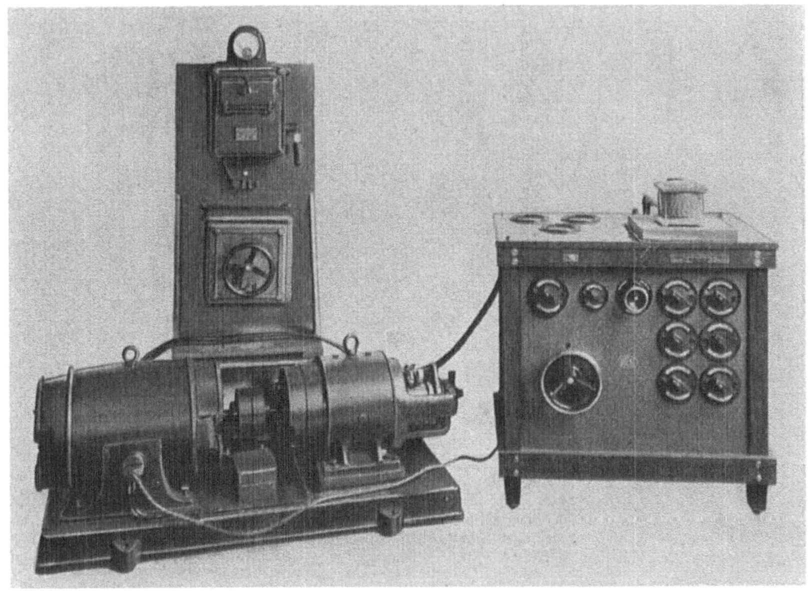

Abb. 12. Hochfrequenzofen nebst Maschine und Schalteinrichtung der Firma C. Lorenz.

bandes (Molybdän oder Wolfram). Außen herum sitzt das Schutzrohr B, das auf der Innenseite eine entsprechende Nute zur Aufnahme des Heizbandes trägt. Durch die leicht konische Form des Tiegels wird ein festes Aneinanderpressen von Tiegel, Heizband und Außenring und damit ein leichter Wärmeübergang erzielt. Das Schutzrohr besteht aus Zirkonoxyd und ist auf der Innenseite mit Magnesiumoxyd „ausgefüttert", so daß der Heizdraht nur von Magnesiumoxyd umgeben ist und eine Reaktion des Zirkonoxyds mit dem Heizband vermieden wird. Der eigentliche Ofen steht im Mittelpunkt eines hochvakuumdichten Stahlgehäuses, das an den beiden Enden durch Schliffe verschlossen ist. Der untere Schliff trägt auf Quarzröhren den ganzen Ofen. Sowohl die Strom-

---

[1] Goetz, A.: Z. Physik Bd. 42, 329—374. 1927.

zuführungen als auch das Stahlgehäuse und die Schliffe sind durch Wasser gekühlt. Der Ofen ist für Hochvakuumschmelzungen gebaut und dementsprechend sind sämtliche Zuführungen durch Schliffe, die mit Quecksilber gedichtet sind, eingeführt.

Um eine allzu große Temperaturdifferenz zwischen Heizband und Tiegelinhalt (Metall) zu vermeiden, wurde eine kombinierte Heizung angewendet, derart, daß das Heizband durch mittelfrequenten Wechsel-

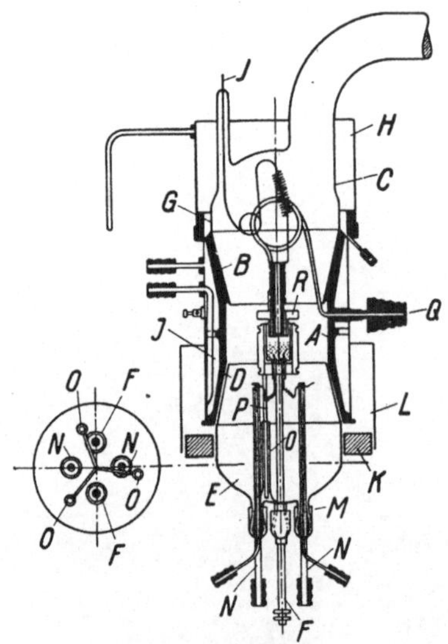

Abb. 13. Hochvakuumofen.

A Gehäuse aus Bessemerstahl, außen vernickelt, *B* Oberer Schliff zum Einsetzen der *C* Glaskuppel, *D* Unterer Schliff zum Einsetzen des *E* Glasbehälters mit den *F* Heizstromzuführungen, *G* Nute für die Quecksilberdichtung, *H* Wasserkühlung, *I* Wasserkühlung, *J* Meßanode, *K* Gummiring, *L* Glaszylinder, *M* Quecksilberdichtung, *N* Elektroden zur Temperaturmessung, Thermoelement Platin-Platin Rhodium, *O* Glasröhren dienen zur Aufnahme der *P* Ofenstützen, *Q* Leitung zur Kühlung der Anode, *R* Außenanode.

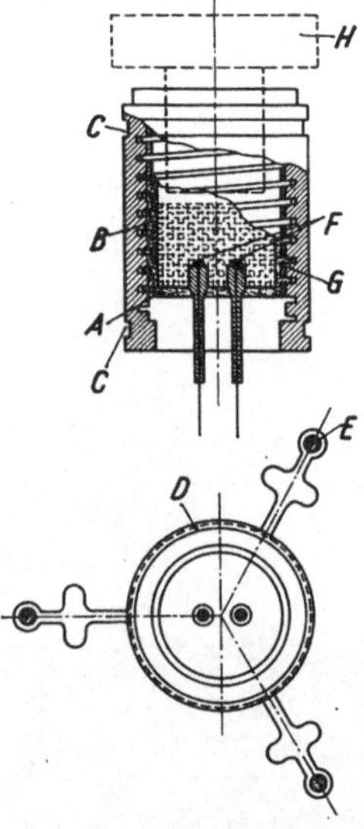

Abb. 14. Tiegel zum Hochvakuumofen.

A Ofentiegel, *B* Schutzrohr, *C* Nute zur Aufnahme der Stromzuführungseinrichtung, *D* Federnder Ring der Stromzuführungsdrähte aus Mo., *E* Quarzstäbe, *F* Thermoelement (Das umfließende Metall bildet die Lötstelle), *G* Nute für das Heizband, *H* Anode zur Messung der Elektronenemission.

strom (400 bis 600 pro Sek.) geglüht wurde, so daß es zugleich als Primärspule eines Induktionsofens wirkte. Dadurch konnte erreicht werden, daß so viel Wärme durch Induktion im Schmelzgut erzeugt wurde, als erforderlich war, um den Temperaturabfall zwischen Stromträger und Ofeninnern auszugleichen. Es wurden Temperaturen bis etwa 2000° erreicht.

Abb. 14 zeigt einen Schmelztiegel zu dem eben beschriebenen Hochvakuumofen.

Eine besondere Rolle spielen die Lichtbogen-Öfen. Diese werden in der Technik in den verschiedensten Ausführungen benutzt und sind in den vorigen Kapiteln beschrieben. Für den Laboratoriumsbedarf sind vor allem kleinere Modelle gebaut worden. So zeigt z. B. Abb. 15 einen Ofen, der zum Schmelzen kleinerer Mengen hochschmelzender Metalle dient. Das zu schmelzende Metall H liegt in einer Nickelpfanne G und stellt eine Elektrode dar, während als andere Elektrode ein Stück aus dem zu schmelzenden Metall dient, das an einem wassergekühlten Metallrohr A befestigt ist. Da der Lichtbogen hier durch Berührung gezündet wird, ist die obere Elektrode durch Gummistopfen B etwas beweglich angeordnet. Das Ganze wird von einer Kupferglocke D eingeschlossen, die zur Beobachtung ein Schauloch trägt. Der Lichtbogen kann in jedem beliebigen Gas brennen, so daß man ganz nach Belieben oxydierende oder reduzierende Atmosphäre wählen kann. Auch in nicht zu hohem Vakuum kann der Lichtbogen brennen, doch muß man dann durch geeignete Hilfsmittel, auf die hier nicht eingegangen werden kann, den Bogen stabilisieren[1].

Eine besondere Rolle spielt der Lichtbogen bei dem von J. Langmuir erfundenen „Schweißen mit atomarem Wasserstoff"[2]. Hier dient der Lichtbogen, der in Wasserstoff brennt, nicht allein dazu das Schweißgut zu erwärmen, sondern es kommt noch eine weitere Erscheinung hinzu. Durch die hohe Temperatur im Bogen werden die Wasserstoffmoleküle teilweise dissoziiert, d. h. in zwei Atome zerspalten. Hierzu wird eine recht beträchtliche Energie verbraucht, so daß der Lichtbogen in Wasserstoff bei gleicher Stromstärke eine höhere Spannung braucht als z. B. in Stickstoff. Diese Wasserstoffatome vereinigen sich nun verhältnis-

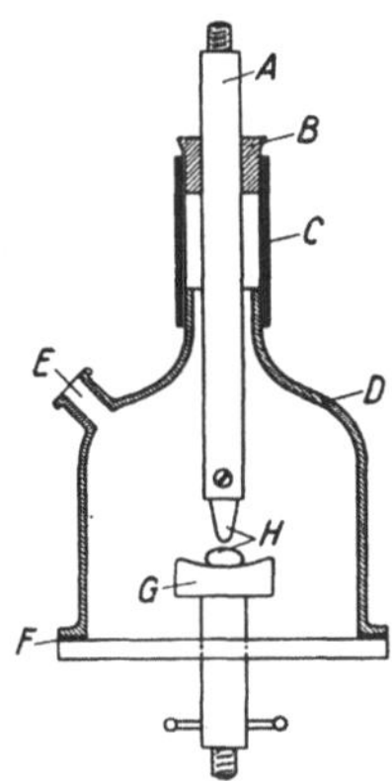

Abb. 15. Lichtbogenofen.
A Elektrode, wassergekühlt, B Gummistopfen, C Gummischlauch, D Kupferglocke, E Schauloch, F Gummidichtung, G Nickelpfanne, H Tantal.

mäßig selten im Gase, dagegen sehr rasch und vollständig, wenn sie auf ein Metall treffen. Dieses wirkt gewissermaßen als Katalysator. Bei der Wiedervereinigung wird nun die Energie, die zum Zerspalten des Moleküls nötig war, in Form von Wärme frei. Daher gelingt es, mit einem solchen Wasserstofflichtbogen Temperaturen zu erzeugen, die weit über der des Knallgasgebläses liegen. Eine praktische Ausführung einer solchen Schweißvorrichtung zeigt Abb. 16. Die beiden Elektroden A und B, in diesem Falle Wolfram, sind so in einem Halter befestigt, daß der Bogen durch Berührung gezündet werden kann. Durch eine Düse C wird ein scharfer Wasserstoffstrahl durch den Bogen hindurch

---

[1] Eine andere Konstruktion eines Lichtbogenofens ist in der schon mehrfach erwähnten Schrift von W. Fehse: Elektrische Öfen mit Heizkörpern aus Wolfram, Sammlung Vieweg, H. 90, S. 64—65 beschrieben.

[2] Gen. El. Rev. Bd. 29, S. 153—168. 1926.

geblasen und trifft, nachdem die Zerspaltung in Atome vor sich gegangen ist, auf das Werkstück, wo die Wiedervereinigung und damit Energie-

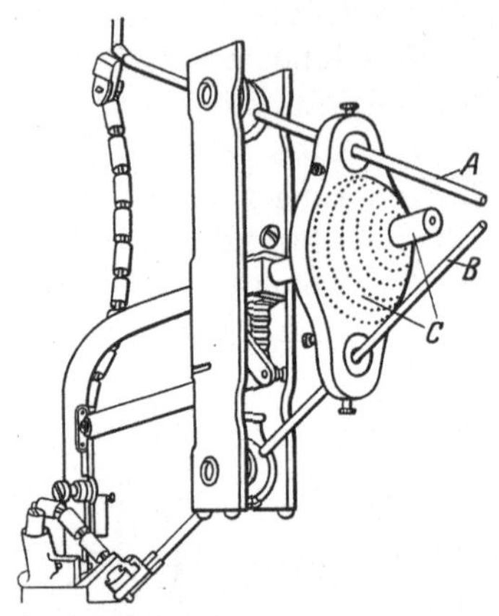

Abb. 16. Brenner zum Schweißen mit atomarem Wasserstoff.

abgabe vor sich geht. Aus einem Kranz feiner Düsen tritt außerdem noch Wasserstoff von geringerer Geschwindigkeit aus und umspült die beiden Elektroden, so daß der Abbrand nur sehr gering ist. Die Ströme bewegen sich je nach dem Schweißgut zwischen 20 und 60 A, die Spannungen beim Schweißen zwischen 60 und 100 V. Im Augenblick der Zündung, wenn die Elektroden noch kalt sind, wird eine Spannung von ca. 400 V benötigt.

Ein sehr großer Vorteil liegt bei diesem Verfahren noch darin, daß der atomare Wasserstoff außerordentlich reaktionsfähig ist. So werden z. B. Oxyd-häutchen, die bis dahin ein Schweißen bei Aluminium und Chrom unmöglich machten, sofort reduziert, und es wird dadurch ein Schweißen

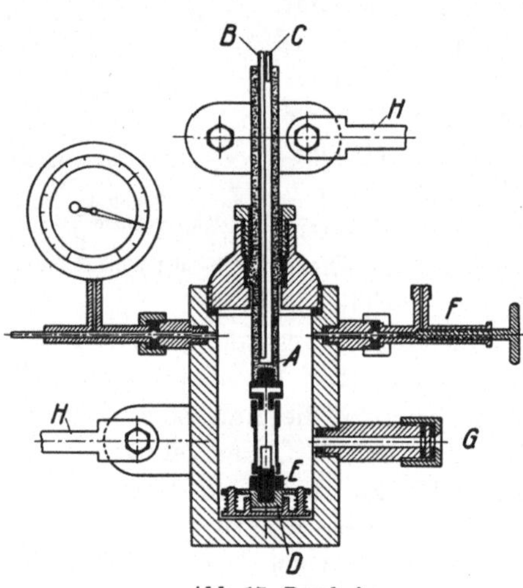

Abb. 17. Druckofen.
A Kupferelektrode, B, C Kühlwasserleitung, D Federnde Elektrode, E Kohlebüchse, F Einlaß für das hochkomprimierte Gas (bis 150 Atm), G Schauloch, H Stromzuführung.

auch dieser Metalle möglich. Die Wasserstoffwolke, die die Schweißstelle umgibt, verhindert außerdem eine sofortige Oxydation nach dem Schweißen. Bei den Eisensorten tritt durch den atomaren Wasserstoff vielfach eine Verbesserung der Eigenschaften des Metalls ein. Es ist ferner infolge der außerordentlich hohen Temperatur der Schweißflamme, verbunden mit ihrer stark reduzierenden Wirkung, möglich, ohne besonderen Oxydationsschutz Wolfram und Molybdän zu schweißen.

Ein merkwürdiges Verhalten zeigt Stickstoff. Während dieser mit Sauerstoff gemischt die Schweißstelle durch Bildung von Stickstoffverbindungen brüchig macht, schadet er, mit Wasserstoff gemischt, nicht. Man benutzt daher vielfach an Stelle des reinen Wasserstoffs ein explosionssicheres Gemisch von H_2 und N_2 (80% N_2 und 20% H_2); man kann aber auch im Ammoniakstrom schweißen, da dieser bei den hohen Temperaturen fast vollständig zerfällt.

Zum Schluß sei noch ein Ofen erwähnt, der zum Erhitzen unter Druck dient (Abb. 17). Als Heizung dient hier ein aufrecht stehendes Kohlerohr, das zwischen zwei Metallbuchsen E eingeklemmt ist. Das Rohr befindet sich in einem druckfesten Stahlzylinder, der gleichzeitig als eine Stromzuführung dient. Die andere Zuführung A ist isoliert durch den Deckel der Bombe eingeführt. An der Bombe befinden sich noch Gaszuleitung F, Schauloch G und Manometer. Das Glühgut wird in Form kleiner Pastillen so in dem Kohlerohr aufgestellt, daß es die Wandung nicht berührt.

C. Energieberechnung.

Die Berechnung der für den Betrieb eines elektrischen Ofens notwendigen Energie erscheint außerordentlich kompliziert. Sie ist es auch tatsächlich, wenn man bei der Betrachtung von der Außenwand des Ofens ausgeht; denn man muß dann die sämtlichen Wärmeübergänge, die durch Strahlung, Konvektion und Leitung erfolgen können, berücksichtigen, und da die Wärmeleitungen bei hohen Temperaturen nicht genügend bekannt sind, so führt dieses Verfahren zu äußerst unsicheren Ergebnissen. Man hilft sich deshalb auf andere Weise.

In der nachfolgenden Tabelle 2 ,,Verteilung der dem Netz entnommenen Energie auf die einzelnen Ausgabeposten"[1], zeigt sich, wo die Berechnung anzusetzen hat. Betrachtet man nämlich die Leistung während des Feinens, also in einer Zeit, in der vom Material keine

Tabelle 2. Verteilung der dem Netz entnommenen Energie auf die einzelnen Ausgabeposten[1].

Ausgabeposten	Anteil an der zugeführten elektrischen Leistung in %	
	während des Einschmelzens	während des Feinens
Nutzleistung . . . . rd.	61	37
Kühlwasserverluste . . . . ,,	4	7
Verluste des geschlossenen Ofengefäßes durch Leitung und Strahlung . . . . ,,	15	29
Öffnungsstrahlung . . . . ,,	7	11
Abziehende Gase . . . . ,,	4	7
Transformatorverluste . . . . ,,	3	3
Stromleitungsverluste . . . . ,,	5	6

[1] Aus St. Kritz: Die Energieverluste an Lichtbogen-Elektrostahlöfen. Stahleisen Bd. 48, Nr. 3, S. 72. 1928.

Energie aufgenommen wird, sondern es sich lediglich um Warmhalten desselben handelt, so ergibt sich, daß $37 + 7 + 29 + 11\%$ durch Strahlung und Wärmeleitung von der Innenfläche nach außen gehen. Es liegt also nahe, überhaupt bei der Berechnung von der Innenfläche auszugehen.

In Tabelle 3 „Laboratoriumsöfen für hohe Temperaturen" ist dies geschehen. Man kann aus ihr, wenn man auch nur einigermaßen die Isolationsbedingungen kennt, für jede Temperatur den Verbrauch per cm^2 beheizter innerer Fläche des Ofens berechnen. Es ist klar, daß ein voller Ofen, der allseitig geschlossen ist, einen geringeren Verbrauch infolge geringerer Strahlung haben muß, als ein offener. Auch ein Schließen des Ofens bietet keinen Schutz gegen Strahlungsverluste, wenn der Abschluß nicht die gleiche Temperatur hat wie die Zone der höchsten Temperatur. Die angegebenen Werte beziehen sich auf gefüllte Öfen.

Tabelle 3. Laboratoriumsöfen für hohe Temperaturen.

Ungefähre Energieaufnahme in Watt für 1 cm² beheizter Fläche gleichmäßiger Temperatur (von der heißesten Zone bis zu der Stelle gerechnet, deren Temperatur 10% tiefer liegt).

Temperatur	Gesamt-strahlung des schwarzen Körpers[1]	Wärmeisola-tion I[2], z. B. blankes Wolf-ramrohr in Stickstoff-Wasserstoff	Wärmeisola-tion II[2] z. B. Kohlegrieß-ofen mit 3 cm starker Scha-motte- oder Zirkonoxyd-isolation	Wärmeisola-tion III[2] z. B. Wolfram-spiralofen mit Innenwick-lung und 3 cm starker Zir-konoxyd-wand	Wärmeisola-tion IV[2], z. B. Ofen mit 3 cm starker Außenschicht aus Kiesel-gur	Wärmeisola-tion V[2], z. B. Ofen mit 12 cm starker Außenschicht aus Kieselgur
in °C	Watt	Watt	Watt	Watt	Watt	Watt
500	ca. 2,0	—	—	4	0,6	0,3
1000	15	40	8	7	1,9	0,8
1250	31	70	12	9	2,8	1,5
1500	57	120	20	12	3,9[4]	2,5
1600	71	150	22[3]	13	4,5	—
1700	87	180	25	14	5,0	—
1800	106	210	28	15	5,6	—
1900	128	250	33	16	6,3	—
2000	153	300	40	18	7,0	—
2500	339	650	70	—	—	—
3000	658	ca.1200	—	—	—	—

[1] Berechnet nach dem Stephan-Boltzmannschen Gesetz $E = \sigma \cdot T^4$ mit $\sigma = 5,73 \cdot 10^{-12}$.

[2] Wärmeisolation I ist die schlechteste, V die beste. IV entspricht einer mittel-guten Wärmeisolation, wie sie praktisch viel verwendet wird.

[3] Grenze für Schamotteisolation.

[4] Grenze für Kieselgur, da diese zusammensintert. Die höheren Werte sind extrapoliert.

Bedenkt man, daß bei hohen Temperaturen der weitaus größte Prozentsatz der Verluste auf die Ausstrahlung zurückzuführen ist, so fällt es beim Betrachten dieser Tabelle auf, daß die Werte der 2. Rubrik, die

Tabelle 4. Eigenschaften einiger Laboratoriumsöfen.

	Bezeichnung	Heizkörper				Ofenraumdimensionen		Material der Ofenraumwandung
		Material	Form	Dimensionen		Durchmesser mm	Heizlänge mm	
				Durchmesser mm	Länge mm			
1	Molybdän-Drahtofen	Molybdän	Draht	—	—	30, 50 u. 70	200 u. 500	Porzellan
2	Wolfram-Spiralofen	Wolfram	Draht	0,8	5000	46	400	Vorgeglühtes ZrC_2 (f. Temp. unter 1800^0 auch gekörntes Al_2O_3)
3	Wolfram-Rohrofen	Wolfram	Rohr	12	100	10	100	Wolfram
4	Silitspiralofen	Silitmaterial	Spiralband	Breite 125, Stärke 5	—	55	500	Silitmaterial
5	Graphitkörner-Zirkonoxydofen	Kohlegries	Körnerschicht in Röhrenform	Außendurchm. 100, Innendurchm. 80		150	70	120	Zirkonoxyd
6	Nernst-Tammann-Ofen	Kohle oder Graphit	Rohr oder Heiztiegel	Außendurchm. 30 bis 140 (Wandstärke 5 u. 10)	200 bis 435	20 bis 120	134 bis 276	Kohle
7	Kathodenstrahlofen	direkte Erhitzung des Heizgutes durch Elektronenbombardement		6×6	—	—	—	—
8	Hochfrequenzofen	Wärmeentwicklung im Heizgut durch Hochfrequenzinduktion [1]				70 bis 80	ca. 100	Einsatztiegel, innerer Durchmesser 30 mm, Höhe 100 mm
9	Vakuumofen	Wolfram	Band	$2,0 \times 0,1$	ca. 1200	ca. 25	ca. 20	Magnesiumoxyd
10	Druckofen	Kohle oder Graphit	Rohr	ca. 20	ca. 55	ca. 15	ca. 25	Kohle

[1] 10 bis 15 Windungen des Hochfrequenz-Solenoids.

Tabelle 4. Eigenschaften einiger

| | Bezeichnung | Schutzatmosphäre für den Heizkörper | | Betriebstemperatur °C | Höchsttemperatur °C | Spannung am Ofen selbst V | Spannung am angeb. Transformator usw. (primär) V | Verbrauch bei Höchsttemperatur | | Materialverbrauch beim Betrieb |
		künstliche	natürliche d. Mat.-Abbrand					Gesamtverbrauch kW	W/cm², auf die Zone gleichmäß. Temp.² bez.	
1	Molybdän-Drahtofen	Methyl-alkohol-dampf	—	1450	etwa 1500	110 oder 220	—	2 bis 6	6 bis 10	Methyl-alkohol
2	Wolfram-Spiralofen	Wasser-stoff-Stickst.-gemisch	—	1800 bis 2000	2200	160	—	6,5	25	Spülgas
3	Wolfram-Rohrofen	Wasser-stoff-Stick-stoff-gemisch	—	2000 bis 2600	3000	8	—	10	1200	Spülgas
4	Silitspiral-ofen	nicht nötig	—	1000 bis 1200	1400	ca. 110 od. 220	—	6,5	15	—
5	Graphitkör-ner-Zirkon-oxydofen	—	Kohlen-oxyd	1800	2000	40	—	6	40	Abbrand des Kohle-grießes
6	Tamman-Ofen	—	Kohlen-oxyd	2000	bei großen Typen über 3000	4 bis 30	100 bis 500	10 bis 60	ca. 150	Abbrand des Heiz-rohres
7	Kathoden-strahlofen	beliebige Gasatmo-sphäre v. ca. 0,01 mm Hg-Druck	—	Grenze nur durch Eigen-schaf-ten d. Heiz-gutes gesetzt	—	Zünd-span-nung ca. 30000	—	8 kW [1] (Wir-kungs-grad d. Hoch-frequenz-anlage ca. 30%)	ca. 2000 [1]	Spülgas
8	Hochfre-quenzofen	beliebige Atmo-sphäre	—	—	1750 leicht er-reich-bar	150 V max. 400 V Ofen-str. bis 200 A	220 V Motor-span-nung	6,5 kW [3] (Wir-kgsgr. d. Hochfr.-anlage ca. 60%)	80 bis 200 [4]	—
9	Vakuum-ofen [6]	—	—	bis 2000	2000	nicht angegeben		nicht angegeben		—
10	Druckofen	—	Kohlen-oxyd	bis 2000	nicht ange-geben	nicht angegeben		nicht angegeben		Abbrand des Heiz-rohres

[1] Energieverbrauch zum Schmelzen von Wolframmetall.   [2] Gewöhnlich ½ bis ⅓ der von der Charge aufgenommen werden etwa 1,25 kW.   [4] Je nach Größe der Charge. Vakuumofen mit Kohlerohr wird von K. L. Wolf: Z. techn. Phys. Bd. 44, S. 170. 1927, be-

Laboratoriumsöfen. (Fortsetzung.)

| Zubehörapparate | | | Literatur-stelle | Bezugs-quelle | Besondere Bemerkungen |
Schutz-gase	Wasser-(kühlung)	Elektrische usw.			
—	—	Widerstand (angebaut)	—	Heraeus, Hanau	Beliebige Atmosphäre im Ofenraum
Wasser-stoff-Stickst.-gemisch	Ausführungs-formen mit und ohne Wasserkühlg.	Widerstand, u. U. Trans-formator	Z. techn. Phys. Bd. 8, 119—122. 1927 (Fehse)	Studien-Ges. f. el. Be-leuchtung, Bln. O 17.	Reduzierende Atmo-sphäre im Ofenraum
Wasser-stoff-Stick-stoff-gemisch	Wasser	Trans-formator und Widerstand	Z. techn. Phys. Bd. 5, 473—475. 1924 (Fehse)	Studien-Ges. f. el. Be-leuchtung, Bln. O 17	Reduzierende Atmo-sphäre im Ofenraum
—	—	Vor-widerstand	—	Gebr. Sie-mens, Bln.-Lichtenberg	Beliebige Atmosphäre im Ofenraum
—	Wasser	Trans-formator und Vor-widerstand	—	Auer-Ges., Berlin O 17	Beliebige Atmosphäre im Ofenraum (CO-haltig)
—	Wasser	Trans-formator und Widerstand (eingebaut)	—	Vereinigung Göttinger Werke, Göt-tingen	Reduzierende und karburierende Atmo-sphäre im Ofenraum
Spülgas	—	Hoch-frequenz-anlage für 190000 Hertz	Wiss. Veröff. Siemens-Konzerns Bd. 3, 226 bis 230. 1923 (Gerdien-Riegger)	—	Allgemeines über Kathodenstrahlöfen s. Stählers Handbuch Bd. 1, 392—394, 442. 1913
—	Wasser	Hoch-frequenz-anlage für 8000 Hertz[5]	s. auch Stäh-lers Hand-buch Bd. 1, 392—394, 442. 1913.	C. Lorenz A.-G., Bln.-Tempelhof	Beliebige Atmosphäre im Ofenraum
—	Wasser	Luftpumpen u. Manometer. Vorwiderst.	Z. Phys. Bd. 42, 329—374. 1927 (Goetz)	—	Gußeiserner Aussen-körper, der evakuiert wird
Gas in Bomben od. Kom-pressions-einrichtg.	Wasser	Trans-formator u. Vorwider-stand	Ber. Dtsch. Chem.Ges.Bd. 53, 1717—21. 1920 (Tiede-Schleede)	—	Reduz. u. karbur. Atmo-sphäre i. Ofenraum. Ein-geb. i. Stahltopf, v. 20 mm Wandst., so daß f. Gasdr. v. 150 Atmosph. verwendb.

gesamten beheizten Zone.　³ Die Hochfrequenzleistung (mit 8000 Hertz) beträgt ca. 4 kW,
⁵ Variometer 20000 bis 80000 cm, Kapazität 4,5 bis 10,5 Mikrofarad in Stufen.　⁶ Ein
schrieben.

die Gesamtstrahlung des schwarzen Körpers geben, also des Strahlers, welcher die höchste Ausstrahlung hat, kleiner sind als die der 3. Rubrik, welche den Wärmeverlust eines blanken Wolframrohres gibt. Der Grund hierfür ist in den außerordentlich hohen Wärmeleitungsverlusten des gut leitenden kurzen Wolframrohres zu suchen.

Zwischen den Energiewerten der Öfen bei verschiedenen Wärmeisolationen sind, wie man sieht, sehr große Unterschiede. Praktisch werden alle Übergänge zwischen den gegebenen Werten vorkommen. Z. B. wird man durch Verwendung von feingekörntem, geschmolzenem Aluminiumoxyd (über dieses siehe Artikel von Schneidler) auf Isolationswerte kommen, die zwischen denen der Isolation III und IV liegen. Es ist hierbei darauf zu achten, daß man mit der Feinheit des durchschnittlichen Kornes nicht unter eine Korngröße von 0,1 mm heruntergeht, da sonst bei den höheren Temperaturen Zusammenfrittungen und Schrumpfungen stattfinden. Will man die gegebenen Tabellenwerte interpolieren und extrapolieren, so bedient man sich zweckmäßig der logarithmischen Darstellungsweise, indem man die W/cm^2 in logarithmischem Maß, die Temperatur regulär aufträgt[1], da dann infolge des nahezu geradlinigen Verlaufes der Kurven die Schätzungen der nicht beobachteten Werte mit genügender Genauigkeit möglich sind[2].

In der vorstehenden Tabelle 4 sind die Eigenschaften der oben beschriebenen Laboratoriumsöfen zusammengestellt, wobei zugleich der Energiebedarf einer jeden Ofenart eingetragen ist, der durch die Erfahrung gegeben ist.

Anschließend an die Beschreibung der Hilfsmittel für die Erzeugung höherer Temperaturen im Laboratorium sollen einige Produkte elektrothermischer Prozesse besprochen werden, welche berufen sind, in der modernen Technik eine Rolle zu spielen, wenn sie auch zur Zeit erst in verhältnismäßig kleinem Maßstabe hergestellt werden. Es mögen als Beispiel zunächst zwei Produkte gewählt werden, welche nach dem keramischen Verfahren hergestellt sind, und zwar ein metallisches und ein nichtmetallisches. Beide stehen im engen Zusammenhang mit den vorher besprochenen Laboratoriumsöfen.

D. Neue Produkte elektrothermischer Prozesse. Keramische Verfahren.

1. Keramische Produkte. Die Bezeichnung „keramische" soll im vorliegenden Zusammenhang auf solche Verfahren angewandt werden, bei welchen die Körper, welche hergestellt werden sollen, zunächst aus Pulvern gepreßt und dann durch Erhitzen auf hohe Temperaturen durch

---

[1] Schleicher und Schüll: Log.-Papier Nr. 368½.
[2] Fehse: Sammlung Vieweg Heft 90, S. 45.

Verwachsen der einzelnen Körner infolge Temperaturbewegung der Atome, verfestigt, oder, wie man meist sagt, gesintert werden.

Diese Verfahren wurden bisher in der Metalltechnik nur höchst selten angewandt. Im folgenden sei ein Beispiel einer erfolgreichen Anwendung des keramischen Verfahrens kurz behandelt. Stellt man aus Wolframkarbid-Pulver unter Zusatz einer geringen Menge Kobalt, Nickel oder Eisen unter hohem hydraulischen Druck Formkörper her, und erhitzt diese bis auf die Temperatur, bei der dieses sich verfestigt, sintert (diese Temperatur liegt in manchen Fällen unter dem Schmelzpunkt des am niedrigsten schmelzenden Zusatzmetalles), so bildet sich ein Produkt, welches eine große Härte (läßt sich nur mit Sonder-Karborundschleifscheiben bearbeiten) mit großer Festigkeit vereinigt, und sich vorzüglich zur Herstellung von spanabhebenden Werkzeugen hoher Leistungsfähigkeit eignet. Die Leistungen dieses Materials werden am besten dadurch charakterisiert, daß beim Abdrehen von Hartguß eine Leistungssteigerung von 400%, beim Abdrehen von Messing eine solche von 800% gegenüber dem hochwertigsten Kobalt-Schnelldrehstahl erzielt wurde. Das neue Hartmetall ist außer zum Bearbeiten von Metall von größter Bedeutung für die Bearbeitung von isolierten Materialien wie Preßspan, Papier, Hartgummi, Marmor, Glas und sogar Porzellan. Die Bearbeitung dieser beiden letztgenannten Materialien ist überhaupt erst durch seine Verwendung möglich geworden. Das neue Hartmetall wurde im Osram-Konzern in etwa 10 jähriger Forschungstätigkeit ausgearbeitet[1]. Um die wirtschaftliche Verwertung in größerem Maßstabe zu ermöglichen, wurde die Herstellung des neuen Hartmetalls an die Firma Krupp abgegeben. Krupp bringt es unter dem Namen „Widia" (wie Diamant) in den Handel. In Amerika wird es von der General Electric Company unter dem Namen „Carboloy" hergestellt und vertrieben.

Als zweites Produkt der neuzeitlichen Hochtemperatur-Keramik sei die Herstellung keramischer Massen beschrieben, die in Öfen Verwendung finden können, deren Temperatur bei Dauerbetrieb bis auf 1800° C gesteigert werden kann. Es ist klar, daß zur Herstellung dieser Massen nur Substanzen mit einem über 1800° liegenden Schmelzpunkt verwandt werden können. Ferner muß die Bedingung gemacht werden, daß die Formänderung (z. B. Schwindung) bei den Gebrauchstemperaturen äußerst gering ist.

Als Beispiel für eine solche Masse sei Aluminiumoxyd gewählt, welches sich für die Auskleidung von Öfen vorzüglich eignet, sehr geringen Zersetzungsdruck besitzt und chemisch äußerst unempfindlich ist. Um eine spätere Schrumpfung auszuschließen, wird das Material in der Form verwandt, in welcher es seine größte Dichte hat, nämlich in der geschmolzenen. Die Herstellung von geschmolzenem Korund ist in der

---

[1] D.R.P. 420 689, 434 527, 481 212 (Erfinder Karl Schröter).

Abhandlung (Schneidler S. 72ff.) dieses Buches beschrieben. Zur Herstellung von Stampfmasse, die mit Wasser eventuell unter Zusatz von einigen Prozenten Aluminiumhydroxydpaste etwas plastisch gemacht wird, kann man z. B. eine Mischung verwenden, welche aus 2 Siebfeinheiten zusammengesetzt wird, von denen die eine Körner von 0,5 bis 0,1 mm, die andere, von der man etwa 10% zusetzt, Körner bis höchstens 0,05 mm Größe enthält.

Enthält die Masse durchschnittlich zu feines Korn, so reißen die Gegenstände, enthält sie zu grobes, so haben sie keinen Zusammenhalt nach dem Brennen. Den Vorgang der Verfestigung beim Sintern kann man sich durch den orientierenden Einfluß der Oberflächenkräfte erklären, den Einfluß der Temperatur auf die Sinterung durch die bei höherer Temperatur heftigere Temperaturbewegung, die zur innigeren Berührung der gestampften Teilchen führt. Nach der oben angegebenen Vorschrift hergestellte Stampfkörper aus geschmolzenem Aluminiumoxyd werden beim Brennen bei 1500° bereits hart und zeigen bei 1800° keine Schwindung mehr. Nach ähnlichen Verfahren lassen sich auch Massen aus anderen hochschmelzenden Oxyden herstellen.

2. **Metallkristalle.** Die im folgenden beschriebenen elektrothermischen Prozesse sind als Laboratoriumsversuche aufzufassen, sie lehnen sich an keines der vorher besprochenen Verfahren an, sondern machen sich die soeben erwähnten orientierenden Oberflächenkräfte der Kristalle zur Erzeugung großer Metallkristalle zunutze.

Diese Verfahren haben zum Ziel sehr reine, gut definierte kleine oder große kristalline Metallkörper, vor allem Drähte und Stäbe herzustellen, wie man sie zur Untersuchung der physikalischen Eigenschaften der Metalle, also z. B. zur Bestimmung der Raumgitterkonstanten, der elektrischen Leitfähigkeit, der Wärmeleitfähigkeit oder der mechanischen Eigenschaften benutzt.

Das älteste dieser Verfahren ist das von Czochralski[1] welches von Gompertz[2] vervollkommnet wurde. Bei dem Czochralskischen Verfahren wird der Kristall aus der Schmelze „gezogen" (Abb. 18). Diese zeigt eine Vorrichtung für diesen Zweck. In einem etwa 4 cm weiten, 22 cm langen Quarzreagensrohr befindet sich die Metallschmelze. Die Öffnung des Reagensrohres ist mit einem doppelt durchbohrten Kork K verschlossen. In der einen Öffnung steckt ein vertikales Glasrohr, das genau in die passende Metallröhre M führt. Das untere Ende des Glasrohres trägt ein kapillardurchbohrtes Stäbchen S, das ca. 3 cm frei herausragt. Das Metallrohr läßt sich durch ein Walzenpaar W in vertikaler Richtung verschieben. Auf der Oberfläche der Schmelze schwimmt ein kreisrundes, zentrisch durchbohrtes Glimmer-

---

[1] Z. f. physikal. Chemie Bd. 92, S. 219. 1918.
[2] Z. techn. Phys. Bd. 8, S. 184. 1922.

plättchen *Gl.* Durch das Glasrohr wird Stickstoff eingeleitet, der aus dem zweiten Loch entweicht. Um einen Draht aus der Schmelze zu ziehen, wird das Metallrohr so weit gesenkt, daß das Stäbchen *S* in die Schmelze taucht. Zieht man nun das Rohr mit geeigneter Geschwindigkeit ($^1/_{10}$ bis 1 mm/sec) heraus, so bleibt an dem Stäbchen ein Flüssigkeitsfaden haften, der durch die kühlende Wirkung des Stickstoffstromes zum Erstarren gebracht wird. Bei geeigneter Geschwindigkeit des Rohres und des Gasstromes gelang es, Drähte von ca. 35 cm Länge zu ziehen, die als Einkristalldrähte festgestellt wurden. Es gelang dies Verfahren bei Blei, Zink, Zinn, Aluminium, Kadmium und Wismut[1]. Für höher schmelzende Metalle, besonders für das in der Leuchttechnik und Elektronenröhrentechnik so wichtige Wolfram, dessen Schmelzpunkt bei 3400° C liegt, ist ein solches Verfahren nicht mehr gangbar.

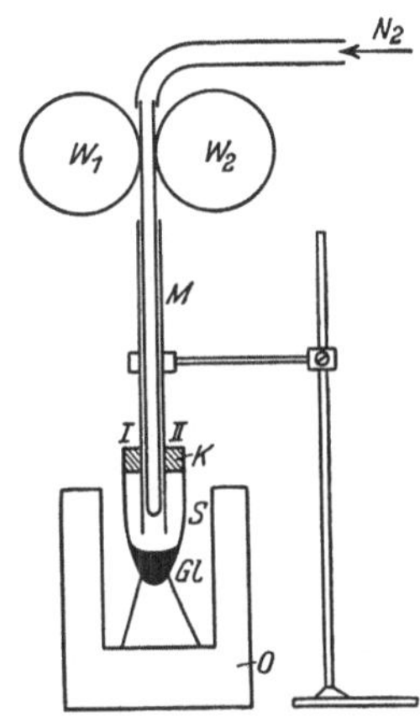

Abb. 18. Vorrichtung zum Züchten eines Metallkristalles aus der Schmelze.

Um die orientierenden Kräfte fester Kristalloberflächen auszunutzen, läßt man sie daher nicht auf die flüssigen Moleküle wirken, sondern auf gasförmige, und zwar so, daß man flüchtige Verbindungen des betreffenden Metalles als Dampf anwendet und diesen Dampf sich an einer festen, erhitzten Unterlage, z. B. einem Draht aus dem gleichen Material, im vorliegenden Fall also Wolfram, abscheiden läßt.

Zum Aufwachsen von Wolframkristallen aus der Gasphase wird die Eigenschaft von Wolframhexachlorid benutzt, sich bei Berührung mit Körpern hoher Temperatur zu zersetzen und Wolfram abzuscheiden, und zwar geht diese Abscheidung um so schneller vor sich, je höher die Temperatur ist. Bringt man also einen Wolframdraht mit verschiedenen Querschnitten in einem Raum, der dampfförmiges WCl_6 enthält, durch den elektrischen Strom zum Glühen, so ist an den dünnen Stellen die Temperatur höher als an den dicken und dementsprechend ist auch die Abscheidung von Wolfram auf dem Draht an den heißeren, also dünneren Stellen größer. Der Draht wird also durch diese Behandlung „egalisiert"!

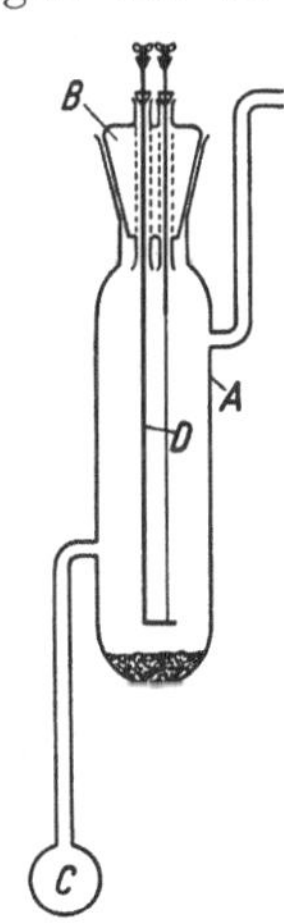

Abb. 19. Vorrichtung zum Züchten eines Metallkristalles aus der Gasphase.

---

[1] Neuerdings gelingt es, nach diesem Verfahren aus Einkristallen auch höher schmelzende Metalle herzustellen. Glocken, R. u. L. Graf: Z. anorg. allg. Chem. Bd. 188, S. 232. 1930.

Setzt man die Behandlung fort, so kann man ein Weiterwachsen der Drahtkristalle nach folgenden Methoden erreichen (s. Abb. 19).

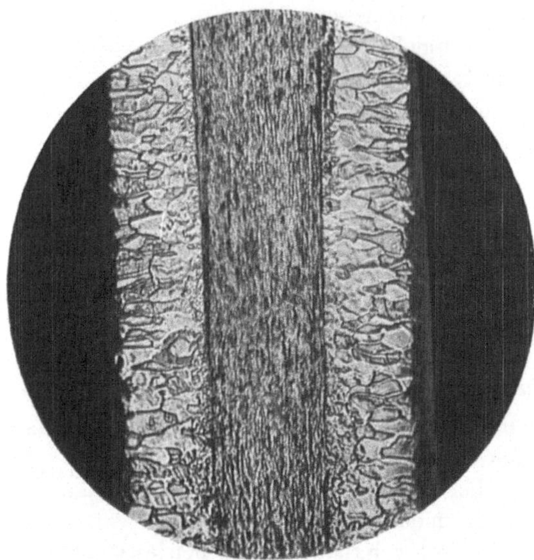

Abb. 20. Längsschliff eines kleinkristallinen Anwachskristalles.

I. In einem elektrischen Ofen befindet sich der Glasrezipient A, der an einem Ende eine kugelförmige Erweiterung C zur Aufnahme des festen Wolframhexachlorids trägt. In den Rezipienten ragt ein Rohr, das zwei Metallklemmen trägt, zwischen denen der zu behandelnde Draht ausgespannt ist, am Boden des Rezipienten befindet sich etwas Wolframpulver zur Bildung von Hexachlorid mit dem freigewordenen Chlor. Ein dichtschließender Gummistopfen B mit den entsprechenden Durchführungen für Rohr- und Drahtzuleitungen sowie für ein Ausflußrohr verschließt den Rezipienten, während das andere Ende durch einen Hahn verschlossen ist. Durch Regelung der Ofentemperatur läßt sich jeder gewünschte Partialdruck des WCl_6 herstellen.

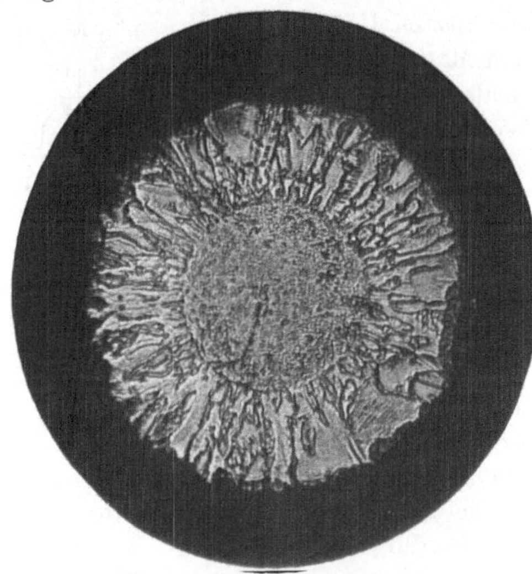

Abb. 21. Querschliff eines kleinkristallinen
Anwachskristalles.

II. Ein Strom von Wasserstoff führt den Dampf an dem Draht vorbei. An dem auf Rotglut befindlichen Draht zersetzt sich ein Teil des Dampfes, wobei sich Wolfram niederschlägt. Der sich dabei bildende Chlorwasserstoff wird hinter dem Apparat absorbiert. Durch hohe oder tiefe Temperatur des Drahtes, durch verschiedene Dampfdrucke und Strömungsgeschwindigkeiten sowie durch verschiedene Drucke im Rezipienten lassen sich die verschiedensten Formen der Niederschläge erreichen. Bei hohem WCl_6-Partialdruck bilden sich schwammige, kleinkristallinische Abscheidungen, die schlecht auf dem Draht haften. Durch Herabsetzen des Dampfdruckes, durch Verminderung der Ofentemperatur entstehen fester haftende Abscheidungen.

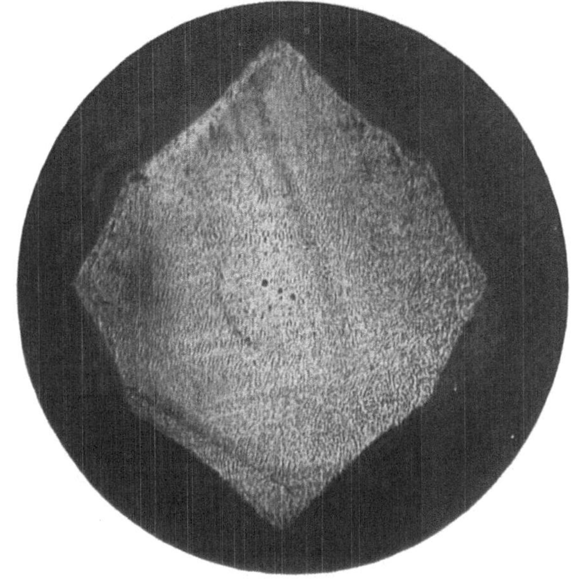

Abb. 22. Querschnitt durch einen aus der Gasphase gewachsenen abgeätzten Einkristall.

Abb. 20 zeigt einen Querschliff, Abb. 21 einen Längsschliff eines solchen Produktes,

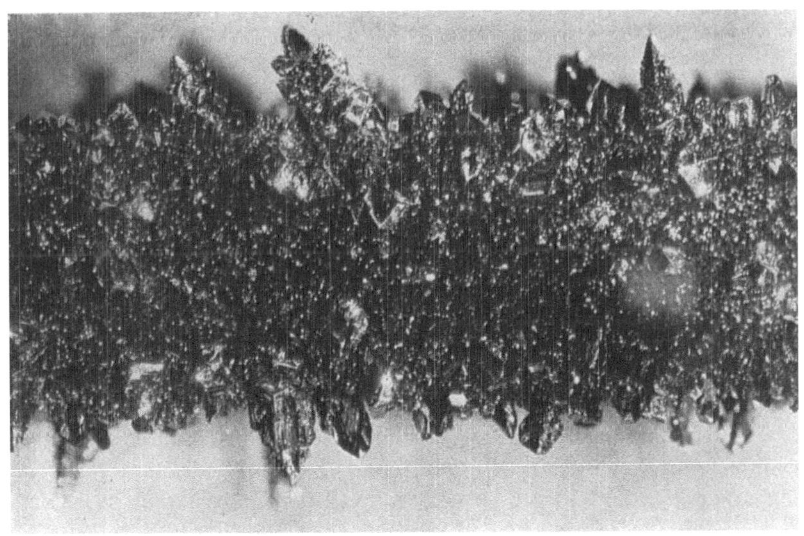

Abb. 23. Nadelaufwachsung aus der Gasphase.

wobei ein kleinkristalliner Draht zum Aufwachsen benutzt wurde. Arbeitet man bei geringerem Gesamtdruck (p ca. 12 mm Hg) und verwendet einen Einkristall als Ausgangsdraht, so gelingt es, ein Weiterwachsen des Drahtes als einheitlicher Kristall zu erreichen.

Abb. 22 zeigt das Schliffbild eines solchen Drahtes, eckig abgeätzt; die Grenze zwischen Mutterkristall und Bewachsung ist kaum mehr wahrzunehmen. Die eckige Begrenzung des Kristalls ergibt sich beim Abätzen mit angreifenden Säuren oder Gasen und man kann aus ihr bei Kenntnis der Kristallform die Lage des Kristalles im Draht berechnen[1].

Interessante Abweichungen vom normalen Kristallwachstum zeigen sich, wenn man dasselbe durch chemische Prozesse beeinflußt.

Abb. 23 zeigt z. B. eine Nadelaufwachsung in wasserdampfhaltiger Atmosphäre. Solche Aufwachsungen sind im allgemeinen unerwünscht, dienen aber wiederum bei systematischer Erforschung zur Klärung des Aufwachsmechanismus.

Die zuletzt beschriebenen Aufwachsverfahren durch Zersetzung gasförmiger Substanzen wurden z. B. angewandt für Bor, Zirkon, Hafnium Tantal, Wolfram und Titan.

E. Meßmethoden im elektrothermischen Laboratorium.

1. Schmelzpunktbestimmungen. Für den Stand der Technik ist außer den von ihr hervorgebrachten Leistungen die Art und Vollkommenheit der von ihr und für sie ausgebildeten Meßmethoden charakteristisch. Denn einerseits ist die Messung, die zahlenmäßige Angaben und Kontrolle bezweckt, das einzige Mittel, um gewonnene technische Resultate festzulegen und zu beschreiben, andererseits ist es klar, daß eine sehr verzweigte und vielseitige Technik auch einen großen Bedarf an differenzierten Meßmethoden haben wird. Über die spezifischen betriebstechnischen Meßmethoden wird im nachfolgenden Kapitel berichtet. Hier sollen nur zwei herausgegriffen werden, die für Sonderzwecke angewendet werden und physikalisch einige Besonderheiten bieten, die sie interessant machen.

Unter den elektrothermischen Messungen bieten die Schmelzpunktsbestimmungen der höchstschmelzenden Körper die größten Schwierigkeiten.

Um Schmelzpunkte, die oberhalb von 2000° abs. liegen, zu bestimmen, muß man bekanntlich zu Strahlungsmessungen greifen. Da der Zusammenhang zwischen Strahlung und Temperatur nur für einen „schwarzen Körper" angebbar ist, so muß die Schmelzung in einem

---

[1] R. Gross, F. Koref, K. Moers: Z. techn. Phys. Bd. 22, S. 317, 324.

Hohlraum ausgeführt werden, z. B. in einem elektrisch erhitzten Rohr, das mit Blenden versehen ist[1].

Es ist jedoch praktisch nicht möglich, diese Anordnung bei Temperaturen, die so hoch liegen wie der Schmelzpunkt des Wolframs, in einwandfreier Weise zu verwirklichen, da es kein Material gibt, das sich zur Herstellung des Hohlraumes eignet. (Kohleöfen kommen für Schmelzpunktbestimmungen auch im Vakuum wegen des hohen Eigendampfdruckes der Kohle und des Dampfdruckes ihrer Verunreinigungen nicht in Betracht). Ferner bietet die Auswahl der Unterlage für das Schmelzgut wegen der eintretenden Reaktionen unüberwindliche Schwierigkeiten.

Andere Methoden, die den Schmelzpunkt aus der Strahlung einer frei strahlenden Oberfläche zu ermitteln suchen, sind deshalb unzweckmäßig, weil das Emissionsvermögen der Metalle beim Schmelzpunkt nicht mit genügender Sicherheit bekannt ist.

Zur Bestimmung des Schmelzpunktes hochschmelzender Metalle wurde deshalb folgender Kunstgriff angewandt[2]. Aus dem Metall selbst wurde ein Hohlraumstrahler hergestellt, indem 7 mm dicke Stäbe mit einer quer zur Stabachse gelegenen feinen Bohrung versehen und diese Bohrung als schwarzer Körper bei der Temperaturmessung verwendet wurde. Die Stäbe wurden mittels Stromdurchgang in indifferenter Atmosphäre erhitzt und die Strahlung eines Punktes der zentralen Bohrung pyrometrisch gemessen. Die Schmelzung wird dadurch angezeigt, daß das flüssige Metall aus der Bohrung herausquillt.

Werden die Stäbe aus geschmolzenem Material von hohem Reflexionsvermögen hergestellt, wie z. B. Nickel, so sind die Wände der Bohrungen glatt, und daher wird bei dieser Anordnung noch nicht der vollkommene Hohlraumstrahler erreicht. Vielmehr beträgt „die Schwärzung" nur etwa 75%.

Besteht dagegen das Ausgangsmaterial aus einem Stabe, der aus Pulver gepreßt ist, so ist die Oberfläche an und für sich rauh, und die Strahlung, die aus tiefer liegenden Teilen kommt, ist geschwärzt.

Abb. 24 zeigt die rauhe Oberfläche einer solchen Innenbohrung in einem Wolframstab.

Zur Erprobung dieser Methode wurden die Schmelzpunkte von Wolfram und Molybdän bestimmt.

Die Wolframstäbe wurden aus einem möglichst reinen Metallpulver (Kohlegehalt weniger als 0,01%) gepreßt und durch Sintern bei 1450° C verfestigt. Dann wurden die Stäbe zwischen zwei wassergekühlte Klemmen eingespannt, über die ein doppelwandiger, ebenfalls wassergekühlter Kupfer-Rezipient gestülpt wurde. Ein Schauloch im Kupfer-

---

[1] Handbuch d. Physik Bd. 19, S. 1—26. Berlin: Julius Springer 1928.
[2] Pirani, M. u. H. Alterthum: Z. Elektrochem. Bd. 29, S. 5—8. 1923.

mantel ermöglichte es, die zentrale Bohrung anzuvisieren. Durch den Rezipienten wurde ein Wasserstoffstrom geleitet. Die Stäbe wurden mit 50 periodischem Wechselstrom bis dicht an den Schmelzpunkt erhitzt und verblieben eine Weile bei dieser Temperatur, bis sie genügend zusammengesintert waren. (Erkennungszeichen: Der Widerstand wird konstant.) Stromschwankungen wurden durch Änderungen des Widerstandes im Primärstromkreis des Transformators kompensiert. Der Strom wurde dann allmählich gesteigert, und zwar in der Nähe des Schmelzpunktes in ganz kleinen Stufen.

Da an der Beobachtungsstelle der Querschnitt des Materials am geringsten ist, so trat hier eine geringe Überhitzung ein und das Metall schmolz an dieser Stelle. Dabei quoll es in einigen Fällen tropfenförmig aus der Bohrung heraus.

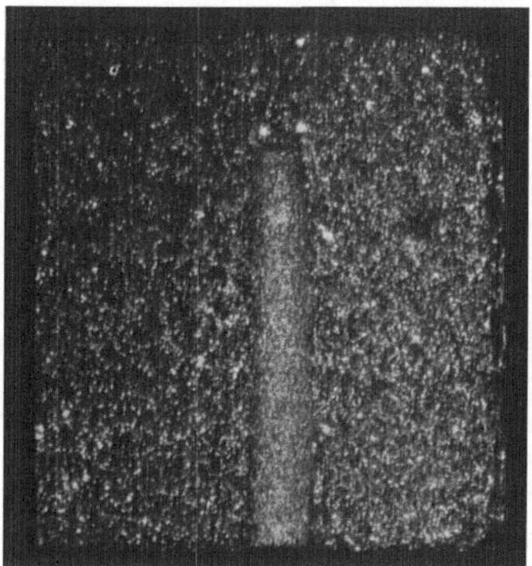
Abb. 24. Bohrung in gesintertem Wolframstab.

Daß die Schmelzung in der Bohrung immer vom Zentrum nach der Außenwand des Stabes zu erfolgt, ist auch dadurch gewährleistet, daß die Außentemperatur infolge der Ausstrahlung und Abkühlung durch den Wasserstoffstrom um etwa 80° niedriger ist als die Temperatur in der Stabmitte.

Die Temperatur innerhalb des Loches wurde mit einem geeichten Holborn-Kurlbaum-Pyrometer beobachtet. Das Loch erschien hell auf der dunkleren Fläche der Außenwand, im Augenblick des Schmelzens jedoch erschien plötzlich in dem hellen Loch bei sehr vorsichtiger Temperatursteigerung ein kleiner dunkler Punkt. Bei schnellerer Steigerung erschien plötzlich das ganze Loch dunkel, da das Strahlungsvermögen der glatten geschmolzenen Oberfläche wesentlich geringer ist als das des vorher anvisierten rauhen Grundes.

Abb. 25 zeigt ein solches Loch im Wolframstab mit geschmolzenem Metall.

Nach den oben beschriebenen Versuchen ergab sich der Schmelzpunkt des Molybdäns zu 2840° $\pm$ 40° abs. und der des Wolframs zu 3660° $\pm$ 60° abs.

Bei Kohle, die vor einigen Jahren noch als unschmelzbar galt, gelangt das gleiche Verfahren zur Anwendung. In den nachfolgenden

Abbildungen handelt es sich um Kohleschmelzungen mit 8000 A und 8 V in Wasserstoffatmosphäre von 800 mm Druck. Der Schmelzpunkt ist 3500⁰ C. Der Kohlestab bestand aus gepreßtem Siemensgraphit und hatte eine Länge von 140 mm bei 37 mm Durchmesser. In der Mitte wies der Stab eine Bohrung auf von 3 mm und ein Querloch von 3 mm Durchmesser und 18 mm Tiefe.

Abb. 26 und 27 zeigen das Loch mit geflossenem und ausgeblühtem Kohlenstoff[1].

Abb. 28 zeigt die Bruchfläche des Kohlestabes mit zugeflossenem Bohrkanal.

Nach einer anderen Methode wurde der Schmelzpunkt zweier schwer schmelzbarer Oxyde, des Zirkonoxydes und des Hafniumoxydes von Henning und Lax[2] bestimmt:

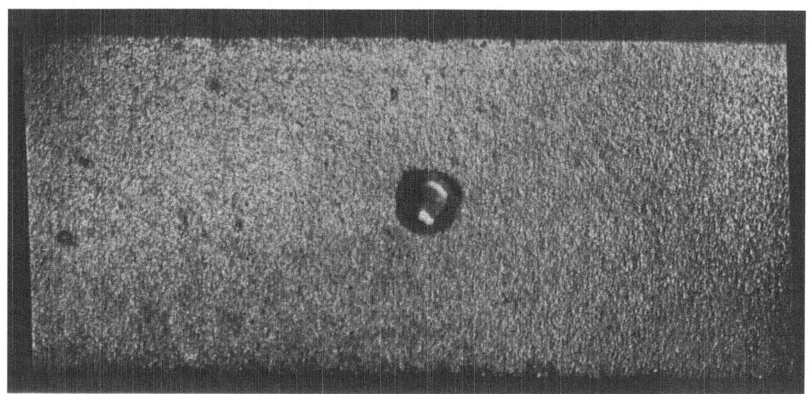

Abb. 25. Bohrloch mit geschmolzenem Metall.

Für diese Schmelzpunktbestimmungen wurde reines Zirkonoxyd (ZrO_2) sowie zwei Proben von Hafniumoxyd (HfO_2) dem 7,0 bzw. 48,9 Gewichtsprozent Zirkonoxyd beigemischt waren, benutzt. Zur Erhitzung diente ein bis 3000⁰ C verwendbarer Wolframrohrofen[3]; zur Temperaturmessung das in der Physikalisch-Technischen Reichsanstalt gebaute und geeichte Farbglaspyrometer für kleine Objekte[4]. Bei jeder Schmelzung wurde etwa 0,1 g Material in Gestalt eines kleinen Zylinders verwendet, der auf einem Wolframschiffchen liegend in die Mitte des 10 cm langen Heizrohres geschoben wurde. In der Stickstoff-Wasserstoffatmosphäre des Ofens und in Gegenwart des leicht oxydierbaren Wolf-

---

[1] Alterthum, H., W. Fehse u. M. Pirani: Z. Elektrochem. Bd. 31, S. 313. 1925.

[2] Henning, F.: Die Naturwissenschaften Bd. 13, S. 661. 1925.

[3] Fehse, W.: Z. techn. Phys. Bd. 10, S. 473. 1924.

[4] Henning, F.: Z. Phys. Bd. 32, S. 799. 1925.

Abb. 26. Bohrloch mit geflossenem Graphit.

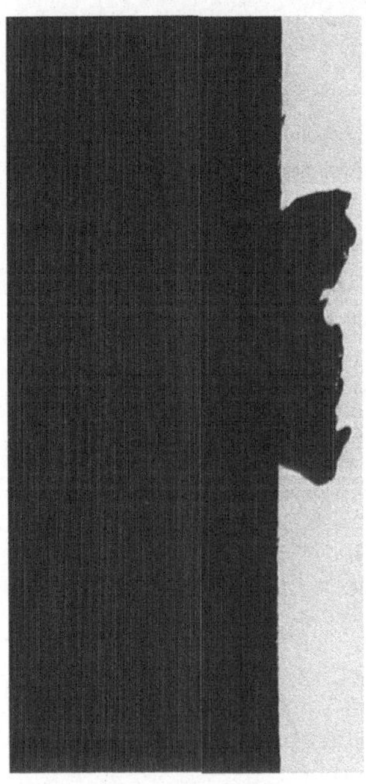

Abb. 27. Ausblühung am Bohrloch.

rams fand während des Schmelzens eine teilweise Reduzierung des Zirkon- und Hafniumoxyds statt, wobei das noch kurz vor dem Schmelzpunkt fast weiße Metall eine dunkle metallisch glänzende Färbung annahm.

Da, um den Augenblick des Schmelzens feststellen zu können, die Oxydstücke deutlich sichtbar sein mußten, so durften sie nicht innerhalb eines vollständig schwarzen Körpers angeordnet werden. Deshalb blieb das Wolframrohr des Ofens an beiden Enden offen, so daß das glühende Oxyd vor einem dunklen Hintergrund erschien. Dennoch sind die beobachteten „schwarzen" Temperaturen praktisch gleich den wahren Temperaturen, da sich zeigte, daß ein kleines in dem Schmelzmaterial angebrachtes Bohrloch, das als schwarzer Körper strahlte, sich in der Helligkeit nicht von der freien Oberfläche des Oxyds unterschied.

Für die Schmelztemperaturen ergaben sich folgende Zahlen:

ZrO_2, rein 2960 ± 20^0 abs. (7 Schmelzen)
0,51 HfO_2 + 0,49 ZrO_2 3026 ± 20^0 abs. (2 Schmelzen)
0,93 HfO_2 + 0,07 ZrO_2 3072 ± 20^0 abs. (3 Schmelzen).

Hiernach steigt die Schmelztemperatur etwa proportional mit dem Gehalt an HfO_2. Durch Extrapolation erhält man als Schmelztemperatur für

HfO_2, rein 3085 ± 25^0 abs.

2. Temperaturmessung durch Elektronentransport. Im folgenden sei ein Weg gezeigt, wie man zur Ausbildung einer neuen Methode zur Messung sehr hoher Temperaturen im Ofen gelangen kann[1].

Stehen sich zwei leitende gleichtemperierte Elektroden in einem (gaserfüllten) Raume gegenüber, so werden bei genügend hoher Temperatur Elektronen an der Oberfläche austreten und es wird sich um

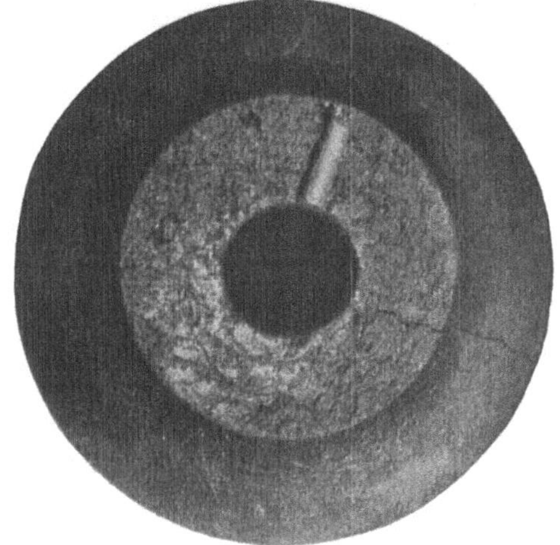

Abb. 28. Bohrkanal mit geschmolzenem Graphit gefüllt.

jede Elektrode herum eine bestimmte Elektronenkonzentration einstellen, die außer von der Temperatur vom Material und der Oberflächenbeschaffenheit der Elektrode auch von dem umgebenden Gase abhängt. Bestehen die Elektroden aus verschiedenem Material, so bildet sich infolge der verschiedenen Elektronenkonzentration in der Umgebung der Elektroden ein Spannungsunterschied aus und beim Verbinden der Elektroden fließt, auch wenn zwischen den beiden Elektroden sich ein Gas befindet, eine Art Elektronendiffusionsstrom. Sind die Elektroden aus gleichem Material, so wird durch Anlegen einer kleinen Spannung ein Strom fließen. Da die austretende Elektronenmenge sich mit der Temperatur stark ändert, so kann auf dieser Beobachtung eine neue Temperaturmeßmethode aufgebaut werden.

Die Versuche wurden mit zwei konzentrisch angeordneten, oben geschlossenen Zylinderelektroden ausgeführt (Abb. 29), einer äußeren aus Wolfram und einer inneren aus Molybdän. Der Elektrodenabstand betrug 2 mm und die Oberfläche der inneren Elektrode 15 cm^2. Der zwecks Schaffung der Möglichkeit einer systematischen Untersuchung der Er-

---

[1] Pirani, M. u. H. Schönborn: Einige Beobachtungen über Elektronenströme in gaserfüllten Räumen. Die Naturwissenschaften Bd. 15, S. 767. 1927.

scheinung gasdichte, evakuierbare Wolframzylinder stand frei, d. h.
ohne Berührung mit den Wänden, in einem elektrisch beheizten, mit
reduzierenden Gasen gespülten elektrischen Ofen mit Wolframdrahtheiz-
wicklung. Die nach einer Kompensationsmethode gemessene Spannungs-
differenz betrug im untersuchten Temperaturintervall von ca. 1600° bis
2000° abs., praktisch unabhängig von der Temperatur in Wasserstoff
ca. 30 Millivolt, in Stickstoff ca. 50 Millivolt, und zwar ergab sich abweichend von dem, was man erwarten würde, ein Elektronenstrom
vom Wolfram zum Molybdän. Wird der Stromkreis durch ein Strom-
meßinstrument geschlossen, so ergibt sich ein mit steigender Temperatur stark ansteigender Strom, entsprechend der Abnahme des „Wider-

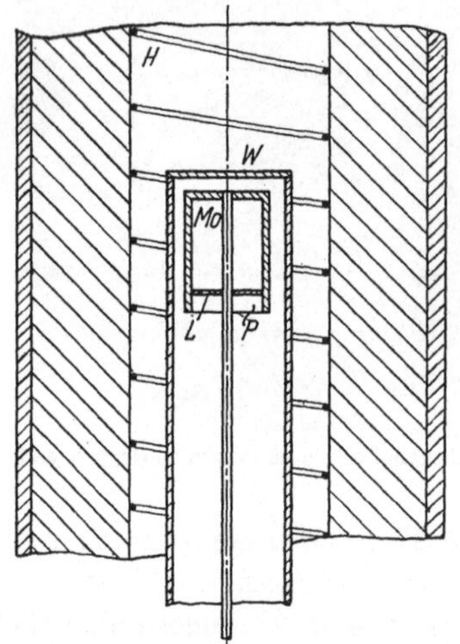

Abb. 29. Anordnung zur Messung des
Elektronentransportes bei hohen Temperaturen.

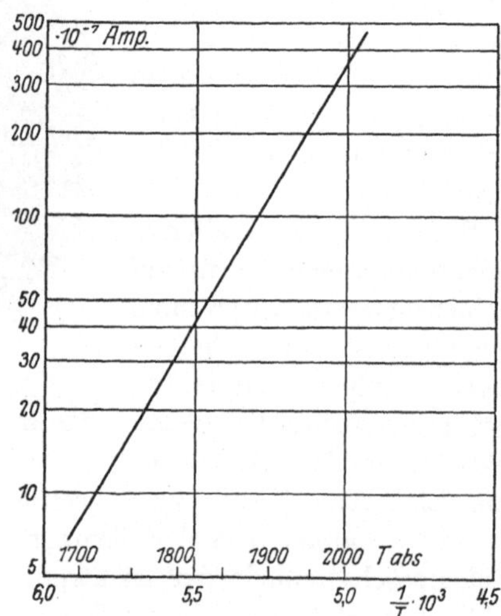

Abb. 30. Zusammenhang zwischen Stromstärke
und Temperatur im Wasserstoff.

standes" der Gasstrecke, infolge Zunahme der verfügbaren Gesamt-
elektronenmenge. Hierbei besteht, solange der äußerste Widerstand des
Stromkreises noch unerheblich gegen den inneren Widerstand der Zelle
ist, eine lineare Abhängigkeit zwischen dem Logarithmus der gemessenen
Stromstärke und dem reziproken Wert der absoluten Temperatur
(Abb. 30). Die Stromstärken betrugen in Wasserstoff bei 1700° abs.
8×10^{-7} und bei 1900° abs. $1,2 \times 10^{-5}$ A. Für kleine Spannungen,
bei denen noch das Ohmsche Gesetz gilt, ist die Anfangsneigung $\frac{dJ}{dE}$ der
Stromspannungskurve, die „Leitfähigkeit" sehr stark von der Temperatur abhängig; es ist log $\frac{dJ}{dE}$ dem reziproken Wert der absoluten Temperatur proportional, und zwar für Wasserstoff und Stickstoff in nahezu
gleicher Weise. Die Temperaturabhängigkeit der Leitfähigkeit der

Gasstrecke ist demnach nach der gleichen Regel von Hinrichsen und Rasch[1] darstellbar wie diejenige fester Elektrolyte.

Diese Methode ist, wenn man sie genügend im Laboratorium und praktischen Betriebe studiert haben wird, vielleicht berufen, neben der Strahlungsmeßmethode zu einem wertvollen Hilfsmittel für die Elektrothermie zu werden.

Eine Schwierigkeit, die man zu überwinden haben wird, ist die Schaffung definierter Verhältnisse, d. h. Elektrodenverbrauch und Gasinhalt des betreffenden Raumes. Andererseits liegt gerade in dieser Schwierigkeit die Anregung zur Verwendung dieser Meßmethode zur Kontrolle des konstanten Ganges von Öfen oder zur Messung der Zusammensetzung glühender Abgase. Denn jede Abweichung zeigt sich eben durch größere oder kleinere Änderung der Elektronenemission oder des Elektronentransportes an. Durch richtige Wahl der Verhältnisse, d. h. Elektrodenbeschaffenheit und der übrigen Anordnung, kann man eventuell dafür sorgen, daß entweder die Temperatur oder einer der anderen Faktoren überwiegenden Einfluß gewinnt.

---

[1] Hinrichsen, W. u. E. Rasch: Z. Elektrochem. Bd. 14, S. 41. 1908.

IX. Meßverfahren der Elektrothermie.

Von

Georg Keinath (Berlin).

A. Allgemeines.

Die elektrische Meßtechnik ist sowohl für die Forschung als für den Betrieb von Bedeutung. Im besonderen hilft die Meßkunde in der Elektrothermie nicht nur zur Verbilligung und Überwachung des Betriebes, sondern auch zur Veredelung der Erzeugnisse. Die Überwachung des Betriebes ist notwendig, um gleichmäßige Arbeitszustände zu erhalten, und diese sind am besten aus elektrischen Zustandsgrößen zu ersehen, die sich leichter als mechanische Größen fernübertragen und zentralisieren, z. B. an einer gemeinsamen Schalttafel anzeigen lassen. Aus einem Registrierstreifen sind Störungen irgendwelcher Art beispielsweise durch Ausbleiben des Stromes, durch Änderung der Beschickung und durch Schwankungen der Spannung am einfachsten zu erkennen, besser als an Zahlennotizen des Personals. Viele elektrothermische Betriebe werden auf konstanten Strom oder konstante Spannung reguliert.

Die Schwierigkeiten, die der Anwendung der Meßgeräte im Betriebe entgegenstehen, sind außerordentlich mannigfaltig. Zum Teil liegen sie zunächst in den Meßinstrumenten selbst. Es sind nicht immer die teuersten Instrumente, die die besten Ergebnisse gewährleisten, es muß auch darauf gesehen werden, daß für den jeweiligen Zweck das geeignetste Modell ausgewählt wird, wenn man nicht gewärtigen will, daß schlechte Erfahrungen gemacht werden und die ganze Messung und Meßeinrichtung überflüssig wird. In Abb. 1 sind Preise und angenäherte Genauigkeiten für einige der wichtigeren Arten elektrischer Zeigermeßgeräte graphisch dargestellt. Das billigste Instrument ist das Dreheiseninstrument, das sich für Wechselstrom heute allgemein eingebürgert hat und für Strom- und Spannungsmessungen die Hitzdrahtinstrumente, elektrodynamischen Instrumente und die Drehfeldinstrumente vollkommen verdrängt hat. Man sieht aus der Darstellung, daß der Fehler des Dreheiseninstrumentes nur etwa 1% ist gegenüber 2,5% bei dem Drehfeldinstrument, das ungefähr 3mal so viel kostet. Die

Auswahl der Instrumente für elektrische Anlagen muß immer von dem
Gesichtspunkt aus erfolgen, daß das Instrument vor allem betriebsfest
ist, die Genauigkeit ist nur in Ausnahmefällen von besonderer Bedeutung, nämlich dann, wenn es sich um Garantiemessungen handelt, wo
Unterschiede von einigen Zehntel-Prozent einen erheblichen Einfluß
auf das Meßergebnis haben. Sonst ist aber als oberster Grundsatz anzustreben, alle Meßgeräte in den Anlagen so betriebsfest wie möglich
zu machen.

1. Anforderungen des Betriebs. Es ist hinsichtlich der Betriebsfestigkeit zu unterscheiden zwischen mechanischen und elektrischen
Anforderungen. Für die vielfach sehr schmutzigen Betriebe ist zu for-
dern, daß die Gehäuse staub- und wasserdicht sind. Es werden an vielen
Stellen Temperaturmeßgeräte verwendet, Anzeiger für gasanalytische

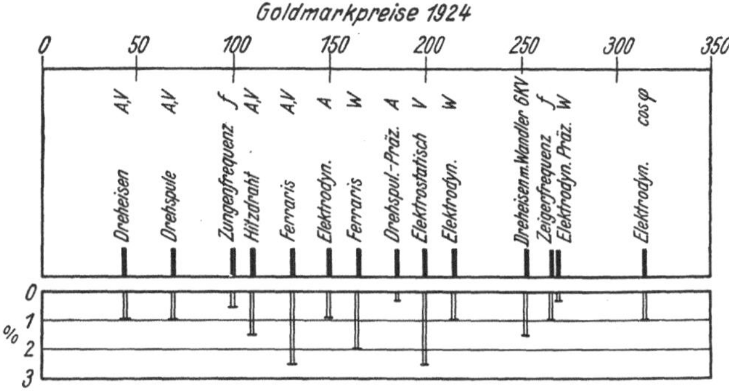

Abb. 1. Ungefährer Preis und Genauigkeit elektrischer Zeiger-Meßgeräte.

Apparate, deren Meßwerke zu den empfindlichsten gehören, die die
Elektrotechnik verwendet, und wobei diese Instrumente immer an
Stellen verwendet werden, wo sie der Verschmutzung und auch der
Erhitzung in hohem Grade ausgesetzt sind. Es sei hier besonders an
die Eisenhütten-Industrie erinnert. Hier muß unbedingt gefordert wer-
den, daß die Preiserhöhung durch staub- und wasserdichte Gehäuse
bei der Beschaffung keine Bedeutung haben darf; denn nur auf diese
Weise wird man auf Jahre hinaus zuverlässige Meßergebnisse haben.

Die zweite Forderung ist die, daß die Instrumente stoß- und schüttel-
fest sind; denn gerade auch in Hütten-Betrieben, wo schwere Gegenstände transportiert werden, wo zeitweilig die ganzen Gebäude stark
erschüttert werden, pflanzen sich auch diese Erschütterungen auf die
Meßinstrumente fort. Es hat keinen Zweck, im Laboratorium für ein
Instrument die Genauigkeit auf das äußerste zu steigern, Zehntelprozent
zu garantieren, wenn später im Betriebe nach kurzer Zeit diese Genauigkeit infolge Abnutzung der Spitzen oder Stauchung der Spitzen
verloren geht und sich erhebliche Reibungen einstellen, die den Fehler

auf das 10fache des Betrages bringen, der ursprünglich im Laboratorium vorhanden war. Ein gutes Maß für die Kennzeichnung der Betriebsfestigkeit eines Instrumentes mit Rücksicht auf seine Widerstandsfähigkeit gegen Stoß und Schlag bildet der sog. mechanische Gütefaktor, der sich nach der Formel berechnet

$$\gamma = \frac{10 \cdot \text{Drehmoment für } 90^0 \text{ Ablenkung in gcm}}{(\text{Gewicht des beweglichen Organs in g})^{1,5}}.$$

Diese Formel sagt, daß sich bei gleichem Drehmoment Meßwerke mit hohem Systemgewicht wesentlich schlechter bewähren als solche mit kleinem Systemgewicht. Die Erfahrung hat gezeigt, daß dieser Gütefaktor für ein betriebsfestes Instrument nicht unter 0,5 sinken soll; wenn er $= 1$ ist, so ist er sehr günstig, und es sind die besten Erfahrungen zu erwarten. Bei Temperaturmeßgeräten läßt sich aber in Anbetracht der geringen zur Verfügung stehenden Leistung dieser Gütefaktor nicht erzielen, man muß mit wesentlich kleineren Werten bis herab zu 0,1 zufrieden sein. Die Ziffer 0,5 bis 1 gilt nur für Starkstrominstrumente mit horizontaler Zeigerachse.

2. Temperaturfestigkeit. Wie bereits erwähnt, spielt auch die Temperaturfestigkeit eines Instrumentes, namentlich im Ofenbetriebe, eine erhebliche Rolle, weil es sich oft nicht vermeiden läßt, die Instrumente, wenn sie wirklich dem Betrieb helfen sollen, an Ofenwänden aufzuhängen, wo sie Temperaturen bis 60 oder 70⁰ C ausgesetzt sind. Es ist heute durchaus möglich, auch die feinsten Meßgeräte für diese Grenze temperaturfest zu machen, es erfordert das nur ein sorgfältig durchgearbeitetes Fabrikationsverfahren.

3. Elektrische Festigkeit. Bezüglich der elektrischen Betriebsfestigkeit ist in erster Linie bei allen Starkstrominstrumenten die Überstromfestigkeit zu nennen. Wir haben es hier mit zwei Wirkungen zu tun, mit der **dynamischen** Wirkung und mit der **thermischen** Wirkung. Die dynamische Wirkung macht sich in der Weise geltend, daß durch den Prellschlag bei der Überlastung Teile des beweglichen Organs verbogen werden und das Instrument schließlich unbrauchbar machen. Die thermische Festigkeit drückt man aus durch jenes Vielfache des Nennstromes, das die Instrumentwicklung durch 1 sec hindurch aushält. Die dynamische Festigkeit wird von den Vorschriften des Verbandes Deutscher Elektrotechniker auf den 10fachen Nennstrom festgelegt; in der Praxis reicht das aber häufig noch nicht aus, es macht aber auch heute keine besonderen Schwierigkeiten mehr, Dreheiseninstrumente herzustellen, die den 20- bis 40fachen Nennstrom stoßweise aushalten. Die thermische Festigkeit beträgt im allgemeinen ungefähr das 25fache des Nennstromes durch 1 sec., sie kann bei den Meßinstrumenten nicht wesentlich höher gesteigert werden, weil es sonst nicht mehr möglich ist, die zur Erzeugung eines ausrei-

chenden Drehmomentes nötige Windungszahl auf der Spule unterzubringen. Eine ausgezeichnete Maßnahme zur Erzielung der Überstromfestigkeit ist das Vorschalten eines Stromwandlers, der dynamische und thermische Stöße abfängt. Bei einem Stromwandler kann
man, wenn er auch klein ist, die thermische Festigkeit ohne besondere
Schwierigkeiten bis zum 150fachen Sekun-
denstrom steigern, wobei der Sekundärstrom auch bei größter Überlastung der
Primärseite nicht weiter geht als bis zum
3- bis 5fachen Nennstrom. Einer Überlastung mit diesem geringen Betrage sind
aber alle einigermaßen guten Instrumente
gewachsen.

Abb. 2 zeigt Ausführungen von Dreh-
eiseninstrumenten, die mit einem Transformator zusammengebaut sind. Die Ausführung 2 b, c ist besonders zum Ein-

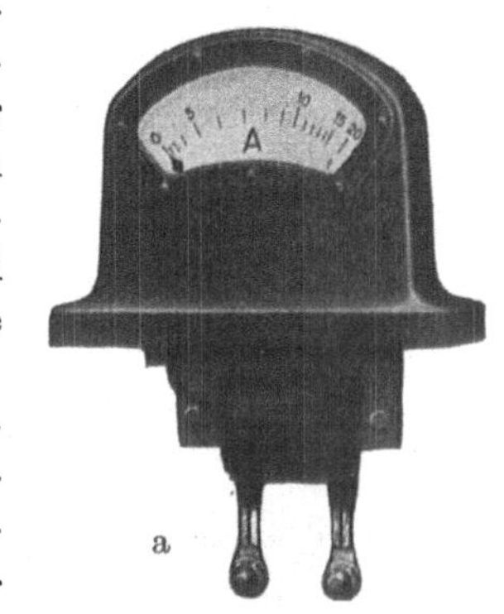

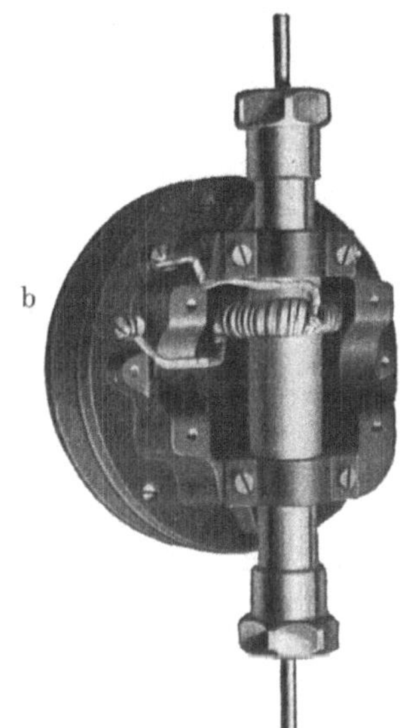

Abb. 2. Kurzschlußfeste Dreheisen-Instrumente mit Klein-Transformatoren zusammengebaut.
a zum Einbau in Schaltkasten, b, c zum Einbau in Hochspannungsleitungen.

bau in Hochspannungsleitungen zu empfehlen. Es ist ganz und gar
unzulässig, eine Hochspannungsleitung durch den Einbau irgendeines
normalen Meßinstrumentes zu unterbrechen, weil der Kupferquerschnitt in der Spule des Meßinstrumentes immer viel geringer sein
muß als der der Hochspannungsleitung. Bei Überstrom würde sich
die Wicklung sehr schnell erhitzen und verbrennen und damit nicht

nur das Instrument zerstört werden, sondern auch, wie die Erfahrung leider schon oft gezeigt hat, große Zerstörungen in der Schaltanlage angerichtet werden. Baut man aber das Meßinstrument in den Sekundärkreis eines kleinen Stromwandlers, so kann man die Primärwicklung dieses Wandlers genau dem Leitungsquerschnitt der Hochspannungsleitung anpassen, und es ist jede derartige Gefahr vollständig vermieden. Abb. 3 zeigt ein Oszillogramm von einem Überlastungsversuch mit einem Strommesser nach Abb. 2a. Die mittlere Überlastung der Primärwicklung des Wandlers entsprach dem 230fachen Nennstrom, der Instrumentstrom stieg nur auf den 11fachen Nennwert.

4. Durchschlagfestigkeit. Für die Spannungsfestigkeit der Meßgeräte hat der Verband Deutscher Elektrotechniker Prüfspannungen fest-

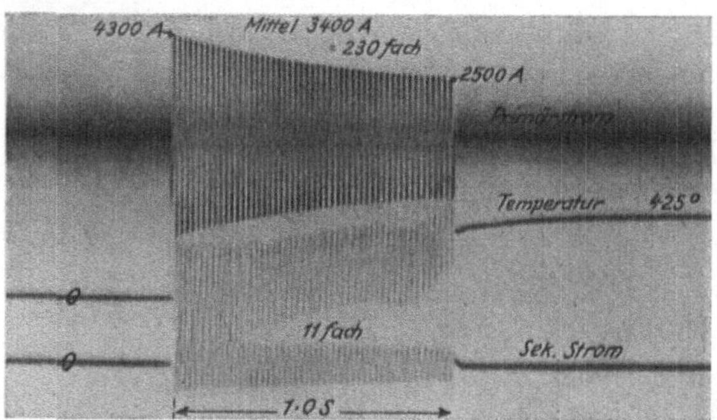

Abb. 3. Oszillogramm eines Überstromversuchs an einem
Dreheisen-Strommesser nach Abb. 2a.

gelegt, die von der Gebrauchsspannung abhängig sind; gleichzeitig sind auch Mindestkriechstrecken vorgesehen worden, um zu vermeiden, daß ein bei der Fabrikprüfung gutes Instrument durch Verschmutzung im Betriebe nach kurzer Zeit unbrauchbar wird. Es sei ausdrücklich hervorgehoben, daß nicht nur Starkstrom-, sondern auch Schwachstrominstrumente mit hohen Spannungen zu prüfen sind. Es hat sich als zweckmäßig herausgestellt, alle normalen Instrumente mit 2000 V Wechselstrom zu prüfen, und eine Mindestkriechstrecke von 5 mm vorzusehen. Man vermeidet dadurch, daß in Schwachstromanlagen Starkstrom eintritt, die Messungen fälscht und die Instrumente gefährdet. Bei Spannungen über 500 V werden noch höhere Prüfspannungen gefordert. Insbesondere müssen bei hochgespanntem Gleichstrom sehr hohe Prüfspannungen in Kraft treten, weil in diesem Falle die Ablagerung von Staub und Schmutz durch elektrostatische Anziehung besonders begünstigt wird. Abb. 4 zeigt die von Siemens & Halske verwendeten Prüfspannungen für elektrische Zeigermeßgeräte in Abhängigkeit von der Betriebsspannung. Sie sind etwas gröber gestuft als die vom VDE vorgeschriebenen, für Gleichspannungen oberhalb 500 V sind sie höher als die des VDE.

5. Einfluß von Fremdfeldern. In elektrothermischen Anlagen können die Angaben von Meßinstrumenten durch den Einfluß des Magnet-feldes benachbarter Leitungen häufig in hohem Grade gefälscht werden. Die Feldstärke im Abstande r cm von einem unendlich langen geraden Leiter, der den Strom J Amp führt, beträgt

$$H = \frac{2}{10} \cdot \frac{J}{r} \text{ Gauß.}$$

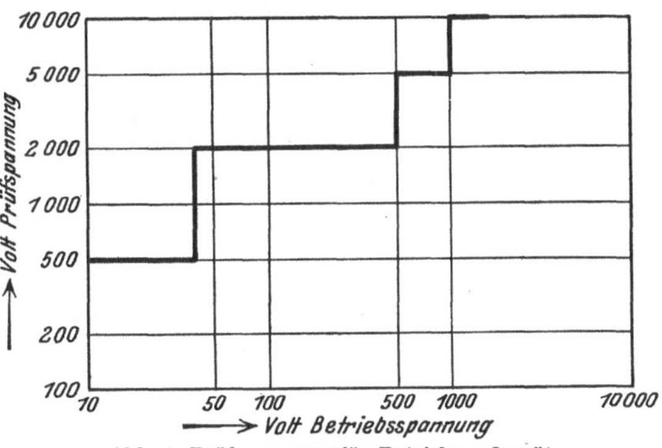
Abb. 4. Prüfspannung für Betriebsmeßgeräte.

Daraus kann man sich die Feldstärke an irgendeinem Punkte des Raumes berechnen. Es gibt Betriebe, wo es nicht möglich ist, mit den üblichen Schutzmaßnahmen auszukommen, wo man mit den Instrumenten auf große Entfernungen von den Leitungen gehen muß. In Aluminiumwerken hat man beispielsweise mit Stromstärken bis zu 20000 A zu rechnen. Der Verband Deutscher Elektrotechniker schreibt für den zulässigen Fremdfeldeinfluß bei Betriebsmeßgeräten vor, daß bei 5 Gauß Fremdfeld die Anzeige um nicht mehr als $\pm 3\%$ gefälscht wird. Das bedeutet aber, daß man bei 20000 A in einer Entfernung von etwa 50 m von den stromführenden Leitungen bleiben müßte, wenn man normale Instrumente verwendet, die etwa den Verbandsvorschriften entsprechen. In Abb. 5 ist die zulässige Mindestentfernung für ein Instrument mit 10% Fremdfeldeinfluß für je 5 Gauß für Stromstärken bis zu

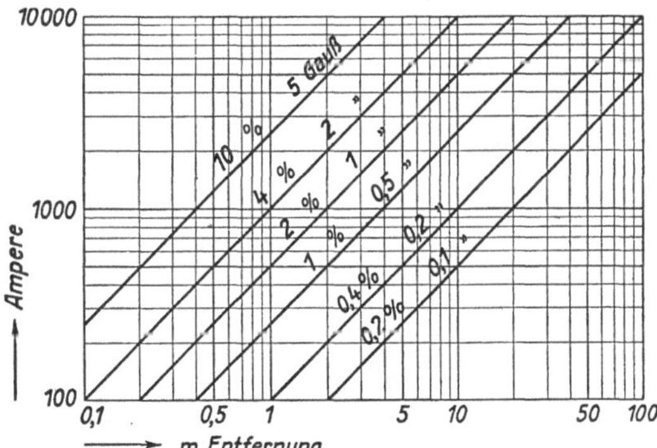
Abb. 5. Fremdfeldeinfluß auf ein eisenloses Elektrodynamometer mit 10% Fremdfeldfehler für je 5 Gauß bei Annäherung an eine stromführende Schiene.

10000 A bei Fehlergrenzen von 0,2 … 10% dargestellt. In Karbidwerken sind die Stromstärken in der letzten Zeit bis auf 100000 bis 150000 A gestiegen. Es macht die größten Schwierigkeiten, im Ofenraum und in der Nähe des Ofenraumes elektrische Messungen zu machen. Praktisch unbeeinflußbar bleiben lediglich Hitzdrahtinstrumente; bei allen übrigen Instrumenten ist es unbedingt erforderlich, sie sehr stark mit Eisenblech zu panzern und bei genaueren Messungen die Ablesungen mit gewendetem Strom zu machen und das Mittel aus beiden zu nehmen. Es gilt das nicht nur für Gleichstrommessungen, sondern auch für Wechselstrommessungen, und nicht nur für Strom- und Spannungsmesser, sondern auch für Leistungsmesser. Astatische Konstruktionen sind den gewöhnlichen Ausführungen unbedingt vorzuziehen. Leider sind aber bisher astatisch geschaltete Betriebsinstrumente noch nicht im Gebrauch, weil sie für die normalen Verhältnisse zu teuer sind und die Einzelausführung für diese Ofenbetriebe sich nicht lohnt.

6. Einfluß der Temperatur. Eine weitere Art des Einflusses, der sich in elektrothermischen Anlagen geltend macht, ist der Temperatureinfluß auf die Anzeige elektrischer Meßgeräte. Ein charakteristisches Beispiel hierfür ist jedes Instrument, das eine Kupferwicklung hat, die in Reihe geschaltet ist mit einem Vorwiderstand aus einem Material ohne Temperaturkoeffizienten. Bei Steigerung der Temperatur erhöht sich der Widerstand des Kupfers, damit auch der Gesamtwiderstand und das Instrument zeigt mit steigender Temperatur weniger. Am größten ist dieser Fehler bei Drehfeldinstrumenten, wo er für $\pm 10^0$ Temperaturänderung ± 2 bis 3% erreichen kann. Bei den übrigen Instrumenten ist der Fehler nur etwa halb so groß.

7. Einfluß der Kurvenform. Der Einfluß der Kurvenform wirkt sich praktisch selten aus. Bei Karbidöfen oder irgendwelchen anderen Lichtbogenöfen ist aber die Kurvenform des Stromes von der Sinuskurve abweichend, und es sind in diesem Falle besondere Vorsichtsmaßnahmen zu treffen, wenn man Leistungen oder Leistungsfaktoren messen will. Es sei für jene Fälle, wo bei stark verzerrter Kurvenform gemessen werden soll, auf die Spezialliteratur verwiesen.

8. Einfluß der Frequenz. Auch der Einfluß der Frequenz auf die Messungen kommt für die Verfahren der Elektrothermie zur Geltung. Wenn auch Elektrostahlöfen mit sehr niedriger Frequenz heute kaum mehr im Betriebe sind oder neu gebaut werden, so ist doch zu sagen, daß in diesen Fällen die Messungen besondere Schwierigkeiten machen, weil es nicht möglich ist, Meßwandler für wenige per/sec mit ausreichender Genauigkeit zu bauen. Weitere Schwierigkeiten bringt die Messung an modernen Hochfrequenzöfen, wo wir bei Frequenzen von 500 bis 10000 Hertz, unter Umständen noch höheren Strömen, Spannungs- und Leistungsmessungen auszuführen haben. Der Frequenzeinfluß innerhalb der betriebsmäßigen Schwankung von Netzfrequenzen ist bei allen Betriebsinstrumenten praktisch vernachlässigbar, mit Ausnahme solcher mit einer eingebauten „Kunstschaltung", z. B. bei einigen Leistungsfaktormessern oder Blindleistungsmessern.

B. Übersicht über die Meßgeräte.

Zunächst sei eine kurze Übersicht über die hauptsächlich verwendeten Instrumentarten gegeben, soweit sie für praktische Messungen in Betracht kommen.

Drehspulinstrumente mit permanentem Magneten. Das Drehspulinstrument mit permanentem Magneten ist im Laufe der Jahre zu einer hohen Vollkommenheit gebracht worden, und es läßt sich von allen Instrumentarten mit der höchsten Genauigkeit herstellen. Für Laboratoriumstypen mit Messerzeiger und Spiegelskala kommt man im äußersten Falle auf $\pm 0,1\%$ Fehler, im allgemeinen auf 0,2 bis 0,3%. Die technische Ausführung für Schaltanlagen hat üblicherweise eine Genauigkeit von etwa $\pm 1\%$.

1. Dreheiseninstrumente. Das Dreheiseninstrument hat sich im Laufe der Jahre aus ziemlich unvollkommenen Anfängen zu einem Präzisionsinstrument für Wechselstrom entwickelt. Es beginnt jetzt als solches den elektrodynamischen Instrumenten für genaueste Messungen Konkurrenz zu machen. Man kommt bei den besten Modellen auf 0,2 bis 0,3% Genauigkeit. Die Schalttafeltypen haben 1 bis 2% Genauigkeit, sie sind in weiten Grenzen unabhängig vom Einfluß der Frequenz und der Kurvenform, im Gegensatz zu den ältesten Ausführungen, die durch Jahrzehnte hindurch dieses Meßgerät in Mißgunst gebracht haben.

2. Elektrodynamische Instrumente. Die elektrodynamischen Instrumente haben heute im wesentlichen allein Bedeutung als eisenlose Präzisionsinstrumente für Laboratoriumsmessungen und eisengeschlossene elektrodynamische Wattmeter für Schaltanlagen. Eisenlose Dynamometer für Schaltanlagen werden heute nicht mehr benutzt, weil sie in viel zu hohem Maße von Fremdfeldern beeinflußt werden. Es war schon erwähnt worden, daß bei einem normalen Schalttafelinstrument für $+5$ Gauß der Fremdfeldfehler $\pm 3\%$ betragen darf; bei den elektrodynamischen Präzisionsinstrumenten ist er aber viel höher, er beträgt für die gleiche Stärke des Fremdfeldes ± 8 bis $\pm 20\%$, ist also 3- bis 7mal so groß als bei den normalen Betriebsinstrumenten.

3. Drehfeldinstrumente. Die Drehfeldinstrumente (Ferraris-Instrumente) haben als Zeigermeßgeräte heute praktisch gar keine Bedeutung mehr, sie werden allein für elektrische Zähler verwendet. Sie sind durch die Dreheisen- und elektrodynamischen Instrumente verdrängt worden, weil ihr Temperatureinfluß zu groß war.

4. Elektrostatische Instrumente. Die elektrostatischen Instrumente sind für die moderne Elektrotechnik gleichfalls ohne Bedeutung, ihre

Verwendung beschränkt sich auf spezielle Zwecke im Laboratorium und als Spannungsanzeiger, aber nicht als Spannungsmesser.

5. Thermische Instrumente. Die thermischen Meßgeräte werden heute nur noch für das Gebiet der höchsten Frequenzen oberhalb 1000 Hertz angewendet. Die eigentlichen Hitzdrahtinstrumente sind unbeliebt geworden wegen der Unkonstanz des Nullpunktes, die trotz bester Konstruktionen immer noch nach Überlastungen oder bei starken Schwankungen der Raumtemperatur eintritt.

In jüngster Zeit ist an die Stelle der direkt zeigenden Hitzdrahtinstrumente der Thermoumformer für das Gebiet der höchsten Frequenzen getreten, bei dem der zu messende Wechselstrom eine Heizvorrichtung speist und damit ein Thermoelement heizt, dessen EMK dann mit einem hochempfindlichen Gleichstromgalvanometer gemessen wird.

C. Strommessung bei Gleichstrom.

1. Mit Nebenwiderständen und Drehspulinstrument. Bei Gleichstrom kommt die unmittelbare Stromzuführung zum Instrument nur in den seltensten Fällen in Frage. In der Regel wird es sich um so hohe Stromstärken handeln, daß man die Strommessung mit vom Instrument getrennten Nebenwiderständen ausführen muß. Abb. 6 zeigt einen derartigen Meßwiderstand für 25000 A Nennstrom, der aus etwa 250 parallelgeschalteten Manganinstäben mit je 6 mm Durchmesser besteht, die in sehr kräftige Kupferanschlußstücke eingelötet sind. Der Stromzuführung zu den Schienen ist besonderes Augenmerk zu schenken. Gerade bei den hohen Stromstärken, bei 10000 A und darüber können leicht Fehler von einigen Prozenten entstehen, wenn durch eine ungünstige Lage der Stromzuführungsschiene der Strom so geleitet wird, daß er die Manganinstäbe ungleich stark belastet. Auch die Art der Spannungsabnahme ist von Bedeutung. Man halte sich jeweils genau an die vom Hersteller vorgeschriebene Anordnung, wenn man nicht gewärtigen will, daß Fehler in der Größenordnung von einigen Prozenten entstehen.

Abb. 6.   Meßwiderstand für 25000 A Gleichstrom. Spannungsabfall 150 mV.

Der Einbau von solchen Meßwiderständen für hohe Stromstärken ist natürlich sehr umständlich und auch durch die Arbeit an den Schienen reichlich teuer. Etwas günstiger ist die Anordnung mehrerer Einzel-Meßwiderstände, deren Abnahmemeßleitungen parallelgeschaltet sind. Aber auch diese Einrichtung erfordert viel Montagearbeiten. Es ist deshalb schon verschiedentlich vorgeschlagen worden, den Spannungsabfall der Kupferschienen selbst auszunutzen zur Speisung der Strommesser-Millivoltmeter. Das ist tatsächlich auch unter besonderen Maßnahmen mit einer Genauigkeit von 2 bis 3 % möglich. Als größte Fehlerquelle tritt hier die Erwärmung der Schienen auf. Rechnen wir nur 20⁰ Temperaturschwankung, so ändert sich der Spannungsabfall zwischen kalt und warm um 8 %. Um diesen Fehler auszuscheiden, schaltet man vor die Drehspule des Strommessers nicht wie üblich Manganin, sondern einen Kupferwiderstand und befestigt diesen so auf der Stromschiene, daß er alle Temperaturschwankungen mitmacht (Abb. 7). Steigt also die Temperatur der Schiene um 20⁰, so erhöht sich auch der Widerstand des Drehspulkreises um 8 % und die Anzeige ist im kalten und warmen Zustand die gleiche.

Abb. 7. Messung des Stromes in Kupferschienen unter Verwendung des Spannungsabfalles. Kompensationsspulen zum Ausgleich des Anwärmefehlers.

2. Andere Meßverfahren. Eine andere Maßnahme, hohe Gleichstromstärken zu messen, ist die von Besag vorgeschlagene. Man baut dabei um die gleichstromführende Schiene eine eisengeschlossene Drossel und speist diese mit Wechselstrom aus einer konstanten Spannungsquelle. Der zu messende Gleichstrom führt eine zusätzliche Magnetisierung des Eisenkernes herbei und der Leerlaufstrom der Drossel wird größer. Man kann den Wechselstrommesser unmittelbar in „Gleichstrom-A" eichen. Das Verfahren hat den großen Vorteil, daß man auf diese Weise die Meßeinrichtung für Niederspannung ausführen kann, während die Gleichstromleitung Hochspannung führt.

Eine andere Einrichtung zur Messung hoher Gleichstromstärken ist von Otto A. Knopp angegeben worden. Es ist gewissermaßen eine Umkehrung des bekannten Magnetisierungsapparates nach Köpsel. Um den stromführenden Leiter herum wird ein Eisenring gelegt mit einem Luftspalt, in dem eine Magnetnadel schwingt. Um den Ring ist eine Magnetwicklung gelegt, die aus einer Batterie gespeist wird und so geschaltet ist, daß sie der Magnetisierung des Ringes durch den zu messenden Gleichstrom entgegenwirkt. Der Hilfsgleichstrom wird so lange geändert, bis der Eisenring unmagnetisch ist, was durch die Magnetisierungsnadel angezeigt wird. In der Praxis haben sich diese

Meßeinrichtungen indessen alle nicht eingeführt, man mißt durchweg noch mit Nebenwiderständen.

D. Strommessung bei Wechselstrom.

Auch hier wird es sich in der Elektrothermie meist um hohe Stromstärken handeln, die man nicht direkt, sondern über Stromwandler mißt. Ein Stromwandler ist ein Transformator, der normalerweise mit kurzgeschlossener Sekundärwicklung arbeitet, also auch mit geringer Liniendichte im Eisen. Der VDE hat dafür die Genauigkeitsklassen E und F aufgestellt. Außerdem gibt es noch Wandler mit geringerer Genauigkeit zum Anschluß von Relais. Der sekundäre Nennstrom ist fast durchweg 5 A, nur dort, wo sehr lange Leitungen vorhanden sind, geht man auf 1 A oder gar 0,5 A. Man erhält aber dann bei Öffnung der Sekundärwicklung des Wandlers sehr hohe Spannungen in der Größenordnung von 1000 ... 3000 V, die die Wandlerwicklung und die Menschen gefährden.

1. Verwendung von Stromwandlern. Der Stromwandler erfüllt in jeder Anlage gleichzeitig verschiedene Aufgaben:

1. Das Fernhalten der gefährlichen Hochspannung vom Beobachter.

2. Das Umformen der Meßgröße auf eine der Messung bequem zugängliche Größe.

3. Das Fernhalten dynamischer und thermischer Überlastungen von den Meßinstrumenten und Relais. .

Gerade diese letzte Eigenschaft der Stromwandler ist es, die sie zu einem unentbehrlichen modernen Hilfsmittel der Hochspannungstechnik gemacht hat.

Charakteristisch für die meßtechnische Beurteilung eines Stromwandlers ist seine primäre Ampere-Windungszahl und der Eisenquerschnitt. Je größer beide sind, um so genauer ist im allgemeinen der Wandler. Die normalen Ausführungen haben etwa 1000 AW, bei verminderten Ansprüchen an Genauigkeit kommt man bis zu 300 bis 100 AW herab. Bei höheren Stromstärken ist man gezwungen, auf viel höhere AW-Zahlen, entsprechend dem primären Nennstrom, zu gehen. Diese Wandler werden aber dann immer nur als Einleiterwandler gebaut.

2. Fehler des Stromwandlers. Die Fehlergrößen eines Stromwandlers werden bezeichnet als Stromfehler und Winkelfehler. Der Stromfehler eines Stromwandlers bei einer gegebenen Primärstromstärke und einer vorgeschriebenen Sekundärleistung von 15, 30 oder 60 VA bei einem Leistungsfaktor der Sekundärbelastung $\cos \beta = 0{,}6$ bzw. 1,0 ist die prozentische Abweichung der sekundären Stromstärke von ihrem Sollwert, der sich aus der Primärstromstärke durch die Division mit dem Nennwert des Übersetzungsverhältnisses ergibt. Der **Winkelfehler** ist bei Stromwandlern die Phasenverschiebung des Sekundärstromes gegen den Primärstrom, wobei die Ausgangsrichtung so zu wählen ist, daß sich beim fehlerfreien Meßwandler eine Verschiebung von Null Grad, nicht 180°, ergibt. Der Winkelfehler wird in Minuten angegeben. Bei Voreilung der Sekundärgröße erhält der Winkelfehler das „+"-Zeichen.

Man unterscheidet die Wandler hinsichtlich der Genauigkeit nach folgenden Klassen:

Klasse E, ± 0,5%, ± 40 Min. max. Winkelfehler, von 20 bis 100% des Nennstromes, zu verwenden für Verrechnungszähler und genaue Leistungsmessungen,

Klasse F, ± 1%, ± 80 Min. max. Winkelfehler von 50 bis 100% des Nennstromes, zu verwenden für gewöhnliche Zähler und gewöhnliche Leistungsmessungen.

Die Mehrzahl der verwendeten Wandler gehören der Klasse F an. Durch Verwendung besonders hoher AW-Zahlen, auch durch Verwendung von Eisenkernen aus nickelhaltigen Legierungen ist es möglich, die Fehlergrenze ganz erheblich unter die Klasse E zu drücken. Solche Wandler werden nach dem Vorschlag des Verfassers als „Promille-Wandler" bezeichnet. Sie haben eine Genauigkeit von 0,1 bis 0,2% und einen Winkelfehler von 2 bis 5 Min., sind deshalb besonders zur Leistungsmessung bei sehr kleinem Leistungsfaktor geeignet, wo sich mit den normalen Wandlern auch der Klasse E sehr hohe Fehler ergeben würden.

3. Bauformen der Stromwandler. Die verschiedenen Bauformen von Stromwandlern hat man zunächst zu unterscheiden nach der Form des Eisenkernes. Es gibt Wandler mit Ringkern, mit Schenkelkern und mit Mantelkern, wobei fast immer die Sekundärwicklung unmittelbar auf dem Eisenkern liegt. Bei den Ringkernen ist zweckmäßig die Sekundärwicklung gleichmäßig auf den ganzen Umfang des Eisens zu verteilen. Man erhält dann einen Wandler, der besonders wenig durch benachbarte Fremdfelder zu beeinflussen ist. Schenkel- und Mantelkerne sind elektrisch im allgemeinen gleichwertig, nur aus konstruktiven Gründen wird jeweils das eine oder andere Modell vorgezogen. Der Mantelkern bereitet bei der Konstruktion von Durchführungswandlern die Schwierigkeit, daß die AW-Zahlen an den beiden Fenstern des Eisenkernes ungleich sind und es müssen besondere Ausgleichswicklungen angebracht werden, um diese Fehler auf ein erträgliches Maß herabzudrücken. Ohne diese Ausgleichswicklung würden Stromfehler und Winkelfehler in einem im Verhältnis zur AW-Zahl unzulässig hohen Wert auftreten, sofern die Ungleichheit der AW-Zahl einige Prozent überschreitet.

Hinsichtlich der Art des Einbaues hat man zu unterscheiden:
1. Stab-, Schienen- und Durchführungswandler,
2. Topf- und Stützerwandler.

4. Einleiterwandler. Bei den Stabwandlern (Abb. 8) wird der Primärleiter durch ein gerades Kupferstück, meist mit kreisförmigem Querschnitt gebildet, das mit einem Isolierüberzug für die betreffende Betriebsspannung versehen ist. Der Stabwandler hat den großen Vorzug, daß er dynamisch unbegrenzt kurzschlußfest ist, auch thermisch

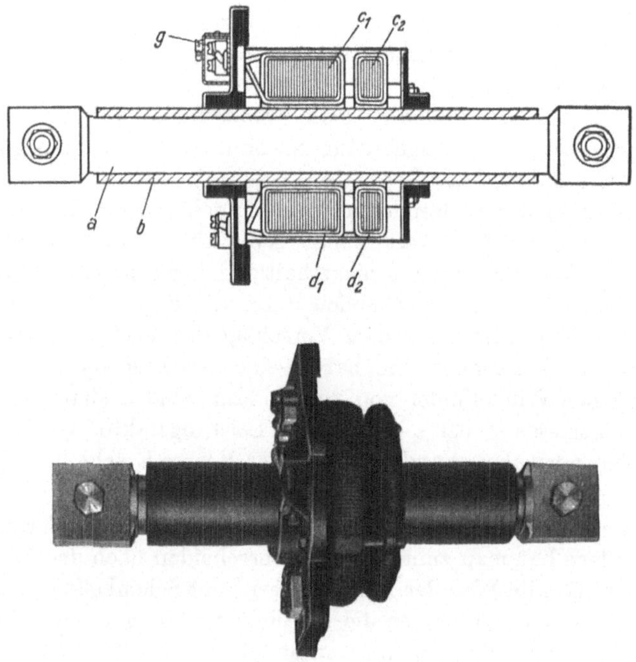

Abb. 8. Stabwandler mit Hartpapier-Isolierung b, Meßkern c_1 und Relaiskern c_2.

kann man an ihn beliebig hohe Ansprüche stellen, weil es ein leichtes ist, den Primärleiter mit ausreichendem Kupferquerschnitt zu versehen. In den meisten Fällen besteht die Isolierung des Primärleiters aus Hartpapier, das vor Porzellan den Vorzug hat, daß es auch bei starken dynamischen Beanspruchungen unzerbrechlich bleibt.

Die Genauigkeit des Stabwandlers hängt ab außer von der Primärstromstärke von der Größe des Eisenquerschnittes, den der Ringkern aufweist. Je größer dieser ist, um so niedriger kann für eine gegebene Genauigkeit und gegebene Sekundärleistung die primäre Stromstärke sein. Die Genauigkeit der Klasse E läßt sich unter Verwendung normaler Eisenkerne nur mit Stromstärken von 500 A aufwärts erreichen.

Die nachfolgende Tabelle gibt den Zusammenhang zwischen Primärstromstärke, Eisenquerschnitt und erreichbarer Genauigkeit bei gegebener Leistung von 15 VA unter Verwendung von hochlegiertem
Dynamoblech wieder[1]. Die Tabelle bezieht sich auf Ringkerne mit einem
Durchmesser von 190/120 mm.

Strom	$\pm$ 10% genau 15 VA	$\pm$ 3% genau 15 VA	Klasse F 1% 15 VA	Klasse E 0,5% 15 VA
A	mm	mm	mm	mm
50	500	—	—	—
70	230	—	—	—
100	100	600	—	—
150	32	200	—	—
200	15	90	500	—
300	6	32	150	500
400	3	18	80	230
500	1,5	10	50	130
600	—	7	35	100
800	—	4	15	45
1000	—	2	10	30
1200	—	1,2	6	17
1500	—	—	4	10
2000	—	—	2	6
3000	—	—	—	2

Striche in der Tabelle bedeuten, daß für diese Stromstärke die betr.
Leistung wegen allzu großer oder allzu kleiner Kernlänge nicht aus-
führbar ist. Die maximal mögliche Kernlänge ist etwa 400 mm; wo die
Leistung eines solchen Kernes nicht ausreicht, kann man sie durch
Reihenschaltung zweier Kerne verdoppeln. Das geschieht z. B. oft bei
Ringkernwandlern für Ölschaltereinführungen, wo man ja zwei Durch-
führungen zur Verfügung hat.

Der Schienenstromwandler hat gegenüber dem Stabstromwandler
nur den Unterschied, daß bei ihm von dem Hersteller der Primärleiter
nicht mitgeliefert wird, sondern es wird der Eisenkern um die Hochspannungsleitung oder Niederspannungsleitung herumgebaut. Dieses
Verfahren ist nur für Spannungen bis höchstens 5000 V zu empfehlen,
weil es bei hoher Spannung nicht möglich ist, den fest eingebauten
Leiter von Hand ebenso sicher zu isolieren als es bei dem maschinen-
gewickelten Hartpapierisolierrohr der Stabstromwandler der Fall ist.
Man nimmt deshalb bei hoher Spannung lieber den Nachteil der Unterbrechung des Leiters in Kauf, um damit eine höhere Spannungssicher-
heit zu erzielen.

5. Schleifenwandler. Wie aus der vorstehenden Tabelle ersichtlich,
kann der Durchführungsstabwandler nur bei höheren Stromstärken mit

---

[1] Entnommen aus Keinath: Die Technik elektrischer Meßgeräte Bd. 1,
3. Aufl., S. 504.

ausreichender Genauigkeit gebaut werden. Für kleinere Stromstärken müßte der Primärleiter mehrmals durch das Isolierrohr gefädelt werden, um eine ausreichend hohe AW-Zahl zu erhalten. Es bleibt dabei nichts anderes übrig, als die Rückleitung des Primärleiters in einem zweiten Isolierrohr unterzubringen, und man kommt so auf die Konstruktion des Schleifenwandlers, der in Abb. 9 gezeigt ist. Diese Schleifenwandler haben in der Regel 1000 bis 1200 AW; je höher man die AW-Zahl des Wandlers ansetzt, um so höher wird seine Leistung und Genauigkeit, um so kleiner aber auch seine thermische Sicherheit. In Abb. 10

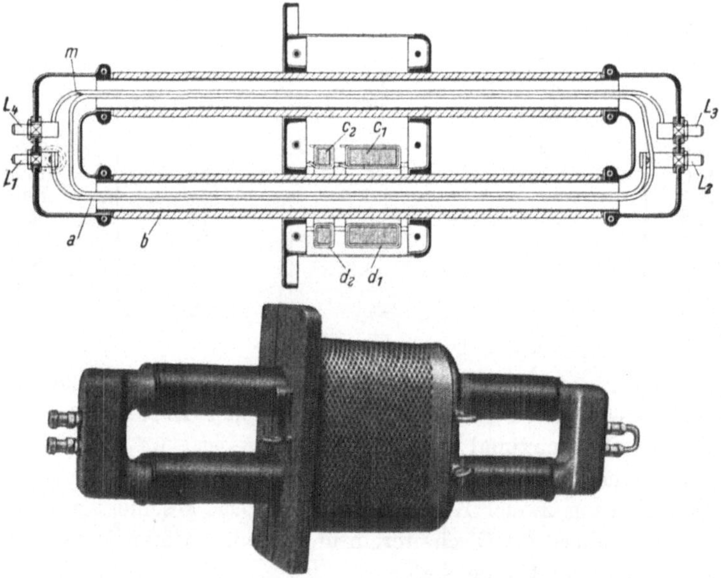

Abb. 9. Schleifen-Stromwandler mit Hartpapier-Isolierung b, Meßkern c_1 und Relaiskern c_2.

sind die entsprechenden Zahlen für einen solchen Wandler graphisch dargestellt. Wenn sie mit Hartpapierisolierrohr ausgeführt sind, haben sie dieselbe dynamische Kurzschlußfestigkeit wie Stabwandler. Ein Nachteil ist aber der durch den hohen Kupferaufwand und die teuren Isolierrohre bedingte hohe Preis dieser Wandler. Immerhin hat man bei hohen Spannungen, bei 100 kV, keine anderen Konstruktionen zur Verfügung, die man mit vollkommener Trockenisolierung als Durchführungswandler verwenden könnte.

6. Der Porzellan-Querlochwandler. Für kleinere Spannungen, bis etwa 35 kV Betriebsspannung, ist der Schleifenwandler fast vollkommen durch den Querloch-Durchführungswandler verdrängt worden. Diese jetzt viel angewendete Konstruktion (Abb. 11) besteht aus einem Porzellanrohr, in das ein Querrohr, gleichfalls aus Porzellan, eingesetzt ist, selbstverständlich wird das ganze aus einem Stück gebrannt. Der Primärleiter wird an den beiden Längsöffnungen eingeführt und entsprechend der gewünschten AW-Zahl mehrmals um das Querrohr herumgewickelt und schließlich wieder zum anderen Ende des Porzellanköpers herausgeführt. Nunmehr wird um den Mittelkörper ein Eisenkern der Manteltype herumgebaut, in der Weise, daß der Steg mit der Sekundärwicklung in das Innere des Querrohres kommt. Auf

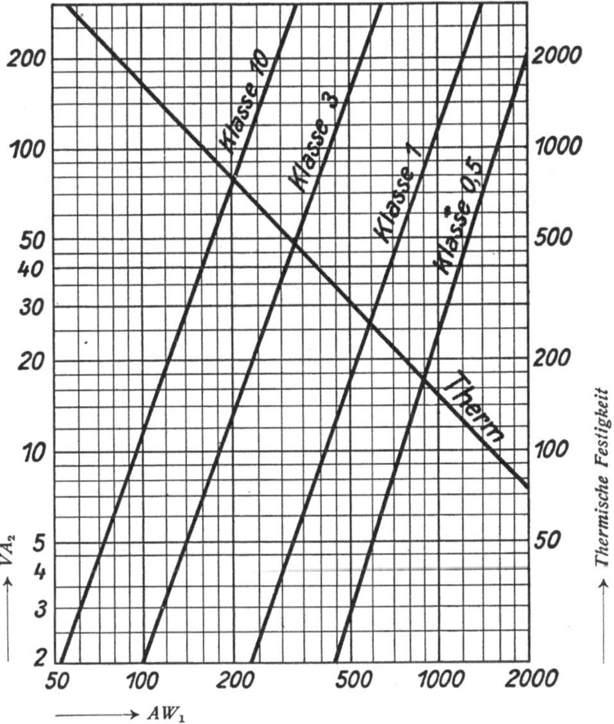

Abb. 10. Thermische Festigkeit (*Therm*) in Vielfachen des Nennstromes und Klassenleistung eines Schleifen-Stromwandlers bei geänderter primärer Amperewindungszahl und gleichbleibendem Kupfergewicht.

diese Weise erreicht man, daß die Primär- und Sekundärwicklung vollkommen durch Porzellan voneinander getrennt und isoliert wird. Die Primärwicklung hat nicht mehr die lange Schleife, die hohe Windungsspannung und den hohen Kupferaufwand des Schleifenwandlers, die dynamischen Kräfte sind entsprechend dem viel kleineren Wicklungsquerschnitt bzw. Schleifenquerschnitt bedeutend kleiner, um so mehr, als die Primärwicklung schon nahezu kreisrund ist. Der Wandler hat weiterhin den großen Vorteil, daß er keine brennbaren Teile enthält, außer der unbedingt erforderlichen Isolierung der Primär- und

16*

Sekundärwicklung. Um Glimmentladungen im Innern des Porzellans zu vermeiden, ist der ganze Zwischenraum zwischen Primärwicklung und Porzellan mit graphitiertem, also elektrisch leitendem Quarzsand angefüllt. Normalerweise leisten diese Wandler 30 VA in der Klasse F, 15 VA in der Klasse E. Durch Erhöhung des Eisenkernes, also Vergrößerung des Eisenquerschnittes, kann man sehr viel höhere Leistungen erzielen, bis etwa 200 VA in Klasse E und 600 VA in Klasse F.

7. Topfwandler. Neben den Durchführungswandlern haben für kleinere Anlagen bei dem Stromverbraucher die Topfwandler noch eine weite Verbreitung. Sie werden für alle Betriebsspannungen gebaut, von 3 bis 100 kV. Abb. 12 zeigt eine typische Konstruktion mit Mantelkern

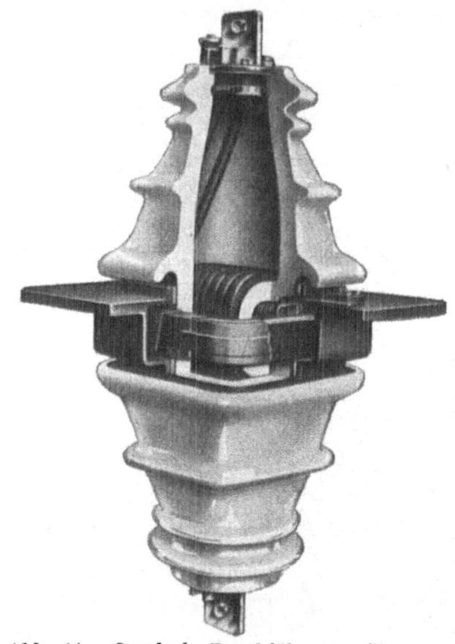

Abb. 11. Querloch - Durchführungs - Stromwandler mit Porzellan - Isolierung.

und Ölfüllung für 42 kV Prüfspannung. Neben der Ölfüllung wird auch Füllung mit Ausgußmasse verwendet, die den Vorteil hat, daß der Wandler keinerlei Wartung hinsichtlich der Nachprüfung der Ölqualität braucht und immer unverändert isoliert bleibt, auch nicht durch Wasseraufnahme Schaden leiden kann. Dafür hat der Massewandler wieder den Nachteil, daß er in thermischer Hinsicht sehr empfindlich ist, weil Ausgußmasse die Wärme sehr schlecht leitet, sie von Stellen starker Wärmekonzentration, also in der Hochspannungswicklung, nicht wegführen kann und dabei noch bei erhöhter Temperatur ihre Durchschlags-

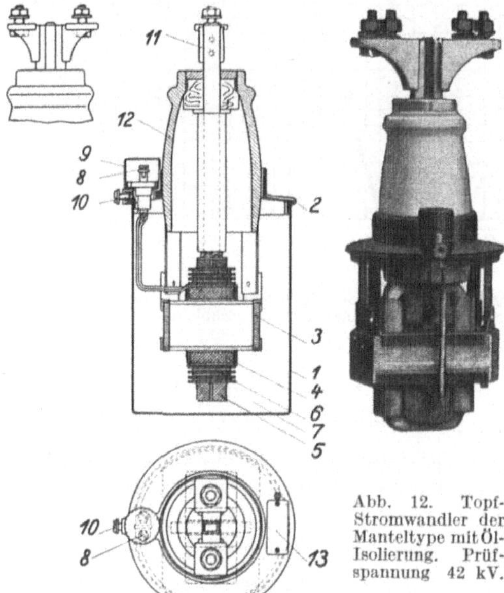

Abb. 12. Topf-Stromwandler der Manteltype mit Öl-Isolierung. Prüfspannung 42 kV.

festigkeit außerordentlich stark herabsetzt. Während die Durchschlagsfestigkeit von Öl sich mit der Temperatur nahezu gar nicht ändert,
wenigstens nicht in dem Gebiet, das technisch von Bedeutung ist,
haben wir bei Füllmasse z. B. die folgenden Zahlen:

0° C	620 kV/cm	80° C	200 kV/cm
20° „	450 „	100° „	190 „
40° „	220 „	120° „	130 „
60° „	200 „		

Die Konstanz zwischen 60 und 80° ist keine Fehlmessung, sondern
sie besteht wirklich. Sie scheint darauf zu beruhen, daß die untersuchte
Füllmasse in dem genannten Temperaturgebiet schmilzt. Für schwere
Bedingungen hinsichtlich der Überlastung eines Stromwandlers sollen
jedenfalls Massewandler nicht ver-
wendet werden. Die günstigste Konstruktion ist hier jedenfalls auch
wieder der Querloch-Topfwandler,
eine Abart des Querloch-Durchfüh-
rungswandlers mit dem Unterschied,
daß das Porzellan an einer Seite geschlossen ist (Abb. 13). Da es nicht
möglich ist, den Querlochwandler
für höhere Prüfspannungen als
100 kV herzustellen, werden für
Höchstspannungen zwei Wandler
hintereinandergeschaltet, und man
kommt so zu der Konstruktion der
„gestaffelten Stützerwandler“. Grundsätzlich ist die Genauigkeit aller
solcher Kaskadenanordnungen geringer als die der ungestaffelten Wandler, weil die erste Stufe nicht nur sekundär die Nutzleistung aufzubringen

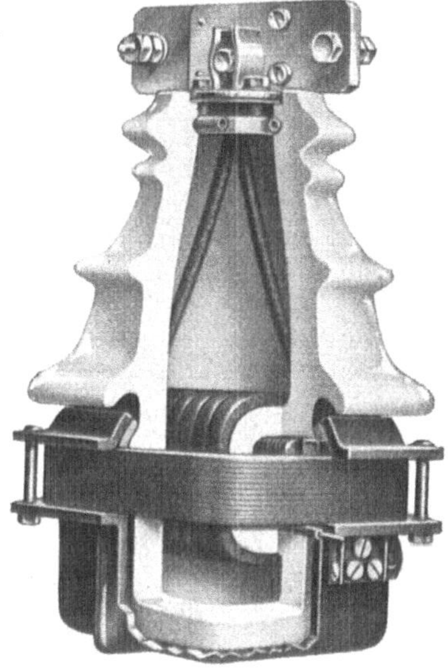

Abb. 13. Querloch-Topf-Stromwandler mit
Porzellan-Isolierung.

hat, sondern auch den Eigenverbrauch der zweiten und weiteren Stufen.
Außerdem addieren sich die Stromfehler und Winkelfehler der einzelnen
Stufen. Es ist aber trotzdem möglich, bei ausreichend hoher AW-Zahl
und bei großem Eisenaufwand für 2- und 3fach gestaffelte Wandler
die Genauigkeit der Klasse E zu erreichen.

8. Wandler für sehr hohe Stromstärken. Für sehr hohe Stromstärken
wurde vom Verfasser der Kettenstromwandler entworfen (Abb. 14), ein
aus einzelnen bewickelten Gliedern zusammengesetzter Stromwandler.
Wenn die Rückleitung des Stromes oder die Leistung der anderen
Phasen bei Drehstromanlagen in ausreichend großer Entfernung geführt
werden können (10 cm je 1000 A Abstand von der Wicklung), ist dieser

Wandler sehr gut verwendbar, um Stromstärken bis zu 100000 A zu messen. Leider liegen aber die Dinge so, daß man in allen Karbidwerken ganz besonders darauf sieht, daß die Leitungen möglichst eng ineinander geschachtelt sind, um die Induktivität der Leitungen klein und damit den Leistungsfaktor des Ofens bzw. des Transformators groß zu erhalten. Aus diesem Grunde läßt sich der Einbau der Kettenstromwandler in solchen Anlagen häufig nicht durchführen.

Es dürfte möglich sein, mit Hilfe des magnetischen Spannungsmessers nach Rogowski diese Aufgabe zu lösen, indessen ist bisher keine brauchbare Ausführung dieser Art vorgelegt worden. Genau so

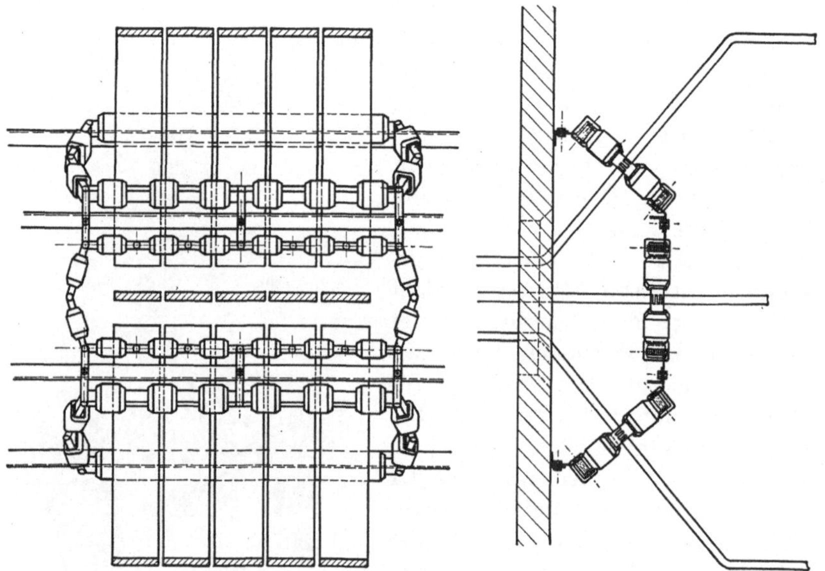

Abb. 14. Ketten-Stromwandler aus Einzelgliedern zur Messung sehr hoher Stromstärken.

wie bei Nebenwiderständen kann es bei Stromwandlern günstig sein, eine größere Anzahl von Einzelwandlern der Ringtype zu verwenden, um diese sekundär in Reihe zu schalten. Dadurch vermeidet man auch unbequeme Sonderausführungen von Wandlern für elektrische Öfen.

9. Verhalten der Stromwandler bei Überstrom. Das Verhalten der Stromwandler bei Überströmen ist auch für die Elektrothermie von Bedeutung. Wir haben zu unterscheiden zwischen dynamischer und thermischer Überlastung. Die letztere ist rechnerisch leicht zu überwachen. Man kennt beispielsweise den möglichen Kurzschlußstrom der Anlage und die maximale Zeit dieses Kurzschlußstromes, die durch die eingebauten Schutzrelais gegeben ist. Es seien beispielsweise 5000 A während 4 sec. Die thermische Wirkung $J^2 \cdot t$ ist auf 1 sec umzurechnen, um den „Sekundenstrom" zu erhalten, das ist in unserem Falle

5000, $\sqrt{4} = 10\,000$ A. Daraus läßt sich jetzt der Querschnitt bestimmen, den die Primärleitung des Wandlers haben muß, damit sie bei dem genannten Überstrom keine höhere Temperatur als 200° C erreicht. Für je 180 A während einer Sekunde ist 1 mm² Kupfer nötig, für das Beispiel also $\frac{10\,000}{180} = 55$ mm². Nun ermittelt man, wieviel Windungen des nächsthöheren Normalquerschnittes in dem Wickelquerschnitt des Wandlers untergebracht werden können. Diese Windungszahl, multipliziert mit dem gewünschten Nennstrom, gibt die AW-Zahl. Soll die Anlage durch den Wandler in ihrer thermischen Sicherheit nicht beeinträchtigt werden, so muß dieser so errechnete Querschnitt unbedingt auch im Wandler eingehalten werden. In der Regel kommt man aber dabei auf folgende Schwierigkeiten:

Der so errechnete Leitungsquerschnitt bedingt also bei einem bestimmten Stromwandlermodell immer eine gewisse max. mögliche Windungszahl, beispielsweise 20 Wdg. Verlangt nun der Kunde, daß der Nennstrom des Wandlers 20 A sein soll, so ist damit gesagt, daß der Wandler nur $20 \cdot 20 = 400$ AW erhält und dieser AW-Zahl entsprechend nur eine bestimmte Leistung bei einer gewissen vorgeschriebenen Genauigkeit abgeben kann. In erster Annäherung steigt und fällt die Leistung eines Wandlers bei gegebener Fehlergrenze mit dem Quadrate der Amperewindungen. Wird eine höhere Leistung verlangt, so muß man beim gleichen Modell die Windungszahl erhöhen, also auch den Leitungsquerschnitt und damit die Kurzschlußsicherheit herabsetzen.

Das Verhalten der Sekundärseite des Stromwandlers bei Überstrom erfordert eine besondere Betrachtung, weil darauf eines der besonders charakteristischen Merkmale des Stromwandlers beruht, nämlich das Abbremsen der Überstromwirkungen. Die Magnetisierung des Eisenkernes und damit die Sekundärspannung und weiterhin der Sekundärstrom steigen zunächst mit dem primären Überstrom an, der Stromfehler wird zunächst kleiner als beim Nennstrom, bis schließlich das Maximum der Permeabilität im Eisen erreicht ist und weiterhin das Eisen gesättigt ist. Dann nehmen Winkelfehler und Stromfehler wieder zu (Abb. 15) und erreichen hohe Werte, bis schließlich ein bestimmter Grenzwert des Sekundärstromes erreicht wird, z. B. der 5- oder 10fache sekundäre Nennstrom. In diesem Gebiet vermag ein noch so hoch steigender Primärstrom keine weitere Erhöhung des Sekundärstromes mehr herbeizuführen. Wann diese Erscheinung eintritt, hängt ganz von der Bemessung des Wandlers und von der Größe der sekundären Belastung ab. Unter besonderen Umständen fällt das Übersetzungsverhältnis schon beim 3fachen Überstrom ab. In der Regel ist es der 10- bis 20fache Strom, man kann aber auch, wenn es in besonderen Fällen verlangt wird, den Wandler so bemessen, daß er erst beim

400fachen Nennstrom, sogar beim 1000fachen Nennstrom sekundär abfällt. Für den Differentialschutz von Transformatoren ist es von Wichtigkeit, daß die Wandler auf beiden Seiten, auf der Hoch- und Niederspannungsseite, in gleicher Weise bei Überstrom abfallen, weil sonst bei Überlastung des Transformators der Differentialschutz ansprechen würde, der nur in Tätigkeit treten soll, wenn eine Störung innerhalb des Transformators selbst auftritt.

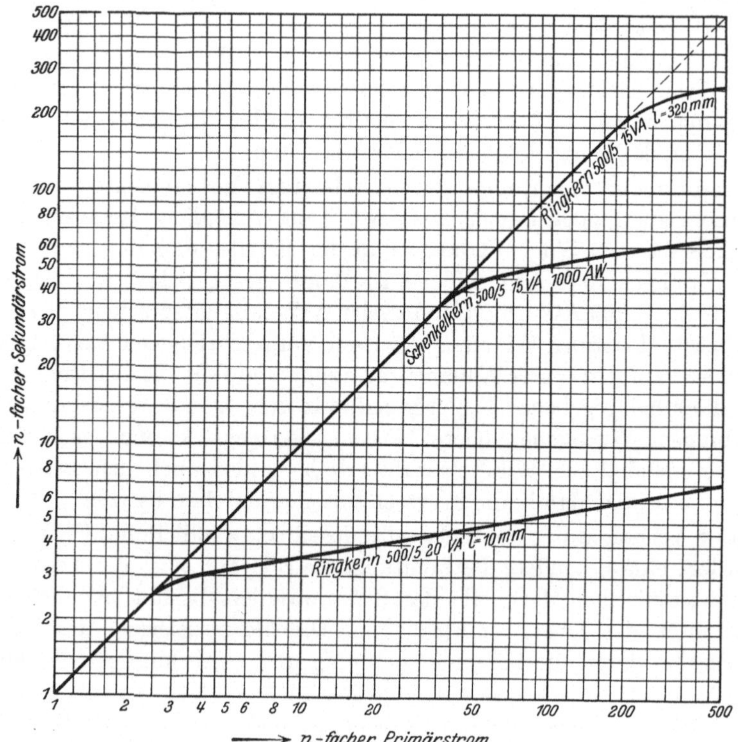

Abb. 15. Verhalten dreier verschiedener Stromwandler bei Überstrom. Der Ringkern mit 10 mm hoher Eisenpackung fällt schon beim 3fachen Primär-Nennstrom ab, der mit 320 mm langem Kern erst beim 200fachen Strom.

Das Öffnen der Sekundärwicklung muß bei jedem Stromwandler strengstens vermieden werden, weil sonst unzulässig hohe Spannungen auftreten. Es tritt dabei nicht allein der Effektivwert, sondern noch viel höhere Spitzenspannungen auf, dadurch hervorgerufen, daß der Primär-Magnetisierungsstrom sinusförmig bleibt und schon kurz nach dem Durchgang durch Null die Sättigung erreicht wird. Bei diesem schnellen Richtungswechsel des Flusses treten sehr hohe Spannungen auf, die in die Größenordnung von 5 bis 10000 V kommen (Abb. 16).

Die dynamische Überlastung des Stromwandlers wirkt sich so aus, daß unter dem Einfluß der elektrodynamischen Wirkung der hochbelasteten Stromkreise starke Kräfte auftreten, die eine Verbiegung und Verschiebung von Wicklungsteilen herbeizuführen suchen. Am besten ist in dieser Hinsicht der Stabwandler, außerdem noch der Schleifenwandler und der Querlochwandler. Bei Topfwandlern ist die

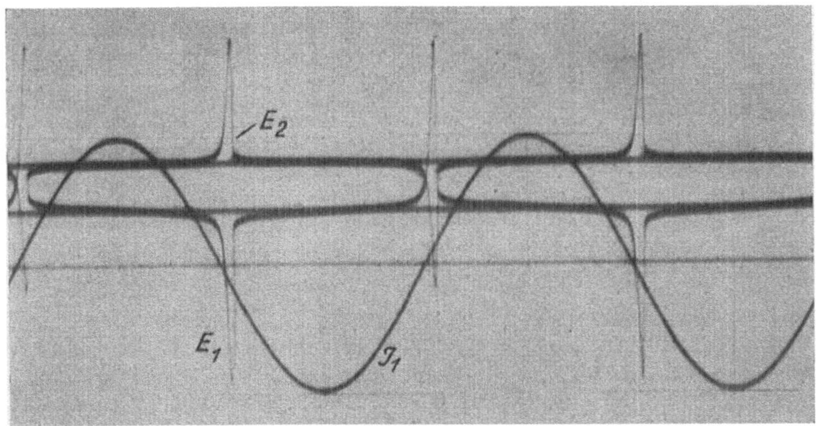

Abb. 16. Primär- und Sekundärspannung an einem sekundär geöffneten Stromwandler.

besonders gefährdete Stelle der Einführungsisolator, weil sich dort die beiden Leiter mit ungleicher Stromrichtung abzustoßen versuchen und dabei den Isolator, wenn dieser zerbrechlich ist, bei genügend hohem Stromstoß zertrümmern (Abb. 17, 18).

10. Spannungsprüfung der Stromwandler. Eine weitere wichtige Betriebseigenschaft des Stromwandlers ist seine Spannungsfestigkeit. Der VDE schreibt vor, daß Stromwandler entsprechend den Richtlinien für die Prüfung von Hochspannungsapparaten geprüft werden, und zwar mit der 2,2fachen Reihenspannung, vermehrt um 20 kV.

Reihenspannnng .	1	3	6	10	15	20	30	45	60	80	100	150	200
Max. Betriebsspannung . . .	1,15	3,45	6,9	11,5	17,2	23	34,5	51,7	69	92	115	172	230
Gleitfunkengrenze	8	20,2	25,5	34	41	50	67,5	94	120	155	190	277	365
Prüfspannung . .	10	26	33	42	53	64	86	119	152	196	240	350	460
Mindest-Überschlagspannung Mindest-Durchschlagspannung	11	29	36	46	58	70	95	131	167	216	264	385	506

Man kommt dabei auf vorstehende Tabelle, in die noch die Spannungsgrenze für das zulässige Eintreten von Gleitfunken und die Spannungsgrenze eingesetzt sind, bei der der Überschlag des Isolators oder der Durchschlag frühestens eintreten darf.

11. Einfluß der Frequenz. In elektrothermischen Betrieben werden Stromwandler außer für die technischen Frequenzen auch noch für sehr

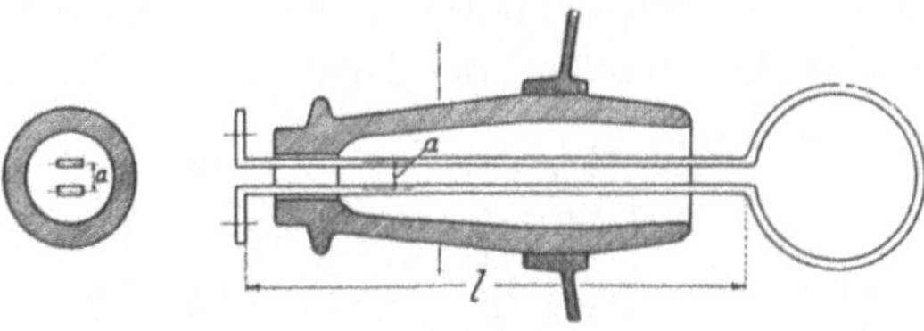

Abb. 17. Schema der Leitungseinführung in einen Topf-Stromwandler.

tiefe und sehr hohe Frequenzen verwendet. Besonders niedrige Frequenzen hat man einige Zeit in Elektrostahlanlagen benutzt. Hierzu ist zu sagen, daß die Genauigkeit eines Stromwandlers mit der Frequenz stark herabgeht. Ohne auf besondere Einzelheiten einzugehen, läßt sich sagen, daß man noch bei 5 Hertz die Genauigkeit der Klasse F, das ist $\pm 1\%$, erreichen kann, sofern eine Leistung von 15 VA ausreicht. Bei mittleren Frequenzen, bis zu 1000 Hertz, ist es sogar besonders leicht, Stromwandler mit hoher Genauigkeit herzustellen. Die Schwierigkeit fängt aber wieder an im Gebiete der hohen Frequenzen, bei 3000 Hertz

Abb. 18. Zwei dynamisch zerstörte Topf-Stromwandler: Isolatoren durch Auseinanderschlagen der Primärleiter zertrümmert.

und darüber. Auch hierfür ist es möglich, Stromwandler zu verwenden, es müssen aber spezielle Konstruktionen sein, möglichst ohne Eisen, weil die normalen Typen einen viel zu hohen Spannungsabfall und viel zu hohen Eigenverbrauch haben würden. Es ist indessen auch möglich, mit Spezial-Eisenblechen zu arbeiten, und man hat bei Stromwandlern für Hochfrequenz bis zu 1000000 Hertz schon Eisenkerne verwendet, allerdings solche in Form von sehr dünnen Blechen mit einer Stärke von 0,05 bis 0,08 mm.

E. Spannungsmessung bei Wechselstrom.

Die Spannungsmessung macht im Arbeitsbereich der Elektrothermie keine besonderen Schwierigkeiten, und es sind auch keine Spezialkonstruktionen geschaffen worden. Oberhalb 500 V werden fast allgemein Spannungswandler verwendet, die in der Konstruktion den Leistungswandlern ähnlich sind, aber viel kleinere Abmessungen aufweisen. Die Prüfspannungen der Spannungswandler sind bisher denen der Großtransformatoren gleichgestellt gewesen. Der V.D.E. beabsichtigt aber, auch die Spannungswandler künftig nach den Regeln für Hochspannungsapparate zu prüfen, also mit $2,2\,U + 20\,\mathrm{kV}$, um sie so besonders betriebssicher zu machen, so daß Störungen infolge von Durchschlag weniger zu erwarten sind.

F. Leistungsmessung bei Gleich- und Wechselstrom.

Die Leistungsmessung erfolgt heute durchweg mit elektrodynamischen Instrumenten, wenn es sich um Betriebsmessungen handelt, mit eisengeschlossenen Elektrodynamometern. Hier bereitet die Elektrothermie bereits verschiedene besondere Schwierigkeiten. Sind beispielsweise Lichtbogenleistungen bei Gleichstrom zu messen, so muß man Spezialwattmeter verwenden mit Nebenwiderständen, wenn der Strom zu hoch ist, um direkt in das Instrument eingeführt zu werden. Bei Wechselstromlichtbogen besteht durch die unvermeidliche Gleichstromkomponente des Lichtbogens eine erhebliche Schwierigkeit, weil diese es erschwert, von Strom- und Spannungswandlern Gebrauch zu machen. Man tut gut, sich hier in besonderen Fällen zunächst mit einem Oszillographen Unterlagen über die tatsächliche Kurvenform des Stromes und der Spannung zu verschaffen, um dann durch Versuch festzustellen, ob die Messung über Meßwandler erheblich gefälscht wird. Die Wandler sind nämlich in verschiedenem Maße auf Gleichstrommagnetisierung empfindlich, von den Stromwandlern sind solche weniger empfindlich, die mit geringem Eisenquerschnitt arbeiten, immerhin hat man mit Fehlern in der Größenordnung von 2 bis 3% zu rechnen.

Zur Leistungsmessung bei höheren Frequenzen kann man bis zu etwa 500 Hertz noch mit den gewöhnlichen elektrodynamischen Leistungsmessern auskommen, wenn man sich auch bei Verwendung von Präzisionstypen mit Messerzeiger und Spiegelskala mit einer Genauigkeit von 1 bis 2% begnügt. Die Ursache dieser gegen 50 Hertz erheblich vergrößerten Fehler ist die Wechselinduktion zwischen Strom- und Spannungsspule im Instrument, die sich kaum rechnerisch berücksichtigen läßt. Bei 1000 Hertz steigen die Fehler bereits auf etwa 3% an, bei noch höheren Frequenzen muß man zu besonderen, der Hochfrequenztechnik angepaßten Meßverfahren greifen. Praktisch kommt dafür nur die Schaltung der Hitzdrahtwattmeter in Frage, die sowohl mit Thermoumformern als auch mit Hitzdrahtinstrumenten ausgeführt werden kann. Damit sind Leistungsmessungen bis zu 10000 Hertz und darüber mit einer Genauigkeit von 2 bis 5% möglich. Abb. 19 zeigt eine der-

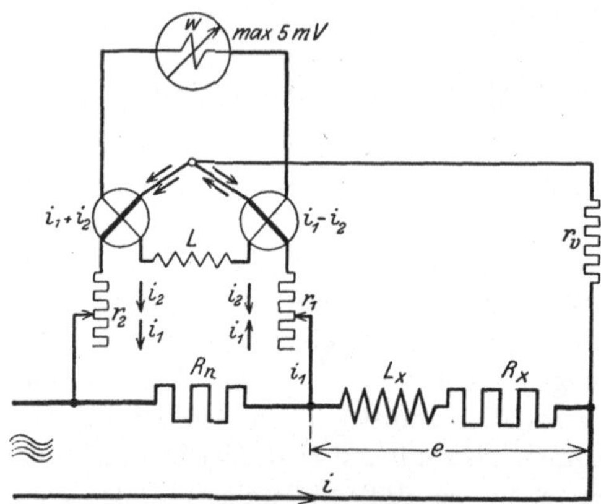

Abb. 19. Schaltbild für die Leistungsmessung bei Hochfrequenz mit zwei Thermo-Umformern.
R_n = induktionsfreier Nebenwiderstand, $L_x + R_x$ = induktiver Nutzwiderstand, W = Gleichstrom-Galvanometer, in Watt geeicht.

artige Schaltung, die von Esmarch zur Leistungsmessung bei 10000 Hertz mit Erfolg verwendet worden ist. Bezüglich der Einzelheiten dieser Messungen muß auf die spezielle meßtechnische Literatur hingewiesen werden.

G. Leistungsfaktormessung.

Der Leistungsfaktor eines Mehrphasennetzes läßt sich am einfachsten definieren durch die Gleichung

$$\cos \varphi = \frac{\text{Summe Watt}}{\text{Summe Voltampere}}.$$

Bei verzerrter Spannungskurve oder bei Überlagerung einer Gleichstromkomponente, auch bereits bei ungleich belasteten Phasen, bei ungleichen Drehstromspannungen entspricht φ keineswegs mehr einem reellen Winkel, sondern es kann nur von $\cos \varphi$, dem Leistungsfaktor als einer Rechnungsgröße gesprochen werden. Es gibt bereits eine große Anzahl von Instrumentkonstruktionen, die den $\cos \varphi$ unmittelbar anzeigen, sie gehören der Klasse der Kreuzspul- oder Kreuzfeldinstrumente an. Ihre Angaben sind in der Regel von 20 bis 120% der Nennspannung von Schwankungen des Stromes bzw. der Spannung unabhängig.

Wesentlich sinnfälliger als die $\cos \varphi$-Messung und Registrierung ist die Messung der Wirk- und Blindleistung: $E \cdot J \cdot \cos \varphi$ und $E \cdot J \cdot \sin \varphi$.

Sie gewährt einen vollkommenen Überblick über die unerwünschten Blindströme, sie gibt auch bei kleiner Belastung das richtige Bild über die Bedeutung eines schlechten Leistungsfaktors. Eine eigenartige, von

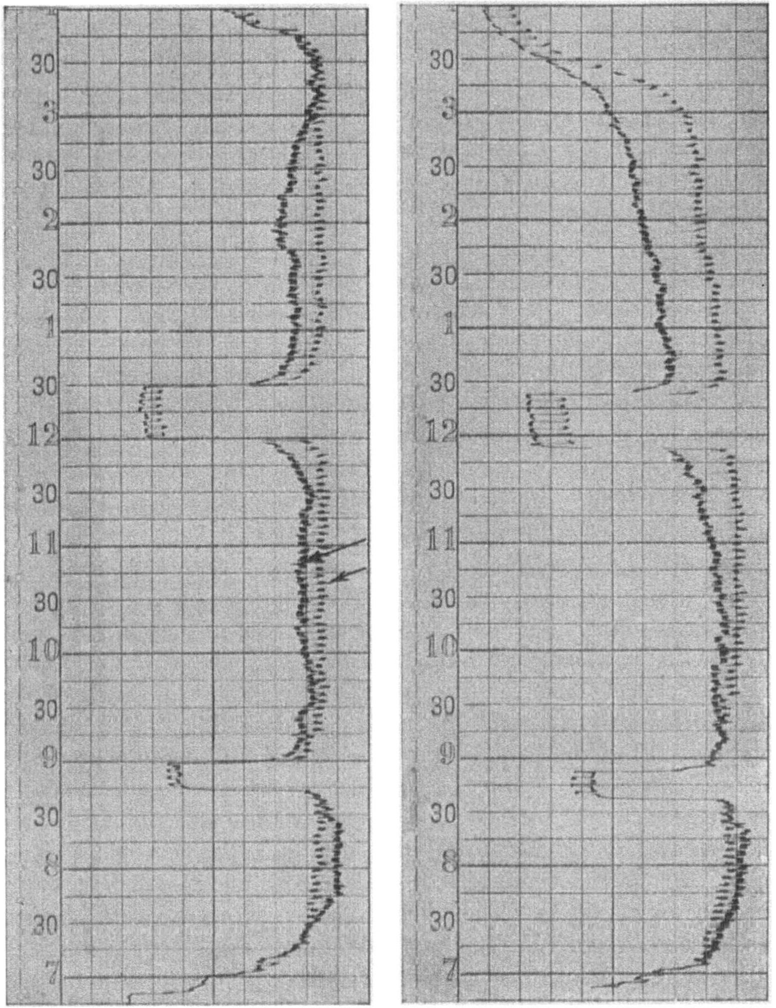

Abb. 20a, b. Diagramme eines Wirk- und Blindlast-Registrierapparates (dicke und dünne Kurve). Die ziemlich konstante Blindlast ist gegeben durch die Zahl der laufenden Maschinen, die Wirklast entspricht der Inanspruchnahme (20b am letzten Nachmittag des Jahresendes aufgenommen!) durch die Arbeiter und der Zusatzlast durch Beleuchtung (20a, Anstieg um 3 Uhr, Wintertag).

Siemens & Halske gebaute Konstruktion ist der kombinierte Wirk- und Blindleistungsschreiber, bei dem durch einen eingebauten Umschaltemechanismus das Meßwerk abwechselnd 2 Min. auf Wirkleistung und 1 Min. auf Blindleistung umgeschaltet wird, wobei gleichzeitig in ab-

solut klarer Weise die Kurven unterschieden werden. Abb. 20 a, b zeigt
zwei mit einem solchen Apparat geschriebene Diagramme.

H. Registrierapparate.

Es sei an dieser Stelle ausdrücklich betont, daß für eine vollkommene
Betriebsüberwachung der Einbau von registrierenden Meßgeräten uner-
läßlich erscheint. Die vielfach üblichen Notierungen von Zahlenwerten
sind nicht imstande, auch nur ein einigermaßen treues Bild der tat-
sächlichen Vorgänge in einem elektrischen Ofen o. dgl. zu messen.
Wichtig ist aber, daß die richtige Art von Registrierapparaten am richtigen Platz verwendet wird; denn sonst wird die Aufzeichnung der
Meßgrößen unnütz und belastet nur die Betriebsführung. Für Starkstrom verwendet man allgemein Tintenschreiber, und zwar mit recht-
winkeliger Aufzeichnung. Die Abb. 21 zeigt ein Diagramm aus einer
Elektrostahlanlage. Für die Registrierung von Temperaturen und von
Gaszusammensetzungen, kurz gesagt für Registrierungen auf dem Gebiete der Wärmewirtschaft, werden Punktschreiber mit intermittieren-
der Aufzeichnung verwendet, die heute von den ersten Firmen mit
rechtwinkeligen Koordinaten geliefert werden.

Die nutzbare Papierbreite wählt man bei billigeren Apparaten zu
60 bis 70 mm, bei den anderen zu 120 mm. Bezüglich des Vorschubs
ist zu sagen, daß man ihn immer so klein wie möglich halten sollte,
einmal, um an dem teuren Registrierpapier zu sparen, zum andern,
um die Übersicht über die Diagramme zu behalten. Bei stark schwan-
kender Belastung hat man die größten Schwierigkeiten, ein sauberes
Diagramm zu bekommen. Bei Punktschreibern streuen die Punkte so
weit auseinander, daß sie kein geschlossenes Linienbild geben, bei Tin-
tenschreibern bewegt sich die Feder dauernd auf dem Papier hin und
her, verbraucht viel Tinte und gibt ein vollkommen verklextes Diagramm, das auch nach mehreren Stunden noch nicht aufgetrocknet ist.
Für diese Art der Aufzeichnungen sind erst noch Spezialapparate
zu schaffen in der Weise, daß bei ihnen ein Zähler angebracht
wird, der in kurzen Intervallen alle Kilowatt oder Kilowattstunden
schreibt, etwa alle Minuten oder alle zwei Minuten registrierend.
Es gibt bereits derartige Apparate, sie haben aber für diesen Zweck
der unmittelbaren Betriebsüberwachung eine zu lange Registrier-
periode, nämlich 15 bis 30 Min. Es sind dies die sogenannten registrierenden Maximumzähler, wie sie für Verrechnungszwecke Anwendung finden.

Man kann heute alle Vorgänge mechanischer oder elektrischer Natur
registrieren, es kostet nur jeweils eine besondere Einrichtung zur An-

passung des Verfahrens oder des besonderen Meßgerätes an den Betrieb. Die elektrische Längenmessung kann z. B. benutzt werden, um die

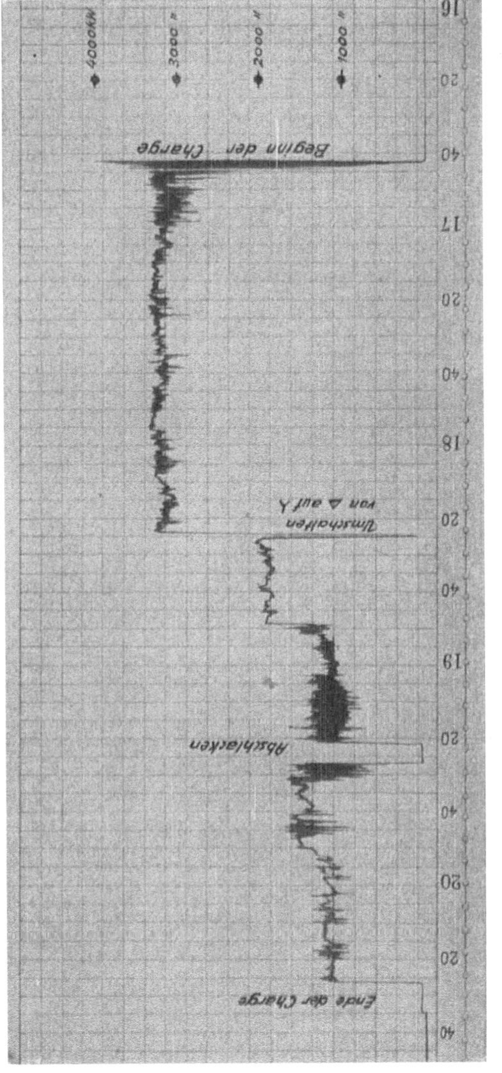

Abb. 21. Leistungskurve eines 15 t-Drehstrom-Induktionsofens während des Einschmelzens und der Dauer der Raffination. Die Kurve (von rechts nach links laufend) zeigt anfangs auf eine kurze Dauer starke Ausschläge bei der Regulierung von Hand, während kurz darauf die automatische Elektrodenregulierung für die Regelung der Leistung des Ofens sorgt. Hier sind die einzelnen Vorgänge, d. h. das Arbeiten mit höherer Spannung beim Einschmelzen und mit niederer Spannung beim Raffinieren sowie Beginn und Ende der Charge deutlich zu erkennen. Man kann aus dem Bild leicht ersehen, wie gegen Ende der Ofenreise die Leistungsaufnahme des Ofens immer gleichmäßiger und die Stromstöße immer geringer werden.

Bewegung der Elektroden in elektrischen Öfen aufzuzeichnen, beispielsweise zu dem Zweck, die Regelung zu kontrollieren.

J. Elektrische Messung nichtelektrischer Größen.

Die elektrische Meßtechnik hat vielfach schon Anwendung gefunden zur Messung nichtelektrischer Größen. Insbesondere tritt sie auf manchen Gebieten erfolgreich mit den Methoden der rein chemischen Analyse in Wettbewerb.

1. Elektrische Stahlanalyse. Eine interessante Anwendung dieser Art ist das Enlund-Verfahren zur Kohlenstoffbestimmung in Stahl. Die Grundidee dieses Verfahrens beruht darauf, daß Stahl beim Härten seinen elektrischen Widerstand ändert, und zwar in um so höherem Maße, je größer der Kohlenstoffgehalt ist (Abb. 22). Die Analyse wird in der Weise ausgeführt, daß Probestäbe gegossen werden, deren Länge und Querschnitt durch Längenmessung und Wägung ermittelt werden und deren Widerstand zweimal gemessen wird, vor und nach dem

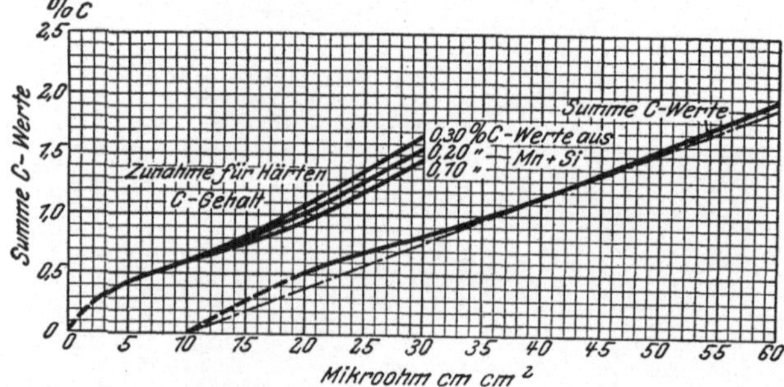

Abb. 22. Widerstandszunahme beim Härten von Stahl verschiedenen Kohlenstoff-Gehaltes.
(Grundlage der Stahlanalyse nach Enlund.)

Härten. Mit Hilfe von Kurventafeln kann man den Kohlenstoffgehalt sofort ablesen. Das Verfahren kompliziert sich etwas, wenn es sich nicht um reine Kohlenstoffverbindungen handelt, sondern auch noch andere Beimengungen in dem Stahl vorhanden sind. Es ist indessen auch in diesem Falle möglich, den Kohlenstoffgehalt zu bestimmen, nur ist die Auswertung der Ergebnisse etwas komplizierter. Immerhin ist sie in so kurzer Zeit auszuführen, daß sie erfolgreich mit der Verbrennungsmethode konkurrieren kann.

2. Elektrische Gasanalyse (Messung der Wärmeleitfähigkeit oder der Wärmetönung). Ein weiteres Gebiet elektrischer Messungen, die auch in der Elektrochemie Anwendung finden, ist das Gebiet der elektrischen Gasanalyse nach dem Verfahren der katalytischen Verbrennung. Die Grunderscheinung ist folgende:

Spannt man einen durch einen konstanten Strom geheizten Platindraht in einer von dem zu prüfenden Gas durchflossenen Meßkammer aus, so wird die Wärme an die Wandung der Kammer abgegeben. Es stellt sich ein Gleichgewichtszustand ein, der bestimmt ist durch

die Heizenergie und das Wärmeleitvermögen des Gases einerseits,
durch die Temperatur des Meßdrahtes andererseits. Läßt man nun
z. B. Wasserstoff in die Meßkammer einströmen, der bekanntlich
ein sehr hohes Wärmeleitvermögen hat, so wird dieser die Wärme
viel kräftiger durch Leitung an die Kammerwandung transportieren,
der Heizdraht wird stark gekühlt. Mißt man nun den Widerstand des
stromdurchflossenen Heizdrahtes durch ein geeignetes Widerstands-
meßgerät, z. B. durch die bekannte Wheatstonesche Brückenschaltung, so
kann man das zur Anzeige verwendete Galvanometer unmittelbar in
Prozent Wasserstoff eichen. Diese Analyse nach dem Prinzip des Wärmeleitvermögens der Gase hat in den letzten Jahren eine ungeheure Verbreitung gewonnen. Nachdem sie erst gelegentlich für Wasserstoff angewendet wurde, dessen Wärmeleitvermögen bekanntlich etwa 7 mal so
groß ist wie das der Luft, hat man es in größerem Maßstabe zur Kohlen-
säuremessung in Abgasen angewendet. Das Wärmeleitvermögen der
Kohlensäure ist ungefähr ⅔ von dem der Luft. Nachstehend eine
Tabelle für die wichtigsten Gase, wobei das Wärmeleitvermögen der
Luft = 100 gesetzt worden ist:

Kohlensäure	59	Methan	126
Kohlenoxyd	96	Wasserdampf	130[1]
Stickstoff	100	Leuchtgas etwa . . .	260
Sauerstoff	101	Wasserstoff	700

Die Schaltung ist in Abb. 23 dargestellt. Da es sich nur um eine
sehr kleine Widerstandsänderung handelt und das Verfahren sehr empfindlicher Anzeigegeräte bedarf, hat man eine
Brücke mit 4 Heizdrähten verwendet, von
denen 2 in diagonal gelegenen Zweigen von
dem zu messenden Gas durchströmt werden, während die zwei anderen in atmosphärischer Luft oder in einer versiegelten
Kammer mit einem Vergleichsgas liegen.
Die konstruktive Durchbildung der Meßkammer ist in Abb. 24 zu sehen. Abbildung 25 a, b zeigen den Geber im schema-

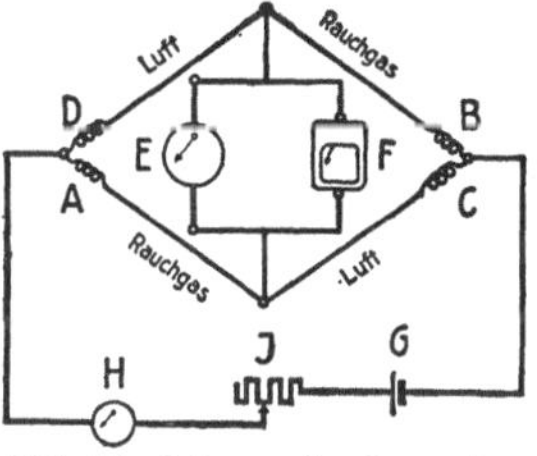

Abb. 23. Schema der Gasanalyse
nach dem Prinzip der Messung
des Wärmeleitvermögens.

tischen Schnitt und in der Ansicht. Das Verfahren hat sich sehr gut
bewährt. Die Apparate sind namentlich für die Messung der Abgase
von Heizungen, Glühöfen u. dgl. zu tausenden in Betrieb genommen
worden.

――――――

[1] Wasserdampf hat nach Moser eine Leitfähigkeit von 76% gegen Luft
bei 80° C. Für sehr kleine Konzentrationen, die beim Rauchgasprüfer interessieren,
ergibt sich jedoch eine höhere Leitfähigkeit als die trockener Luft. Der Wert
von Luft + 1% H_2O ist etwa 100,3 gegen Luft = 100, so daß sich daraus für 100%
theoretisch extrapolieren lassen: 100% H_2O = 130% gegen Luft = 100. Die
Kurve hat bei 20% H_2O in Luft ein Maximum.

Pirani, Elektrothermie.   17

Wie die Tabelle der Leitvermögen zeigt, hat Kohlenoxyd angenähert das gleiche Wärmeleitvermögen wie die Luft. Es bereitet deshalb zunächst Schwierigkeiten, in den Abgasen irgendwelcher Feuerungen neben CO_2 noch Kohlenoxyd zu bestimmen. Theoretisch läßt sich gegen

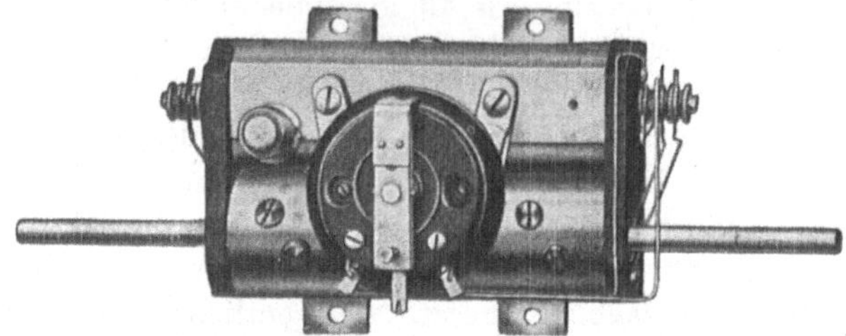

Abb. 24.   Zweiteilige Meßkammer eines CO_2-Messers mit aufgebautem
Regelwiderstand zur Nullpunkt-Korrektion.

die Bestimmung der Kohlensäure im Rauchgas durch das Wärmeleitvermögen einwenden, daß die Messung, wie jede physikalische Messung von Gaskonzentrationen, durch etwa auftretenden Wasserstoff infolge dessen großer Wärmeleitfähigkeit gefälscht würde.

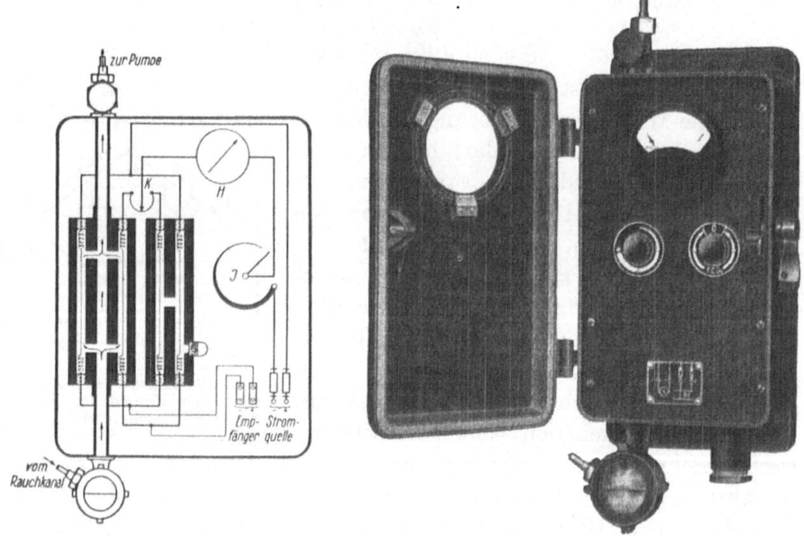

Abb. 25. Gaslauf und Innenschaltung, Außenbild des Gebers für einen CO_2-Messer (Siemens & Halske).

Die Praxis hat gezeigt, daß Wasserstoff in Abgasen nur auftritt, wenn die Feuerung falsch eingestellt ist, was man mittels eines Anzeigers für unverbrannte Gasbestandteile leicht feststellen kann.

Um auch brennbare Bestandteile in den Abgasen zu bestimmen, hat man das elektrische Meßverfahren der Leitfähigkeitsbestimmung dahingehend modifiziert, daß man mit einem zweiten, ähnlich gebauten Apparat die Wärmetönung der am Meßdraht katalytisch verbrennenden Gasbestandteile mißt. Der Heizdraht in der Meßkammer wird bei diesen Apparaten stärker geheizt als sonst, so stark, daß sich an

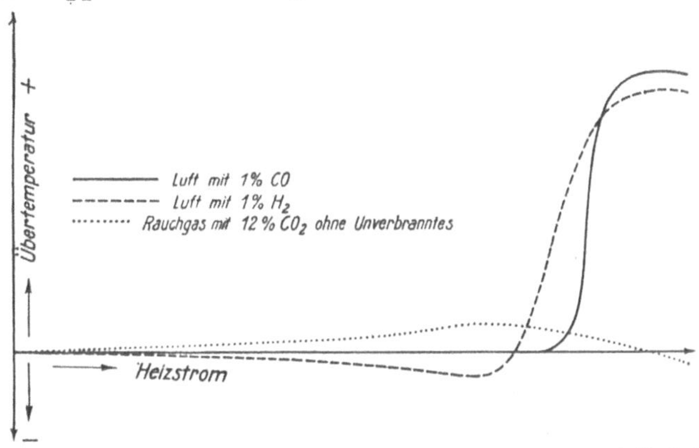

Abb. 26. Einfluß von Wärmeleitfähigkeit und katalytischer Verbrennung auf die Drahttemperatur.

ihm das brennbare Gas, wenn es vorbeistreicht, katalytisch entzündet und verbrennt. Damit erzielt man einen sehr leicht nachweisbaren Wärmeeffekt, es genügen schon 1 bis 2% brennbare Gase, um einen größeren Wärmetönungseffekt herbeizuführen, als es bei dem vorher

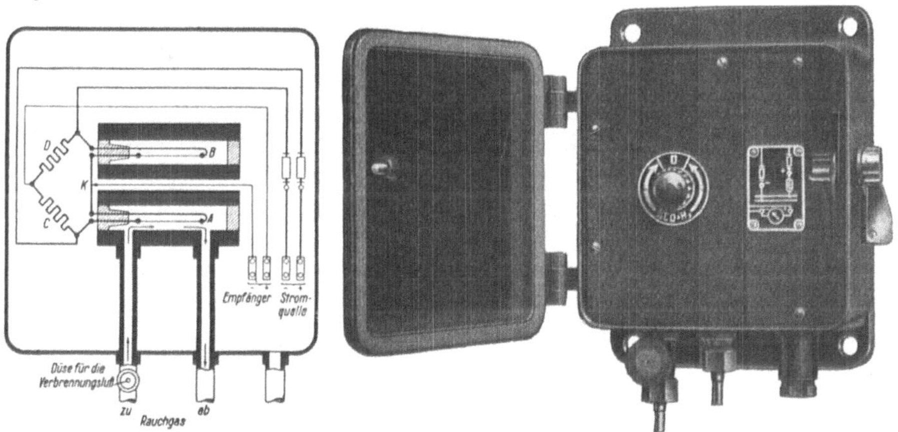

Abb. 27a, b. Gaslauf und Innenschaltung, Außenbild des Gebers für einen CO-Messer (Siemens & Halske).

beschriebenen Verfahren 20% Kohlensäure durch Wärmeleitvermögen imstande sind. Abb. 26 zeigt die Übertemperatur des Drahtes bei verändertem Heizstrom in verschiedenen Gasen. Man sieht daran, wie bei Luft mit 1% H₂ zunächst eine Kühlung eintritt, bis schließlich mit

17*

dem Eintritt der Zündung eine sehr starke Erhitzung auftritt. Die Apparate sind eichbar, die Eigenschaften des Drahtes und sein Zündvermögen bleiben bei richtiger Wahl der Temperatur und des Metalles unverändert. Man muß nur dafür sorgen, daß infolge konstruktiver Anordnung der Meßkammer die sich aus der schwefligen Säure bildende Schwefelsäure keine Korrosion der Metalle und Isolationsfehler herbeiführt. Abb. 27a, b zeigen den CO-Geber in Schnitt und Ansicht. Bei der Stärke des katalytischen Verbrennungseffektes kommt man mit sehr viel kürzeren Hitzdrähten aus als bei der CO_2-Messung.

Die elektrische Gasanalyse wird beispielsweise mit Erfolg zur Kontrolle der Schutzgasfüllung von Blankglühöfen angewendet. Es wird hier der Unterschied des Wärmeleitvermögens der in den Blankglühofen einströmenden Schutzgase und der aus dem Ofen ausströmenden Gase gemessen. Ist Gleichheit der Gase, d. h. der Galvanometerausschlag Null erreicht, so ist der Blankglühofen völlig mit dem Schutzgas, Wasserstoff oder Leuchtgas gefüllt. Damit ist die Explosionsgefahr der Anlage weitmöglichst ausgeschaltet bzw. ein genaues Maß für die Rückgewinnbarkeit der im Ofen gemischten Schutzgase (Kohlensäure und Wasserstoff bzw. Kohlensäure und Luft) gewonnen.

K. Temperaturmessungen.

Das eigentliche Anwendungsgebiet elektrischer Messungen in der Elektrothermie sind die Temperaturmessungen. In der gesamten Wärmetechnik geht man mehr und mehr dazu über, die mechanischen Verfahren der Temperaturmessung durch elektrische zu ersetzen. Die Vorzüge der elektrischen Messung sind verschiedener Art. Wohl der wesentlichste ist die Möglichkeit, die Temperaturen in der Ferne anzuzeigen, vielleicht in einem besonderen Meßraum für viele Meßstellen zentralisiert und registriert. In der größten Zahl der Fälle ist die elektrische Messung genauer als die mit anderen Meßverfahren. Die elektrischen Meßgeräte sind für die tiefsten Temperaturen, bis herab zum Gebiete des flüssigen Heliums, und bis zu den höchsten Lichtbogentemperaturen anwendbar, selbstverständlich jeweils unter Benutzung verschiedener Verfahren.

Für den Betrieb ist darauf zu achten, daß alle elektrischen Temperaturmeßgeräte möglichst robust und widerstandsfähig gebaut sind, daß insbesondere die elektrischen Anzeigeinstrumente wärmefest und staubdicht sind, denn es tritt bekanntlich bei den meisten derartigen Betrieben eine starke Staub- und Schmutzentwicklung ein. Die Instrumente und alle verwendeten Hilfsapparate, die in den Betriebsräumen aufgestellt sind, müssen in hohem Maße temperaturfest sein, und es dürfen nach einer länger andauernden Erhitzung auf 60 bis 100° C

keine dauernden Änderungen auftreten, nach Möglichkeit auch keine
vorübergehenden. Die Industrie ist heute durchaus imstande, derartig
betriebsfeste Temperaturmeßgeräte zu liefern. Es ist nur nötig, daß von
seiten der Besteller auf die erschwerenden Umstände des Gebrauchs
besonders aufmerksam gemacht wird oder auch, daß besondere Garan-
tien vom Hersteller verlangt werden.

Es sei im folgenden eine Übersicht über die Meßverfahren, geordnet
nach der Höhe der zu messenden Temperatur, gegeben.

1. Widerstandsthermometer. Der Widerstand der Reinmetalle ändert
sich mit der Temperatur in erheblichem Maße, nämlich um rd. 4% je
10^0 C. Von dieser Tatsache ausgehend, kann man Temperaturbestim-
mungen durch die Widerstandsmessung von Metallen in geeigneter
Formgebung in der Umgebung dieser Metalle ausführen. Man kommt
so zu den Widerstandsthermometern. Grundsätzlich ist jedes Metall
dazu verwendbar, praktisch kommen aber nur solche in Betracht, die
entweder überhaupt nicht oxydierbar sind oder erst bei hohen Temperaturen angegriffen werden, die bei dem Gebrauch nicht erreicht
werden. Im wesentlichen sind nur Widerstandsthermometer aus Platin
und Nickel bekannt geworden, erstere für genaue Messungen, letztere
für Betriebsmessungen bei niedrigeren Temperaturen. Der Widerstand
von Platin und Nickel ändert sich mit der Temperatur in folgender
Weise, wenn man den Wert für 0^0 C $= 100$ setzt:

	-192^0	0^0	100^0	200^0	300^0	400^0	500^0
Nickel	10,0	100	166	247	349	465	604
Platin	20,6	100	139	177	214	250	284

Der Temperaturkoeffizient von Nickel ist demnach wesentlich höher
als der von Platin, etwa 0,6% je ^{0} C. Er hängt erheblich von dem
Reinheitsgrade der Metalle ab. Nur der Widerstand von Eisen ist,
wie Abb. 28 zeigt, noch in höherem Maße veränderlich.

Den Meßwiderstand legt man in der Regel auf 100 Ω bei 0^0 oder
20^0 C fest. Der Widerstandsdraht wird auf ein Glimmerplättchen
(Abb. 29a) oder ein Quarzrohr (Abb. 29b) gewickelt und durch eine
zweckmäßige Armatur vor dem Angriff durch Gase oder Feuchtigkeit
geschützt. Die Armatur darf nicht allzu dick sein, weil sich sonst der
Temperaturausgleich bei Schwankungen zu langsam vollzieht und sich
das Thermometer zu träge einstellt.

Die höchst zulässige Temperatur ist für Platin-Widerstandsthermo-
meter 800^0, praktisch soll man nicht über 500^0 gehen, wenn die Angaben mit der Zeit ganz unveränderlich sein sollen.

Vorzüge des Widerstandsthermometers sind im besonderen die Möglichkeit, enge Meßbereiche zu schaffen, z. B. 100 bis 150^0 C, für die

volle Skala des Anzeigeinstrumentes, ferner die Tatsache, daß sich die

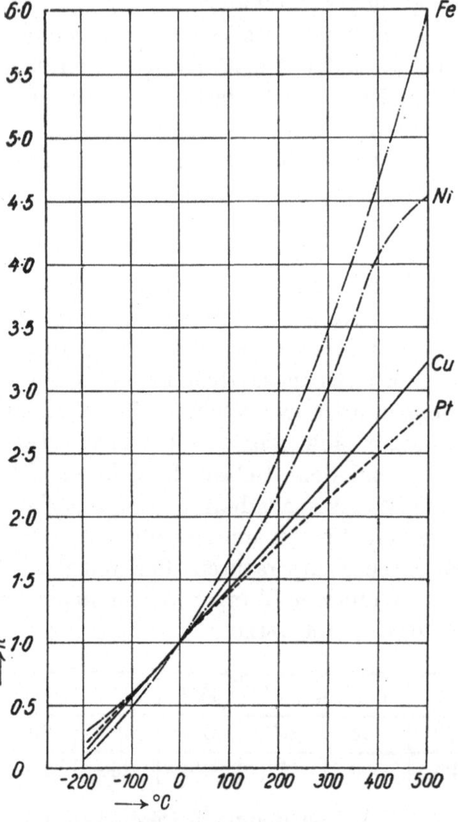

Abb. 28. Widerstandsänderung von Platin, Kupfer, Nickel und Eisen für Temperaturen zwischen — 200 und + 500° C.

Angaben durch äußere Einflüsse weniger leicht beeinflussen lassen als es bei Thermoelementen der Fall ist. Ein erheblicher Nachteil der Widerstandsthermometer ist aber wieder, daß sie einer besonderen Stromquelle zur Speisung bedürfen, einer Akkumulatorenbatterie mit 2 oder 4 V Spannung und daß Widerstandsthermometer in den meisten Ausführungen mechanischer Beschädigung leichter ausgesetzt sind als Thermoelemente, auch der Ersatz teurer ist als bei diesen. Neuerdings verwendet man in Wechselstromnetzen an Stelle der Batterien Gleichrichter. An Schaltungen werden zwei typische Anordnungen verwendet, die einfache Brückenschaltung (Abb. 30) und die Kreuzspulinstrumentschaltung (Abbildung 30a). Die Brückenschaltung hat den Vorteil, daß man sehr enge Meßbereiche erzielen kann, aber wieder den erheb-

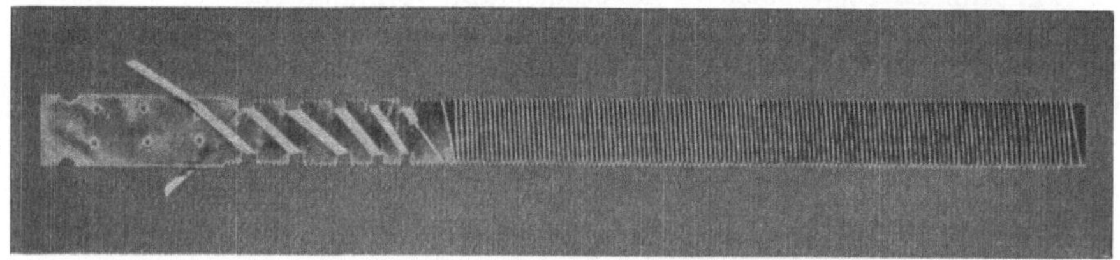
a

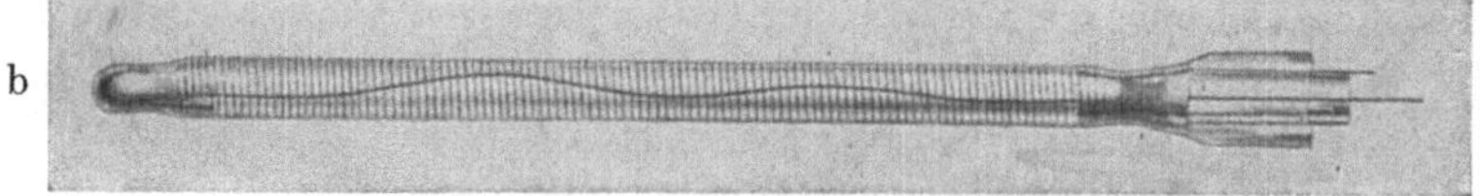
b

Abb. 29. Platin-Widerstands-Thermometer.
a Flach-Element Hartmann & Braun,   b Quarzglas-Widerstand Heräus-Siemens & Halske.

lichen Nachteil, daß die Angaben abhängig sind von der Höhe der Batteriespannung. Verwendet man aber ein Drehspulinstrument mit gekreuzten Spulen zur Anzeige, von denen die eine an der Meßspannung liegt, die andere aber in Reihe mit dem Thermometerwiderstand geschaltet ist, so ist man in praktisch vollkommen ausreichenden Grenzen unabhängig von der Spannung, und es wird deshalb bei fast allen modernen Anlagen in dieser Weise gearbeitet. Ein gewisser Nachteil ist aber wieder, daß der

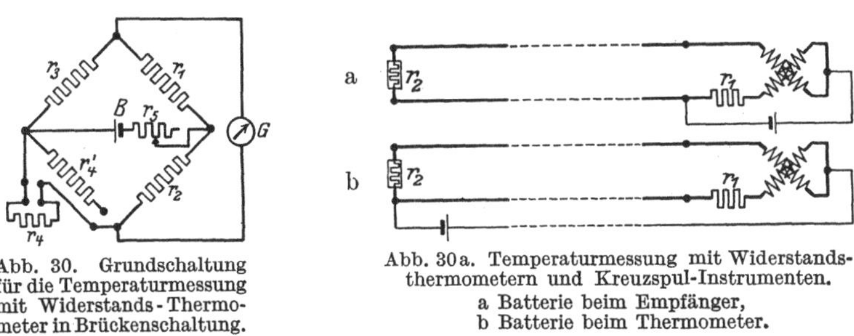

Abb. 30. Grundschaltung für die Temperaturmessung mit Widerstands-Thermometer in Brückenschaltung.

Abb. 30a. Temperaturmessung mit Widerstandsthermometern und Kreuzspul-Instrumenten.
a Batterie beim Empfänger,
b Batterie beim Thermometer.

Meßbereich nicht ganz so eng gewählt werden kann wie bei den Brückenschaltungen. Eine Vereinigung der beiden Verfahren ist das Brücken-Kreuzspulinstrument, das eigentlich eine gewöhnliche Brückenschaltung ist, mit dem Unterschied, daß zur Anzeige kein einfaches Galvanomter verwendet wird, sondern eines mit gekreuzten Drehspulen, von denen die eine an der Batteriespannung liegt. Diese Anordnung kann außerordentlich empfindlich gemacht werden, sie ist ebenso wie die gewöhnlichen Kreuzspulinstrumente unabhängig von der Höhe der Hilfsspannung.

2. Wechselstrom-Widerstandsthermometer.
Die Firma Hartmann & Braun betreibt, um die Akkumulatoren zu vermeiden, neuerdings die Widerstandsthermometeranlagen auch mit

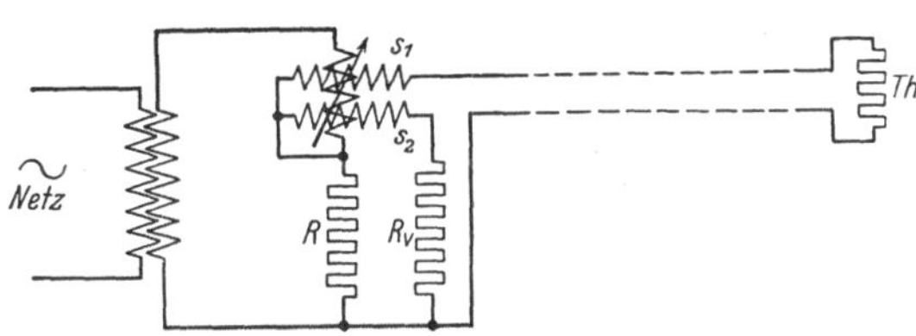

Abb. 31. Temperaturmessung mit Widerstands-Thermometer, Wechselstrom und Doppelspul-Instrumente.

Wechselstrom. Der Anschluß erfolgt über einen kleinen Wandler mit 36 V Sekundärspannung an das Lichtnetz. Derartige Anlagen arbeiten ebenso wie die mit Gleichrichtern nahezu ohne Wartung (Abb. 31).

Das Wechselstromanzeigeinstrument ist so bemessen, daß die Widerstandsthermometer dieselbe Strombelastung erhalten wie bei Gleichstromkreuzspulbetrieb, so daß also dieselben Thermometermodelle ohne weiteres für beide Stromarten verwendet werden können.

Das Instrument ist seinem Prinzip nach[1] ein Induktionsdynamometer. Seine Anzeige ist von Schwankungen der Meßspannung unabhängig. Es hat eine Differentialdrehspule und mißt die Differenz zweier Widerstände, nämlich des Thermometerwiderstands und eines festen Vergleichswiderstandes. Dieser eigenartige Weg der Widerstandsmessung steht im Gegensatz zu der sonst mit Recht beliebten Widerstandsdifferenzbildung durch die Wheatstonebrücke, die die Vorteile der Herstellung genauer Widerstände benutzt, deren Genauigkeit bekanntlich etwa eine Zehnerpotenz größer ist als die der Galvanometer.

Durch die neuere Entwicklung der Gleichrichter sind wohl auch die Schwierigkeiten der Benutzung von Wechselstrom, die Gefahr induktiver Beeinflussung und der Einfluß der Frequenz kaum gerechtfertigt.

Die Empfindlichkeit der Meßgeräte, die im umgekehrten Verhältnis zur mechanischen Widerstandsfähigkeit steht, hängt ab von der Strombelastung der Widerstandsthermometer. Der Stromverbrauch kommt praktisch eigentlich niemals in Frage, besonders dann, wenn an Stelle einer Hilfsbatterie die Meßeinrichtung aus einem Netz oder aus Gleichrichtern gespeist wird. Man sucht dann das Thermometer so hoch wie möglich zu belasten, um dafür auch mehr Energie in das Instrument zu bekommen. Dabei erhitzt sich aber das Thermometer und dies gibt wieder Anlaß zu Fehlmessungen. Die Übertemperatur ist in hohem Maße abhängig von der Art der Bewehrung des Elementes und von der Möglichkeit, die entwickelte Wärme nach außen abzuleiten.

Der besondere Anwendungsbereich des Widerstandsthermometers sind Temperaturen bis zu 300° C, bei denen die Thermoelemente eine zu geringe EMK entwickeln und auch Strahlungspyrometer noch nicht anwendbar sind.

L. Thermoelemente.

Ohne auf sehr interessante Sondergebiete der thermoelektrischen Erscheinungen einzugehen, sei hier die übliche Erzeugung thermoelektrischer Kräfte zum Zwecke der Temperaturmessung kurz geschildert (Abb. 32).

Zwei Drähte D_1, D_2 aus verschiedenen Metallen sind durch die Lötperle P miteinander verbunden. Von den Enden E_1, E_2 führen Leitungen L_1, L_2 zu dem Drehspulgalvanometer.

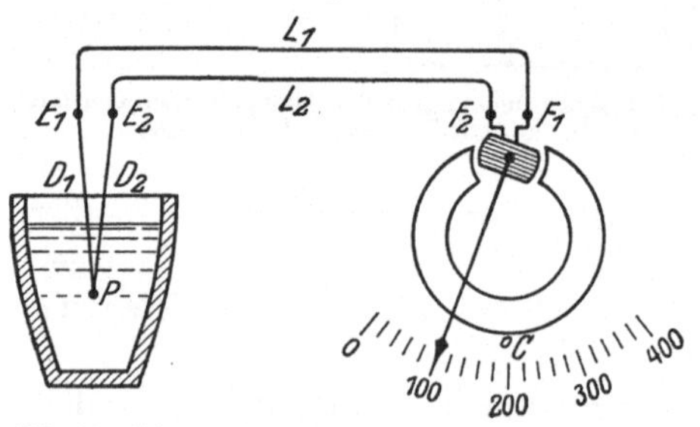

Abb. 32. Schema der Temperaturmessung mit einem Thermoelement.

[1] Blamberg, E.: Über ein neues eisengeschlossenes Elektrodynamometer usw. Arch. Elektrot. Bd. 17, S. 281 bis 315. 1926.

Erhitzt man nun die Verbindungsstelle P der beiden Schenkel D_1, D_2 auf die Temperatur T^0 C und läßt man E_1, E_2 auf der konstanten Temperatur t, so wird an E_1, E_2 eine EMK erzeugt, die eine Funktion der Temperaturdifferenz $T - t$ ist. Die Funktion kann ausnahmsweise genau linear sein, sie ist es meist nur angenähert, in vielen Fällen weicht sie beträchtlich vom linearen Gesetz ab.

Sind die Leitungen L_1, L_2 aus Kupfer und haben sie einen ausreichend kleinen Widerstand, so kann die EMK mit dem Galvanometer ohne weiteres gemessen werden.

Hält man E_1, E_2 auf irgend einer konstanten Temperatur t über 0^0 C, so kann das Galvanometer an Stelle der Millivoltskala eine Teilung für die Temperatur T erhalten, indem man zu der aus der EMK ermittelten Temperaturdifferenz $T - t$ noch t zuaddiert. Steigt nun aber die Temperatur der Enden E_1, E_2 von t auf t', während das Galvanometer auf t bleibt, so wird das Galvanometer nicht mehr T, sondern $T - t' + t = T - (t'-t)$ anzeigen. Diesen Fehler kann man in verschiedener Weise vermeiden oder ausgleichen, wie noch zu beschreiben sein wird. Im Gebiete der konstanten Temperatur t ist die Auswahl der Leitungsmaterialien gleichgültig, insbesondere in dem Galvanometer selbst.

Abb. 33 zeigt für die wesentlichsten Thermoelemente die elektromotorische Kraft in Abhängigkeit von der Temperatur.

Die erzeugte EMK ist im allgemeinen klein, und man braucht zu ihrer Messung sehr empfindliche Instrumente, viel empfindlicher als sie sonst in der elektrischen Meßtechnik für Starkstrom gebraucht werden. Die Güte dieser Instrumente ist auf die Messung von größtem Einfluß. Es wird darüber noch zu sprechen sein.

1. Auswahl der Metalle für Thermoelemente. Die Auswahl der Metalle geschieht nach folgenden Gesichtspunkten:

1. möglichst hohe EMK,

2. stetige Zunahme der EMK mit der Temperatur,

3. Unveränderlichkeit bei langandauernder Erhitzung, geringster Abbrand,

4. Preis der Elementmetalle.

Der erstgenannte Punkt bedarf keiner Erläuterung. Je kleiner die EMK ist, um so subtiler werden die Anzeigeinstrumente sein müssen. Der zweite Punkt hat Bedeutung, weil es Thermopaare gibt, die Unstetigkeiten aufweisen, z. B. Nickel—Kobalt. Zum dritten ist zu sagen, daß dieser praktisch der wichtigste ist, denn die meisten Klagen über Temperaturmeßeinrichtungen mit Thermoelementen beziehen sich auf diesen Punkt. Vollkommen erfüllt wird die Forderung in den seltensten Fällen. Man muß immer mit einer beschränkten Lebensdauer des Thermoelementes rechnen. Bis zu 400^0 C ist sie allerdings sehr groß, bei hohen

Temperaturen gibt es aber dann schon Fälle, wo man mit einer Lebensdauer von 100 bis 200 Stunden bei der Höchsttemperatur schon sehr zufrieden ist.

Punkt 4, Preis der Elementmetalle, hängt mit dem vorhergehenden zusammen. Wenn man nicht mit einem hohen Preis des Elementes zu

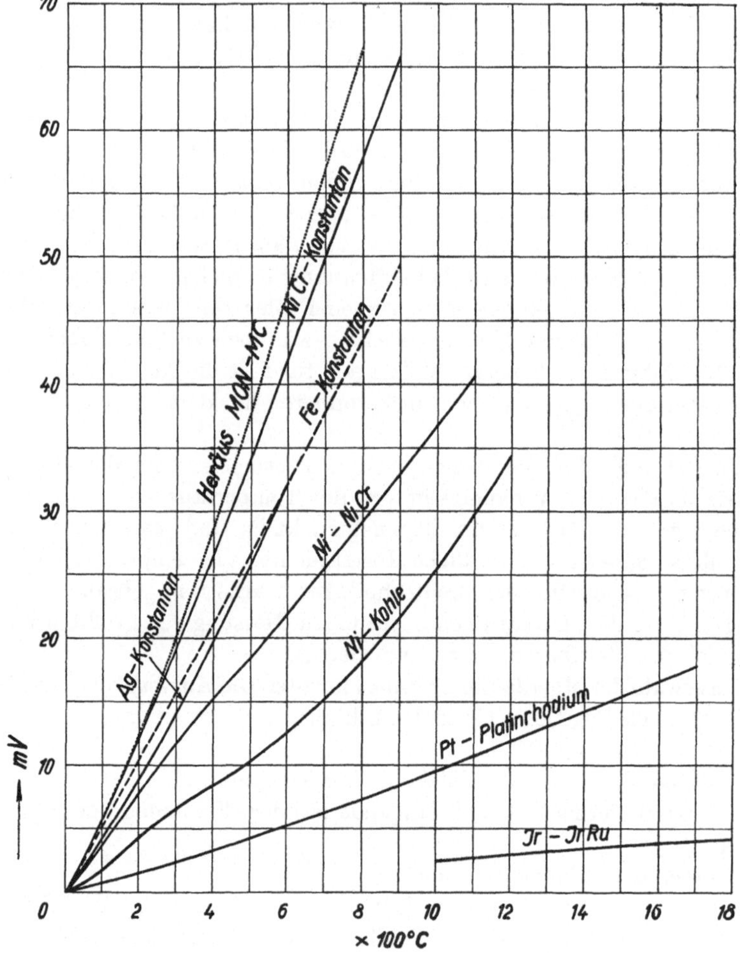

Abb. 33. Thermokraft verschiedener Elementpaare in Abhängigkeit von der Temperatur.

rechnen hat, wird man durch den schnellen Abbrand weniger beunruhigt sein. Die Werke streben danach, das Elementmaterial in größeren Mengen zu beziehen, es ist allerdings dann größter Wert auf vollkommene Gleichförmigkeit zu legen. Die Technik ist indessen so fortgeschritten, daß dies heute auch keine besonderen Schwierigkeiten mehr macht.

Immerhin muß man bei den einzelnen Unedel-Elementen mit mindestens 0,5% Ungleiche, meist aber mit 1% Verschiedenheit zwischen den einzelnen Lieferungen rechnen.

Es war bereits gesagt worden, daß das Galvanometer die Temperaturdifferenz zwischen der Lötstelle und den sogenannten kalten Enden des Thermoelementes anzeigt. Man trachtet danach, die kalten Verbindungsstellen auf eine möglichst konstante Temperatur bekannter Höhe zu bringen. Es gibt dafür verschiedene Maßnahmen; die einfachste ist, das Instrument in einen Raum konstanter Temperatur aufzustellen und die Leitungen des eigentlichen Elementes durch solche aus gleichem Material bis zum Instrument zu verlängern. Man kann dazu natürlich gewöhnliches Leitungsmaterial gleicher Zusammensetzung ohne die kostspielige Armierung verwenden. Eine andere Maßnahme, die zweckentsprechend mit der Verwendung von Kompensationsleitungen vereinigt wird, ist, den Nullpunkt des Instrumentes entsprechend der Temperatur der kalten Enden selbsttätig zu verstellen. Das geschieht durch einen Rücker, der durch einen Bimetallstreifen bewegt wird. Manchmal werden auch die kalten Enden des Thermolelementes in die Erde eingegraben; denn diese hat schon in einer Tiefe von wenigen Metern eine sehr gleichmäßige Temperatur mit sehr geringen jährlichen Schwankungen.

2. Messung der erzeugten EMK. Hierfür kommen zwei Gruppen von Verfahren in Betracht; einmal die Messung mit einem Zeigergalvanometer nach der Ausschlagmethode, dann die Messung mit einem Potentiometer. Verwendet man ein Millivoltmeter zur direkten Messung, so muß der Widerstand möglichst hoch sein, damit Änderungen des Widerstandes der Verbindungsleitung zwischen Thermoelement und Instrument das Messungsergebnis nicht beeinträchtigen. Mit dieser Forderung kommt man aber meist auf Konstruktionsschwierigkeiten, insofern, als die Instrumente zu empfindsam ausfallen. Ist die EMK nicht größer als 15 mV, so kann man nur Instrumente mit senkrechter Spitzenlagerung des beweglichen Systems verwenden, in Form von Profilinstrumenten mit horizontaler Skala (Abb. 34). Will man unbedingt die übliche Dosenform der Schalttafelinstrumente verwenden, so hat man mit horizontaler Lagerung

Abb. 34. Hochempfindliches Anzeigeinstrument in Profilform. Endausschlag 15 bis 25 mV, Widerstand 300 bis 500 Ω.

des beweglichen Organs zu rechnen. Solche Instrumente haben aber viel größeren Verbrauch. Während man bei senkrechter Achse mit den besten Modellen bis auf 0,05 mA für Endausschlag kommt, kann man bei horizontaler Achse nur auf 0,5 mA herabgehen. Solche

Instrumente werden für eine Mindestspannung von etwa 30 mV hergestellt, bei ihnen kommt in wesentlich höherem Maße der Einfluß des Widerstandes der Zuleitung und auch der Thermoelemente, der sich ja mit Abbrand etwas ändert, zur Geltung.

Unabhängig vom Widerstand wird man nur, wenn man die potentiometrische Meßmethode verwendet, d. h. die zu messende EMK mit einer bekannten vergleicht und kompensiert. Abb. 35 zeigt die Grundschaltungen. In einem Fall ist ein Normalelement als Spannungsquelle verwendet worden, im anderen eine Batterie in Verbindung mit einem

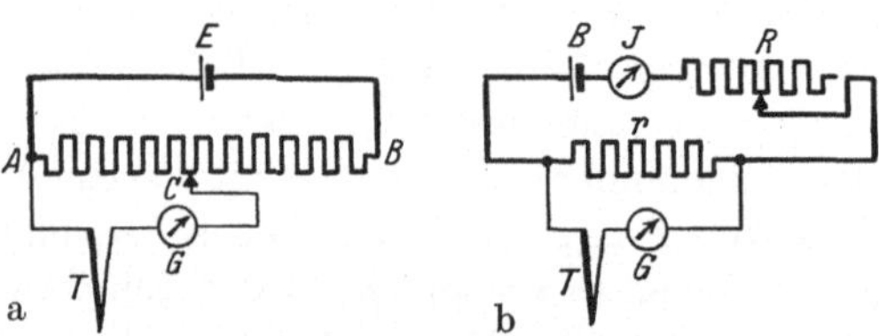

Abb. 35. Messung der EMK von Thermoelementen.
a Vergleich mit Normal-Element,
b Vergleich mit Normal-Strommesser J.

Präzisions - Strommesser. Man regelt in jedem Falle einen Widerstand so lange ein, bis das Anzeigeinstrument, ein hochempfindliches Galvanometer, auf Null zeigt. Den Vorteil der absoluten Unabhängigkeit vom Widerstand und von der Genauigkeit der Eichung des Galvanometers hat man indessen bei der potentiometrischen Methode durch den Nachteil erkauft, daß eine Spannungsquelle notwendig ist und daß die Ablesung keine unmittelbare ist. Ein Zwischending zwischen direkter Ablesung und der potentiometrischen Methode ist das halbpotentiometrische Meßverfahren, bei dem auf eine konstante Temperatur kompensiert wird und nur die Schwankung gegen den normalen Wert abgelesen wird. Der Fehler des Widerstandes und der Eichung macht sich nur für den Unterschied zwischen der gemessenen Temperatur und der eingestellten Normaltemperatur prozentual geltend, er ist also sehr viel geringer als bei der direkten Messung.

3. Auswahl der Elemente. Man unterscheidet edle und unedle Elemente. An Edel-Elementen kommt praktisch allein das Thermopaar Platin-Platin-Rhodium in Betracht, das folgende Thermoreihe aufweist:

		Zunahme			
0^0	0 mV		900^0	8,43 mV	$\Delta e = 1,12$ mV
100^0	0,64 ,,	$\Delta e = 0,64$ mV	1000^0	9,56 ,,	1,13 ,,
200^0	1,42 ,,	0,78 ,,	1100^0	10,72 ,,	1,16 ,,
300^0	2,29 ,,	0,87 ,,	1200^0	11,89 ,,	1,17 ,,
400^0	3,21 ,,	0,92 ,,	1300^0	13,07 ,,	1,18 ,,
500^0	4,17 ,,	0,96 ,,	1400^0	14,26 ,,	1,19 ,,
600^0	5,18 ,,	1,01 ,,	1500^0	15,45 ,,	1,19 ,,
700^0	6,23 ,,	1,05 ,,	1600^0	16,63 ,,	1,18 ,,
800^0	7,31 ,,	1,08 ,,	1700^0	17,81 ,,	1,18 ,,

Wie man sieht, ist die Eichkurve nicht linear, sondern die Zunahme der EMK ist im Gebiete der höheren Temperaturen größer als bei tiefen Temperaturen. Dies ist eher ein Vorteil als ein Nachteil; denn dadurch wird die Teilung im Gebrauchsgebiet weiter. Platin-Platin-Rhodium-Elemente sind gegen Verunreinigungen durch Gase und Dämpfe sehr empfindlich und bedürfen einer sehr guten gasdichten Armierung, wenn sie nicht in kurzer Zeit zerstört werden sollen. An vielen Stellen werden sie durch Gesamtstrahlungspyrometer ersetzt, die keinem derartigen Verschleiß unterliegen. Immerhin gilt das Platin-Platin-Rhodium-Element vielfach als Normal für viele andere Thermoelementeichungen. Bei guter Pflege kann man mit einer Genauigkeit von 0,5 bis 1 % der angezeigten Temperaturen rechnen, wenn man mit der Kompensationsmethode mißt.

4. Unedle Elemente. Hier kommen nur folgende in Betracht:

1. Kupfer-Konstantan für die Messung von Dampf- und Lufttemperaturen bis zu max 400°, in der Regel in der Form, daß ein Kupferrohr verwendet wird für einen Pol, in das ein Konstantandraht eingeschoben ist. Die EMK beträgt etwa 4 mV je 100° C.

2. Eisen-Konstantan. Dieses Element wird wegen seiner Beständigkeit an vielen Stellen verwendet, auch ist seine EMK ziemlich hoch, etwa 5,2 mV je 100° C, bei höheren Temperaturen bis 6,0 mV je 100° C wachsend. Es ist bis etwa 800° verwendbar, die Lebensdauer hängt sehr stark von der umgebenden Atmosphäre und der Armierung ab.

3. Nickel-Nickel-Chrom. Diese Kombination ist wesentlich mehr temperaturbeständig bei höheren Temperaturen. Sie wird bis zu 1200° verwendet. Die Thermoreihen der Elemente der Firmen Hartmann & Braun und Siemens & Halske sind folgende:

Temp. 0	H. & B. mV	S. & H. mV	Temp. 0	H. & B. mV	S. & H. mV
20	0	0	600	21,3	18,72
100	3,2	2,35	700	24,8	22,42
200	7,2	5,38	800	28,3	26,22
300	11,1	8,46	900	31,8	30,08
400	14,5	11,73	1000	35,4	33,98
500	17,8	15,15	1100	39,0	37,90

4. Andere Elementpaare. Es sind hier noch zu erwähnen: Nickelchrom-Konstantan, das eine wesentlich höhere Thermokraft hat als Nickel-Nickelchrom, nämlich etwa 7,5 mV je 100°, aber wegen des Konstantan-Schenkels nicht so temperaturbeständig ist wie Nickelchrom. Die Firma W. C. Heraeus stellt Speziallegierungen mit Wolfram und Molybdän-Zusatz her, die EMKe bis zu 8 mV für je 100° C haben. Soll an Stelle eines Platinelementes für Temperaturen bis 1100° ein unedles Element verwendet werden, z. B. der Einheitlichkeit halber, so benutzt man Platin-Ersatzelemente, das sind Legierungen, die so zusammen-

gesetzt sind, daß die Thermoreihe sehr genau der des Paares Platin-Rhodium entspricht. Sie sind für Temperaturen bis 1000° verwendbar.

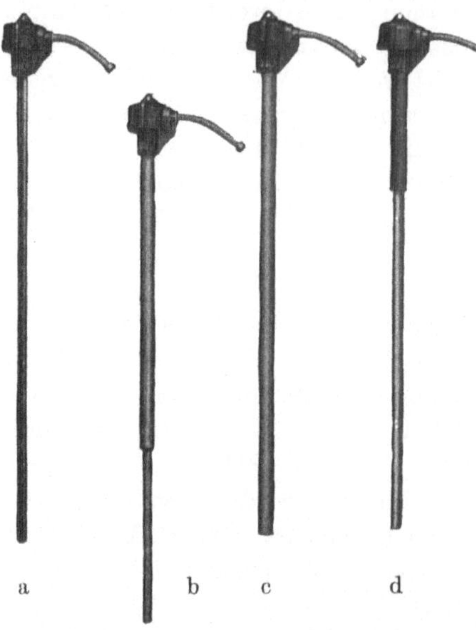

Abb. 36. Verschiedene Armaturen für Thermoelemente.
a mit emailliertem Eisenschutzrohr, b mit Nickel-chromschutzrohr (Verlängerung aus Stahl), c mit gegossenem Metallschutzrohr, d mit keramischem Schutzrohr und Einbaustützen aus Stahl.

5. Armaturen. Die Lebensdauer irgend eines Elementes hängt zum größten Teil von der Haltbarkeit und Widerstandsfähigkeit der Armatur ab. Man umgibt das Element selbst mit Schutzrohren aus keramischen Massen oder Metallen, an die als erste Forderung gestellt wird, daß sie für die in Betracht kommenden Gase, die fast alle zerstörend auf das Element wirken, undurchlässig sind. Als zweite Forderung, daß sie mechanisch widerstandsfähig und nicht zu leicht zerbrechlich sind, und als dritte, daß sie temperaturwechselbeständig sind, gegebenenfalls das kurzzeitige Eintauchen in eine Metallschmelze vertragen. Für den letzteren Zweck kommen einzig und allein Metallschutzrohre in Betracht.

In Abb. 36 sind vier verschiedene Armaturen für Thermoelemente gezeigt, wie sie für verschiedene Zwecke hergestellt werden. In Abb. 37 ist die Lebensdauer verschiedener metallischer Schutzrohre in Abhängigkeit von der Temperatur gezeigt. Die Abbildung zeigt nur Relativwerte für eine bestimmte Anwendung.

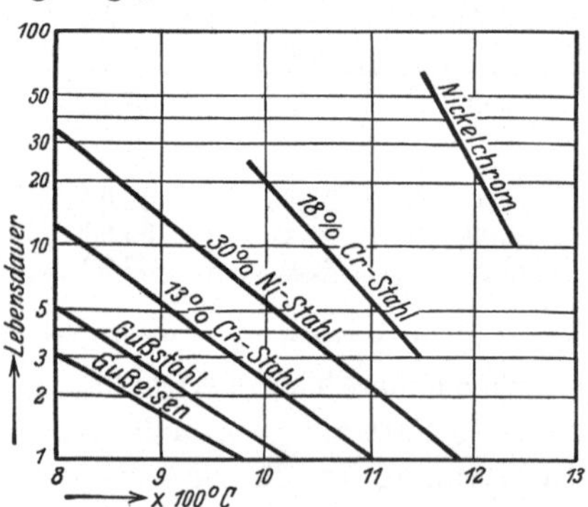

Abb. 37. Relative Lebensdauer verschiedener Pyrometer-Schutzrohre bei Temperaturen von 300 bis 1250° C.

6. Art des Einbaues. Vom richtigen Einbau des Pyrometers hängt zum größten Teil seine Brauchbarkeit für den Betrieb ab. Es muß vor allem an der richtigen Stelle eingebaut werden, nicht dort, wo es am meisten geschont wird, sondern dort, wo man die Temperaturangaben wirklich braucht. Die Verhältnisse liegen oft so schwierig, daß man auf eine ganz einwandfreie Messung verzichten muß und sich mit

Vergleichswerten begnügt, ohne zu wissen, welchen wahren Temperaturen sie entsprechen. Ein solcher Fall liegt vor im Innern von Schmelzkammern. Hier baut man zeitweilig das Pyrometer in die Wandung ein und läßt sie gar nicht mit dem Schmelzgut in Berührung kommen. Zum genauen Studium dieser Fragen sei auf die Veröffentlichungen des Vereins Deutscher Eisenhüttenleute verwiesen.

7. Transportable Pyrometer. Nicht alle Pyrometer können fest eingebaut werden, man muß sich vielfach noch mit transportablen Modellen behelfen. Hier sind besonders Spezialpyrometer zum Messen in Metallschmelzen zu nennen. Wie schon erwähnt, ist es vielfach schwierig, ein geeignetes Schutzrohr zu finden, und wenn man diese hat, so muß man viel zu lange Zeit warten, bis der Temperaturausgleich sich vollzogen hat. Während dieser Zeit wird dann das metallene Schutzrohr stark angegriffen. Man verfährt deshalb vielfach so, daß man überhaupt blanke Elementdrähte in das Metall eintaucht, zwei einzelne Stücke, ohne jede Armierung, wie dies in der Abb. 38a gezeigt ist. Bei dem Pyrometer Abb. 38b von Keiser & Schmidt sind die Elementdrähte an der Stelle, wo der Badspiegel ist, verstärkt, weil dort die größte Zerfressung eintritt. Um die unbequeme Zuleitung zu einem getrennten Instrument zu vermeiden, gibt es auch Pyrometer, bei denen das Anzeigeinstrument unmittelbar mit dem Thermoelement zusammengebaut ist, wie das in Abb. 38c gezeigt ist. Ein derartiges Instrument muß natürlich gegen Hitze und Stoß besonders widerstandsfähig sein, denn die Arbeiter werden bei dieser Art von Betrieben mit den Geräten nicht sehr sorgfältig umgehen. Das Fehlen von Verbindungsleitungen erlaubt aber, sehr robuste Instrumente mit hohem Drehmoment zu verwenden.

8. Durchfluß-Pyrometer. Bei Verwendung gewöhnlicher Pyrometer zur Feststellung von höheren Temperaturen von Gasen treten infolge des Strahlungsverlustes zu den Wänden des Gasraumes beträchtliche Fehlmessungen auf. Der Fehler beträgt z. B. bei 1200⁰ C 100 bis 150⁰ C und mehr. Diesen Fehler kann man auf ein Minimum von ca. 10 bis 15⁰ bei 1000⁰ C herabdrücken, wenn man die Abstrahlung durch einen besonderen Strahlungsschutz verhindert und gleichzeitig das Gas mit möglichst großer Geschwindigkeit an den Pyrometern vorbeiströmen läßt. Dieser Gedanke ist von Schack und Wenzl bei dem von der Firma Siemens & Halske hergestellten Durchflußpyrometer verwirklicht. Abb. 38e zeigt ein derartiges Durchflußpyrometer. Ein Nickel-Nickelchrom-Thermoelement in Drahtform befindet sich in einem geschlossenen Chrom-Nickel-Schutzrohr. Dieses Schutzrohr ist in einem weiteren Chrom-Nickel-Schutzrohr angebracht. Zwischen den beiden Schutzrohren befindet sich auf der dem Feuerraum zugekehrten Seite ein 200 mm langer besonderer keramischer Körper. Das äußere Schutzrohr ist auf der dem Ofenraum abgekehrten Seite an einen

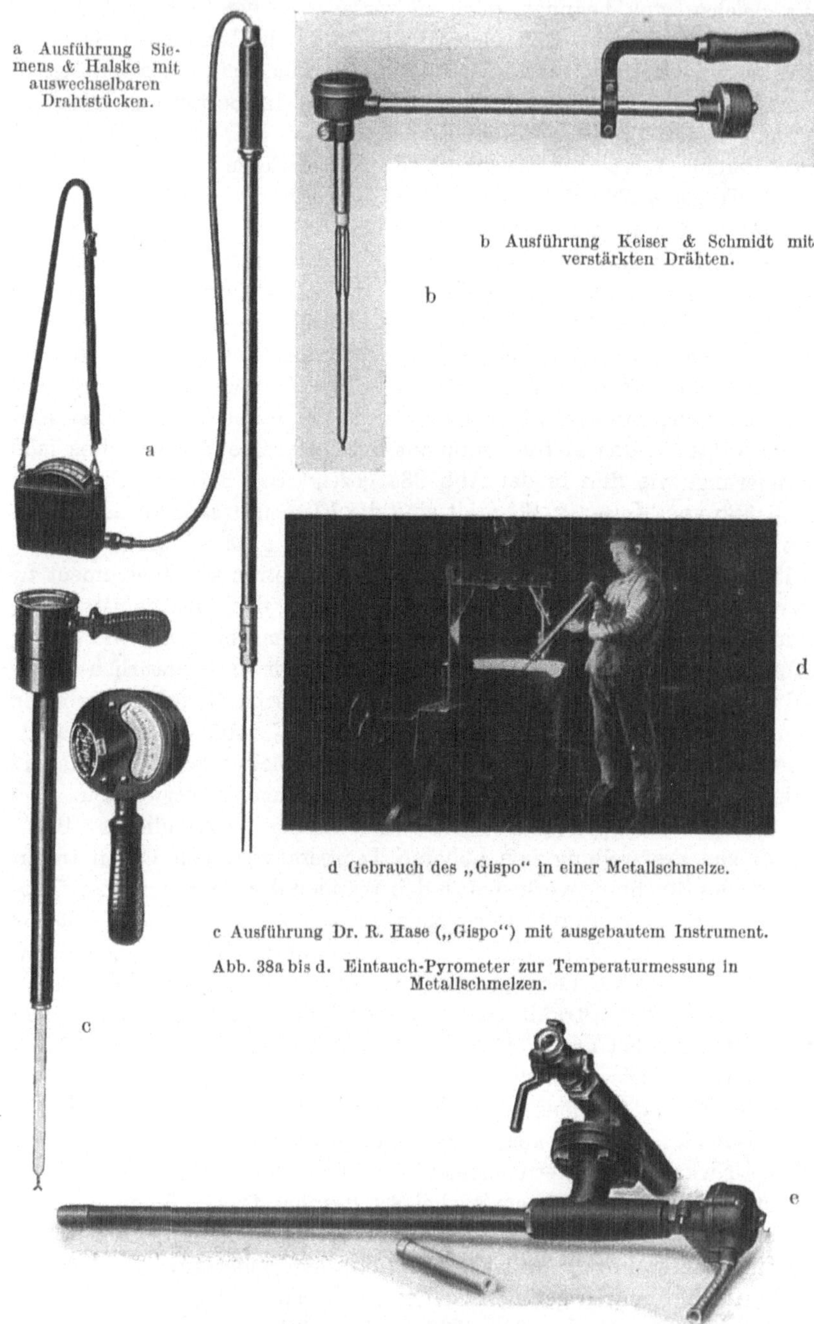

a Ausführung Sie-
mens & Halske mit
auswechselbaren
Drahtstücken.

b Ausführung Keiser & Schmidt mit
verstärkten Drähten.

d Gebrauch des „Gispo" in einer Metallschmelze.

c Ausführung Dr. R. Hase („Gispo") mit ausgebautem Instrument.

Abb. 38a bis d. Eintauch-Pyrometer zur Temperaturmessung in
Metallschmelzen.

Abb. 38e. Durchflußpyrometer.

Druckluft- oder Dampfstrahlejektor angeschlossen. Das innere Schutzrohr führt zu einem normalen Pyrometerkopf. Der keramische Körper, der zwei konzentrische Lochreihen besitzt, ist aus der Abb. 38e zu erkennen.

9. Vielfachmessungen. Ein besonderer Vorzug der elektrischen Temperaturmeßgeräte ist, wie schon eingangs gesagt, die Tatsache, daß man die Messungen für einen großen Betrieb zentralisieren kann. Abb. 39 zeigt zwei wasserdichte Vielfachmeßeinrichtungen für Thermoelemente mit einem eingebauten Instrument in Ausführungen für rauhe Betriebe. Man kann auch die Anordnung treffen, auf einen Registrierapparat von einer sehr großen Anzahl von Meßstellen immer nur die jeweils gerade interessierende zu schalten.

Abb. 39. Anzeigeinstrumente mit eingebautem Drehschalter zur Vielfach-Messung (Siemens & Halske, Dr. R. Hase).

10. Oberflächenthermometer. Eine besonders schwierige Art der Temperaturmessung ist die von Oberflächen bei schlecht wärmeleitenden Körpern, also z. B. bei der Mauerung von Öfen oder bei wärmeisolierten Gas- oder Dampfrohren. In diesem Falle hat man nach dem von Knoblauch so treffend geprägten Wort zu beachten, daß hier immer das „Temperaturmeßorgan einen Fremdkörper im Temperaturfeld darstellt" und von der Berührungsstelle Wärme abführt, also diese Stelle kühlt. Man muß demnach die Wärmeableitung auf eine große Fläche des zu messenden Körpers verteilen und man hat dafür verschiedene Arten von Oberflächenthermometern gebaut. Abb. 40 zeigt eine derartige Ausführung mit einem gespannten Band aus dem Thermoelementpaar Kupfer-Konstantan, das einfach gegen den zu messenden Körper angedrückt wird. Es kann sowohl an konvexe als an konkave

Körper angepaßt werden. Zur Anzeige wird ein empfindliches Millivoltmeter benutzt, mit dem Temperaturmeßbereich von 0 bis 200⁰ C.

11. Vielfach-Thermoelemente. Zur Messung kleiner Temperatur-
differenzen schaltet man mehrere Thermoelemente in Reihe, z. B. in der
Weise, daß man ein Kabel mit drei oder fünf Elementpaaren herstellt,
am heißen und am kalten Ende die Drähte in entsprechender Weise
schaltet. Dabei hat man aber zu beachten, daß auch der Fehler durch
die Unsicherheit der Temperatur der kalten Lötstelle ebenso stark ansteigt wie die erzeugte Temperatur am heißen Ende. Will man z. B. eine
Temperaturdifferenz von nur 50⁰ C mit einem 10fachen Element mes-

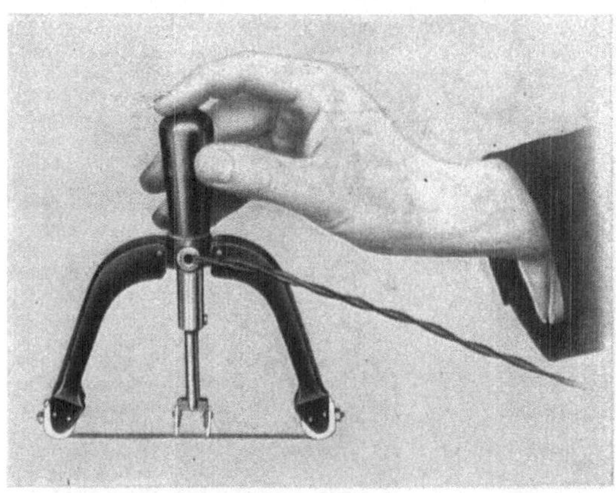

sen und ist die Tempe-
ratur am kalten Ende
nur auf ± 10⁰ C kon-
stant, so ist auch die
Messung immer nicht
genauer als auf ± 10⁰ C.

Wo aber die Abso-
luttemperaturen selbst
nicht interessieren, son-
dern nur Temperatur-
differenzen, ist die
Anwendung von Viel-
fach-Elementen sehr
vorteilhaft und erhöht
die Meßgenauigkeit.

Abb. 40. Oberflächen-Thermoelement zur Temperaturmessung an
konvexen, konkaven und ebenen Oberflächen (Siemens & Halske).

**12. Feuchtigkeits-
messer nach dem
Psychrometer-Prinzip.** Dabei wird die Temperaturdifferenz gemessen,
die in dem betreffenden Raum zwischen einem trockenen und einem
befeuchteten Versuchskörper besteht. Hartmann & Braun und Siemens & Halske verwenden zum Ansaugen der Befeuchtungsflüssigkeit
Faserstoffe, Keiser & Schmidt dagegen lassen bei dem Feuchtigkeitsmesser
nach A. Schwartz die Flüssigkeit von oben über einen Verdunstungskörper
aus keramischer Masse fließen. Die Benetzung hängt also nicht mehr
von der Saugwirkung des Körpers ab, sondern von dem hydrostatischen
Druck der Flüssigkeit und der Porosität des Körpers. Das Hygrometer ist
deshalb bis zu Temperaturen des feuchten Thermometers von 100⁰ C
brauchbar, bei höheren Drücken bis zu den entsprechenden Siedepunkten
des Wassers[1]. Diesen Temperaturen können natürlich Temperaturen des
trockenen Thermometers entsprechen, die wesentlich über dem Siede-
punkt des Wassers liegen. Abb. 41a, b zeigt den Geber eines solchen

---

[1] Ebert, H.: Z. Instrumentenk. Bd. 47, S. 372. 1927.

Feuchtigkeitsmessers. Ein beiderseitig offenes, aus einer wasserdurchlässigen keramischen Masse hergestelltes Rohr b wird durch zwei Stopfbuchsen in der Mitte eines Metallrahmens c befestigt. Mit der oberen Stopfbuchse ist das Wasserzuflußrohr i verbunden, während die untere durch eine Schraube l verschlossen ist. Eine Batterie aus einer Anzahl (12) hintereinander geschalteter Thermoelemente liegt mit ihren Lötstellen h auf dem Verdunstungsrohr b, während die Lötstellen g frei in der Luft endigen. Um eine Berührung der

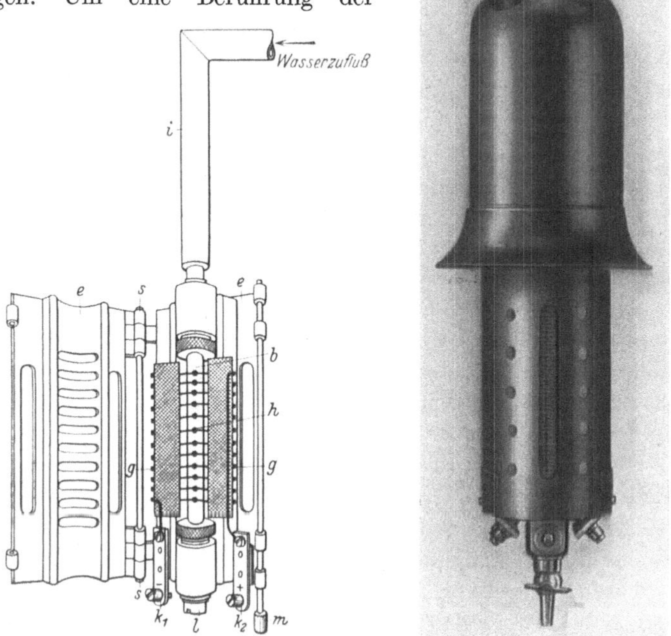

Abb. 41. Feuchtigkeitsmesser nach dem Psychrometerprinzip (Keiser & Schmidt).

Thermoelementschenkel untereinander zu verhindern, sind sie durch ein Geflecht aus einem unverbrennbaren Stoff zu einem biegsamen Gebilde zusammengefaßt. Infolge dieses Umstandes lassen sich die Lötstellen h beim Schließen der Klappe e, welche durch zwei Scharniere s mit dem Metallrahmen c verbunden ist, derart auf das Tonrohr aufpressen, daß sie dessen Temperatur rasch annehmen. Die Thermobatterie endigt mit ihren beiden Polen an den Klemmen k_1 und k_2 und läßt sich, da sie durch das Geflecht zusammengehalten wird, leicht entfernen, um sie im Bedarfsfalle gegen eine andere auswechseln zu können.

Je nach der Höhe des Feuchtigkeitsgehaltes verdunstet an der Oberfläche des feuchten Thermometers mehr oder weniger Wasser und durch die Verdunstungskälte entsteht dabei eine erhebliche Temperaturdifferenz zwischen der feuchten Meßstelle und der frei in der Luft befindlichen. Die elektro-motorische Kraft, die durch diese Temperaturdifferenz (psychrometrische Differenz) erzeugt wird, läßt sich dann in bekannter Weise mittels eines Millivoltmeters beobachten.

Die psychrometerische Differenz ist bei gegebener relativer Feuchtigkeit äußerst stark von der Temperatur abhängig, so daß man ein gewöhnliches Psychrometer höchstens bei ganz konstanter Raumtemperatur direkt in Prozenten relativer Feuchtigkeit eichen kann.

In Fällen, in denen diese absolute Konstanz der Raumtemperatur auf $\pm 1^0$ C nicht gewährleistet werden kann, verwendet man statt einer Skala für die relative Feuchtigkeit Kurvenscharen, die die Temperaturabhängigkeit zum Ausdruck bringen. Neuerdings wird von der Firma Siemens & Halske ein psychrometrisches Instrument hergestellt, das diesen unangenehmen Fehler der Hygrometer, die nicht direkte Auswertbarkeit und besonders die Unmöglichkeit der Registrierung, vermeidet. Es wird mittels Widerstandsthermometer in Differenzschaltung die psychrometrische Differenz gemessen und der Diagonalstrom der Wheatstoneschen Brücke durch die eine Spule eines Kreuzspulinstrumentes geleitet. Die andere Spule wird von einem Strom durchflossen, der durch eine weitere Wheatstonesche Brücke, die ein Thermometer enthält, so temperaturabhängig gemacht wird, daß der Quotient aus den Strömen in den beiden Spulen, die direkte Feuchtigkeit ohne Temperaturfehler im Bereich von normalen Temperaturen bis 100^0 C feuchte Temperatur angibt. Außerdem vermeidet dieses Hygrometer den sehr wichtigen Fehler der nicht konstanten Belüftung. Es zeigte sich nämlich, daß die Temperatur des feuchten Thermometers stark abhängig von dem Luftzug ist, dem das Thermometer ausgesetzt ist. Aus diesem Grunde erhält man genaue Angaben nur, wenn man, wie in der Abb. 42 zu sehen ist, einen Ventilator für die konstante Belüftung des Thermometers vorsieht. Die Befeuchtung des Thermometers geschieht durch einen speziell hergestellten Docht, der leicht auswechselbar ist und auch bei hohen Temperaturen seine Ansaugfähigkeit nicht verliert. Bei evtl. Verschmutzung genügt ein einfaches Waschen des Dochtes. Das Psychrometer ist von einem mehrfachen Strahlungsschutz umgeben, der Fehler des Instrumentes bei Bestrahlung vermeiden soll. Das Anzeigeinstrument, das auch als direkt schreibendes Hygrometer gebaut werden kann, gestattet durch automatische oder Umschaltung durch Hand auch die Temperatur, die an dem Hygrometer herrscht, zu messen. Die Messung ist, da ein Kreuzspulinstrument benutzt wird, unabhängig von der Spannung der Stromquelle.

13. Temperaturregler. Den größten Nutzen von der Temperaturmessung hat man dann, wenn man imstande ist, von einem Temperatur-

messer ausgehend, die Temperatur des betreffenden Ofens selbsttätig
zu regeln. Derartige Regler sind besonders von Vorteil für jene Betriebe,
wo eine konstante Temperatur eingehalten werden muß, d. h. Glüh- und
Härteöfen. Man hat zu diesem Zwecke versucht, die Anzeigeinstrumente
unmittelbar mit Kontakten zu versehen. Aber die Drehkräfte sind dafür
zu gering bemessen, man muß unbedingt zu Fallbügelkonstruktionen
greifen, bei denen die Kraft zur Kontaktgabe nicht vom Meßinstrument
selbst aufzubringen ist, sondern von außen durch einen Motor irgendwelcher Art zugeführt wird. Abb. 43 a, b zeigt einen derartigen Temperatur-

Abb. 42. Temperatur-kompensierter Feuchtigkeitsmesser nach Grüss (Siemens & Halske).
a mit angebautem Motor, b mit getrennt verwendbarem Motor, c Hygrometer mit entfernter
Schutzkappe, d Strahlungsschutz, e Motor und Ventilator, ausgebaut.

regler mit Maximal- und Minimalkontakt, bei dem die Grenzen beliebig
einstellbar sind. Es läßt sich eine Genauigkeit von 3⁰ auf 1000⁰ erreichen.

In Abb. 44 a, b ist eine Konstruktion von Keiser & Schmidt gezeigt,
die dem Grundgedanken nach ebenso wirkt wie der Regler nach Abb. 43,
bei der aber im Gegensatz dazu der thermische Umschalter nicht eingebaut ist, sondern als gewöhnlicher Blinkschalter getrennt angeordnet.
Dadurch war es möglich, ein normales Instrumentgehäuse zu verwenden.
Die Wirkungsweise ist folgende: Das Instrument hat einen von Hand einstellbaren Markierzeiger G, der ein Relais H mit einem beweglichen Anker
F trägt. Die Wicklung des Relais wird von einem in regelmäßigen
Zeitintervallen pulsierenden Strom durchflossen, so daß der Anker in
periodisch wiederkehrenden Zeiten angezogen wird. Der Instrumenten-
zeiger D besitzt auf jeder Seite seiner Fahne einen Kontakt E. Sobald

der Zeiger D unter dem Einfluß der Temperatur einen gewissen Ausschlag annimmt und dabei zwischen Einstellzeiger G und Relaisanker F tritt, drückt ihn der letztere beim Anziehen gegen die Kontaktfläche des

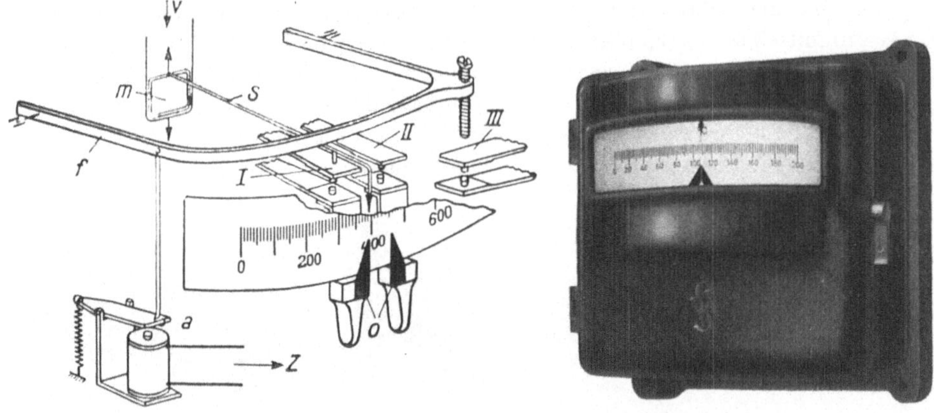

Abb. 43. Schema und Ausführung eines Temperatur-Reglers mit Bimetall-Motor zur Fallbügel-Betätigung (Siemens & Halske).

M Meßorgan, S Zeiger, F Fallbügel, I Minimalkontakt, II Maximalkontakt, III Dritter Kontakt, A Antriebsmagnet durch Bimetall-Zeitschalter gesteuert.

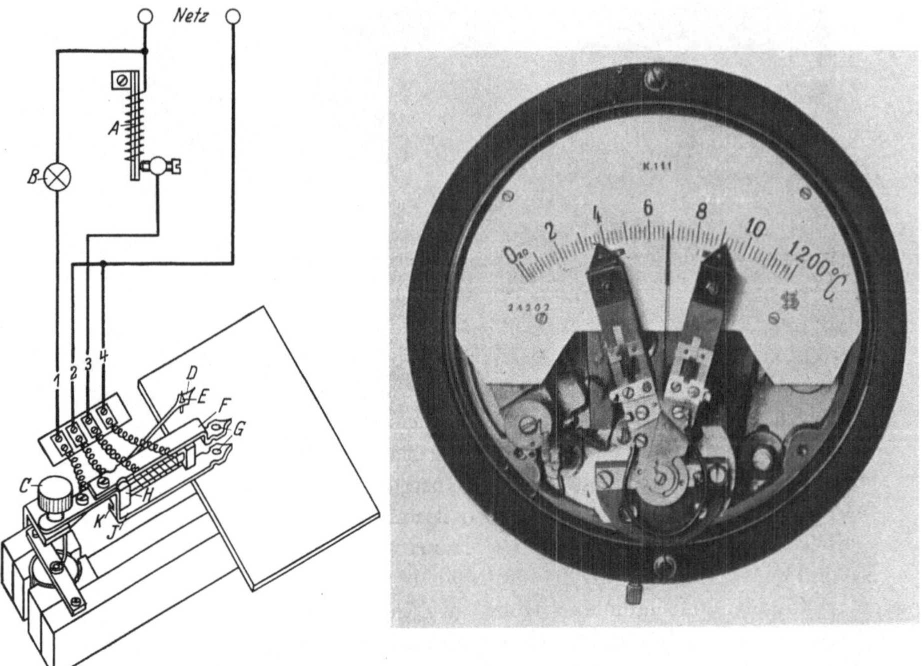

Abb. 44. Schema und Ausführung eines Pyrometeranzeigeinstrumentes mit Maximal- und Minimal-kontakt. Auch hier wird der Fallbügel durch einen Bimetall-Motor ausgelöst (Keiser & Schmidt).

Zeigers G, wodurch der mit den Klemmen *1* und *2* verbundene Signal-
stromkreis geschlossen wird. Die Signale „Temperatur richtig" „Temperatur zu hoch", „Temperatur zu tief" oder die Regelorgane für die
Feuerung werden hierauf so lange in Tätigkeit bleiben, bis nach Beendigung eines Stromimpulses der Anker des Relais in seine ursprüngliche
Lage zurückgeht und der Stromkreis wieder geöffnet wird.

Zur Erzeugung des pulsierenden Stromes dient eine elektrische
Blinkvorrichtung. Der Relaisstrom fließt zu diesem Zweck durch eine
auf dem Bimetallstreifen A angebrachte Heizspule. Sobald die Erwärmung dieser Spule genügend angewachsen ist, verändert der Bi-
Metallstreifen derart seine Form, daß der Stromkreis zwischen A und L
unterbrochen wird. Im stromlosen Zustande kühlt sich die Heizspirale
bzw. der Bi-Metallstreifen wieder ab, weshalb der letztere wiederum
seine ursprüngliche Lage annimmt und den Relaisstromkreis schließt.
Der Relaisanker vollführt somit Bewegungen von dem gleichen Impuls
und leitet dadurch die periodisch wiederkehrende Betätigung der Signal-
apparate ein.

Kontakt- und Regeleinrichtungen dieser Art sind von der elektrischen
Empfindlichkeit der Meßgeräte vollkommen unabhängig.

M. Strahlungspyrometer.

Die theoretische Grundlage der Strahlungspyrometrie ist der schwarze
Körper, das ist ein solcher, der alle auf ihn fallende Strahlung absorbiert
und nichts wieder heraustreten läßt. Ein idealer schwarzer Körper ist
ein Hohlraum gleichmäßiger Temperatur mit einer kleinen Öffnung,
selbst dann, wenn er innen weiß ist. Tritt nämlich ein Lichtstrahl ein,
so wird er zunächst entsprechend dem Reflexionsvermögen des Materials
zum Teil an einer Stelle der Wandung reflektiert und zum anderen Teil
(entsprechend dem Absorptionsvermögen) von der Wandung absorbiert. Es kommt dann nur ein Teil der ursprünglich aufgefallenen
Strahlung auf den nächsten Teil der Wandung, wird wieder weiter
geschwächt reflektiert und das wiederholt sich, bis zur vollkommenen
Absorption des Strahles (Abb. 45a, b). Vollkommen schwarze ebene
Körper gibt es nicht, wohl aber angenähert schwarze, z. B. flockiger
Ruß u. dgl. Aber selbst bei nur 90 % Absorptionsvermögen ist das optische Verhalten dieser schwarzen Körper praktisch sehr nahe gleich dem
eines vollkommen schwarzen.

1. Gesetze der Strahlung. Weiterhin muß man bei der theoretischen
Betrachtung der Strahlung davon ausgehen, daß jede Strahlung aus
verschiedenen Wellenlängen zusammengesetzt ist, aus den langwelligen
Wärmestrahlen, dann den kürzeren roten Lichtstrahlen fortschreitend
zu den blauen, bis man schließlich zu den kürzesten ultra-violetten
Strahlen kommt. Bei jeder Temperatur ist die Strahlungsverteilung

eine andere. Mit steigender Temperatur geht das Maximum der Strahlung nach dem Wienschen Gesetz auf eine andere, kürzere Wellenlänge über, nach dem Stefan-Boltzmannschen Gesetz nimmt die gesamte Strahlungsenergie mit der 4. Potenz der absoluten Temperatur zu. Wichtig ist dabei noch die Empfindlichkeit des menschlichen Auges für verschiedene Wellenlängen, die im Grün ein Maximum hat. In den Abb. 46 und 47 sind diese Strahlungsgesetze graphisch dargestellt, in Abb. 46 ist auch die verhältnismäßige Empfindlichkeit des menschlichen Auges eingezeichnet für Wellenlängen von 0,4 bis 0,7 μ.

Es gibt nun zwei große Gruppen von Strahlungspyrometern, die zur Messung von Temperaturen verwendet werden, nämlich Gesamtstrahlungspyrometer und Teilstrahlungspyrometer.

2. Gesamtstrahlungspyrometer. Das Meßprinzip der Gesamtstrahlungspyrometer ist folgendes (s. Abbildung 48):

Durch irgendeine optische Sammelvorrichtung, durch einen Hohlspiegel oder durch eine Linse, sammelt man die von einer etwa 3 Raumwinkelgraden des Strahlers ausgehende Strahlung und lenkt sie auf ein empfindliches Einfach- oder Vielfachthermoelement, das im Brennpunkt der

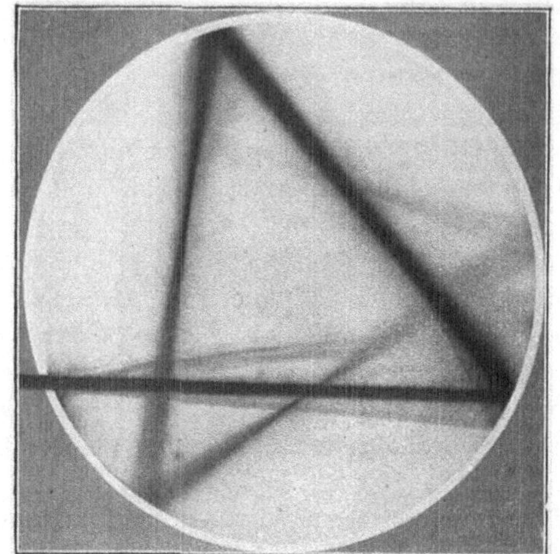

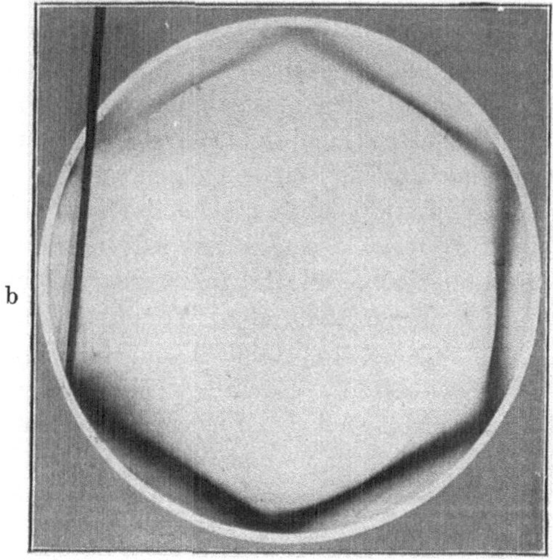

Abb. 45. Strahlungs-Reflexion und Absorption in einem Hohlraum mit kleiner Öffnung[1].

<hr>

[1] Aus einer Arbeit von Schmidt und Liesegang: Arch. Eisenhüttenwesen I, 1928, Heft 11. Mit Genehmigung des Verlags von „Stahl und Eisen" wiedergegeben.

Linse angebracht ist. Dieses wird dadurch erhitzt. Die von ihm entwickelte EMK ist in erster Linie proportional der 4. Potenz der absoluten Temperatur des Strahlers. Der Durchmesser des strahlenden Objektes muß bei den meisten Konstruktionen gleich oder größer sein als $^1/_{18}$ bis $^1/_{20}$ der Entfernung vom Pyrometer. Das Verhältnis ist nicht genau konstant, bei kleineren Entfernungen muß der Raumwinkel etwas größer sein als bei großen Entfernungen. Die Temperaturmessungen sind von der Entfernung unabhängig, wenn nur immer der Sammelkegel von der zu messenden Strahlung ausgefüllt wird. Einrichtungen dieser Art erzeugen Spannungen von 5 bis 90 mV, die mit hochempfindlichen Galvanometern zu messen sind. Der besondere Vorteil dieser Apparate ist, daß sie keine Batterien brauchen und außerordentlich einfach zu handhaben sind. Es war bereits gesagt worden, daß die Strahlung nur angenähert mit der 4. Potenz zunimmt. Daß das nicht der Fall ist, hängt

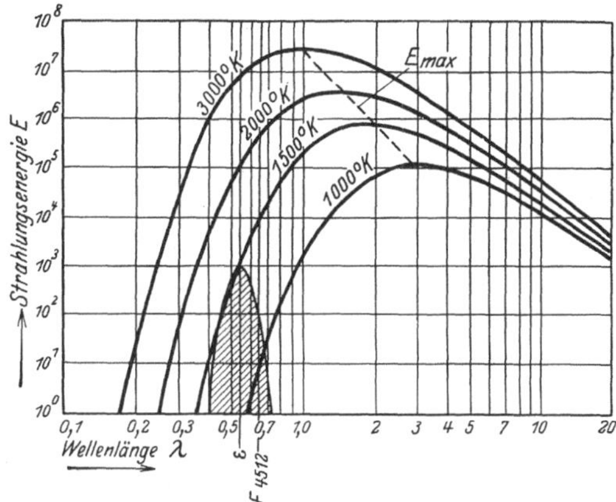

Abb. 46. Strahlung eines schwarzen Körpers mit der Temperatur 1000—1500—2000—3000° abs. = 724—1224—1724—2424° C. — Mit steigender Temperatur verschiebt sich das Strahlungsmaximum nach dem Gebiete des kurzwelligen (blauen) Strahlen.

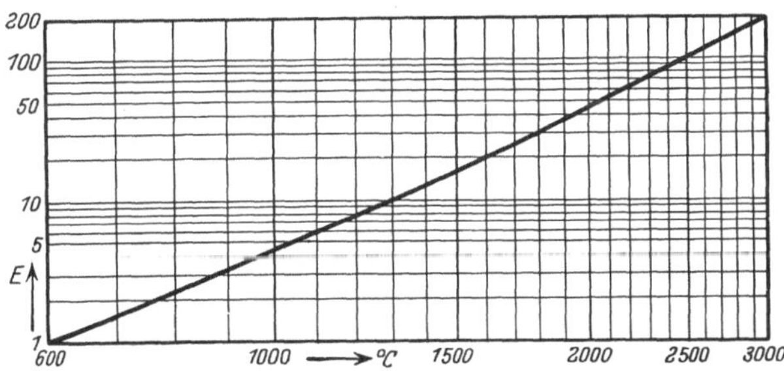

Abb. 47. Relative Zunahme der Gesamtstrahlungsenergie eines schwarzen Körpers für Temperaturen von 600 bis 3000° C.

davon ab, daß in der Sammeleinrichtung in der Regel durch eine bikonvexe Glaslinse ein großer Teil der vom Strahler ausgehenden Strahlung absorbiert wird, und zwar im ganzen Spektralbereich sehr verschieden stark. Gewöhnliches Glas verschluckt besonders die langwelligen Strahlen. Für tiefe Temperaturen verwendet man Quarzlinsen, die hinsichtlich ihrer Durchlässigkeit sehr viel günstiger sind als Glaslinsen. Außerdem kann das Gesetz der 4. Potenz auch dadurch geändert werden, daß der Strahler selbst nicht als schwarzer Körper anzusehen ist, was der Fall ist, wenn man offene Flächen anvisiert.

Der erzielbare Mindestmeßbereich ist bei den üblichen Konstruktionen 800⁰ C, mit ganz empfindlichen Galvanometern mit Bandaufhängung auch 600⁰ C. Die Justierung auf verschiedene Temperaturbereiche erfolgt im Bereich der hohen Temperaturen durch Einengen des Raumwinkels mit einer oder mehreren Blenden.

3. Einfluß der Umgebungstemperatur. Als Meßfehlerquelle kommt bei diesen Gesamtstrahlungspyrometern stets der Einfluß der Um-

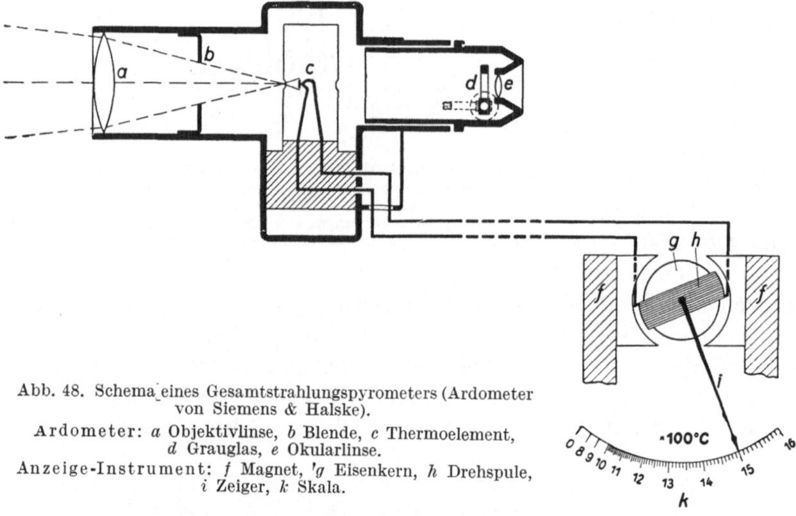

Abb. 48. Schema eines Gesamtstrahlungspyrometers (Ardometer von Siemens & Halske).
Ardometer: *a* Objektivlinse, *b* Blende, *c* Thermoelement, *d* Grauglas, *e* Okularlinse.
Anzeige-Instrument: *f* Magnet, *g* Eisenkern, *h* Drehspule, *i* Zeiger, *k* Skala.

gebungstemperatur in Betracht. Er ist gering bei Thermoelementen, die sich in einer mit einem Gas gefüllten Glocke befinden, wesentlich größer dagegen bei evakuierten Pyrometern, wo er darauf beruht, daß ein Wärmeaustausch durch Strahlung zwischen dem Thermoelement und der Umgebung stattfindet. Er kann dadurch ausgeglichen werden, daß man einen Widerstand im Gehäuse anbringt aus einem Metall mit hohem Temperaturkoeffizienten, parallel zum Anzeigeinstrument geschaltet oder auch, wie es Hartmann & Braun macht, daß man mit dem Bimetallstreifen eine Blende je nach der Umgebungstemperatur verstellt, um so die auffallende Strahlung zu verändern. In jedem Falle ist nur eine angenäherte Ausgleichung möglich. Wo es unvermeidlich ist, den Geberapparat so aufzustellen, daß er höheren Temperaturen ausgesetzt ist, versieht man ihn zweckmäßig mit Wasserkühlung (Abb. 54).

4. Bauweisen. Die wesentlichsten Konstruktionen der Gesamtstrahlungspyrometer, die heute in Deutschland in Gebrauch sind, sind
folgende:

1. das „Ardometer" von Siemens &
Halske (Abb. 49).

2. das „Pyro" von Dr. Rudolf
Hase (Abb. 50).

3. das „Pyrradio" von Hartmann &
Braun (Abb. 51).

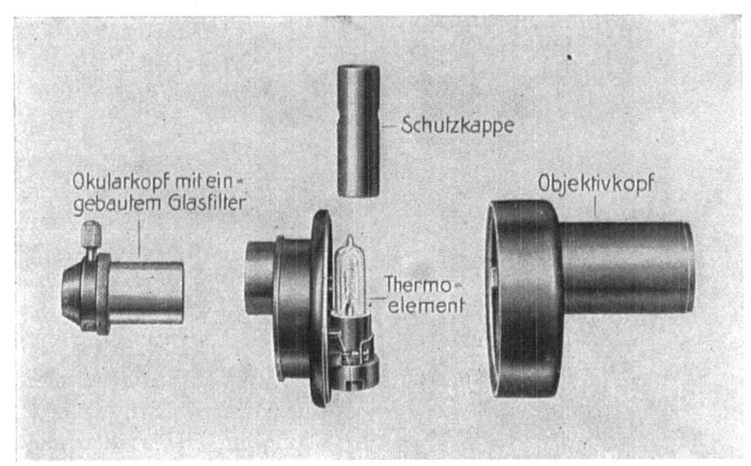

Abb. 49. Das „Ardometer" von Siemens & Halske.

Bei der transportablen Ausführung des „Pyro" sind Aufnahme- und
Anzeigegerät zusammengebaut. Beim festen Einbau werden bei allen

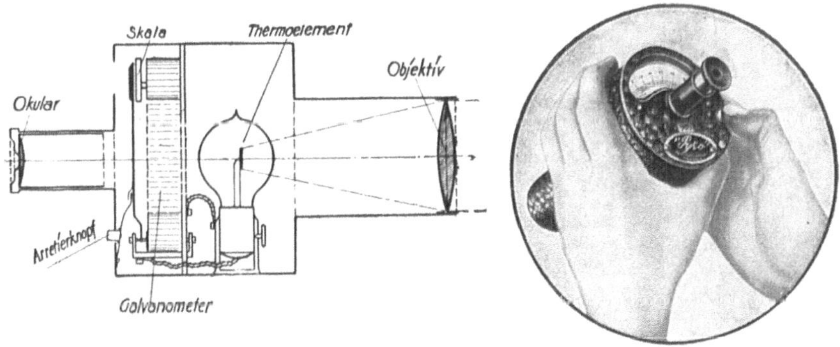

drei Modellen Aufnahme- und Anzeigegerät voneinander getrennt, um
das letztere vor zu großer Erwärmung zu bewahren.

4. das Taschenpyrometer von Keiser & Schmidt (Abb. 52). Bei diesem Instrument wird die Wärmestrahlung nicht auf ein Thermoelement ge-

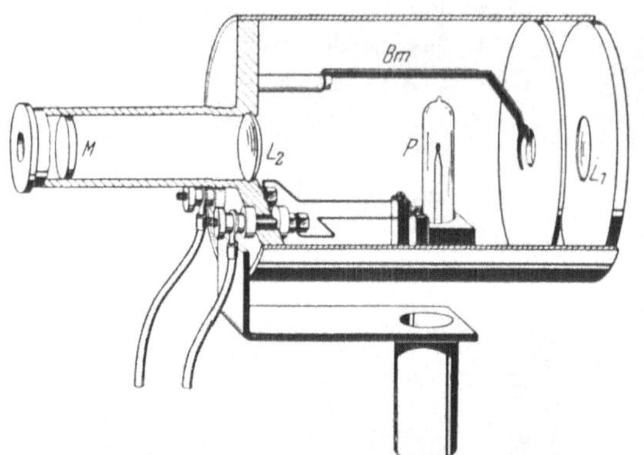

worfen und die Übertemperatur mit einem Galvanometer gemessen, sondern die Strahlung fällt unmittelbar auf eine Spirale aus Bimetall, deren Krümmung einen Zeiger bewegt, der direkt die Temperatur anzeigt und durch das Fernrohr mit einem Vergrößerungsglas beobachtet wird. Die Skala folgt selbstverständlich auch angenähert der 4. Potenz der absoluten Temperatur, sie hat eine scheinbare Länge (durch die Vergrößerungslinse erzeugt) von etwa 150 mm.

5. Das Ultrameter von Dr. R. Hase (Abb. 53) zur Messung der unsichtbaren Wärmestrahlung im Gebiet der niederen Temperaturen.

Die Strahlung wird ähnlich wie bei dem alten Fery-Pyrometer nicht durch eine Linse, sondern durch einen Metallspiegel gesammelt und auf ein höchstempfindliches Thermoelement konzentriert. Dieses ist in freier Luft, da der Gewinn durch Evakuieren durch die Vorschaltung der Glas-

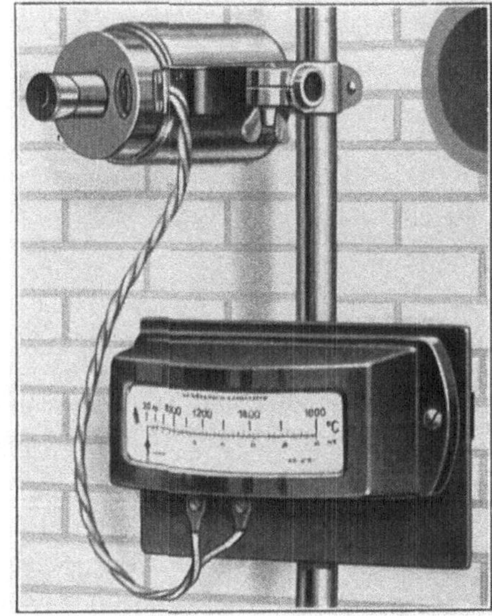

Abb. 51. Das „Pyrradio“ von Hartmann & Braun. Temperaturkompensation durch eine von einem Bimetallstreifen *Bm* bewegte Blende.

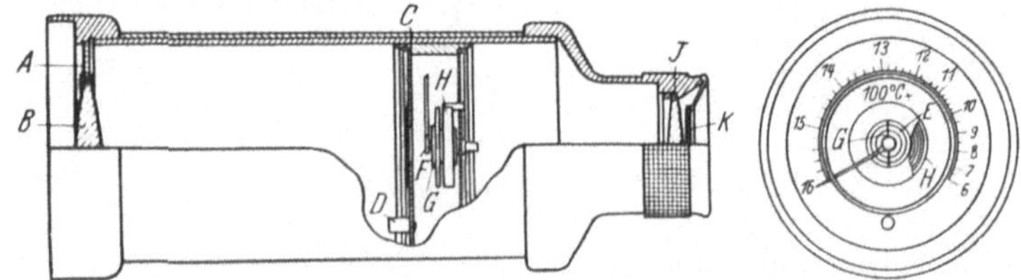

Abb. 52. Das Taschenpyrometer von Keiser & Schmidt. Die Strahlung fällt auf eine Bimetallspirale (*E, F*), die unmittelbar den Zeiger bewegt.

wandung wieder verlorengehen würde. Das Element besteht aus einem kleinen, in Richtung der Strahlen einfallenden Stäbchen von 6 mm Länge und 0,3 mm Durchmesser, das an einem Ende eine 6 mm² große Auffangfläche, aus 1 μ starker geschwärzter Metallfolie hat. Das Stäbchen wird auf halber Länge von einem durchbohrten kleinen Platinspiegel umgeben, der somit das Auffangblättchen auch von der Rückseite bestrahlt. Der Endausschlag der Instrumentskala wird bereits mit der schwarzen Strahlung von 100⁰ C erreicht. Das Instrument ist zur Oberflächentemperaturbestimmung bei Temperaturen bis 500⁰ C (unter evtl. Verwendung einer Vorsatzblende) sehr gut geeignet.

Abb. 53. Das Ultrameter von Dr. R. Hase zur Strahlungsmessung bei Temperaturen von 100 bis 500⁰ C.

Die unmittelbare Einstellung auf den glühenden Körper ist nicht immer möglich, wenn z. B. ein Ofen mit Überdruck im Innern arbeitet und die Flammengase herausschlagen würden. In diesem Falle setzt man Glührohre mit geschlossenem Boden in das Innere des Ofens und visiert den glühenden Boden an (Abb. 55).

In anderen Fällen, vor allem bei Glasöfen, ist es besser, das Ardometer unmittelbar an ein Loch im Ofen anzubauen und es nur durch eine Blende, die natürlich die Strahlung nicht beeinträchtigen darf, oder einen Strahlungsschutz vor herausschlagenden Flammen zu schützen. In noch anderen Fällen kann man das Ardometer in ein Gehäuse mit Stutzen (Abb. 56) einsetzen und damit luftdicht am Ofen anbringen. Der Stutzen wird in die Ofenwand eingemauert. Den

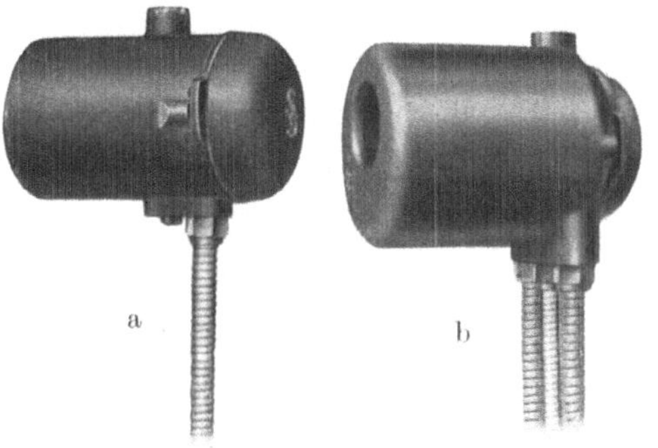

Abb. 54. Betriebs-Bauformen des Siemens-Ardometers. a Normale Ausführung, b Ausführung mit Wasserkühlung.

luftdichten Abschluß bewirkt eine abgedichtete Glasscheibe, für die bei der Messung eine Korrektur anzubringen ist. Dieser Einbau ist zu empfehlen bei Öfen mit Unterdruck. An dem Gehäuse kann eine Düse für Preßluft eingeschraubt werden (normalerweise ist die Öffnung durch einen Glasstopfen verschlossen), durch die ein Preßluftstrom geleitet wird, um die Ardometerlinse vor Staub und Schmutz

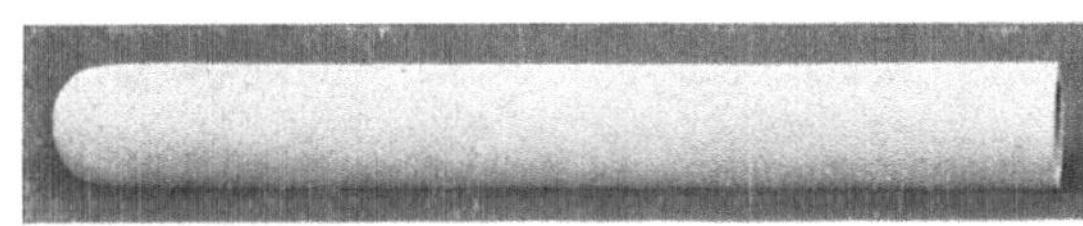

Abb. 55. Glührohr zum Einbau in Feuerungen.

zu schützen. Mit Preßluftspülung ist dieses Schutzgerät auch an Öfen mit Überdruck zu verwenden.

5. Messung nichtschwarzer Strahlung. Man kann die Eichung selbstverständlich nur für eine bestimmte Art der Strahlung ausführen, am einfachsten für schwarze Strahlung. Wenn ein Körper nicht schwarz ist, so erhält man zu niedrige Temperaturen, die unter Um-

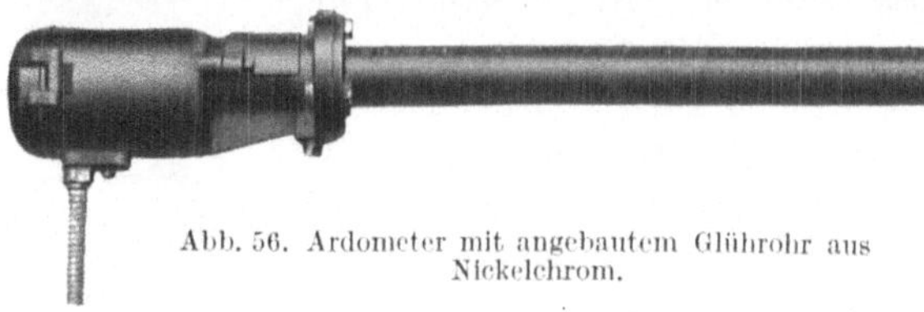

Abb. 56. Ardometer mit angebautem Glührohr aus Nickelchrom.

ständen, wenn z. B. freistrahlende Metalloberflächen anvisiert werden, ganz erhebliche Werte erreichen, 100 bis 200°, unter Umständen sogar noch mehr. Gerade in diesen Fällen kann man sich auch schwer damit begnügen, Vergleichsmessungen allein zu machen, weil die Oberflächenbeschaffenheit dauernd erheblich schwankt, je nach dem Zustand und der Menge der auf dem Strahler schwimmenden Schlacke.

6. Fehlerquellen. Eine Fehlermöglichkeit ist die durch die Erwärmung des Aufnahmeorgans. Wie bereits erwähnt, kann sie durch Parallelwiderstand oder durch andere Kunstgriffe herabgedrückt werden, am wirksamsten durch Anbringen einer Wasserkühlung.

Der Entfernungseinfluß ist gleichfalls zuweilen bemerkbar, wenn man über 1 m Abstand von der strahlenden Fläche herausgeht und die

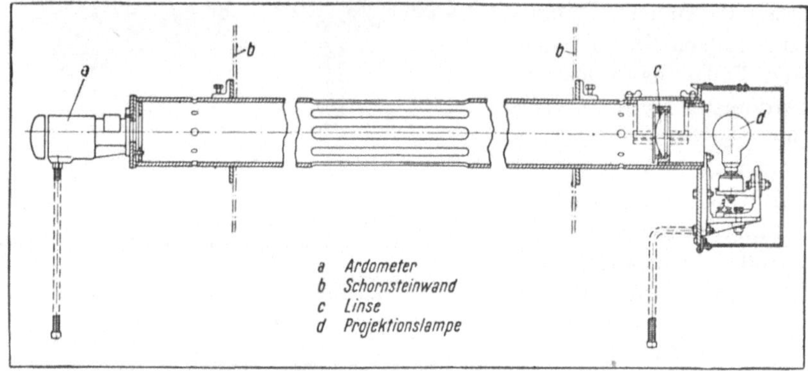

Abb. 57. Rauchdichteanzeiger. Schematische Darstellung der Meßanordnung.

anvisierte Fläche verhältnismäßig klein ist. Unter normalen Umständen ist aber die Messung mit Gesamtstrahlungspyrometern ausreichend genau, sie sind an sehr vielen Stellen ein vollkommener Ersatz der Platin-Platin-Rhodiumelemente geworden und lassen auch Temperaturmessungen bei 10 bis höchstens 20° Fehler zu.

7. Rauchdichteanzeiger. Eine originelle Anwendung hat das Ardometer neuerdings gefunden, um die Dichte des aus einem Schornstein entwichenen Rauches, der aus Kohlenstoffteilchen und Flugasche besteht, zu kontrollieren. Am unteren Ende des Schornsteins befestigt man daher eine hochkerzige Glühlampe, deren Strahlen man mittels

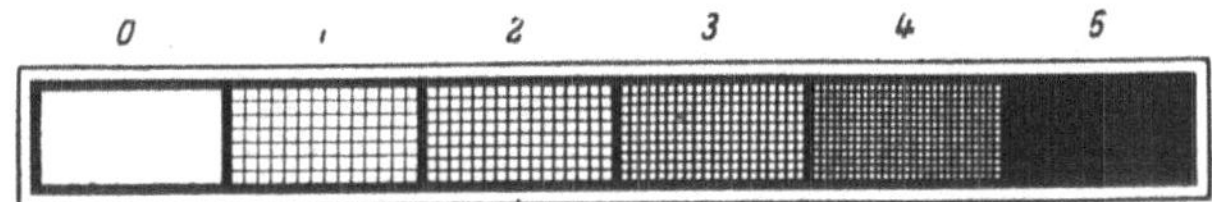

Abb. 58. Ringelmann-Skala für Rauchdichteanzeiger.

einer besonderen für größere Reichweiten der Strahlen geeigneten Linse auf ein Ardometer konzentriert. Es stellt sich an dem, mit dem Ardometer verbundenen Instrument ein um so kleinerer Ausschlag ein, je mehr feste lichtabsorbierende Bestandteile in den abziehenden Gasen vorhanden sind. Bei reinem Gas geht das Instrument auf Endausschlag, bei stark staubhaltigem in die Nähe des Nullpunktes. Die Anordnung ist in Abb. 57 im Schema gezeigt. Ihre Empfindlichkeit richtet sich nach der Länge des Schlitzes, durch den die Rauchgase hindurchstreichen. Das Instrument trägt die in Abb. 58 gezeigte Ringelmann-

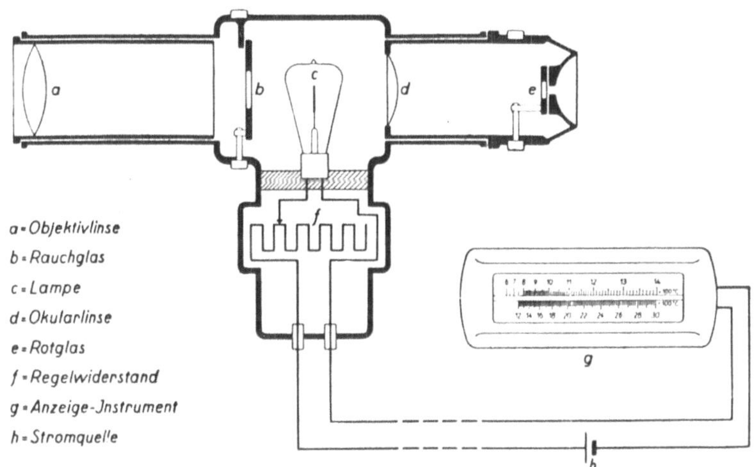

Abb. 59. Schema des Glühfadenpyrometers.

Skala. Die Konstanz der Glühlampe wird durch einen Eisenlampenwiderstand geregelt.

8. Teilstrahlungspyrometer. Während die Gesamtstrahlungspyrometer die gesamte Strahlungsenergie messen, wird bei den Teilstrahlungspyrometern die Strahlungsenergie nur bei einer bestimmten Wellenlänge gemessen, durch Vergleich mit der Strahlung eines Normalkörpers.

Der Vergleich wird meist bei rotem Licht vorgenommen, weil man dann den Meßbereich des Pyrometers bei einer tieferen Temperatur beginnen lassen kann, doch sprechen Gründe dafür mit Rücksicht

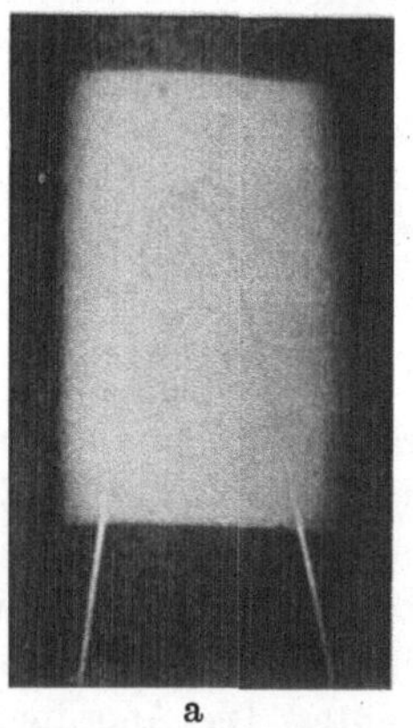 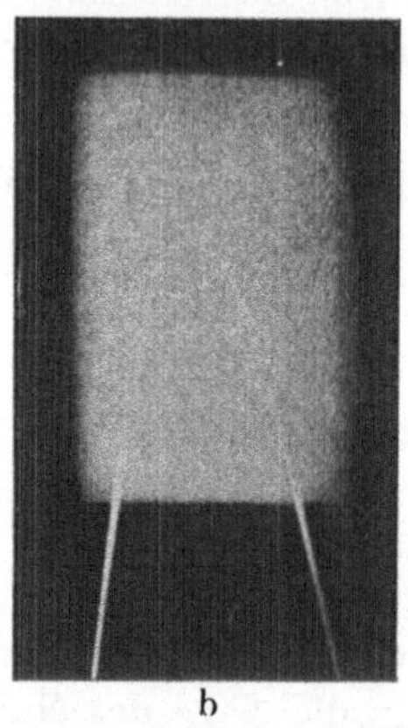 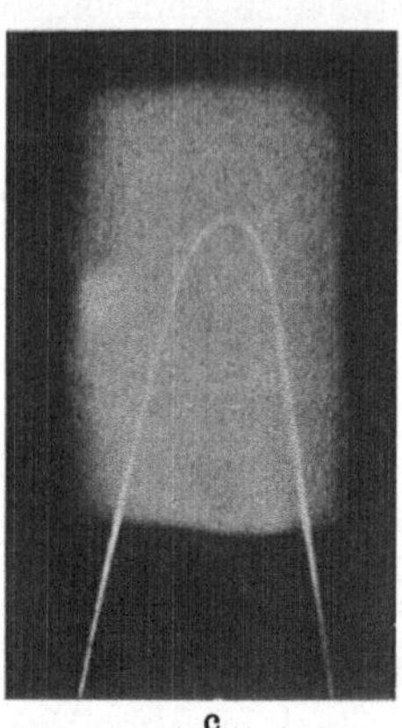

Abb. 60a, b, c. Sehfeld eines Glühfadenpyrometers beim Anvisieren eines glühenden Blockes. a Temperatur zu tief eingestellt, b Temperatur richtig eingestellt, c Temperatur zu hoch eingestellt.

auf die Empfindlichkeit des menschlichen Auges, besser den Vergleich bei grünem Licht auszuführen. Der charakteristischste Vertreter der Gruppe der Teilstrahlungspyrometer ist das Glühfadenpyrometer in der ursprünglich von Holborn-Kurlbaum angegebenen Form, die schematisch in Abb. 59 dargestellt ist. Man visiert mit einem Fernrohr

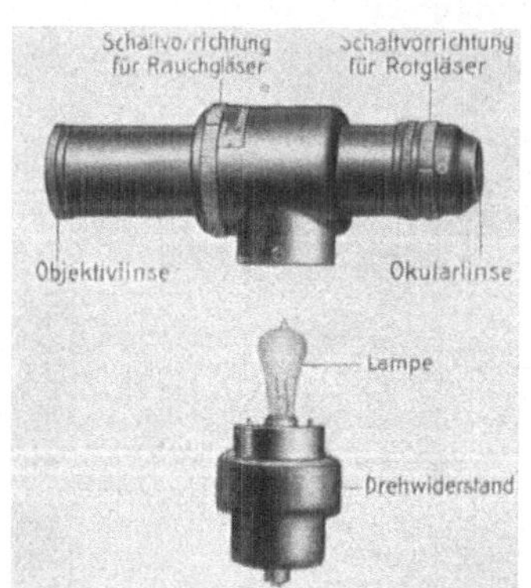

Abb. 61. Siemens-Glühfaden-Pyrometer. Das Fernrohr hat eingebaute Rotgläser und Rauchgläser zum Ändern der Meßbereiche.

auf den zu prüfenden Körper und bringt in das Bildfeld den Glühfaden einer geeichten Glühlampe, die aus einer Batterie mit variablem einstellbaren Strom gespeist wird. Man ändert nun die Temperatur des Glühlampenfadens so lange, bis sie gleich ist mit der zu messenden Temperatur, was sich dadurch beobachten läßt, daß bei Gleichheit der Temperatur das Bild des Glühfadens auf dem Bild des glühenden Körpers verschwindet (Abb. 60a, b, c). Ist die Temperatur des Glühfadens höher, so ist sie hell auf dunklem Grund zu sehen, ist sie tiefer, so ist sie dunkel auf hellem Grund zu sehen. Man mißt nun den Strom. Die Beziehung Strom:Temperatur ist für die betreffende Glühlampe durch eine Eichung bekannt, und man hat auf diese Weise die Temperatur des glühenden Körpers gemessen. Abb. 61 zeigt die Ausführung des Pyrometers von Siemens & Halske. Es sind dabei für Temperaturen über 1400⁰, wo die des Glühfadens nicht mehr ausreichen würde, vor den strahlenden Körper Rauchgläser geschaltet worden, die die Gesamtstrahlung in einem prozentual gleichen Maß abschwächen.

Abb. 62. Betriebsform des Siemens-Glühfadenpyrometers. Das Anzeigeinstrument ist mit der Batterie zusammengebaut.

Das Anzeigeinstrument erhält für diesen Zweck eine zweite Skala für die Benutzung eines der beiden Rauchgläser. Man kann auf diese Weise bedeutend höhere Temperaturen mit hoher Genauigkeit messen.

Die Temperaturmessung mit dem Glühfadenpyrometer ist sehr genau, sie hängt eigentlich nur von der Eichung der Normallampe ab, die auf etwa 5⁰ bei 1400⁰ genau ist. Die Ablesegenauigkeit in dem Gebiete der Temperaturen über 800⁰ ist auf mindestens 10⁰ C einzuschätzen, bei 1400 bis 1800⁰ macht es nicht die geringste Mühe, auch für ungeschulte Beobachter, Änderungen von ± 5⁰ C nachzuweisen, ohne damit zu sagen, daß die Absolutgenauigkeit ebenso groß ist.

9. Bauweisen des Glühfadenpyrometers.

a) **Ausführung von Siemens & Halske.** Das Fernrohr ist bereits

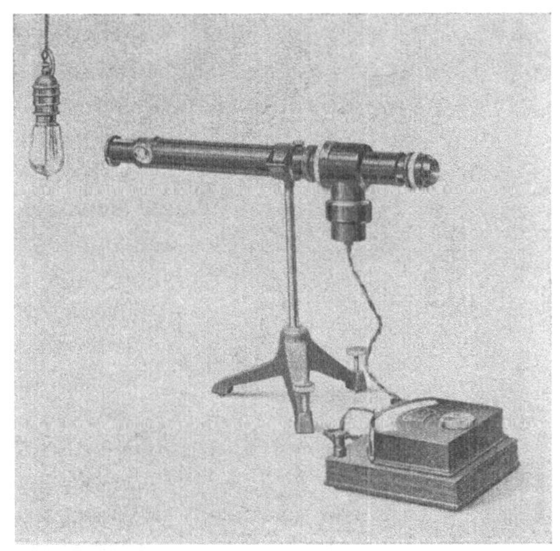

Abb. 63. Mikro-Glühfadenpyrometer zur Temperaturmessung an Leuchtfäden.

in Abb. 61 gezeigt worden. Entsprechend der verschiedenartigen Anwendungsweise sind die Zubehörteile verschieden. Für Betriebsmessungen dient das in Abb. 62 gezeigte Modell, bei dem das Anzeigeinstrument in Profilgehäuse mit einer Taschenbatterie in ein zum Um-

hängen bestimmtes Gehäuse eingesetzt ist. Zur Temperaturmessung an
sehr kleinen Objekten, z. B. am Glühfaden einer Drahtlampe, muß

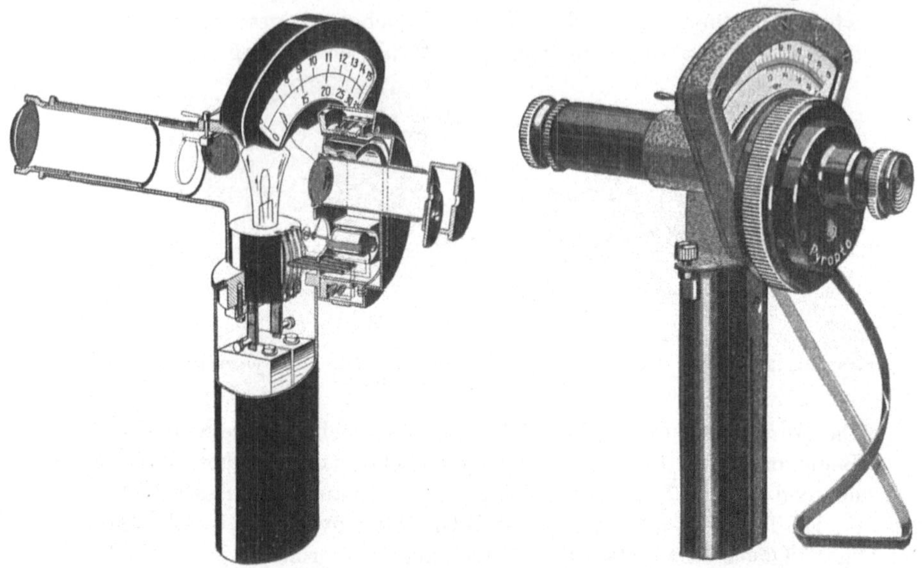

Abb. 64. Das „Pyropto"-Glühfadenpyrometer von Hartmann & Braun. Batterie,
Anzeigeinstrument, Glühlampe und Fernrohr sind zu einem einzigen Apparat vereinigt.

das Objekt sehr stark vergrößert werden. Man kommt so zur Konstruktion des Mikropyrometers nach Abb. 63.

b) Ausführung von Hartmann & Braun („Pyropto") (Abb. 64).
Bei diesem Apparat sind alle Einzelteile, Fernrohr, Batterie, Instrument

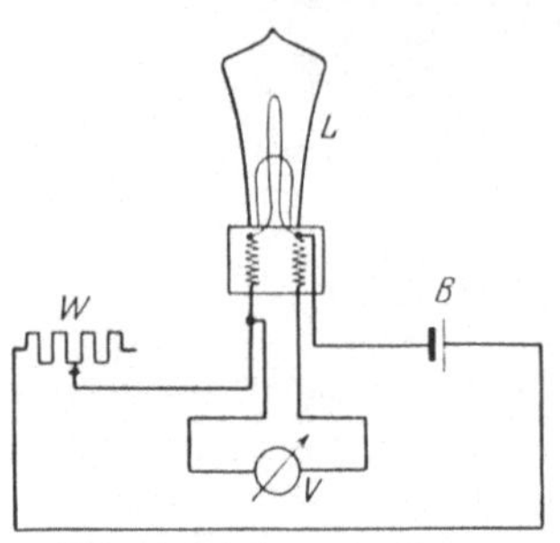

Abb. 65. Schaltung des Pyropto-
Glühfadenpyrometers.

zu einem Ganzen vereinigt worden. Das
Instrument hat Messerzeiger und Doppel-
skala, der Regelwiderstand ist vorn als
drehbarer Ring angebaut. Das Gesamtgewicht, einschl. des Sammlers, im Hand-
griff, ist etwa 1,7 kg.

Bei diesem Gerät sind Batterie, Fernrohr und Anzeigeinstrument zu einem
konstruktiven Ganzen vereinigt. Abb. 65
zeigt die Schaltung. Der Anzeiger ist ein
Voltmeter mit Nullstellung des Zeigers.
Bei Spannungsmessung an der Lampe
wird die Skala besser ausgenutzt, weil sich die Spannung mehr ändert
als der Strom. Es ist nur ein Drittel der Skala unbenutzt, während bei
Strommessungen dies bei nahezu der Hälfte der Skala der Fall ist, sofern man nicht den Nullpunkt der Skala mechanisch (durch Federvor-
spann) unterdrückt. Nachteilig ist aber, daß bei dieser Spannungs-

messung jeder Übergangswiderstand als Fehler in die Messung eingeht, wobei Fehler entstehen können, die größer als die Meßgenauigkeit des Holborn-Kurlbaum-Prinzips sind.

Eine weitere Ausführung nach dem gleichen Meßprinzip wird von Tinsley & Co. in England und Jahnke & Kunkel in Deutschland geliefert. Auch hier hat der Anzeiger unterdrückten Nullpunkt, was dadurch erreicht worden ist, daß die Vergleichslampe mit dem Galvanometer und Widerständen eine Brückenschaltung bildet. Der Vorteil dieser Anordnung wird dadurch bedenklich, daß der Widerstand der Lampe in die Eichung eingeht, also nicht nur die Anschlußwiderstände außen, die man verlöten kann, sondern auch der Widerstand der Klemmstellen innerhalb der Lampe.

c) Ausführung von Dr. R. Hase Hannover („Optix") (Abb. 66). Auch dieses Gerät reinigt alle Einzelteile zu einem Ganzen. Die Vergleichslampe, aus einer eingebauten Taschenbatterie gespeist, brennt im Gegensatz zu den vorher beschriebenen Ausführungen mit konstanter Temperatur, der Beobachter hat die Helligkeit des anvisierten Gegenstandes durch einen drehbaren, keilförmig geschliffenen Rauchglasring so lange zu ändern, bis eine kleine, mitten im Gesichtsfeld freischwebende ellipsenförmige Leuchtmarke unsichtbar wird. Die Temperaturskala ist an dem Drehring angebracht und

Abb. 66. „Optix"-Temperaturmesser von Dr. R. Hase mit Vergleichslampe und drehbarem Graukeilring.

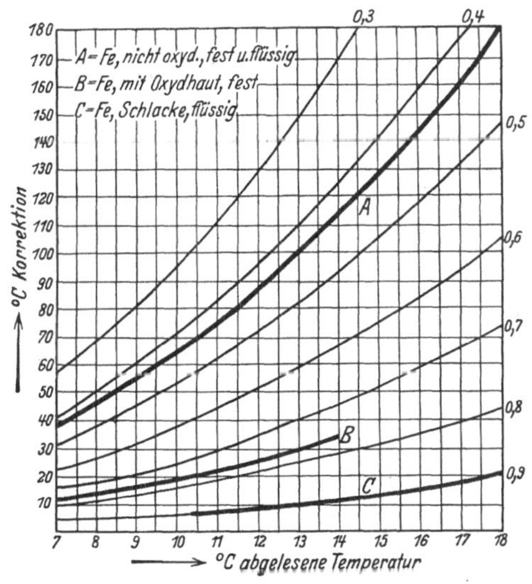

Abb. 67. Korrektion eines Glühfadenpyrometers mit Rotfilter beim Anvisieren nichtschwarzer Körper.

nahezu proportional. Meßbereiche sind 750 bis 1200° C und 1100 bis 1800° C. Das Gewicht des Gerätes ist 1,4 kg.

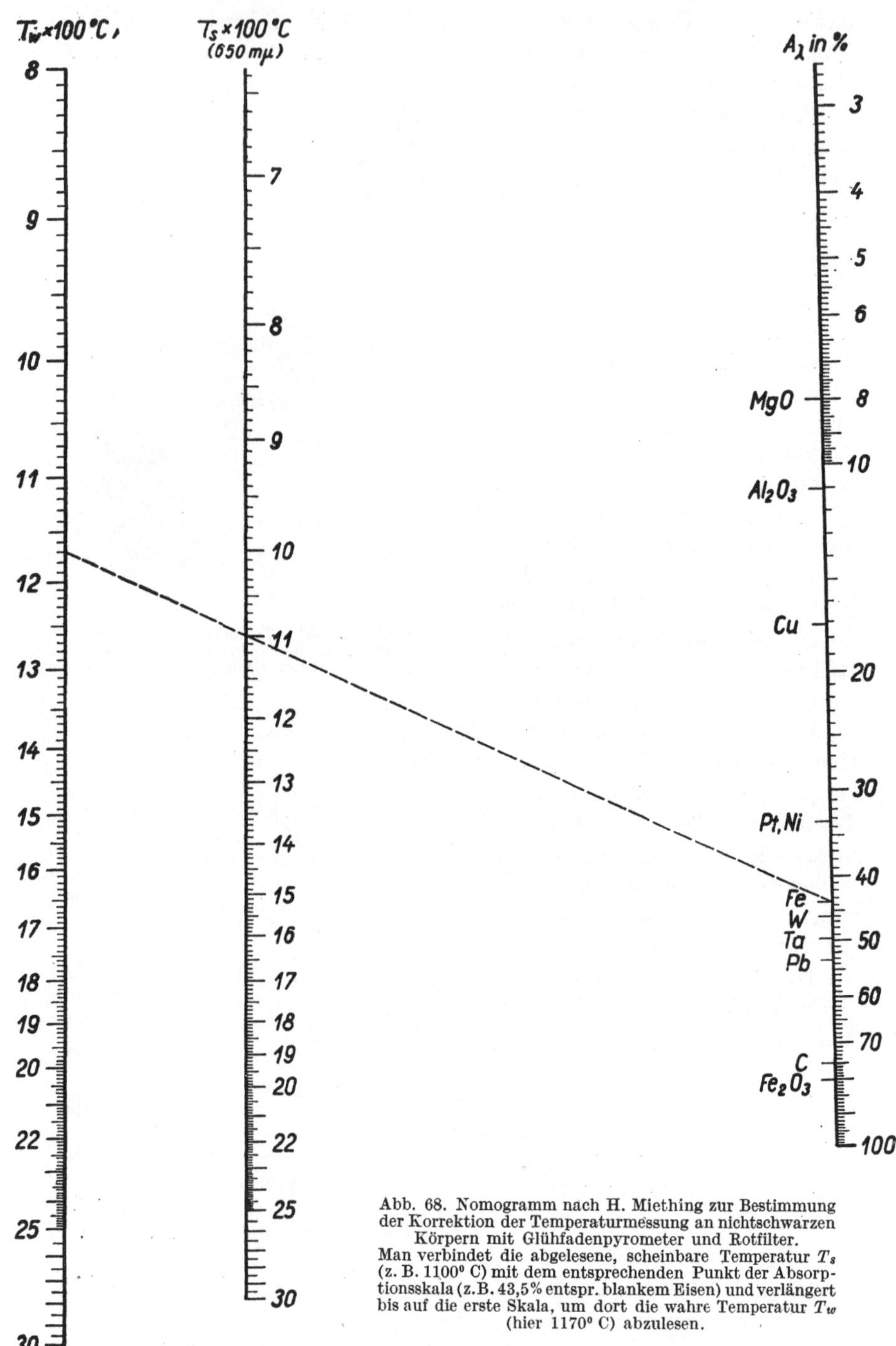

Abb. 68. Nomogramm nach H. Miething zur Bestimmung der Korrektion der Temperaturmessung an nichtschwarzen Körpern mit Glühfadenpyrometer und Rotfilter. Man verbindet die abgelesene, scheinbare Temperatur T_s (z. B. 1100° C) mit dem entsprechenden Punkt der Absorptionsskala (z. B. 43,5% entspr. blankem Eisen) und verlängert bis auf die erste Skala, um dort die wahre Temperatur T_w (hier 1170° C) abzulesen.

10. Temperaturmessung bei nichtschwarzer Strahlung. Auch das Glühfadenpyrometer kann nur für eine bestimmte Strahlung geeicht werden. Wenn man für einen schwarzen Strahler eicht und die Strahlung eines nicht schwarzen Körpers ausmißt, so kommt zur Geltung, daß die Energieverteilung über die einzelnen Wellenlängen bei den nicht schwarzen Strahlern eine andere ist, und es kommen deshalb Fehlmessungen zustande, die um so größer sind, je kleiner das Absorptionsvermögen des Strahlers ist. Diese Verhältnisse können theoretisch verfolgt werden, als praktische Ergebnisse seien die Kurvenblätter 67 und 68 wiedergegeben, aus denen sich für verschiedene Verhältnisse die Fehlweisung berechnen läßt. Im großen ganzen ist die Messung nichtschwarzer Körper mit einem Teilstrahlungspyrometer genauer als die mit dem Gesamtstrahlungspyrometer, weil die Berichtigung kleiner und leichter zu übersehen ist.

Zusammenfassung.

Es ist selbstverständlich nicht möglich, im Rahmen eines Sammelwerkes über die Aufgaben der Elektrothermie eine vollständige Arbeit über Meßgeräte für diesen Industriezweig zu schreiben, aber es wurde versucht, den Leser mit dem neuen Stand der Technik hinsichtlich der Starkstrommeßgeräte und auf dem Gebiet der Temperaturmessung bekannt zu machen. Abgesehen von Instrumenten für Forschungszwecke erscheint es angebracht, bei der Auswahl der Meßgeräte, die für den Betrieb bestimmt sind, sich von dem Gesichtspunkt leiten zu lassen, daß die widerstandsfähigsten Meßgeräte allen anderen vorzuziehen sind und daß man gegebenenfalls auch Konzessionen an die Genauigkeit machen soll, ehe man Ausführungen verwendet, die hinsichtlich ihrer Betriebsfestigkeit nicht allen billigen Anforderungen entsprechen.

Das Elektrostahlverfahren. Ofenbau, Elektrotechnik, Metallurgie und Wirtschaftliches. Nach F. T. Sisco, "The Manufacture of Electric Steel" umgearbeitet und erweitert von Dr.-Ing. St. Kriz, Stahlwerksleiter im Stahlwerk Düsseldorf, Gebr. Böhler & Co., A.-G. Mit 123 Textabbildungen. IX, 291 Seiten. 1929. Gebunden RM 22.50

... In dem vorliegenden Buch ist eine große Fülle von Stoff verarbeitet worden, der nicht nur dem angehenden, sondern auch dem bereits tätigen Elektrostahlwerker und Metallurgen Hilfe und Anregungen vermittelt. Aber auch Abnehmer und Verbraucher von Elektrostahl sowie die Lieferer von Strom, feuerfesten Baustoffen, Einsatzstoffen und Elektroden werden aus dem Buche viel Wissenswertes entnehmen können. Klar in der Ausdrucksweise, vorbildlich in der Wiedergabe der zeichnerischen Unterlagen wird es als „Einführung in die Kunst, einwandfreien Elektrostahl wirtschaftlich zu erschmelzen" gewertet werden. *„Gießerei-Zeitung"*.

Die Leistung des Drehstromofens. Von Dr.-Ing. J. Wotschke. Mit 23 Textabbildungen. VI, 69 Seiten. 1925. RM 5.10

Dieses Buch gibt die erste zusammenfassende Darstellung der elektrischen Grundgesetze und charakteristischen Betriebskennlinien des elektrischen Ofens. Es führt damit einen Großverbraucher elektrischer Energie in die Theorie des Elektromaschinenbaues ein.

Die Messung hoher Temperaturen. Von G. K. Burgess und H. Le Chatelier. Nach der dritten amerikanischen Auflage übersetzt und mit Ergänzungen versehen von Prof. Dr. G. Leithäuser, Hannover. Mit 178 Textfiguren. XVI, 486 Seiten. 1913. RM 18.—

Apparate und Meßmethoden für Elektrizität und Magnetismus. Bearbeitet von zahlreichen Fachgelehrten. Redigiert von W. Westphal. („Handbuch der Physik", Band XVI.) Mit 623 Abbildungen. IX, 801 Seiten. 1927. RM 66.—; gebunden RM 68.40

Inhaltsübersicht:
Die elektrischen Maßsysteme und Normalien. Von Professor Dr. W. Jaeger, Berlin. — Allgemeines und Technisches über elektrische Messungen. Von Professor Dr. W. Jaeger, Berlin. — Auf Influenz- und Reibungs-Elektrizität beruhende Apparate und Geräte. Von Dr. G. Michel, Berlin. — Auf der Induktion beruhende Apparate. Von Professor Dr. S. Valentiner, Clausthal — Elektrische Ventile, Gleichrichter, Verstärkerröhren, Relais. Von Professor Dr. A. Güntherschulze, Berlin. — Telephon und Mikrophon. Von Dr. W. Meißner, Berlin. — Schwingung und Dämpfung in Meßgeräten und elektrischen Stromkreisen. Von Professor Dr. W. Jaeger, Berlin. — Elektrostatische Meßinstrumente. Von Professor Dr. F. Kottler, Wien. — Elektrodynamische Meßinstrumente. Von Dr. R. Schmidt, Berlin. — Schwingungsinstrumente. Von Professor Dr. H. Schering, Charlottenburg. — Auf thermischer Grundlage beruhende Meßinstrumente. — Auf elektrolytischer Wirkung beruhende Meßinstrumente. Von Professor Dr. A. Güntherschulze, Berlin. — Meßwandler. Von Professor Dr. H. Schering, Charlottenburg. — Messung des Stromes, der Spannung, der Elektrizitätsmenge, der Leistung und der Arbeit. Von Dr. R. Schmidt, Berlin, Professor Dr. H. Schering, Charlottenburg, Professor Dr. A. Güntherschulze, Berlin. — Elektrometrie. Von Professor Dr. A. Güntherschulze, Berlin. — Widerstände und Widerstandsapparate. — Methoden zur Messung des elektrischen Widerstands. Von Professor Dr. H. v. Steinwehr, Berlin. — Kondensatoren und Induktivitätsspulen. — Messung von Kapazitäten und Induktivitäten. Von Professor Dr. E. Giebe, Berlin. — Messung der Dielektrizitätskonstanten und des Dipolmomentes. Von Professor Dr. A. Güntherschulze, Berlin. — Erzeugung elektrischer Schwingungen. — Wellenmesser und Frequenznormale. — Meßmethoden bei elektrischen Schwingungen. Von Dr. E. Alberti, Berlin. — Elektrochemische Messungen. Von Dr. E. Baars, Marburg/Lahn. — Messungen an para- und diamagnetischen Stoffen. Von Dr. W. Steinhaus, Berlin. — Messungen an ferromagnetischen Stoffen. — Herstellung und Ausmessung magnetischer Felder. Von Professor Dr. E. Gumlich, Berlin. — Erdmagnetische Messungen. Von Professor Dr. G. Angenheister, Potsdam. — Sachverzeichnis.

Technische Thermodynamik. Von Professor Dipl.-Ing. W. Schüle.

Erster Band: Die für den Maschinenbau wichtigsten Lehren nebst technischen Anwendungen. Fünfte, verbesserte Auflage. 1. Teil: Gase und allgemeine thermodynamische Grundlagen. Mit etwa 180 Textfiguren und 3 Tafeln. 2. Teil: Die Lehre von den Dämpfen. Mit 137 Abbildungen und 4 Tafeln. In Vorbereitung.

Zweiter Band: Höhere Thermodynamik mit Einschluß der chemischen Zustandsänderungen nebst ausgewählten Abschnitten aus dem Gesamtgebiete der technischen Anwendungen. Vierte, erweiterte Auflage. Mit 228 Textfiguren und 5 Tafeln. XVIII, 509 Seiten. 1923. Gebunden RM 18.—

Thermodynamik. Die Lehre von den Kreisprozessen, den physikalischen und chemischen Veränderungen und Gleichgewichten. Eine Hinführung zu den thermodynamischen Problemen unserer Kraft- und Stoffwirtschaft. Von Dr. **W. Schottky**, Wissenschaftlichem Berater der Siemens & Halske A.-G., früher ordentlichem Professor für Theoretische Physik an der Universität Rostock. In Gemeinschaft mit Dr. **H. Ulich**, Privatdozent und Assistent für Physikalische Chemie an der Universität Rostock, und Dr. **C. Wagner**, Privatdozent und Assistent am Chemischen Laboratorium der Universität Jena. Mit 90 Abbildungen und einer Tafel. XXV, 619 Seiten. 1929. RM 56.—; gebunden RM 58.80

Das Buch sucht das Wissensgebiet der Thermodynamik so darzustellen, wie es der an der wissenschaftlichen und technischen Entwicklung mitarbeitende Forscher heute braucht. Ein I. Teil: Allgemeine Thermodynamik, führt zu den Wirkungsgradsätzen der Wärmekraft- und Kältemaschinen, der II. Teil behandelt nach einem einfachen Schlüssel das thermodynamische Verhalten physikalisch veränderter Körper und Oberflächen, und im III. Teil erfahren die chemischen Reaktionen und Gleichgewichte eine eingehende thermodynamische Behandlung, die bis an die Grenzen unserer heutigen Erkenntnisse auf diesem Gebiete führt.

Anwendung der Thermodynamik. Bearbeitet von E. Freundlich, W. Jaeger, M. Jakob, W. Meißner, O. Meyerhof, C. Müller, K. Neumann, M. Robitzsch, A. Wegener. Redigiert von F. Henning. (Band XI vom „Handbuch der Physik".) Mit 198 Abbildungen. VII, 454 Seiten. 1926. RM 34.50; gebunden RM 37.20

Inhaltsübersicht:

Thermodynamik der Erzeugung des elektrischen Stromes. Von Professor Dr. W. J a e g e r, Charlottenburg. — Wärmeleitung. Von Professor Dr. M. J a k o b, Charlottenburg. — Thermodynamik der Atmosphäre. Von Professor Dr. A. W e g e n e r, Graz. — Hygrometrie. Von Dr. M. R o b i t z s c h, Lindenberg. — Thermodynamik der Gestirne. Von Professor Dr. E. F r e u n d l i c h, Neubabelsberg. — Thermodynamik des Lebensprozesses. Von Professor Dr. O. M e y e r h o f, Berlin-Dahlem. — Erzeugung tiefer Temperaturen und Gasverflüssigung. Von Dr. W. M e i ß n e r, Berlin. — Erzeugung hoher Temperaturen. Von Dr. C. M ü l l e r, Charlottenburg. — Wärmeumsatz bei Maschinen. Von Professor Dr. K. N e u m a n n, Hannover. — Sachverzeichnis.

Thermische Eigenschaften der Stoffe. Bearbeitet von C. Drucker, E. Grüneisen, Ph. Kohnstamm, F. Körber, K. Scheel, E. Schrödinger, F. Simon, J. D. van der Waals jr. Redigiert von F. Henning. (Band X vom „Handbuch der Physik".) Mit 207 Abbildungen. VII, 486 Seiten. 1926. RM 35.40; gebunden RM 37.50

Inhaltsübersicht:

Zustand des festen Körpers. Von Professor Dr. E. G r ü n e i s e n, Charlottenburg. — Schmelzen, Erstarren und Sublimieren. Von Professor Dr. F. K ö r b e r, Düsseldorf. — Zustand der gasförmigen und flüssigen Körper. Von Professor Dr. J. D. v a n d e r W a a l s jr., Amsterdam. — Thermodynamik der Gemische. Von Professor Dr. P h. K o h n s t a m m, Amsterdam. — Spezifische Wärme (theoretischer Teil). Von Professor Dr. E. S c h r ö d i n g e r, Zürich. — Spezifische Wärme (experimenteller Teil). Von Professor Dr. K. S c h e e l, Berlin-Dahlem. — Die Bestimmung der freien Energie. Von Dr. F. S i m o n, Berlin. — Thermodynamik der Lösungen. Von Professor Dr. C. D r u c k e r, Leipzig. — Sachverzeichnis.

Thermodynamik und die freie Energie chemischer Substanzen. Von Gilbert Newton Lewis und Merle Randall, Berkeley, Kalifornien. Übersetzt und mit Zusätzen und Anmerkungen versehen von Otto Redlich, Wien. Mit 64 Textabbildungen. XX, 598 Seiten. 1927. RM 45.—; gebunden RM 46.80

Lehrbuch der Thermochemie und Thermodynamik. Von Otto Sackur †. Zweite Auflage von Cl. v. Simson, Berlin. Mit 58 Abbildungen. XVI, 347 Seiten. 1928. RM 18.—